现代天文学

Modern Astronomy

与诺贝尔奖

Nobel Prize

吴鑫基 著

 上海科技教育出版社

图书在版编目(CIP)数据

现代天文学与诺贝尔奖/吴鑫基著.—上海:上海科技教育出版社,2021.12
ISBN 978-7-5428-7574-7

Ⅰ.①现… Ⅱ.①吴… Ⅲ.①天文学–学科发展–研究–世界 Ⅳ.①P1-11

中国版本图书馆CIP数据核字(2021)第142052号

地图由中华地图学社授权使用,地图著作权归中华地图学社所有

审图号:GS(2021)6557号

责任编辑 匡志强 温 润
装帧设计 符 劼

XIANDAI TIANWENXUE YU NUOBEIER JIANG

现代天文学与诺贝尔奖

吴鑫基 著

出版发行 上海科技教育出版社有限公司
(上海市闵行区号景路159弄A座8楼 邮政编码201101)
网 址 www.sste.com www.ewen.co
经 销 各地新华书店
印 刷 上海商务联西印刷有限公司
开 本 720×1000 1/16
印 张 30
插 页 4
版 次 2021年12月第1版
印 次 2021年12月第1次印刷
书 号 ISBN 978-7-5428-7574-7/N·1129
定 价 108.00元

序
一

一个多世纪以来,一年一度颁发的科学类诺贝尔奖,是国际科学界的盛事,也是科技发展的历史见证。遵照诺贝尔本人的遗嘱,为科学领域设置的奖励有诺贝尔物理学奖、诺贝尔化学奖、诺贝尔生理学或医学奖三大类。而在近几十年中,却有越来越多的天文学成就荣获诺贝尔物理学奖,这充分体现了现代天文学在人类认识物质世界方面的巨大威力。

吴鑫基教授著的《现代天文学与诺贝尔奖》,挑选现代天文学史上的8个重大发现和获得诺贝尔物理学奖的19个项目,着重介绍天文学家如何以坚韧不拔的毅力、卓越的创新思维,取得了革新人类对宇宙认知的惊人成就,并由此引发了对我国天文学的发展历程和未来走向的深入思考。

我与吴鑫基教授相识已有半个多世纪。他是北京大学天文学系的资深教授、博士生导师,兼任中国科学院上海天文台和新疆天文台客座教授。50多年来,他始终在教学和科研第一线,致力于天文学基础课和专业课的教学,从事脉冲星物理以及超新星的研究,是一位在国际上知名的学者。他重视科学研究的广泛国际合作,其合作者中不乏享誉世界的天文学领军人物。他科研成果优秀,曾获得国家教委科技进步奖二等奖两次和北京大学科学技术成果奖一等奖,并于2002年荣获中国天文学会颁发的"张钰哲奖"。吴鑫基教授是中国坚持脉冲星物理学研究时间最长的天文学家之一,在脉冲星辐射区物理的理论和观测方面均有深入研究。他是利用国内射电望远镜观测脉冲星的开拓者,为填补我国脉冲星观测研究的空白,并使其进入国际行列做出了贡献。

2001年,65岁的吴鑫基退休了。但仅在接下来的10年中,他又接连发表了50余篇学术论文。他还与人合作完成了《从太空看宇宙:空间天文学》(2016年)、《脉冲星物理》(2018年)等多部有分量的学术著作。同时,吴鑫基教授还把普及天文视为自己义不容辞的职责。他与曾任《天文爱好者》杂志社社长的温学诗合作,撰著了"诺贝尔奖百年鉴"书系的《宇宙佳音:天体物理学》(2001年)、"名家通识讲座书系"的《现代天文学十五讲》(2005年)、"20世纪科学史丛书"的《在科学的入口处——30位天文学家的贡献》(2008年)、《观天巨眼——天文望远镜400年》(2008年)、《太空奇景系列丛书(全4册)》(2013年),乃至近作"名师讲堂"之《现代天文纵横谈》(2021年)等。此外,吴鑫基教授还经常在各种科普场馆、大中小学、甚至幼儿园做科普报告或讲座。

在科技飞速发展的当下,人类对宇宙的关注日益增长。半个多世纪的教学、科研生涯,以及丰富多彩的科普实践经验,使得吴鑫基教授笔下的《现代天文学与诺贝尔奖》科学性与故事性兼备,易读易懂,非常有助于读者了解我们生活在怎样一个瑰丽多姿而又充满谜团的宇宙中;了解人类如何一步一步把目光从自身栖居的地球扩展到了百亿光年外的宇宙深处,并且大致查明了宇宙的身世;也有助于读者理解那些宝贵的科学思想,领悟真实而崇高的科学精神。

回顾历史、展望未来,时代赋予我们的使命何其任重而道远。为实现中华民族伟大复兴的"中国梦",我们每个人都必须自强不息、砥砺前行。我期待这部《现代天文学与诺贝尔奖》的"新生代"年轻读者将来成为中国天文事业的栋梁,希望有朝一日颁布的诺贝尔奖项,就有你和你的团队不畏艰辛、矢志攻关所取得的优异成果!

是为序。

中国科学院院士、上海天文台名誉台长

2021年9月

序二

吴鑫基教授以86岁高龄又完成一部40余万字的力作《现代天文学与诺贝尔奖》，真使人钦佩不已！更何况这还是一部迄今未见同类著述的填补空白之作，其学术价值、研究价值与科普价值皆使人称羡。

诺贝尔在遗嘱中规定，颁予科学领域的奖有三种，即物理学奖、化学奖以及生理学或医学奖，它们常被统称为科学类诺贝尔奖。诺贝尔本人并未为天文学设置奖励，然而这几十年来，其物理学奖却再三再四地授予现代天文学取得的重大成就。设若诺贝尔再世，他会认为这有悖于自己的初衷吗？

我想，他会深感始料未及，却又赞同授之有理。20世纪以来，现代天文学同物理学的紧密交融与渗透，使得天体物理学不仅成了天文学的主干，而且成了物理学的靓丽生长点。在《现代天文学与诺贝尔奖》一书中，吴鑫基教授对此做了深入的阐释。

吴鑫基教授在书中列出了两份非常简洁而又十分重要的表格：表1-1是"20世纪前70年重大天文学成就"（指未获诺贝尔奖者），共8项；表1-2是"获得诺贝尔奖的天文学项目"，共19项。表1-2之第一项，即年份最早的那一项，是奥地利物理学家赫斯（Victor Francis Hess）因于1912年发现宇宙线而获得1936年诺贝尔物理学奖。不同的学者对于这是否应该算作天

IV

文学项目各抱己见,但宇宙线终究是美妙的"宇宙佳音"则毋庸置疑。表1-2之第二项,是美国核物理学家贝特(Hans Bethe)因于1938年发现太阳和恒星产能的核反应而获得1967年诺贝尔物理学奖。一些人认为这开启了天文学成果荣获诺贝尔奖的先河,另一些人则认为那只是将物理学研究新成果用到了天文学上。其实,有《现代天文学与诺贝尔奖》书中的清晰阐释,上述这类歧见非但已经不成问题,而且更彰显了当代天文学与物理学之"你中有我,我中有你"。后来,英国天文学家赖尔(Martin Ryle)因于20世纪50年代发明综合孔径射电望远镜而与1967年发现脉冲星的休伊什(Antony Hewish)分享了1974年诺贝尔物理学奖,成为天文学成就名正言顺地进入诺贝尔奖殿堂的里程碑。

但另一方面,世事时有意外。天文学重大成就错失诺贝尔奖者也不乏其例。典型案例之一,是美国天文学家哈勃(Edwin Powell Hubble)于1929年发现"哈勃定律"——河外星系的光谱线红移量与星系的距离成正比,从而提供了宇宙膨胀的首要观测证据。几乎毋庸置疑,这项成就足堪荣获诺贝尔奖。事实上,据广受称道的《星云世界的水手——哈勃传》*一书记叙,哈勃夫人曾听说,诺贝尔奖委员会的两名委员——费米(Enrico Fermi)和钱德拉塞卡(Subrahmanyan Chandrasekhar),与他们的同事一致投票推举哈勃为物理学奖得主。后来,天文学家杰弗里·伯比奇(Geoffrey Burbidge)和玛格丽特·伯比奇(Margaret Burbidge)夫妇还从钱德拉塞卡那里证实了这一传闻。但是,死神在关键的时刻否决了哈勃应得的荣耀。1953年9月28日,哈勃因脑血栓突然去世,而诺贝尔奖是不授予逝者的。本书表1-1列有哈勃的这项重大成果,正文的解说更是深中肯綮。

面对这部厚重的《现代天文学与诺贝尔奖》,我不由得回想起,跨入21世纪之际,纪念诺贝尔奖颁发百年成为世界范围的热门话题。上海科技教育出版社推出的29卷本"诺贝尔奖百年鉴"(以下简称"百年鉴"),被纳入国家"十五"重点图书出版规划。这套书将科学类诺贝尔奖百年来的全部获奖项目梳理归入26个领域,各领域皆以学科进展为主线写成一卷七八万字的小书,相应的获奖项目则宛如穿在

*《星云世界的水手——哈勃传》,盖尔·E·克里斯琴森著,何妙福、朱宝如、傅承启译,上海科技教育出版社2000年12月出版。

线上各放异彩的珍珠。丛书另设3卷综述,分别鸟瞰20世纪物理学、化学和生命科学,以利读者高屋建瓴把握全貌。

在"百年鉴"的29卷书中,有一卷名为《宇宙佳音:天体物理学》。遥想当年,我们为此卷物色作者,可谓一锤定音:非吴鑫基教授莫属!吴鑫基是国际知名的脉冲星研究专家,脉冲星则是一种全新类型的天体,其发现乃是领受1974年物理学奖的两个项目之一。凑巧,也在1974年,美国天文学家赫尔斯(Russell Alan Hulse)和泰勒(Joseph Hooton Taylor, Jr.)发现了第一例射电脉冲双星。为此,他们于1993年共获诺贝尔物理学奖,引起世界范围的轰动。吴鑫基教授正是从此时开始,持续探究现代天文学与诺贝尔奖的关联。1998年他和温学诗老师合作,在有着悠久历史的我国著名科普期刊《科学》上发表《摘取桂冠之旅:射电脉冲双星的发现》一文,很受读者欢迎。他们接受写作《宇宙佳音:天体物理学》的约请后,将书写得深入浅出,晓畅易读,赢得了各方的普遍赞誉。

作为"百年鉴"的一名策划者(另一位正是本书责任编辑之一匡志强),我曾以千字短文《回眸百年创新史》(载于2002年5月20日《文汇报》)简介此项目,文首"破题"曰:

百年来,科学类诺贝尔奖的数百位得主,可谓人人握灵蛇之珠,家家抱荆山之玉。

百年来,科学类诺贝尔奖的数百项获奖成果,改变了世界面貌,推进了人类文明。

系统地回顾诺贝尔科学奖的百年历程,有助于洞悉20世纪科学精神的升华,科学思想的飞跃,科学方法的鼎新,科学知识的结晶。

系统地回顾诺贝尔科学奖的百年历程,可以催人继往开来,奋发勇进;也便于人们以史为鉴,省身笃行。

……

实际上,这些感悟也照样适用于如今的诺贝尔奖颁发120年。光阴荏苒,较诸21世纪初,如今科学类诺贝尔奖的体量又增长了五分之一,天文学成就获奖的比例更是持续上升。《现代天文学与诺贝尔奖》之表1-2清楚地说明了这一态势,表中的19个获奖项目,属于20世纪的只有9个,属于21世纪头20年的倒有10个!

在如此宏大的背景下,简洁浅显的《宇宙佳音:天体物理学》已不能完全满足今日读者的需求。人们希望有一部更详尽的著作,深浅适度地全面展示现代天文学与诺贝尔奖的关系,并从中领悟科学研究的种种成败得失。当然,讨论国人普遍关注的"诺贝尔奖离我们有多远"亦是此书的应有之义。

完成这项工程,绝不是一件轻巧的事,需要作者有不一般的学识、功力、耐心和责任感。谁来做这件事?

有答案了。吴鑫基教授挑起这副重担,在没有蓝本可资借鉴的情况下,从83岁那年(2018年)开始动笔,奋战两年多,终于大功告成。吴鑫基教授长我8岁,数十年来于我亦师亦友。作为一名天文同行和科普同道,我深感他的这部新作价值非凡。对此,我有许多话要讲。但日前有幸先睹了叶叔华先生的"序一",我深感她已经道出我的许多心里话,是以此处不再赘述。不过,有一点我倒是不惮重复,有意再申:

吴鑫基教授这部《现代天文学与诺贝尔奖》,对于有志投身我国科学事业的年轻一代极富启迪意义。奋发图强,勇于创新,学习前人,超越前人,永远是我们的使命。时不我待,吾人其勉之!

中国科普作家协会前副理事长、

上海市天文学会前副理事长

2021年11月

前言

　　闻名于世的"诺贝尔奖"，每年一次授予在物理学、化学、生物学、医学等领域做出卓越贡献的人，至今已整整120年了。诺贝尔的遗嘱中并没有提及天文学，但天文学成就却多次获得诺贝尔物理学奖。这是因为现代天文学与物理学不仅关系密切，而且相互推动，逐渐地融于一体。物理学是研究物质世界基本规律的一门科学，最初是研究地球上和实验室中发生的物理现象和物理过程，寻找物理规律。天文学则是一门研究地球之外的天体和宇宙整体的性质、结构、运动和演化的科学。20世纪初，物理学的研究对象已经发展到微观世界、宏观世界和宇观世界，而天文学则发展成以天体物理学为主体的现代天文学。天文学研究的重大成果都具有深刻的物理内涵，天文学和物理学互相渗透、融合和促进，使现代天文学与物理学密不可分。天体上的许多物理特性和物理过程是地球上及物理实验中所无法实现的，物理学的一些重要理论只能通过天文观测加以验证。天体物理学的一些突出成就已经大大推进了物理学的发展，天文学成就获得诺贝尔物理学奖就成为很自然的事了。

　　物理学家出身的诺贝尔奖评委们是懂得这个道理的，但是，早期出于某种偏见，他们主张诺贝尔物理学奖只颁发给狭义的物理学领域的研究成果。然而,科学的发展以实际行动冲破了这人设的羁绊。赫斯(Victor Hess)发现宇宙线、贝特(Hans Bethe)提出恒星能源理论、阿尔文(Hannes Alfvén)推出太阳磁流体力学都是物理学家研究物理学时所取得的重大天文学成就,虽然也曾经因为这些成就的天文学因素受到排挤,但最终分别获得1936年、1967年和1970年的诺贝尔物理学奖。1974年,天文学家赖尔(Martin Ryle)和休伊什(Antony Hewish)分别因为发明综合孔径射电望远镜和发现脉冲星而分享诺贝尔物理学奖,地地道道的天文学成就终于名正言顺地进入了诺贝尔奖的殿堂。近年来,做出杰出天文学研究成果的天文学家更是成为诺贝尔物理学奖的常客。

2001年是诺贝尔奖颁发100周年,全球范围内都举行了盛大的纪念活动,发表了很多纪念文章。上海科技教育出版社推出了全套29册的"诺贝尔奖百年鉴"丛书,可谓是我国出版界的一大贡献。这套列入"十五"国家重点图书出版规划的"诺贝尔奖百年鉴"最初是由天文学家卞毓麟提出的。1995年,他还是中科院北京天文台星系研究课题组的重要成员时,就写信给上海科技教育出版社领导,建议"在诺贝尔奖创立100周年的时候,推出一套'科普诺贝尔奖文库'",提出"我们应该围绕(获诺贝尔奖的)这些最杰出的科学成就,向'诺贝尔'要选题。我们要力争选择最恰当的作者,用尽可能生动的笔法,冶科学基础知识、科学史、科学家故事于一炉,创作一批相当于高中文化程度的科普读物。这显然是非常有价值,也非常有生命力的"。意想不到的是,1998年卞毓麟毅然决定改行,从事编辑和出版工作,成为上海科技教育出版社的一员。他和刚毕业的匡志强博士共同主持了这套"诺贝尔奖百年鉴"丛书的出版,包括策划、分卷和遴选作者等工作。

2001年年初,卞毓麟前来约我和温学诗撰写"诺贝尔奖百年鉴"丛书中的天文分册,取名为《宇宙佳音:天体物理学》,并亲自担任责任编辑。卞毓麟是我们的同行和朋友,在我国科普领域有杰出的贡献,已经成为我们学习的偶像,能得到他的邀请和合作是一种荣幸。

"诺贝尔奖百年鉴"丛书问世后,好评如潮。其中,国家最高科技奖得主、著名化学家徐光宪院士的评说最为仔细。2003年我国非典(SARS)疫情期间,学校停课,他给北京大学离校和在校的学生写了一封长信,强烈推荐他们阅读这套书,指出"这套书不但对于大学生、研究生、中学教师、优秀高中学生和社会人士是很好的科普读物,而且对于包括我在内的大学教师和专业科研人员也很有用"。徐光宪院士还特别介绍了天文分册。他说:"我读了《宇宙佳音:天体物理学》,作者是天文学专家,有很高的学术造诣,既全面介绍了100年来天文学的光辉成就,还对天文学发展中如何突破困难,如怎样提高射电望远镜的分辨率,有细致的描述,并激励青年人努力创新,为中国天文学的发展做出贡献。"徐老的评述给我们以很大的鼓励。

时隔十余年,2017年7月,我又接到卞毓麟和匡志强的来信,告知拟组织出版"诺贝尔奖通鉴"丛书,邀请我再写天文分册。我们多次交换意见,并于2018年3月在上海会面进行讨论。他们两位告诉我,由于种种原因,出版社已决定推迟"诺贝尔奖通鉴"的工作,但仍决定单独出版一本《现代天文学与诺贝尔奖》。此次讨论敲定了编写大纲。这本书的构思和编写大纲是我们三人半年多来集思广益的结果。在本书行将出版之际,由衷地感谢卞毓麟和匡志强两位。

现代天文学或者说现代天体物理学的特殊性主要有两点。一是21世纪以来因为现代天文学成就获得诺贝尔物理学奖的项目不断增加,获奖的年度、天文学家和项目的数目都超过了20世纪,有太多的现代天文学成就需要介绍。二是20世纪前70年重大天文学成就被诺贝尔奖拒之门外,《宇宙佳音:天体物理学》仅介绍了20世纪后30年间诺贝尔物理学奖的情况。事实上,20世纪的前70年,现代天文学的研究成果可以用辉煌无比来形容,新的发现层出不穷,新的分支学科不断产生。这些成就完成了现代天文学体系的构建,厥功至伟。本书将力图弥补《宇宙佳音:天体物理学》所留下的上述缺憾,展现现代天文学发展的脉络。

全书共分八章,第一章"古老而年轻的天文学"介绍天文学的发展历史、研究对象和观测手段。第二章到第七章按"射电天文和X射线天文""太阳和恒星""致密天体和引力波""宇宙线和中微子""银河系和银河系天体"和"星系和宇宙学"的顺序介绍19项诺贝尔物理学奖天文项目及20世纪的8大天文学成就。第八章探讨人们关心的"诺贝尔奖离我们有多远"的问题,介绍我国天文学的发展,特别是

21世纪以来取得的成就。

作者从2000年开始,在北京大学和北京外国语大学为本科生开设"现代天文学通选课"共十次,选课的学生近2000人。这门课把介绍获得诺贝尔物理学奖的天文项目作为重点,深受同学们的欢迎。他们写出了许多感情诚挚的心得体会,其中有近20篇文章在《中国国家天文》期刊发表。北大中文系的一位学生写道:"这门课具有独特的意义,从科学方面,它介绍的是科学的基本概念,宣扬的是科学的理性,为天文爱好者和普通人提供了天文学基本知识,使得其能从这里开始走下去,真正地接触天文学;从人文方面来说,它注重的是天文学诺贝尔奖获得者的精神的挖掘,阐述了科学精神的内涵。而这一点,不仅适用于天文学领域,同样也适用于其他科学领域,甚至可以说是教育的所有领域,无论文科和理科,都可以从这一点中获益。"本书的许多内容,就来自这门选修课,希望读者也能从中收获启迪和感悟。

面对21世纪诺贝尔物理学奖天文项目潮水般的涌现和20世纪前70年的现代天文学重大成就被忽略需要弥补的事实,本书的篇幅不可能太少。出版社大度地表示这本书不受字数限制,让作者根据需要尽情发挥,并对我们提出更高的要求:"科学性更严谨,历史性更明晰,启迪性更深入,前瞻性更充分,资料性更完备,表现性更多样"。作者完全同意并为之努力。本书的两位责任编辑匡志强和温润为本书的出版付出很多,工作细致和高效,特此表示感谢。

鉴于本书涉及的现代天文学难题很多,涉及众多的现代天文学分支学科,水平有限,很难全面达标,甚至会出现不当之处和一些错误,望读者批评指正。

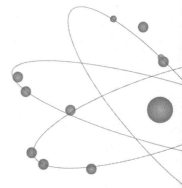

第一章

古老而年轻的天文学

天文学是一门古老而年轻的科学,它的发展基本上可分为古代天文学、近代天文学和现代天文学三大阶段。古代天文学可以追溯到5000余年前,包括托勒玫(Claudius Ptolemy,约90—168)"地心说"统治的1500年。近代天文学则以哥白尼(Nicolaus Copernicus,1473—1543)"日心说"的建立为起点,直到牛顿力学定律在天文学研究中广泛应用,天文学研究进入到理性认识天体运动规律阶段,天体测量和天体力学这两个分支学科逐步发展起来。19世纪中叶,物理学的发展促进了揭示天体物理本质的天体物理学的诞生;到19世纪末20世纪初的几十年间,物理学经历了从经典物理学到现代物理学过渡的发展阶段,天文学也发展到了新的阶段,成为崭新的现代天文学。现代天文学很年轻,仅有百年左右的历史,它以天体物理学为核心,以现代物理学为理论基础,发展非常迅速。其观测手段日新月异,地面和空间观测设备集现代尖端科学技术之大成。

一、历史悠久的古代天文学

古代中国、古埃及、古印度、古巴比伦、古希腊和古罗马等文明古国是世界上天文学发展最早的国家。我国考古出土的殷墟甲骨文和古巴比伦泥板书上的楔形文字,都记载了不少天文方面的内容。许多民族观察天象的历史几乎和民族本身的历史一样长远。丰富的天象观测记录是世界各文明古国对天文学发展的重要贡献。天文观测方法、天球坐标系的创立、星座的划分以及历法等古代天文学的成就和精华,都被现代天文学继承和发展。下面将重点介绍古代中国和古希腊取得的天文学成就。

1. 中国古代天文学

我国古代天文学的发展可以追溯到原始社会。春秋战国时期(公元前770—公元前222)开始有了比较系统的天文学观测记录。秦汉时期(公元前221—公元200),形成了以历法和天象观测为主的体系。历法的制定和修改成为各个朝代的政府行为,有专职的天文官吏,有经费,有发展计划,有史书详细记载天文学的大事。

我国古代天文学最重要的成果是对星空中的天体,如恒星、太阳、月亮、行星,以及众多天象进行观测,记录下非常丰富的观测资料。古代两河流域的迦勒底人最早把星空中数不清的星星划分为不同的星座。我国虽然比他们晚,但也创造了自己的星座划分体系。我国称星座为星官,其中最重要的星官是三垣二十八宿。三垣是比较大的天区,二十八宿则是把黄道、赤道附近的星象划分为二十八个大小不等的部分。这一体系对测量天体位置和形成优越的赤道坐标系起了非常重要的作用。为了测量天体位置,在每一宿中选取一颗星作为定标星,称为"距星"。当时确定距星的位置用的是天球赤道坐标系,这是我国独创的坐标系,也是现代天文学研究中应用最普遍的天球坐标系。

太阳是离我们最近的一颗恒星,早在公元前140年,我国就有关于太阳黑子的观测记录。之后,观测太阳黑子成为我国古代天文学家经常性的工作。欧洲关于太阳黑子的记录最早是在公元807年,比中国晚了近千年。我国古代日食的观测记录有很多,《尚书》详细地记录了一次发生在约4000年前的夏代仲康元年的日食。从2700多年前的春秋战国时期起,我国古书记载的日食观测记录越来越多,到元朝末年的公元1368年已有650条。

我国关于彗星的观测记录特别丰富,有500多条。长沙马王堆三号墓出土的帛书(图1-1)绘有29幅彗星图像,形态各异,都有明显的彗头和彗尾,这是战国时代的记录,和当代的观测结果很符合。最著名的哈雷彗星是英国天文学家哈雷(Edmond Halley)于1682年观测到的,他考察了过去的彗星记录,发现它是一颗轨道周期75—76年的彗星。经考证,我国古书《春秋》记载的公元前613年的一次彗星正是哈雷彗星的最早记录。之后,我国典籍对这颗彗星的记录多达31次。

我国古代记录的流星雨事件多达180次。关于流星、流星雨、陨星的观测记录不仅多,而且十分精彩。《宋书·天文志》记载的一次公元461年天琴座流星雨是这样描写的:"有流星数千万,或长或短,或大或小,并西行,至晚而止。"

宇宙中最为壮观和激烈的天象莫过于超新星爆发。自商代到17世纪末,我国古籍记载的"客星"约有90颗,其中12颗是超新星。最著名的是发生在1054年的"客星"《宋会要》记载表明,这颗超新星在白天能看见,像金星一样芒角四射。经

图1-1 马王堆出土的帛画《天文气象杂占》①

国际天文学界证认,当今被誉为"全波段天文学实验室"的蟹状星云(彩图4a),就是这颗"客星"的遗迹。

为了观测天体,我国很早以前就有了多种多样的天文仪器,最有名的是浑仪。"浑"字的意思是圆球,浑仪由多个代表不同坐标系的大圆环组成,主体部分是一个大圆球,它可以测量天体的赤道坐标。浑仪历史悠久,可追溯至公元前4世纪至公元前1世纪之间。元朝天文学家郭守敬于1276年把结构复杂的浑仪进行简化革新成为简仪。简仪中的赤道经纬仪与现代望远镜中广泛应用的赤道装置的基本结构相同,只对南北极天区附近有些遮挡。

在天文观测之外,我国古代对宇宙的结构及起源也有一定的思考和猜想。远在2300多年前的春秋时代,伟大诗人屈原写出了诗篇《天问》,向万事万物的源头——宇宙发出了一连串的问题:天地四方、日月星辰,从何而来?是什么力量维系着斗转星移、时空流逝?屈原所处的先秦时代,人们对宇宙的认识是"天圆地方",借此理解头顶上笼罩的圆形的天、脚下辽阔的大地。当时流行的宇宙结构是天有九重,它们都围绕着同一个枢纽旋转着,天由八根擎天柱支撑着,天穹上分为十二个星次。这种由直观感觉想象出来的宇宙结构,问题当然很多,屈原提出了一系列的疑问也很自然。《天问》是我国关于宇宙形成理论最早的文字记录,可以把屈原所问的问题看成当时流行的宇宙学看法。

在《天问》之后的《淮南子·天文训》中,明确地阐述了宇宙是从混沌中产生的理论,认为宇宙最早是一种虚无无形的状态,然后演变为混沌的物质状态,再分出元气,形成天地,最后产生日月星辰、世间万物。

我国古代出现一大批成就卓著的天文学家,主要在历法、天文仪器研制和天文实测方面,如张衡(78—139)、祖冲之(429—500)、一行(683—727)、沈括(1031—1095)、郭守敬(1231—1316)等。中国古代在天文理论方面的研究比较薄弱,这也是后来中国天文学渐渐落后的原因之一。

2. 古希腊天文学

古希腊的天文学很发达,在观测和理论方面都有杰出的成就。喜帕恰斯(Hipparchus,约公元前 190—约公元前 120)对太阳和月球的运行轨迹进行观测,制作星盘,测量地球的公转周期和月球的轨道周期,并第一次尝试测量地月距离。他得到的结果为 260 000 km,虽然与现在测得的平均地月距离 384 401 km 相差甚远,但在当时也是相当不错的结果了。此外,喜帕恰斯还观测并绘制了包含至少850 颗恒星的星表。他依据肉眼观测的恒星亮度,把恒星划分为 6 个等级,即最亮的 1 等星到最暗的 6 等星,创建了星等系统,并被沿用至今。

古希腊天文学家通过观测天体对宇宙的结构有了比较理性的认识。在托勒玫之前,天文学家已经对太阳、月亮以及水、金、火、木、土五大行星在天球上的视运动的规律有比较好的了解:行星在众多的恒星中游走;行星视运动的轨迹有顺行、逆行和留(停留不动)几种情况;太阳和月亮始终自西向东穿行,时快时慢。面对这些观测结果,古希腊天文学家自然想要回答:行星视运动的复杂轨迹是怎样形成的? 如何预报行星未来的走向?

在托勒玫以前的 800 年间,古希腊天文学先后形成四大学派,提出了多种理论来解释宇宙的结构。那个时期人们心目中的宇宙就是今天的太阳系五大行星运行的范围。托勒玫大约在公元 140 年提出了改良版"地心说"(图 1-2),论证最充分、计算最精确,成为当时与观测符合得最好的一种理论模型。

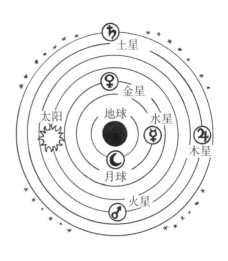

图1-2　古希腊天文学家托勒玫和他的"地心说"宇宙结构示意图①

　　托勒玫的"地心说"提出的宇宙结构是:地球位于宇宙中央静止不动,行星、月球、太阳和恒星每天绕地球自东向西转一周,离地球最近的第一圈轨道上是月球,然后依次为水星、金星、太阳、火星、木星和土星,最外的一层是恒星天。这样的理论模型能够解释观测到的太阳、月亮和恒星的东升西落,也能比较牵强地解释行星的顺行、逆行和留的现象。

　　托勒玫建造的理论模型能够定量地解释行星、月亮和太阳的视运动轨迹,还能预报行星的运行走向。如果发现理论计算结果与观测不符合,可以调整其模型使之与观测结果基本一致。因为那个年代全凭肉眼观测,观测精度不高,也就掩盖了"地心说"的错误。尽管托勒玫的地心体系是错误的,但在天文学发展的初期阶段还是具有一定的积极意义。托勒玫构建的"地心说"模型不是一个定性的、描述性的体系,而是一个定量的、可以预报行星未来位置的体系。他从研究观测现象出发,建立天体运动的几何图像(理论模型),使之能够解释观测到的复杂现象,预报天体未来的视位置,并用新的观测资料来加以检验。这种研究方法在当时是先进的,也是科学的。在1800多年前,托勒玫就有这样的成就,不愧为一位杰出的天文学家。

　　然而,由于欧洲当时的教会势力太大,政教合一,天文学成为为宗教服务的工具。教廷竭力支持地心学说,把"地心说"和上帝创造世界融为一体。教会在把"地心说"钦定为"真理"的同时,残酷迫害与"地心说"观点不同的各种学说的传播者,使得托勒玫的"地心说"长期占据统治地位,对天文学的发展起到阻碍作用。这当然不能由托勒玫本人负责,但不得不说是一种遗憾。

二、成就斐然的近代天文学

15世纪以后，航海事业对天文学提出很多的要求，促进了天文学的大发展。天文观测精度不断提高，陆续发现托勒玫地心体系所推算的太阳、月球和行星的位置存在比较大的偏差。从科学上来说，这时的"地心说"已经破产了。然而，由于教会的支持，"地心说"依然不许人们怀疑。16世纪30年代后期，波兰天文学家哥白尼经过近40年的潜心观测和研究，终于断定托勒玫的地心体系是错误的，并建立了"日心说"理论体系，成为近代天文学的奠基石，使天文学跨入了近代科学的大门。

1. "日心说"——近代天文学的起点

哥白尼1473年2月19日出生在波兰托伦市。18岁时进入克拉科夫大学就读，主修医学，但却热爱天文学。1496年，他到意大利博洛尼亚大学攻读法律、医学和神学，业余时间跟这个大学的天文学家德·诺瓦拉(Domenico Maria de Novara)学习天文。哥白尼于1506年回到波兰，成为弗龙堡大教堂的神父，可他把大部分的时间和精力都用在天文学研究上，成了一名业余天文学家。他买下教堂西北角的一座箭楼,作为宿舍和工作室。在旁边建了一个小天文台,常常整夜进行观测。哥白尼投注了近40年的心血,到了16世纪30年代后期,终于完成了他的科学巨著《天体运行论》(*De Recoluitonibus Orbium Coelestium*)。

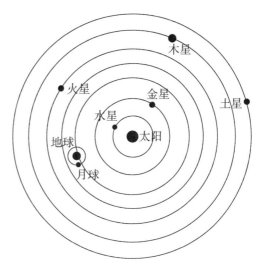

图1-3　波兰天文学家哥白尼的画像和他的日心说示意图⑫

　　这部著作共分为六卷。在书中,哥白尼给出了一幅宇宙总结构的示意图(图1-3):中心为静止不动的太阳;最外层天球为恒星天,也安然不动;在恒星天之内按土星、木星、火星、携带着月球的地球、金星、水星分为六层。这一宇宙结构明确地把地球看成一颗普通的行星,正确地描述了6颗行星绕太阳的轨道运动。地球不仅公转,而且还绕轴自转。哥白尼对行星轨道周期的估计基本上是对的,对行星的顺行、逆行和留的现象也能给出满意的解释。他认为,火星的轨道在地球之外,地球跑里圈,跑得快,火星跑外圈,跑得慢,常会出现地球超过火星的情况,因此在地球上看火星在天球上的视运动就出现顺行、逆行和留的情况(图1-4)。哥白尼的日心体系建立在精确的观测数据和严谨的计算基础上,真实地反映了太阳系的构成和行星运行的情况,不仅成功地解释了行星的视运动轨道,还可以预测这些天体在未来某时刻的视位置。

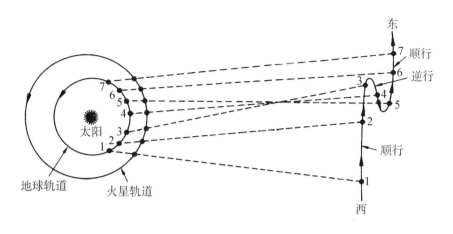

图1-4　在地球上观测火星的视运动的顺行、逆行和留的轨迹示意图

《天体运行论》完成了,哥白尼亲眼看到教会太多的迫害和镇压活动,一直压着不敢出版。在朋友的催促和帮助下,这套巨著终于出版了。1543年5月24日,当书送到哥白尼手中时,他已经病重,危在旦夕。他用手抚摸着这本书与世长辞了。这本巨著出版后,即被教会宣布为禁书。《天体运行论》偷偷摸摸地在民间流传,直到19世纪中叶,其原稿才在布拉格一家私人图书馆里被发现。1873年,增补哥白尼原序的《天体运行论》出版了。1953年,《天体运行论》出第四版时,才补足全部原有的章节,这时哥白尼已经逝世410年。

哥白尼用科学的"日心说",推翻了在天文学上统治了近2000年的"地心说",彻底颠覆了宗教的宇宙观。这是天文学上一次重大的革命,引起了人类宇宙观的全面革新,哥白尼成为近代天文学当之无愧的奠基人。

2. 万有引力定律和天体力学

在哥白尼发表阐述"日心说"的巨著《天体运行论》之后,相继出现了第谷(Tycho Brahe)、伽利略(Galileo Galilei)和开普勒(Johannes Kepler)等优秀的天文学家。

丹麦天文学家第谷对天体位置的观测很精确,达到当时最高的精度。通过长年累月的观测,第谷积累了大量资料。开普勒依据第谷的行星观测资料,分别于1609年和1619年公布了行星运动的三大定律,其内容如下:

(1) 行星沿椭圆轨道环绕太阳运动,太阳位于椭圆轨道的一个焦点;(1609)

(2) 行星与太阳的连线在相同时间内扫过的面积相同;(1609)

(3) 行星绕太阳公转周期的平方和运行轨道半长轴的立方成正比。(1619)

开普勒的行星运动规律彻底摧毁了"地心说"体系,简化和完善了哥白尼的"日心说",对物理学和天文学产生了重大影响。但是,当时并没有理论能解释开普勒三大定律,直到英国物理学家牛顿(Isaac Newton)追本穷源,出版巨著《自然哲学的数学原理》(*Mathematical Principles of Nature Philosophy*),才建立起一套能解释这些关系的物理理论。

牛顿1642年生于英格兰东部的一个小村庄。1661年,18岁的他进入剑桥大学学习数学。1665年夏天,因伦敦遭遇一场可怕的瘟疫,剑桥大学决定全校停课,迅速疏散。牛顿在回到家乡的18个月中发明了微积分,发现了白光的组成,提出著名的万有引力定律——两个物体之间的引力与它们质量的乘积成正比,与它们之间距离的平方成反比。牛顿通过论证开普勒行星运动定律与他的引力理论间的一致性,展示了地面物体与天体的运动都遵循着相同的自然定律,从而消除了人们对"日心说"的最后一丝疑虑。

开普勒行星运动定律和牛顿万有引力定律成为天体测量学和天体力学的理论基础,渗透到天文学领域的各个方面。18世纪,天体测量学和天体力学密切配合,相互促进,组织了精密的子午线观测、月球运动的观测和日地距离的测定等。这些都属于天体测量学的范畴,主要是满足航海的需要。到了18世纪末,天体力学取得了与天体测量学并肩的地位。

应该指出,从远古的天体测量到牛顿的万有引力定律,观测研究对象均为属于太阳系的天体,那时人类对宇宙的认识还是非常肤浅的,天文学家心中的宇宙就是太阳系。18世纪英国天文学家赫歇尔(Friedrich Wilhelm Herschel)把天文观测扩展至太阳系之外,研究了银河系的结构,成为人类认识宇宙历史上一个重要的里程碑。20世纪,美国天文学家哈勃(Edwin Powell Hubble)确认仙女座大星云是银河系之外的大型天体系统,人类的视野又从银河系扩展到河外星系,乃至整个宇宙。万有引力定律的应用也就从太阳系扩展到银河系、河外星系,以及整个宇宙。

3. 光谱观测和天体物理学的诞生

被誉为"恒星天文学之父"的赫歇尔从1776年开始系统地观测恒星,坚持十多年一共获得117 600颗恒星的资料,记录下恒星的位置和视星等,最后通过恒星计数推测出银河系的结构。在当时观测的恒星中,他记载了848颗双星、三合星和聚星。他从1783年开始系统地搜寻非恒星类天体,共发现3000多个星云和星团。赫歇尔对天文学的贡献极其巨大,从太阳系跨越到银河系,成为人类认识宇宙的重要一步。

但是,从学科来讲,赫歇尔的研究基本上仍然属于天体测量的范畴,靠肉眼或光学望远镜观测天体,根据天体的亮度推导它的光度(天体单位时间辐射的总能量)、位置和运动。人类对天上星星的本质还是一无所知,既不知道天体的结构和化学组成,也不知道它们的温度、密度、大小、磁场等。光谱观测的出现带来了变化。

1666年,当牛顿还是一名大学生时,就发现了太阳的连续光谱。一束白色的太阳光通过三棱镜后投射到屏幕上,不同波长的光被棱镜分开了,呈现出红、橙、黄、绿、青、蓝、紫等各种颜色。这种观测实验称为分光观测,得到的彩色带称为太阳的连续光谱。这是最早对光谱的研究。其后一直到1752年,苏格兰人梅尔维尔(Thomas Melvill)第一次观察到发光气体的光谱线,他观察了钾碱、明矾、硝石和食盐等被连续放进酒精灯时所产生的光谱。之后,这类实验研究时有进行,人们已经开始把这些明亮的谱线与不同物质或元素联系起来。

1814年,德国天文学家夫琅禾费(Joseph von Frauhofer)成功研制了一台作为望远镜终端的分光镜,用来观测太阳,发现太阳的彩色连续光谱上有许多粗细不同且分布不均匀的暗黑的线(彩图1),大约有570多条。这就是著名的太阳吸收线。在这之前,他曾发现灯光光谱中有一种橙黄色的双线,现在称之为钠线。他希望能在太阳光谱中找到明亮的线。但是,他观测到的全是暗黑线。接着,他又观测一些较亮的恒星,发现它们的光谱各不相同,有的与太阳相似,有的则相差甚远。这是人类历史上第一次观测到太阳和恒星的光谱,成为天体物理学的开端。

夫琅禾费发现的这些暗线究竟是什么？给我们带来太阳的什么信息？尽管当时物理学的光谱研究已经开始,已经对明亮的谱线有所认识,但是对于太阳的暗黑谱线却不知为何物。直到1861年,德国物理学家基尔霍夫(Gustav Robert Kirchhoff)揭开了这里面的奥秘。1859年,他来到海德堡大学任教,与这里的著名化学家本生(Robert Wilhelm Bunsen)合作,最后得出基尔霍夫光谱三定律,完满地解释了太阳的暗黑谱线。这三条定律是:

(1)凡是炽热的物体都会发出连续光谱;

(2)稀薄而且气压比较低的炽热气体会发出某些单独的明亮谱线;

(3)连续谱光源的光经过比较冷的气体后会产生吸收谱线,也就是比较冷的气体将连续谱光中某一波长的能量吸收了。

所谓连续谱,就是所有波长上都有辐射,但不同波长上的强度不一样,有一个明显的峰值。吸收谱线的产生如图1-5所示,温度为6000 K(开尔文,热力学单位,简称开)的气团发出的连续谱辐射经过温度为5000 K的气体后,有些波段的能量被吸收,形成了一条条暗的吸收谱线。而温度为5000 K的气团则因为处在高能态的电子跳到低能态而发出多条发射线。

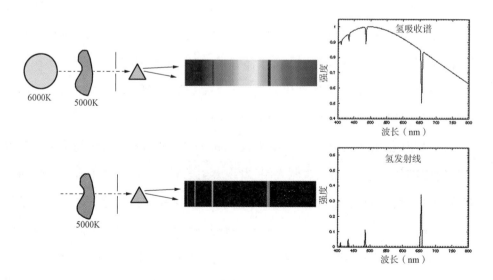

图1-5 基尔霍夫光谱定律解释太阳光谱的吸收谱和发射线①

基尔霍夫在《太阳光谱论》(*Zur Geschichte der Spectral-Analyse und der Analyse der Sonnenatmosphäre*)一书中探讨了太阳的结构和物理特性,结论是:太阳大气温度很高,金属处于气体状态;太阳的温度是外层低,越向里层越高;太阳黑子是温度较低的区域;在太阳大气中存在有钠、镁、铜、锌、钡、镍等元素。

从此,以光谱观测为手段的天体物理学诞生和发展起来了,其中太阳物理学发展最快、最为突出。太阳光谱观测迅速发展,很快就辨认出了太阳光谱中很多谱线是来自钠、铁、钙、镍等元素,证明太阳里有许多地球上常见的元素。研究人员还先于地球实验室,在太阳大气中发现了氦元素。后来,天文学家公布了详尽的太阳光谱图,记载了太阳光谱里从紫外区到红色区140 000条谱线的确切波长和强度,这些成果至今仍然是研究太阳光谱的基础。

在太阳物理学的刺激下,恒星物理学也发展起来,最主要的研究手段也是进行光谱观测。意大利天文学家赛基(Pietro Angelo Secchi)把恒星按照光谱分成4类,即白星、黄星、橙红星、深红星。他认识到这样的分类是和恒星的温度有关的。英国的哈金斯(William Huggins)弄清了这些恒星的化学组成,指出亮星具有和太阳相同的化学组成,它们的光线来自下层炽热物,穿过外层具有吸收能力的大气层而向外辐射。19世纪后期的光谱观测和分析工作则侧重于更精细的光谱分类,从而使天文学家产生了恒星演化的想法,这一想法在20世纪结出了丰硕的成果。

赫歇尔发现的众多星云也成为光谱观测的对象。天文学家最早知道的仙女座大星云和猎户座大星云,是用肉眼观察到的。星云可分为河内星云和河外星云两大类。一类是真正的雾状天体,"云"由气体和尘埃物质构成,处在银河系中。另一类以仙女座大星云为代表,它们处于银河系之外,是比银河系还大的独立的恒星系统,但19世纪时天文学家并不清楚,因为早期的望远镜分辨率很差,分辨不出来。19世纪星云物理学的发展主要是对星云进行光谱观测,能够给出这两类星云光谱特性的明显差别:前者是具有明线光谱的气体星云,后者是具有连续光谱的由无数恒星构成的星系。

光谱观测还发现谱线的波长会发生变化,这是多普勒效应导致的。如果天体是远离观测者而去,那么会发生波长变长的现象,称为红移。如果天体是朝向观测者移动,便会产生波长变短的现象,称为蓝移。红移值用 Z 表示,定义为 $Z = (\lambda - \lambda_0)/\lambda_0$,$\lambda_0$ 是谱线原来的波长,λ 为观测到的波长。根据红移值可以计算天体远离我们而去(退行)的速度。

光谱观测是天文观测的一次革命性发展,使天文学进入天体物理学时代,可以从天体的光谱分析中获得诸如化学成分、温度、磁场、大气运动等重要信息。

三、生机勃发的现代天文学

自19世纪末到20世纪初的30多年间,以相对论和量子论的发展为标志,物理学经历了从经典物理学到现代物理学过渡的发展阶段。天文学特别是天体物理学也随之产生了巨大的飞跃。天文学家密切注视物理学的发展,及时地用物理学原理来解释我们宇宙的过去、现在和将来。天文学进入现代天文学阶段。现代天文学是以天体物理学为核心,研究天体的形态、结构、物理状态、化学组成,以及天体和宇宙的产生和演化的科学。其特点是:以现代物理学为主要的理论基础,以最先进的科学技术装备天文观测设备,以多信使渠道获得全电磁波段、高能粒子和引力波带来的天体信息。天文学观测和理论研究也为物理学带来了巨大的刺激和挑战。在宇宙中发生的物理过程比地球上所能发生的多得多,规模大得多,过程复杂得多。在地球上做不了的物理实验,在宇宙中可以找到。随着物理学和天体物理学的发展,物理学家必然要把宇宙及各种天体作为物理学的实验室。天文学家和物理学家共同从事天文学领域的研究成为必然。

1. 量子理论融入现代天文学

　　基尔霍夫除了提出光谱三定律,还假设了"黑体"的存在。黑体是一个能吸收所有入射的辐射、不会有任何反射或透射的物体。1898年,科学家运用铂金盒壁上的一个孔,用隔膜隔开,其内部以氧化铁涂黑,模拟出了一个黑体,并测得了黑体辐射谱,发现其与太阳光谱类似(图1-6)。物理学家为寻找黑体热辐射的理论公式,进行了许多尝试,最成功的是1893年推出的维恩公式和1900年推出的瑞利-金斯公式。但是,前者仅在短波部分与实验中观察到的结果较为符合,在长波部分则明显地与实验不符。后者则在长波部分与观察一致,而在短波部分与实验大相径庭,导致了所谓的"紫外灾难"。

　　1900年,德国物理学家普朗克(Max Planck)从物质的分子结构理论中借用不连续性的概念,提出了辐射的量子论。他认为,电磁波的能量是一份一份地被发射或被吸收,每份能量 $E = h\nu$ 称为能量子,仅与辐射的频率 ν 有关,h 是一个数值非常小的常量,称为普朗克常量。根据这个模型计算出的黑体光谱与实际观测到的很一致。1905年,爱因斯坦(Albert Einstein)提出光量子假说,认为光是由一份一份的光子组成,对光电效应作出了正确的解释,更明确地认为光具有粒子特性。量子论不仅很自然地解释了灼热物体辐射能量按波长分布的规律,而且以全新的方式分析了光与物质相互作用,被物理学界认可。

　　1913年,丹麦物理学家玻尔(Niels Bohr)从卢瑟福(Ernest Rutherford)的有核模型、普朗克的能量子概念,以及天

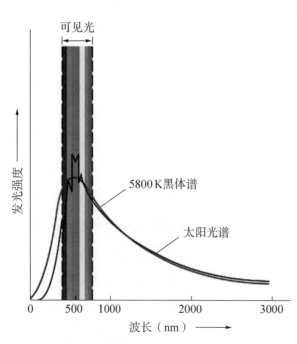

图1-6　太阳的观测曲线和5800 K的黑体辐射谱的比较(连续谱)①

文学光谱观测和实验室光谱实验的成就出发,提出了量子化的原子模型。玻尔的原子模型认为:原子由原子核和围绕核运动的核外电子组成;电子能量是量子化的,只有一些分立的能级,电子只能处于一个能级上;当电子获得能量就会从低能级跃迁到高能级,形成吸收线;当电子从高能级跃迁低能级时,将放出能量,形成发射线。图1-7给出氢原子和氦原子的结构和能级示意图。玻尔的原子模型是非常成功的,不仅正确解释了氢元素巴耳末系光谱的公式,而且也能很好地解释其他元素的光谱。

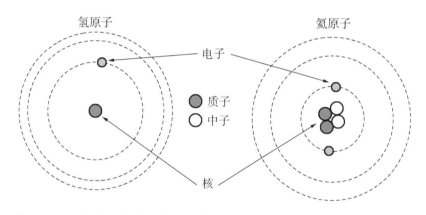

图1-7　玻尔原子结构和能级示意图,图左为氢原子,图右为氦原子①

　　量子理论揭开了物理学上崭新的一页,给光学,也给整个物理学提供了新的概念,通常把它的诞生视为现代物理学的起点。它也成为现代天文学的光谱观测研究的基础理论。但是,普朗克、爱因斯坦和玻尔提出的量子理论过于简单。玻尔的原子模型并不能解释所观测到的原子光谱的各种特征。科学界把这个时期的量子理论称为前期量子论或旧量子理论。

　　在1895年至1932年的30多年间,物理学有诸多新的发现,如高频X射线和γ射线的发现,放射性元素钋和镭的发现以及它们的蜕变规律,电子、质子、中子和α射线以及宇宙线等基本粒子和原子核的发现等。物理学实验和研究进入了微观世界,开辟了原子、原子核和粒子物理的研究新领域。普朗克、爱因斯坦和玻尔提出的量子理论也显得陈旧,不够用了。

　　旧量子理论强调了电磁波的粒子特性。面对众多的微观粒子,德布罗意

（Louis de Broglie）于1923年提出了物质波假说,认为微观粒子也具有波动性,把量子理论发展到一个新的高度。1926年薛定谔(Erwin Schrödinger)沿着物质波概念成功地确立了电子的波动方程,为量子理论找到了一个基本公式,薛定谔方程成为新的量子力学的核心。量子力学中的波实际上是一种概率分布,波函数表示的是电子在某时某地出现的概率。这体现了量子力学的一个重要法则:不确定性原理,即微观粒子的位置和动量不可能同时确定。微观粒子按统计性质分为两大类:费米子和玻色子。费米子(电子和中子等)遵循"泡利不相容原理",即不容许有两个粒子处于相同的能量态,而玻色子(光子和氦核等)则容许众多粒子处于同一能量态。量子理论发展到量子力学阶段已经比较成熟了。

量子理论对天文学的发展极其重要,例如利用光谱学方法研究恒星和星云,就直接依赖于量子理论提供的关于原子和分子的知识。对太阳和恒星内部产能反应和元素合成的认识也依赖于量子理论。不确定性原理能够解释α粒子通过隧道效应从原子核中逃出,可以解释原子核何以能够在恒星内部的条件下克服自身正电荷的排斥力而聚合在一起:由于原子核的位置不确定,它们比对应的经典粒子伸展得更大,对经典力学来说,粒子相隔太远无法汇合时,量子力学的粒子却能彼此"交搭"而聚合。量子理论对构造太阳内部的核反应过程以及预言太阳的诸多观测性质,包括中心温度的估计等方面都取得了成功。这一切都表明量子理论成为恒星内部这一层面上重要的理论支柱。量子理论对致密天体的研究也至关重要。20世纪30年代,剑桥大学刚刚获得博士学位的钱德拉塞卡(Subrahman-yan Chandrasekhar)和国际著名天文学家爱丁顿(Arthur Eddington)关于"白矮星质量上限"的争论就是量子理论与经典物理学之间发生的最激烈冲突之一。关于白矮星和这次争论在本书第四章第一节中有详细的论述。量子理论和宇宙学之间最重要的交汇表现在伽莫夫(George Gamow)提出的著名的热大爆炸宇宙学模型中。

量子理论揭示了微观物质世界的基本规律,它能很好地解释原子结构、原子光谱的规律性、化学元素的性质、光的吸收与辐射、粒子的无限可分和信息携带等。这些都已深刻地融入现代天文学的各个研究领域之中。

2. 广义相对论和五大天文学验证

爱因斯坦是公认的20世纪最伟大的自然科学家。1905年,在瑞士伯尔尼专利局工作的他在科学上取得丰硕的成果。他发表论文提出了"光量子论",正确解释了光电效应的产生机制,获得1921年度诺贝尔物理学奖。

他还于同年提出了"狭义相对论",认为时间和三维空间共同构成了时空的四维坐标,在不同惯性参考系之间可以通过洛伦兹变换进行转换。狭义相对论建立在两个基本原理上,一是光速不变原理,二是惯性系中物理定律有相同的表达式。依据这两个原理推导出同时的相对性、尺缩效应、钟慢效应、质能等价等现象,极大地革新了人们的时空观念。狭义相对论的正确性已经由实验和观测证实,并被广泛运用于各种高速运动的物体中,如粒子加速器中的高能粒子等。在天文学中,相对论性粒子的存在更是比比皆是,如宇宙线、脉冲星风等。

狭义相对论中,经典牛顿力学、电动力学都可以改写为狭义相对论形式,但万有引力定律却无法改写。为统一万有引力定律和狭义相对论,爱因斯坦发展出广义相对论,以场方程

$$G_{\mu\nu} = R_{\mu\nu} - \frac{1}{2} R g_{\mu\nu} = \frac{8\pi G}{c^4} T_{\mu\nu} \qquad (式1.1)$$

为核心。这个看似简单的公式实际上是10个方程的简写模式,涉及我们不熟悉的张量、曲率、偏微分和矩阵等,很复杂。但是,爱因斯坦场方程的内涵却是非常简单明了,那就是:"物质告诉时空如何弯曲,时空告诉物质如何运动。"以太阳为例,太阳的存在使得周围的时空发生弯曲,而弯曲的时空会告诉周围的物体(行星)应该做什么样轨迹的运动。

爱因斯坦场方程提供了计算物质造成的时空弯曲的方法。但由于未知量过多以及计算复杂性,往往只有在特定假设下(如时空球对称),方程才有精确解。通过对爱因斯坦场方程的研究,彭罗斯(Roger Penrose)用理论证明了黑洞是广义相对论的预言产物,获得2020年度诺贝尔物理学奖。具体细节将在第四章进行介绍。

广义相对论观念之新,数学方法之难,让人们一时无法理解,甚至遭到很多物

理学家的反对。当时,全世界懂得广义相对论的科学家寥寥无几。爱因斯坦对自己推出的理论抱有十足的信心,但又不可能强迫别人相信,唯一可行的办法是用观测或实验证实理论的正确。由于时空的弯曲只有在大质量物体存在时才变得明显,天文学所观测的众多天体成为验证和运用广义相对论最好的场景。爱因斯坦先后提出广义相对论的五大天文验证——水星近日点的进动、太阳引力场中光线的偏转、引力红移现象、引力透镜和引力波。

1) 水星近日点的附加进动

水星是距太阳最近的一颗行星。按照牛顿的引力理论,在太阳的引力作用下,水星的运动轨道将是一个封闭的椭圆。但是,天文学家早就发现水星的轨道并不是严格的椭圆,而是每转一圈长轴略有转动,称为进动,如图1-8所示。

1859年,法国天文学家勒威耶(Urbain Le Verrier)大胆地提出,这种现象是由一颗未知的、在水星轨道之内的"火神星"所引起的。然而,人们一直没有找到"火神星"。后来,人们相信,进动可能是由其他行星的引力所引起,按照牛顿力学计算出的进动是每百年转动1°32′37″,而实际测量的结果是每百年1°33′20″。观测

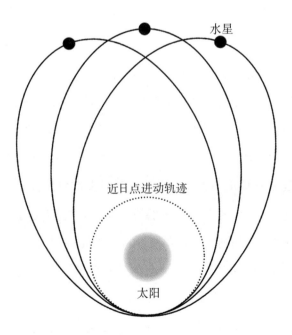

图1-8　水星近日点进动示意图 Ⓟ

和理论结果之差虽然只有43″/百年,但是已经超出观测精度的范围了。这个问题变成以牛顿力学为基础的天体力学中的一个谜。爱因斯坦应用广义相对论的一个近似解找到了43″/百年的出处,解决了这个天文学历史难题。

2) 光线在太阳引力场中弯曲

　　1916年,爱因斯坦计算出星光在穿过太阳附近时所产生的偏折角度为1.75″,是牛顿引力理论预言的两倍。天文观测能不能发现这么小的偏转呢?

　　我们观测恒星的光学辐射都是在夜晚,原因是要避开太阳耀眼的光芒。只有一种情况可以对着太阳的方向观测来自太阳后面天体的光学辐射,那就是在日全食的食甚,即月球把太阳圆面全部遮挡的时候。日全食每年都会发生2—5次,因此天文学家有不少的机会验证星光是否会因太阳的影响而弯曲。图1-9示意其原理:在食甚期间,处在太阳后面的恒星发出的光经过太阳附近时发生弯曲,这时望远镜所看到的恒星是它的虚像(视位置)。虚像的位置与恒星的真实位置是不同的,必须要找到这颗恒星的真实位置才能计算出星光弯曲了多少。由于地球公转,太阳在天球上的视位置有一个周年运动,白天出现在太阳背后的星空,几个月后,将在夜间出现,因此可以检测出日全食食甚期间星光偏折的角度。

　　1919年5月29日发生的日全食,始于智利和秘鲁的接壤处,然后越过南美,经

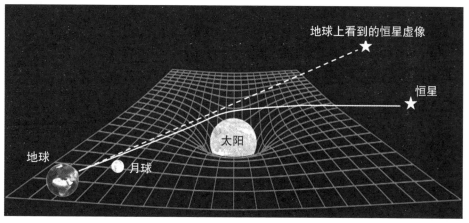

图 1-9　日全食时星光受太阳影响发生偏折的示意图(偏折角很小,这里夸大了)⑩

过大西洋,最后到达非洲的中部。当时,英国派出两支日食观测队,爱丁顿亲自率领一队前往非洲西岸的普林西比岛,在6—8分钟的日全食食甚期间,拍摄了15张照片。与几个月后拍摄的星空照片比对,发现恒星的光线确实偏折了,偏转角为1.98″,接近广义相对论预言的1.75″,而比牛顿万有引力定律预言的0.88″大一倍以上。日全食的观测支持了广义相对论! 消息传到了德国,爱因斯坦平静而自信地说:"我从来没有想过会是别的结果。"消息传到英国,引起轰动,伦敦《泰晤士报》头版头条新闻标题赫然写着"科学革命:牛顿的思想被推翻"。

3) 引力红移

按照广义相对论,时空弯曲的地方,钟走得慢,即时间会变慢。时空弯曲得越厉害,钟走得越慢。所以,太阳附近的钟,会比地球上的钟走得慢。时钟走得慢的后果导致谱线的频率变低,波长变长,也就是谱线红移了。设想,原来谱线的频率是100 MHz,也就是每秒振动一亿次;现在时钟走得慢了,振动一亿次需要的时间超过一秒,这样频率就下降了,也就是谱线向红端移动了。爱因斯坦把这个现象称为引力红移。

引力红移的大小与恒星表面的时空弯曲程度有关,引力越大,引力红移越大。爱丁顿时代的观测设备比较差,很难发现地球和太阳附近的引力红移现象。他认为白矮星是验证引力红移的理想实验室,建议正在研究天狼星B的亚当斯(Walter Sydney Adams)做观测验证。果然,不出所料,亚当斯于1925年测出了引力红移,而且红移量与用爱因斯坦理论计算得到的结果完全一样。

为了探测地球引力红移效应,1976年美国航天局发射了"引力探测器A"。探测器携带了一个原子钟,在9978 km的高空运行,研究人员的目标是探测光波的频率变化。测量结果表明,探测器上的原子钟比地球表面的钟走快了百亿分之4.5,跟广义相对论的预言只相差万分之0.7。

4) 引力透镜

爱因斯坦早在创立广义相对论的三年前,即1912年,就提出了引力透镜的概念。他认为,大质量天体会产生像玻璃透镜一样使光线弯折的效应,因此可以把该天体看作是宇宙中一个庞大的"引力透镜"。

　　图1-10是引力透镜原理示意图：引力透镜天体使遥远天体的光线产生偏折，恰好在地球上会聚，从而产生虚像。由于透镜天体的边缘情况很不一样，导致产生的虚像形式多样，如2个虚像、4个虚像甚至呈环状或弧状等。宇宙中的引力透镜可能很多，但在地球上观测到引力透镜的条件很苛刻，首先需要地球、引力透镜天体、观测对象恰好三点一线，而且三者间的距离适当，以保证在地球处聚焦。其次，能成为引力透镜的天体要求其质量特别巨大，那些质量很大的河外星系、星系团、大质量黑洞，还有我们看不见的成团的暗物质等都可能成为引力透镜天体。只有当这两个条件同时得到满足时，才有可能形成明显的引力透镜现象。

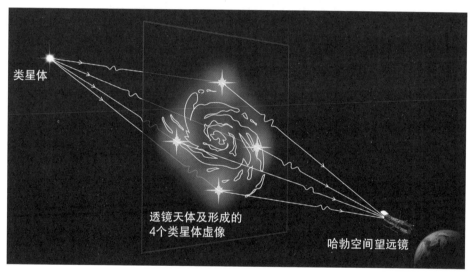

图 1-10　引力透镜原理：引力透镜天体使遥远天体的光线产生偏折，恰好在地球上会聚，产生虚像Ⓝ & Ⓔ

　　1979年，亚利桑那大学的天文学家探测到两个类星体 QSO 0957 + 561A 和 QSO 0957 + 561B。它们彼此靠得很近，并且外观、亮度都非常相像，红移一模一样，都是1.41，其他观测特征如连续光谱、谱线等几乎完全一样，看起来就像是一对双胞胎。发现者不知所措，忽然想起了几十年前爱因斯坦关于引力透镜的预言，才恍然大悟，认为这两个类星体很可能是引力透镜产生的虚像。很快他们在类星体方向找到一个红移为0.36的暗弱星系，红移比这两个类星体的要小很多，判定是引力透镜天体。天文学家无意之中找到了第一个引力透镜。

1985年,发现了4个虚像的引力透镜,被称为爱因斯坦十字。其中心的引力透镜是一个距离我们大约4亿光年的明亮星系,周围的4个光斑是一个距离我们大约80亿光年的类星体经过引力透镜作用而形成的4个虚像(图1-11)。

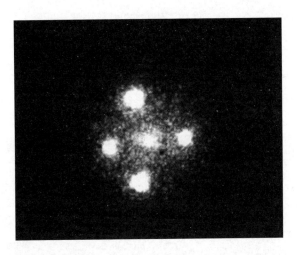

图 1-11　1985年发现的引力透镜"爱因斯坦十字"QSO 2237+0305Ⓝ & Ⓔ

最完美、最理想的引力透镜当然属于产生爱因斯坦环(彩图3)的引力透镜了。这不仅要求遥远天体、引力透镜天体和观察者三者正好在一条直线上,而且要求它们对于这条直线都是高度对称的,这样所产生的虚像便能形成一个被称为爱因斯坦环的完整的环。由于引力透镜天体的引力场分布不够规则,往往会形成断断续续的、一段段的圆弧。

5) 引力波

爱因斯坦根据广义相对论还预言了宇宙中引力波的存在。由于引力波效应极其微小,他不敢奢求发现引力波。1974年,美国天文学家泰勒(Joseph Taylor)和赫尔斯(Russell Hulse)发现射电脉冲双星系统,通过观测间接印证了引力波的存在。2015年,美国的激光干涉引力波天文台(LIGO)直接探测到双黑洞并合产生的引力波。这两项研究都获得了诺贝尔物理学奖,将在本书第四章详细讲述。引力波的存在得到了证明,成为了一种天文学的新信使。

3. 现代天文学的研究对象和观测手段

天文学的研究对象分为行星层次、恒星层次、星系层次和宇宙层次,包括太阳系、恒星、银河系、河外星系及整个宇宙,不仅要研究它们的现在,还要研究它们的过去和将来。只有一点例外,那就是把我们自己居住的地球归为地学研究的范畴。太阳系范围为 $1.2×10^{-3}$ ly(光年, 1 ly=$9.46×10^{15}$ m),离地球最近的恒星距离为 4.3 ly,银河系的尺度为10万光年,最近的星系距离为百万光年,富星系团的尺度约为千万光年,可测宇宙的尺度约为138亿光年。

太阳系是以太阳(彩图2)为主体的天体系统。太阳质量占太阳系所有天体总质量的99%以上,强大的引力把其他天体都牢牢地控制在自己的周围。我们肉眼看到的太阳是它的光球,温度约6000 K。日面上经常出现黑子和耀斑这类太阳活动现象。在光球外面的日冕具有百万开的温度,日冕以及太阳磁场可以延伸到极其广阔的太阳系空间。太阳系内有八大行星,按到太阳的距离由近及远依次为水星、金星、地球、火星、木星、土星、天王星、海王星,它们大致都沿着同一方向自西向东以椭圆轨道绕着太阳转动。小行星是太阳系里较小的天体,绝大多数小行星就像一块块大小不等、形状不一的"大石块",分布在火星和木星的轨道之间。彗星也是绕太阳运行的小天体,其公转轨道是椭率非常大的椭圆。当它运行到太阳附近时被阳光照射得十分明亮,而且受热生成彗尾,形如一把倒挂的扫帚。流星体是太阳系内更小的天体,大多数是直径十微米到几十厘米的尘粒和固体物质,也绕太阳运行。当它们进入地球大气层时,由于速度很高,同地球大气的分子碰撞而发热、燃烧、发光,形成明亮的光迹。也有一些比较大的流星体,在大气中没有燃尽,落到地面上成为陨石。

太阳系行星的研究是个很古老的课题,但是20世纪以来对行星的空间探测使行星研究成为最富挑战性的课题。地球上生机勃勃、五彩缤纷的生命世界使人们期望在地球之外能找到生命,甚至是与人类智能相当或超越人类的生物。寻找地外生命首先寄希望于太阳系内行星的探测。然而,太阳系内的探测结果却令人失望,天文学家转向寻找太阳系之外的行星系统,特别是与地球类似的行星系统。与此同时,搜寻地外文明发来的电波和主动与外星人联系的宇宙通信等科学研究都在紧锣密鼓地进行着。20世纪50年代人类开始挑战宇宙航行以来,地外生命的探索始终是空间探测的一项重要内容。

银河系中有数以千亿计的恒星、许许多多的弥散星云和到处都有的星际物质。恒星的化学组成大同小异,但大小和密度却十分悬殊。太阳的半径约为70万千米,中等偏小。红巨星的半径是太阳的600—1600倍,是恒星世界中的庞然大物。与普通恒星相比,白矮星和中子星堪称"侏儒",白矮星的半径只有太阳的0.7%,和地球相当,大约为5000 km,中子星更小,半径只有10 km左右。红巨星、白矮星和中子星之间的密度差别可达几个、十几个数量级。

许多恒星的光度会发生引人注目的变化。其中变星的光度变化是周期性的,周期从一小时到几百天不等,也有的甚至长达两三年。还有一些恒星的光度发生突然的剧烈变化,成为新星和超新星。恒星并不孤单,有的恒星有行星系统相伴,有的则是成双成对的双星系统,还有三五颗星聚在一起组成聚星的,也有的几十、几百乃至几百万个聚在一起形成星团的。银河系中双星并不少见,约占全部恒星的三分之一。

银河系中千亿多颗恒星主要集中在一个扁球状的空间范围内,侧面看去像一只中间突起、四周薄的铁饼。这个大铁饼称为银盘,银盘的面叫银道面,直径约10万光年,中心突出部分是银核,厚约1万光年。在大铁饼之外,还有一部分恒星稀疏地分布在一个圆球状的空间范围内,形成所谓的银晕。

银河系如此之大已是令人难以想象,但是在银河系之外还有许许多多同银河系类似、离我们非常遥远的庞大天体系统,称为河外星系。河外星系也聚成大大小小的集团,有双重星系、多重星系,甚至由成百上千个星系组成的星系团。河外星系按它们的形态可以分为椭圆星系、旋涡星系和不规则星系等。还包括类星体、各种射电星系、塞弗特星系、蝎虎座BL型天体等"活动星系"。对它们的观测使天文研究的范围扩展到以百亿光年为尺度的广阔空间,并可追溯到百亿年以前发生的事件,是现代宇宙学的重要支柱。

天文学的研究在于探索宇宙及它所包含的所有天体的本质。观测是天文学研究的主要实验方法。人类基本上只能被动地接收来自宇宙空间的天体发出的电磁波、高能粒子和引力波,而且由于绝大多数天体离我们特别遥远,到达地球的能量非常微弱,因而观测起来特别困难。

由于地球大气的吸收和散射,X射线、γ射线、远红外、紫外等波段的辐射都不能到达地面,射电波段的长波被地球电离层反射,也不能到达地面(图1-12)。大气对γ射线、X射线和紫外线的吸收特别厉害,只能在大气之上的空间进行观测。大气对红外波段的吸收也很厉害,只是在近红外波段,地面望远镜勉强可以观测。对于射电波段,大气中的水蒸气对最短的亚毫米波和毫米波有一定的吸收,因此毫米波/亚毫米波射电望远镜对台址的要求很严格,要求海拔很高和特别干燥。大气电离层会把射电波的长波波段反射掉,地面射电望远镜能观测的最长波长为十几米,进行长波观测最好的地方是在月球表面。在地面上只能发展三种天文望远镜:光学望远镜、近红外望远镜和射电望远镜。

20世纪60年代开始的空间天文观测,逐步完善、发展壮大,从而使天文学进入了全电磁波观测时代。光学、射电、红外、紫外、X射线和γ射线各个波段的观测设备齐全。经过几十年的发展,各个波段的观测能力大大提高,观测研究已经全面向宇宙天体的三大层次(太阳系行星、银河系和河外星系)铺开,全面地研究我们的宇宙。目前的观测能力虽然已经触及可观测宇宙边缘的明亮天体,但绝大多数暗弱天体仍然察觉不了,分辨不清。除了硬X射线和γ射线外,所有波段都可以进行成

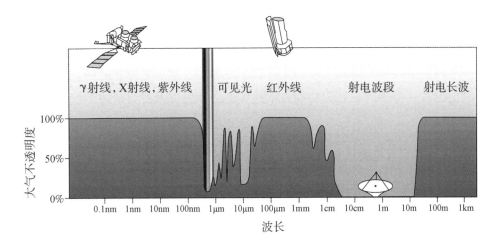

图1-12　地球大气层对于不同频率电磁辐射的不透明度[N]

像观测。

　　20世纪初发现宇宙线以后,天文学家开始探测来自宇宙空间的高能粒子。宇宙线的成分主要是各种元素的原子核,以及少量的电子。后来发现,宇宙线中还包括极高能γ光子和中微子。宇宙线携带着河外星系天体、银河系、太阳活动及地球的空间环境等科学信息,成为电磁波外又一个获取天体信息的渠道和手段。宇宙线的能量从10^3 eV(电子伏特,1eV=$1.6×10^{-19}$ J)一直持续到10^{20} eV以上。但是能量越高,数目越少,能量 $E≥10^{14}$ eV的粒子的数目非常之少,导致无法进行空间探测。好在,能量高于10^{14} eV的粒子或γ光子进入地球大气后因与大气作用产生次级粒子,继而产生能够被高山观测站设备探测到的次级粒子、切连科夫光子和大气荧光,可以间接地观测研究极高能宇宙线。20世纪中叶,科学家们更加关注宇宙线本身的物理问题和它们的起源。目前宇宙线的观测有很大的发展,天上的卫星和高山上的观测设备的观测能力越来越强大。但是,除了太阳发出的宇宙线能被很好地确认,其他的宇宙线无法确认来自哪个天体。高能γ光子事件已经观测到130多例,仅仅能确认其中的一例是来自蟹状星云。宇宙线的观测能力远远比不上电磁波各个波段的观测能力。

　　期待已久的新信使——引力波终于在2015年到来。天体引力波主要有三种形式:连续式引力波、爆发式引力波和引力波背景辐射。相互旋绕的致密双星是宇宙空间中最丰富的引力波源,这种双星主要是由中子星、白矮星、黑洞与其他恒星组成的各种密近双星系统。就单个致密天体而言,只要它们不是完全球对称,快速的旋转依然会不断地产生引力波,但强度相对较低。超新星爆发、恒星坍缩、黑洞的形成过程等的非对称性动力学性质也会产生引力波。银河系大量双星系统产生的引力波可以叠加形成一个引力波背景辐射。宇宙开端的大爆炸也会产生引力波,比宇宙微波背景辐射产生的时间要早38万年,因此还保留宇宙形成早期的信息。2015年是令人欣喜的一年,首次探测到双黑洞并合产生的引力波;到2017年,不仅探测到多起双黑洞并合事件,还探测到双中子星并合事件。这一事件意义更大,不仅探测到引力波,还探测到同时发生的γ射线暴和光学波段的千新星。科学家们欢呼天文学观测进入引力波观测的时代,进入了多信使观测的时代。

4. 全电磁波时代的天文学

传送天体信息的3个信使已全部上岗,其中电磁波这个信使的能力最强。电磁波按其波长排列大致可分为:γ射线(10^{-14}—10^{-10} m)、X射线(6×10^{-12}—2×10^{-9} m)、紫外线(6×10^{-10}—3×10^{-7} m)、可见光(3.8×10^{-8}—7.8×10^{-7} m)、红外线(7.8×10^{-7}—10^{-3} m)、射电波(10^{-3}—10^{3} m)。X射线和γ射线都属于高能光子,科学家习惯上用它们的能量单位电子伏特(eV)来表示它们的频率或波长。1 eV 代表频率241.8 THz或波长1240 nm。电磁波各个波段的波长范围并没有严格的界限,而是有一定的交错。

按观测的波段或观测手段,可把天文学分为光学天文学、射电天文学、红外天文学、紫外天文学、X射线天文学和γ射线天文学。

1) 光学天文学

光学天文观测有几千年的历史,肉眼可以看到的天体就有6000多个。伽利略发明的光学望远镜口径仅3.5 cm,观测能力比肉眼提高了100倍。这是天文学史上划时代的创举,也是现代科学萌芽时期的第一个重大发明,使得人们在很短时间里便取得了一系列突破性的天文发现。光学望远镜发展到今天,口径达到8 m到10 m量级的已经有14架,位于美国夏威夷的口径10 m的凯克"双胞胎"是其中的佼佼者。正在研制中的光学望远镜的口径已达30 m至40 m,比伽利略望远镜的聚光能力提高了百万倍以上。

大型光学望远镜之所以宝贵,在于看得远、分得清。但这不完全取决于望远镜的口径和精度,还取决于观测地点的自然环境。天体的辐射要经过地球大气才能达到望远镜,只有大气清洁无尘、没有任何抖动,大型光学望远镜的优势才能体现出来,看到的星像才会十分鲜明、锐利。这好比我们在清澈透明、没有任何波纹的水面上,你可以看到水下悠闲自得的鱼、长满青苔和水草的湖底。如果有风,哪怕是微风,湖面吹起波纹,你就看不到或看不清湖底的一切了。视宁度是衡量大气稳定度和透明度的一个科学指标,一个优秀的光学望远镜台址要求平均视宁度在0.7"—1"之间。

国际天文界公认世界上有3个顶级的光学天文台址,都是设在高山之巅:夏威夷海拔4206 m的冒纳凯阿山山顶、海拔2500 m的智利安第斯山山顶和大西洋加那利群岛2426 m高的山顶。这3个台址的共同特点是:视宁度高、大气水气含量低、晴夜数多。全世界的大型和特大型光学红外望远镜大部分都在这里落户,数十年来已经成为主导和垄断世界天文科技发展的高地。

此外,太空光学望远镜也是一个选择。1990年被送到太空的哈勃空间望远镜,主镜口径虽然只有2.4 m,但因为它不受地球大气层的干扰,观测精度大大超过了地面上的望远镜。当今光学望远镜的观测能力已经达到可观测宇宙的边缘。光学望远镜的观测为天文学的发展奠定了基础,在很长一段时间里,光学天文学就代表了天文学。

2) 射电天文学

1933年,美国无线电工程师央斯基(Karl Jansky)发现了来自银河系中心的无线电波,开启了射电天文学。射电波段的波长范围从十米波长一直到亚毫米波,不同波段的观测对射电望远镜的技术要求很不相同,因此有米波、厘米波、毫米波和亚毫米波射电望远镜的区别。第二次世界大战后,大量的军用雷达被改造为射电望远镜,射电天文学迅速发展起来。和光学望远镜400多年的历史相比,射电望远镜面世仅有几十年,但是射电天文学很快就步入了鼎盛时期。20世纪60年代,射电天文学的"四大发现",即脉冲星、星际分子、微波背景辐射和类星体的发现,成为20世纪中期最为耀眼的天文学成就。

射电天文学之所以迅速崛起,在于射电波段的特殊性,光学观测无法替代它。物理学家预言中子星的存在,但由于其辐射主要在射电波段,寻找了30多年,一无所获。直到利用射电望远镜观测才在无意中发现了中子星。大爆炸宇宙理论预言宇宙的3 K背景辐射,其频谱主要在厘米波、毫米波和亚毫米波段,这也是使用射电望远镜在无意中发现的。星际分子的发现被一个理论预言所推动。1954年,美国物理学家汤斯(Charles Hard Townes)计算出处在射电波段的17种星际分子谱线频率,结果真的观测到了。只有类星体的发现是射电和光学观测的共同贡献。

目前世界上口径最大的单天线射电望远镜是我国贵州的500 m口径球面射电望远镜(FAST)。其聚光能力非常强,但是分辨率却比不上小型光学望远镜,也不能成像。20世纪50年代,英国的赖尔(Martin Ryle)发明了由多面天线组成的综合孔径射电望远镜,不仅分辨率赶上大型光学望远镜,而且也能成像,与光学望远镜打了个平手。后来进一步发展为甚长基线干涉仪(VLBI),分辨率大大超过了光学望远镜。现今的射电望远镜的最高分辨率已经达到0.01 mas(毫角秒),是光学望远镜分辨率的5000倍。

3) 红外天文学

红外波段与可见光相邻,其波长范围在0.78—1000 μm之间,只有1.2—21 μm之间的红外线能够到达地面。早在1800年,赫歇尔就发现了太阳的红外辐射,但红外天文学长期处于停顿不前的状态,直到20世纪80年代才蓬勃地发展起来。温度在3000 K以下的低温恒星、原恒星、棕矮星、星际介质、星云以及3 K微波背景辐射的光谱峰值部分都处在红外波段。红外波段成为观测宇宙中低温天体的最好波段。

红外望远镜分为两大类,一类是建在地面上的,只能观测近红外波段(波长1.2—21 μm)。除了一些专用于红外观测的望远镜外,几乎所有地面超大型光学望远镜都设计成光学和红外通用。另一类则是空间红外望远镜,如2003年升空的美国斯皮策空间望远镜;2009年发射上天的欧洲赫歇尔空间望远镜,口径达到3.5 m,成为目前世界上口径最大的空间望远镜;2009年发射上天的开普勒空间望远镜,专门用来发现太阳系外的行星系统。它们的业绩可以与哈勃空间望远镜媲美,这是因为红外波段观测能够穿越气团和尘埃去分析恒星的诞生和死亡,能观测"哈勃"看不到的天体和现象。

空间红外望远镜的技术要求特别高,为防止望远镜本身的红外辐射的干扰,需要携带大量的液氦或液氮,用来冷却望远镜。不过,所携带的冷却剂再多,也有用完的时候,所以上述3台空间红外望远镜的寿命都不长。空间红外望远镜还有一个特点是容易受到来自地球辐射的影响,因此它们都被发射到远离地球150万千米的第二拉格朗日点上(L2,见图1-13)。红外望远镜装有一个保护罩,将躲在

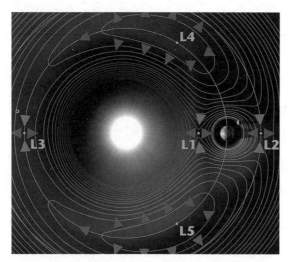

图1-13　日地系统的5个拉格朗日点：L1、L2、L3、L4和L5，具有相同的性质。L2位于太阳和地球的连线上，在地球的外侧，离地球150万千米处。L2并不是空间中的一个固定点，它总是随地球一起绕太阳运动。安置在这个点上的卫星所受到的太阳和地球的引力之和恰好等于卫星绕太阳运动产生的离心力，因此卫星在L2点只需消耗很少的燃料即可长期驻留⑩

地球的后面，背对地球和太阳（以隔绝干扰），与地球保持同样的角速度绕太阳旋转。

4）紫外天文学

紫外波段是介于X射线和可见光之间的频率范围。很多天体的连续谱辐射中都包含紫外线部分，特别是非常热的大质量恒星，其表面温度高到足以使其辐射能量主要集中在紫外波段。活动星系核、吸积盘，以及超新星爆发都会有很强的紫外线辐射。就元素的谱线来说，在紫外波段（10—360 nm）有很多很强的吸收线和发射线。通过紫外光谱的观测可以了解星际介质的化学成分、密度以及温度，了解高温年轻恒星的温度与成分，还能给出星系演化的信息。

1801年，德国物理学家里特尔（Johann Wilhelm Ritter）发现紫外线，但紫外天文学发展很慢。1880年，高空气球在35 km以上的高度探测到来自太阳的强烈紫外辐射。后来又发现，地球大气层的15—35 km范围内有一层厚约20 km的臭氧层，这个臭氧层将太阳紫外辐射几乎全部吸收了。1946年，美国海军研究实验室用火箭在80 km高度拍摄了人类第一张太阳紫外照片。20世纪60年代进入空间探测时代之后，专用的紫外波段卫星或搭载其他卫星的紫外探测器陆续上天，加上哈勃空间望远镜在紫外波段的观测，紫外天文学有了较大的发展。紫外波段空间探测可以了解恒星、星云、星际物质、银河系和河外天体的紫外连续谱辐射的状况。1978年发射上天的卫星"国际紫外探测者"（IUE），以光谱观测为主，在太空服役18年,取得了11万个天体的紫外光谱,有许多惊人的发现。2003年发射上天的星系演化探测器(GALEX),以巡天为主要任务,对银河系近邻的150多个星系进行巡查,获得它们在紫外波段所呈现的细节,发现约有1/3的旋涡星系有紫外扩展盘。巡天发现一批紫外亮星系,对研究早期宇宙具有特殊的意义,强烈的紫外辐射是星系中大质量恒星发出的,由于早期星系中的尘埃很少,望远镜才能观测到这些大质量恒星的紫外辐射。

5)X射线天文学

1895年伦琴(Wilhelm Röntgen)在实验室发现X射线。早期的X射线观测借助火箭把探测器送上高空,取得一系列意想不到的结果:1948年发现太阳的X射线辐射,1962年发现天蝎座X射线源(天蝎座X-1),1964年发现黑洞的候选者天鹅座X-1,1968年探测到射电脉冲星PSR B0531+21的X射线脉冲。火箭探测共发现了约30个X射线源,搭起了X射线天文学的基本框架。20世纪60年代,X射线卫星陆续进入太空,新发现更是接踵而至。20世纪末和21世纪,大型X射线空间观测设备上天,使X射线的观测研究得到更大的发展。其中,掠射式X射线望远镜的发明最为关键。早期的X射线探测器采用高能物理实验中发展起来的粒子探测器,分辨率极差,也不能成像。应用掠射理论研制成功的X射线望远镜,使大面积X射线聚焦成像成为现实,灵敏度和分辨率提高了非常多,可以清楚地观测遥远宇宙深处的X射线源。X射线空间观测相继发现了一系列前所未知的新型天体,获得光学天文和射电天文无法得到的天体信息。已经探明,宇宙中辐射X射线的天体包括X射线双星、脉冲星、γ射线暴、超新星遗迹、活动星系核、太阳活动区,以及星系团周围的高温气体等。这大大地扩展了天文学的研究领域,展示了X射线天文学所具有的独特威力。

6)γ射线天文学

γ射线是在1900年发现的,但是γ射线天文学迟至20世纪60年代后期才发展起来。γ射线与X射线的本质相同,差别是能量不同,或者说波长不同。光子能量大于100 keV以上就是γ射线。在电磁波谱中,γ射线波段的能量最高,覆盖的波段最宽,携带着天体的丰富信息。γ射线观测的空间分辨率很低,这是因为掠射式望远镜不适用于硬X射线,更不适用于γ射线。γ射线观测的对象有超新星、超新星遗迹、脉冲星、脉冲星风云、巨分子云、恒星形成区、致密双星系统、活动星系核、γ射线暴和耀变体等特殊的天体。γ射线能量越大,其光子数越少,需要特别巨大的接收面积才能积累可探测的能量,因此目前在天上运行的最强大的γ射线望远镜也不可能观测能量超过$3×10^{11}$ eV的γ射线。然而,能量在10^{11}—10^{20} eV的超高能γ射线进入地球大气与地球大气相互作用,产生的次级高能粒子或切连科夫光子可以被地面上的观测设备检测到,根据观测结果可以反推出与大气碰撞的γ射线光子的情况。因此,在地面上可以观测研究超高能γ射线。

正在或曾在太空遨游的γ射线探测卫星很多,都曾做出过独特的贡献。其中,1991年发射上天的美国康普顿γ射线天文台是当时太空中的巨无霸,探测的能量范围从20 keV到30 GeV,跨越了6个数量级。"康普顿"工作8年,最辉煌的成就是发现2700多个γ射线暴。γ射线暴是宇宙中最强烈的爆发,仅次于宇宙诞生时的大爆炸。2008年美国发射上天的费米γ射线空间望远镜比"康普顿"更加强大,能够探测的能谱范围宽得多,为20 MeV—300 GeV。"费米"的发现很多,最大的亮点是发现一大批γ射线脉冲星和一批极高能段的γ射线暴。

四、现代天文学与诺贝尔奖

20 20年是诺贝尔奖颁发120周年,对现代天文学来说,具有特殊的意义。在这120年中,现代天文学与诺贝尔奖的关系可以分为三大阶段:第一阶段为开始的70年,天文学成就被排除在诺贝尔奖门外,仅有3位物理学家研究物理学获得3大天文学成就而获奖。第二个阶段是20世纪的后30年,在4个年度有6个天文项目、8位天文学家获得诺贝尔物理学奖。第三阶段为21世纪的头20年,在7个年度有10个天文项目、19位天文学家获得诺贝尔物理学奖。第一阶段的70年中,天文学项目占整个诺贝尔物理学奖总数约为5%;第二阶段的29年,占比上升为14%,而第三阶段的20年,天文项目占比高达35%,特别是2019年和2020年,诺贝尔物理学奖更是奇迹般地连续两年颁发给了天文学研究成果。

事实上,现代天文学获此殊荣并不令人意外。20世纪以来的120年是人类有史以来天文科学发展最快的时期。天文观测从光学发展到全波段,从电磁波扩展到探测引力波和高能粒子,从地面发展到太空,展示出揭示宇宙奥秘的巨大能力,有很多新的发现,开启了一个又一个新的分支学科和热门研究领域。现代天文学理论与现代物理学紧密结合、相互交融,取得一系列的重大突破。

本书将重点介绍20世纪以来天文学所取得的27项重大成就。其中8项是20世纪前70年取得的(表1-1),没有获得诺贝尔物理学奖,但是就其科学意义和水平而言完全可以与诺贝尔奖项目媲美,在现代天文学发展过程中占据重要的地位。19项则是获得诺贝尔物理学奖的项目(表1-2)。这27项研究,共同展现了现代天文学多领域高速发展的脉络。

表1-1 20世纪前70年重大天文学成就

序号	天文学家	重大成就	成果年份
1	海尔(George Ellery Hale,美国)	发明太阳塔和发现太阳磁场,开创现代太阳物理学研究新领域	1907/1908
2	赫茨普龙(Ejnar Hertzsprung,丹麦) 罗素(Henry Russell,美国)	先后发现恒星光度与表面温度关系(赫罗图),共同开创恒星演化领域的研究	1905 1912
3	沙普利(Harlow Shapley,美国)	发现银河系中心,改正错误的"太阳中心说"	1918
4	哈勃(Edwin Hubble,美国)	发现河外星系和宇宙膨胀,开创星系天文学和宇宙演化研究	1929
5	央斯基(Karl Jansky,美国) 雷伯(Grote Reber,美国)	发现银河系中心射电辐射,开创射电天文学 第一台射电望远镜和第一张射电天图,引领早期射电天文学研究	1935 1937
6	奥尔特(Jan Oort,荷兰)	发现银河系自转、旋臂和银晕,确立科学的银河系概念和结构	1938
7	汤斯(Charles Townes,美国)	预言星际分子的存在,促成分子谱线的发现,开创分子天文学	1955
8	马尔滕·施密特(Maarten Schmidt,荷兰)	发现类星体,推动星系核、宇宙演化和黑洞的研究	1963

表1-2 获得诺贝尔奖的天文学项目

获奖 时间	获奖人	获奖成果 年代	获奖成果
1936	赫斯(Victor Hess,奥地利)	1912	发现宇宙线
1967	贝特(Hans Bethe,美国)	1938	发现太阳和恒星产能核反应
1970	阿尔文(Hannes Alfvén,瑞典)	1940s	创建磁流体力学
1974	赖尔(Martin Ryle,英国)	1952	发明综合孔径射电望远镜
1974	休伊什(Antony Hewish,英国)	1967	发现脉冲星
1978	彭齐亚斯(Arno Penzias,美国) 威尔逊(Robert Wilson,美国)	1965	发现宇宙微波背景辐射(CMB)
1983	钱德拉塞卡(Subrahmanyan Chan-drasekhar,美国/印度)	1931	恒星结构和白矮星质量上限
1983	福勒(William Alfred Fowler,美国)	1957	发现宇宙元素合成核反应
1993	赫尔斯(Russell Hulse,美国) 泰勒(Joseph Taylor,美国)	1974	发现射电脉冲双星系统
2002	戴维斯(Raymond Davis,美国) 小柴昌俊(日本)	1980s	探测到来自宇宙的中微子
2002	贾科尼(Riccardo Giacconi,美国/意大利)	1960s/ 1970s	创建及推动X射线天文学的发展
2006	马瑟(John Mather,美国) 斯穆特(George Smoot,美国)	1994	精确探测CMB黑体谱和各向异性
2011	佩尔穆特(Saul Perlmutter,美国) 布赖恩·施密特(Brian Schmidt,美国/澳大利亚) 里斯(Adam G. Riess,美国)	1998	发现宇宙加速膨胀
2015	梶田隆章(日本) 麦克唐纳(Arthur McDonald,加拿大)	1998 2002	发现并证明中微子振荡现象
2017	韦斯(Rainer Weiss,美国/德国) 巴里什(Barry Barish,美国) 索恩(Kip Thorne,美国)	2015	直接探测引力波
2019	马约尔(Michel Mayor,瑞士) 奎洛兹(Didier Queloz,瑞士)	1995	发现系外行星
2019	皮布尔斯(James Peebles,美国/加拿大)	1960s至今	宇宙学理论研究
2020	彭罗斯(Roger Penrose,英国)	1965	证明黑洞是广义相对论的理论预言
2020	根策尔(Reinhard Genzel,德国) 盖兹(Andrea Ghez,美国)	2009	发现银河中心超大质量天体

第二章

"不可见"的宇宙

射电天文和X射线天文

光学望远镜历史悠久,已有400多年,一家独大撑起了整个天文学的发展。20世纪30年代,射电天文学的开创开辟了观测宇宙的新窗口,重大观测成就接踵而来,其中星际分子、脉冲星、类星体、宇宙微波背景辐射被称为20世纪天文学"四大发现",成为诺贝尔物理学奖的摇篮。20世纪60年代,随着卫星上天,X射线天文学作为空间天文学的先锋率先成长起来,γ射线天文学、红外天文学、紫外天文学随之兴起,天文学观测进入全波段时代。人类对宇宙的认识有着极大的提升。本章将介绍央斯基和雷伯开创射电天文学、赖尔发明综合孔径射电望远镜技术和贾科尼对X射线天文学的贡献三部分内容。其中射电天文学的创建意义重大,但是在20世纪30年代因为隶属天文学而并未被诺贝尔物理学奖纳入考量,其余两项则都获得了诺贝尔物理学奖。

一、央斯基和雷伯创建射电天文学

20世纪30年代,美国无线电工程师央斯基意外发现了来自宇宙的无线电波,从而揭开了射电天文学的序幕,成为射电天文学的开创者。无线电工程师雷伯紧跟其后,研制成世界上第一台射电望远镜,并用来观测星空获得天文学史上第一幅银河系射电天图。射电天文学使用的是一种崭新的手段,为历史悠久的天文学开拓了新的领域。

1. 无线电通信的发展

早在1865年,英国物理学家麦克斯韦(James Clerk Maxwell)建立电磁理论,证明电磁波的频率范围特别宽,除可见光外,还有波长较长的红外线和无线电波,波长较短的紫外线、X射线和γ射线。可见光和这些看不见的光线似乎区别很大,其实它们的本质是相同的,都是电磁波。然而,几千年来,人类都是通过肉眼观测天体发出的可见光来认识天体,1609年伽利略发明光学天文望远镜以来,也还只是通过观测天体的可见光辐射来研究天体。没有天文学家自觉地去寻找天体其他波段的辐射。

天文学家忙于可见光波段的观测研究,以及研制更大的光学望远镜,他们没有认真考虑天体在其他波段的辐射,忽略了大气为我们开启的射电窗口。但是,无线电通信技术的发展孕育着射电天文学的诞生。

无线电通信是利用电磁波在空间的传播来传递各种信息的,因此必须有发射信号的发射机和接收信号的接收机。只要接收机足够灵敏,就有可能接收到来自天体的无线电波。无线电通信技术的发展,也就为射电天文望远镜的出现准备了条件。

1896年3月24日,俄国科学家波波夫(Alexander Popoff)进行了世界上第一次无线电报实验,用自制的发报机发出"海因里希·赫兹"几个字的电报,被近处的接收机收到。与此同时,年仅22岁的意大利籍英国电气工程师马可尼(Guglielmo Marconi)也在研究无线电通信。他在意大利的家庭庄园里竖立起一根延伸到空中的导线,以此发射无线电波。他在离庄园约1.6 km的地方成功地接收到信号,表明这一方法可以把无线电波发射到更远的距离。

1899年,马可尼首次实现了英吉利海峡两岸的无线电通信。1901年12月,他和英国电气工程师弗莱明(John Ambrose Fleming)一起完成了历史上第一次跨越大西洋的无线电发射实验。在那个时代,无线电远程通信所使用的频率比较低,也就是进行长波通信。1909年,马可尼因对无线电通信的重大贡献获得了该年度的诺贝尔物理学奖。1916年,马可尼开始利用短波,即频率在3—30 MHz范围的电磁波来进行远程通信,效率更高。短波通信的接收波段与后来发展起来的射电天文观测的波段比较接近。

2. 央斯基发现宇宙射电

央斯基(图2-1)于1905年10月出生在美国。他的父亲是捷克后裔,是威斯康星大学电气工程教授,对物理学有着浓厚的兴趣。央斯基受父亲影响,同样痴迷于物理学,他在父亲任教的大学取得物理学学士学位,毕业后留校任教一年。他于1928年来到美国新泽西州的贝尔实验室——一个刚刚成立3年但已非常权威的研究机构。央斯基的主要工作是对短波通信中的天电干扰问题进行研究。当

时短波通信已比较成熟,比长波通信更具优越
性,但是由于容易受到人为干扰和天电干扰,
其发展一直受到制约。所谓天电干扰是指来
自空间的无线电波干扰,包括大气中的雷电、
太阳耀斑爆发引起的地球电离层的扰动和来
自宇宙天体的无线电辐射,但当时人们并不清
楚这些。贝尔实验室一直想查清天电干扰的
原因,于是把这个任务交给了央斯基。

图2-1　发现银河系中心射电和
开创射电天文学的央斯基①

　　1931年12月,央斯基建造了一套探测天电
干扰的设备,实际上是一台射电天文望远镜。
由振子组成的天线阵长30.5 m、高3.66 m,安装
在一个下面装有四个汽车轮胎的基座上,可以
在马达的带动下旋转起来,20分钟绕中心一周。他给这具天线起了个绰号,叫作
"旋转木马"(图2-2)。这是一台具有方向性的天线,只能接收来自某些方向的电
磁波,这样可以帮助确认干扰噪声来自哪个方向。央斯基用一台灵敏度很高的接

图2-2　央斯基建造的"旋转木马"①

收机和"旋转木马"相连接,构成一台工作波长为14.6 m的监测天电噪声的设备。

监测进行了几个月,记录下大量的干扰信号。按照信号的特征,央斯基将静电干扰分为三种类型:第一类是附近的雷暴;第二类是远处的雷暴;第三类则是不知来源的微弱但比较稳定的噪声信号。他花了一年多的时间研究第三种类型的静电干扰究竟来自什么地方。央斯基最初推测这种微弱但变化着的干扰可能来自太阳。然而,再观测几个月,极大值离开了太阳的方向。而且测出信号以23小时56分钟的周期重复,这是地球自转相对于恒星的周期(恒星日),而不是相对于太阳的24小时的太阳日。恒星日之所以比太阳日要短约4分钟,是因为地球绕太阳的公转运动,一年365天转360°,大约每天偏离1°,相当于4分钟。"旋转木马"6个小时的观测记录如图2-3所示,每小时天线旋转3圈,记录下3个极大值,均指向人马座,也就是银河系中心。

央斯基于1933年、1934年和1935年先后发表了3篇论文。1935年发表的论文根据更精心的观测再次确认发现来自银河系中心的射电辐射,正式宣告了射电天文学的诞生。

为了纪念央斯基发现宇宙射电所做出的贡献,在1973年8月举行的国际天文学联合会第15次大会上,射电天文小组委员会通过决议,采用"央斯基"作为天体射电流量密度的单位,简写作"Jy",并且纳入国际物理单位系统。1998年,贝尔实验室决定在央斯基原来放置天线的地方建纪念碑。纪念碑是旋转天线的雕塑,天线指向银河系中心人马座方向,时间是央斯基发现银河系中心射电辐射的1932年9月16日晚上7点10分。2012年1月10日,美国国家射电天文台(NRAO)宣布规模宏大的射电望远镜阵列甚大阵(VLA)重新以央斯基的名字命名,以纪念他对射

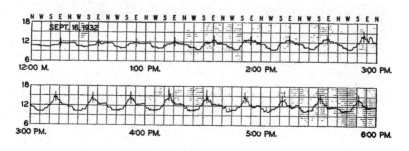

图2-3 "旋转木马"发现银河系中心射电辐射①

电天文学的贡献。

3. 雷伯和第一台射电望远镜

央斯基是无线电工程师,对天文学知之甚少,可以说是个门外汉。射电天文学对于当时的天文学家来说也是非常陌生的,他们埋头苦干于自己熟悉的光学领域,对宇宙射电的发现缺乏热情。对于贝尔实验室来说,央斯基发现的干扰对于跨太平洋通信系统并没有什么影响,不认为其有什么研究价值,加上当时的美国经济处在大萧条时期,更难开启一个与本身业务无关的研究项目。央斯基迫切希望继续研究来自银河系的射电辐射的请求被驳回,他被分配了新的任务,不能继续在天文学领域内开展进一步的工作。

这一伟大的发现似乎被冰封起来了。但是,美国无线电工程师雷伯勇敢地站出来,单枪匹马地研制了世界上第一台射电天文望远镜,并且坚持观测研究,独自承担起射电天文学早期发展的重担。

雷伯1911年12月22日生于美国。他的母亲是一位中学老师,对雷伯进行了很好的家庭教育。1933年,雷伯从伊利诺伊州技术学院毕业。从1933年到1947年,他先后在几家无线电厂工作。在这漫长的14年中,他以业余爱好者的身份从事射电天文学的研究。事实上,在央斯基发现银河系中心射电辐射以后的10年间,雷伯是世界上独一无二的射电天文学家。

在少年时代,雷伯就对无线电技术产生浓厚兴趣。那个时代,无线电通信正处在实验和发展的时期。雷伯是一位业余无线电爱好者。他亲手制作无线电发报机,奔赴多个国家进行过许多次短波远距离通信实验。在大学学习期间,他还曾向月球发射无线电波并希图接收月球反射的回波。

当雷伯得知央斯基发现宇宙射电后,十分兴奋——他的实验活动有了更广大的空间。他下定决心要从事射电天文学的研究。他认为,如果能与央斯基一起工作将是再好不过的了,于是立即向贝尔实验室提出调职申请。遭到拒绝后,他并没有就此作罢。

雷伯决心研制一台比央斯基的"旋转木马"更好的射电望远镜。困难当然是很大的,一无经费来源,二无研究时间,三无车间厂房。当时,他正在芝加哥的一家公司工作,而研制望远镜只能在业余时间回到伊利诺伊州惠顿的家中进行。一切费用只能花自己的工资。经过几年努力,雷伯终于在1937年制成了世界上第一台射电望远镜(图2-4)。雷伯把它安装在自己家的后院,采用直径9.6 m、焦距6.1 m的抛物面天线。抛物面底盘是木制的,表面是镀锌铁皮。工作波长为1.87 m,后来又改为60 cm,还可以在更短的波长上观测。在那时,人们没有见到过抛物面天线,雷伯家中出现这样的庞然大物使他的邻居大吃一惊。

　　雷伯建造的射电望远镜是他对天文学的第一大贡献。这台望远镜是世界上

图2-4　雷伯和他研制的世界上第一台射电望远镜①

第一台、直到第二次世界大战结束仍是唯一的射电望远镜。抛物面天线比起央斯基的"旋转木马"优越得多:收集能量的功能比较强,灵敏度比较高;空间分辨能力比较高;可以指向天空中任何一个位置。雷伯的射电望远镜成为现代射电望远镜的雏形,当代绝大多数大型射电望远镜都采用抛物面天线。这台望远镜在完成历史使命后,被雷伯捐赠给美国国家射电天文台,和雷伯监造的央斯基"旋转木马"复制品一起屹立于西弗吉尼亚州格林班克的国家射电天文台园区,成为射电天文学的历史纪念碑。

雷伯的第二个大贡献是给出天文学史上第一张银河系射电天图。经过多次的改造和反复的实验,雷伯终于在1939年4月非常清晰地记录下来自银河系中心的射电辐射,验证了央斯基的发现(图2-5)。

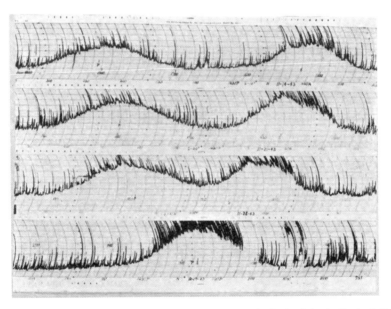

图2-5 1943年的原始记录:尖刺或"绒毛"是由于汽车发动机火花的干扰。宽大的起伏是由银河系和太阳的辐射造成的⑩

1941年,雷伯用这台望远镜进行人类第一次射电巡天,在仙后座、天鹅座和人马座中发现3个强射电源(图2-6)。仙后座中的射电源取名为仙后座A(Cas A),它是300多年前一颗超新星爆发后的遗迹,是银河系中射电亮度仅次于太阳的射电源。天鹅座中的射电源为双源,取名为天鹅座A(Cyg A),是我们观测到的银河

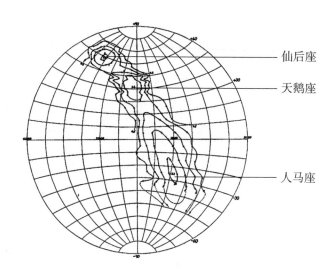

仙后座

天鹅座

人马座

图 2-6　雷伯 1944 年获得的人类首张银河射电天图①

系外最强的射电源。人马座中的射电源处在银河系中心,已证实是一个质量大约
400万倍太阳质量($M_⊙$,天文学常用质量单位)的黑洞的所在地。这三个射电源至
今仍是射电天文学家观测研究的热点。

　　1938年到1943年期间,雷伯的观测成果陆续发表在工程学和天文学的期刊
上。他的每一项观测成果都是天文学史上的第一次。这位在射电天文研究方面
开天辟地的英雄,却不得不接受那些对射电天文还不太懂的学术刊物编辑们非常
严格的审查。1940年雷伯在美国《天体物理学报》(*Astrophysics Journal*,简称 ApJ)
发表第一篇射电天文观测论文。发表过程颇为周折,对于这位天文爱好者出身的
射电天文学家的论文,主编有疑虑,特别派了三位天文学家到雷伯家中考察,最后
才决定发表。

　　雷伯的第三个重要贡献是发现射电源的非热辐射特性。当时,天文学家已经
弄清楚,太阳和其他恒星可见光波段的辐射属于黑体热辐射。但是,雷伯的观测
表明,这几个银河系射电源的辐射频谱与热辐射的频谱完全不同,它们的强度随
频率的增加呈下降的趋势。这种新型的辐射究竟是什么机制产生的?直到20世
纪50年代才弄清楚,这种辐射是由近光速运动的高能带电粒子在磁场中做加速运
动引起的,称为同步辐射,属于非热辐射。

雷伯的第四个贡献是在20世纪50年代开启了甚低频率宇宙射电的观测研究。1954年,雷伯搬到了澳大利亚最南端的塔斯马尼亚岛,在那里他与塔斯马尼亚大学的埃利斯(Bill Ellis)合作,进行甚低频率宇宙射电的观测研究。这是一个被天文学家忽略的、有着重要意义但又是非常难的观测课题,因为来自宇宙天体的、频率低于25 MHz的射电波都会被地球电离层反射掉。雷伯要观测的频段是1—2 MHz,当然也会遭到被反射的命运。但是,在太阳活动较弱的时候,在地球的某些地方,甚低频射电波仍然有可能到达地面。塔斯马尼亚岛就是这样的地方。1990年,雷伯撰写的《百米波长和千米波长射电天文学》(Hectometer and kilometer wavelength radio astronomy)论文在卡西姆(Namir Kassim)和维勒(Kurt Weiler)主编的《太空低频天体物理研讨会论文集》上发表。当今的天文学家认为,在月球表面建造巨大的观测百米波长射电波的天线阵是未来一项有意义的观测课题。

雷伯是天文界的一位寿星,2002年12月20日在塔斯马尼亚岛去世,终年91岁。他的骨灰安置在塔斯马尼亚岛的博斯威尔公墓,以及世界各地许多主要的射电天文台,包括美国、澳大利亚、荷兰、英国、印度、芬兰和俄罗斯的射电天文台。射电天文学家以这种方式缅怀这位射电天文学的先驱。

二、赖尔发明综合孔径射电望远镜

1974年诺尔贝物理学奖由两位在英国剑桥大学工作的天文学家赖尔和休伊什分享。这是第一次颁发给纯粹的天文学研究的诺贝尔奖奖项。赖尔获奖是因为他在射电天文学技术和观测方面的开创性研究。他发明的综合孔径射电望远镜是射电天文技术发展的一个标志性事件。这一新型射电望远镜大大提高了射电观测的灵敏度、空间分辨率和成像能力。灵敏度的提高使观测范围几乎到达宇宙的边界,可以追溯到宇宙的原初时期。分辨率和成像能力的提高,解除了射电望远镜切肤之痛,使观测得到的射电源图像能与光学望远镜的照片相媲美。赖尔在射电天文观测技术、射电宇宙学和射电物理学等方面做出了大量创造性贡献,使英国的射电天文学研究长期处在世界领先地位。

1. 雷达技术与射电望远镜的发展

在1937年雷伯研制完成世界第一台射电望远镜以前,雷达就已经发展起来了。雷达的概念形成于20世纪初,是由发射机和接收机组成的电子设备,发射机发射微波对目标进行照射,接收机接收其回波,由此获得目标的距离、距离变化率(径向速度)、方位、高度等信息。雷达的接收机就是一台完整的射电望远镜。

将雷达用于科学研究要归功于英国科学家沃森-瓦特(Robert Watson-Watt)。20世纪30年代初他曾主持一项"探测电离层"的研究,用的探测工具就是雷达。1935年1月,沃森-瓦特接受英国军方委托研制对空警戒雷达,1936年1月完成的装置探测距离达到120 km。1937年7月,英国鲍恩(Edward George Bowen)研制出一部可安装在飞机上的小型雷达,成为最早的机载雷达。1942年,由于攻克了微波波段的发射机技术,使雷达可以工作在厘米波波段,体积小了,重量轻了,探测距离则更远了。

二战中,由于作战需要,雷达技术发展极为迅速。战前雷达的使用频率只能达到几十兆赫兹(MHz),大战初期德国的雷达频率提高到500 MHz,而这时英国的雷达使用的频率已达3000 MHz。不列颠战役成为雷达正式登场的舞台。在法国沦陷以后,希特勒希图通过空袭征服英国,发动了大规模的空战。当时德国空军拥有的飞机数量远远超过英国,但是英国取得了这场空战的胜利。这场胜利也是二战中较大的转折点之一。英国雷达在这次战役中立了功,军方部署的雷达网使德国轰炸机还没有到英吉利海峡就被发现。二战后期,美国的雷达已达到10 GHz,实现了机载雷达小型化并提高了测量精度。

1942年,英国防空部队的工作波长4—6 m的雷达突然受到强烈的电波干扰,最强时能导致雷达失灵。军方领导严令彻查,疑为德国军方的干扰。经过由海伊(James Stanley Hey)领导的一个研究小组的周密调查,发现这种干扰来自太阳射电辐射的爆发,来势凶猛,突然间射电辐射比平时要强上几十、几百倍,甚至更多。与此同时的另一个故事是流星雨回波的发现。纳粹德国为了准备战争很早就插手科学家的火箭研制和实验,1942年冯·布劳恩(Wernher von Braun)研制的A4火箭的速度接近2 km/s,飞行距离达到189.8 km。希特勒看上了A4火箭,下令进行改进,改名为V2火箭,装上炸药用于战争。1944年德国发射了大量V2火箭袭击英国,仅伦敦就挨了1000多发。英国军队用雷达密切监视来袭的德国V2火箭,在这过程中,偶然发现了流星雨反射的回波。流星在大气中燃烧产生离子尾,因此可以反射雷达信号。

二战中各国争相发展的雷达技术为战后射电天文学的大发展准备了条件。不仅是观测课题增加了太阳射电和流星回波,而且射电望远镜技术也有了很大的发展。当时的雷达已经从米波发展到分米波和厘米波波段,空间分辨率有了较大的提高。战后,由军事雷达改装的射电望远镜遍地开花,天线口径都小于 10 m,另外还新研制了一些直径 20—30 m 的抛物面望远镜。随着研究的深入,要求射电望远镜能观测更弱更远的射电源,还要求能分辨射电源的细节,建造更大型的射电望远镜就成为射电天文学发展的主旋律。

英国射电天文学家一马当先,走在最前列。二战以后,洛弗尔(Bernard Lovell)在曼彻斯特大学从事宇宙线研究。他用雷达观测宇宙线,一直没有探测到宇宙线的回波,却意外地观测到流星的回波,导致利用雷达研究流星课题的流行。洛弗尔建造了一台口径为 66 m 的固定抛物面雷达天线,还是没有探测到宇宙线,但却意外地接收到来自仙女星系的射电辐射,使他决心转向宇宙射电源的观测研究。1950 年,洛弗尔提出了建造一台口径为 76 m 的全可动射电望远镜的计划,可谓雄心勃勃,史无前例。为了能观测 21 cm 波长的氢原子谱线,76 m 直径天线的加工精度要小于 1cm,就当时的技术水平而言,困难很大。经过 7 年的艰苦奋斗,望远镜于 1957 年完成,于 1987 年因纪念目的改称洛弗尔射电望远镜(图 2-7)。

澳大利亚紧跟其后,于 1961 年建成口径为 64 m 的帕克斯射电望远镜,成为南半球最大的射电望远镜。两大望远镜一北一南,观测范围覆盖了整个天区,在一段时间里主导了国际射电天文学的观测研究。1960 年美国的戈登(William Gordon)提出在阿雷西博建造一台 305 m 口径的大型固定天线雷达用于研究电离层,于 1963 年建成。后来天文学研究喧宾夺主,使之成为当时灵敏度最高的天文学观测设备,不久就改名为阿雷西博射电望远镜。1960 年代末,德国提出建造口径 100 m 全可动射电望远镜(埃费尔斯贝格射电望远镜)的计划,不仅口径大,而且还想尽量把观测波段扩展至毫米波段,使工程难度发生了质的变化。1968 年开始建造,1972 年 8 月 1 日启用,成为当时口径最大的全可动射电望远镜。

二战后短短的二十多年,射电望远镜的口径从几米发展到 305 米,观测波段发

图2-7 1957年英国洛弗尔射电望远镜建成,这是世界上第一台大型射电望远镜。至今仍在使用,是世界口径第三大的全可动天线射电望远镜Ⓦ

展成米波、分米波、厘米波和毫米波。

2. 射电干涉仪的出现

　　射电天文学面临的最大困难是射电望远镜的分辨率远不如光学望远镜。天文观测不仅要求接收到天体的辐射,还要能看清天体的细节,也就是要求有很高的空间分辨率。无论是光学天文望远镜还是射电天文望远镜,它们的分辨角(θ)公式都是一样的,为

$$\theta = 1.22\lambda/D. \tag{式2.1}$$

　　分辨角和波长(λ)成正比,和望远镜的口径(D)成反比。分辨角越小,则分辨率越高。单天线射电望远镜的分辨角远大于光学望远镜,也就是说其分辨率远远低于光学望远镜。其主要原因是光学波段的波长比射电波段短得多。目前1m口径的光学望远镜算是小型的了,当观测波长为5500 Å(埃,长度单位,10^{-10} m)时,分辨角为0.14";而一台射电望远镜,在观测波长为5.5 cm时分辨角要达到0.14",则

要求天线的口径达到100 km,制造如此大的天线是不可能的。与光学望远镜相比,空间分辨率太差是射电望远镜最致命的缺点。射电望远镜的第二个大缺点则是不能像光学望远镜那样给出天体的照片。

要想改变射电望远镜的这两大缺点似乎是不可能的。观测波长太长,是"命中注定",谁也改变不了。然而,英国天文学家赖尔的发明带来了转机。

赖尔(图2-8)1918年9月27日生于英格兰萨塞克斯郡的布莱顿,祖父是一位业余天文爱好者,拥有一架8.9 cm口径的光学折射望远镜。幼年时赖尔就喜爱上天文学,中学时他又对无线电这门新兴的学科产生了浓厚的兴趣,成为一名经验丰富的业余无线电爱好者,还拥有自己的发射机,并获得了使用许可证。后来赖尔进入牛津大学攻读物理,1939年,他一毕业就到卡文迪什实验室从事雷达天线的研制,但很快就因为第二次世界大战爆发应征入伍。他的无线电专长帮助他立下了战功,曾从事研制波长1.5 m的机载雷达天线系统,研制厘米波雷达的测试设备,还参与用于鉴别敌我飞机的机载雷达应答器的研制、干扰德国预警雷达的发射机的研制等。

图2-8　1974年诺贝尔物理学奖得主之一的马丁·赖尔①

战争结束后,赖尔回到剑桥大学卡文迪什实验室,早期的工作重点是研究来自太阳的无线电波。然而,他的兴趣很快转移到开发新的射电天文观测技术上。二战后的射电天文学发展很快,主要是研制口径比较大的单天线射电望远镜。赖尔则希图解决"射电望远镜空间分辨率远低于光学望远镜和不能成像"的旷世难题。1946年,赖尔与冯伯格(Derek Vonberg)发明了射电干涉仪,提高了射电观测的空间分辨率。

射电干涉仪一般由两面天线组成,相距一定距离放置在东西方向的基线上,用长度相等的传输线把各自收到的信号送到接收机进行相加。如图2-9所示,两

面天线相距 D，来自"射电点源"的单频信号到达 B 天线要比到达 A 天线多走一段路程，即路程差 $D \sin \theta$。θ 是电磁波的入射角，天体因地球自转在天球上做周日运动，所以 θ 在不断地变化，路程差也在变。天线 A 和 B 接收到信号后经馈线传输到接收机输入端进行相加。由于路程差周期性的变化，当路程差正好是半波长的偶数倍时，两面天线接收到的信号是同相相加，增强一倍；若路程差是半波长的奇数倍，信号相互抵消，因此相加信号周期性地出现波峰和波谷。图中的 $\delta\theta$ 就是干涉仪的分辨角，D 越大 $\delta\theta$ 越小，由此可以通过增长天线间的基线达到提高分辨率的目的。

  干涉仪的分辨角的公式依然是式 2.1，但这里的 D 已不是单个天线的直径，而是两面天线之间的距离了。双天线干涉仪的分辨角不再由单天线的口径决定，使

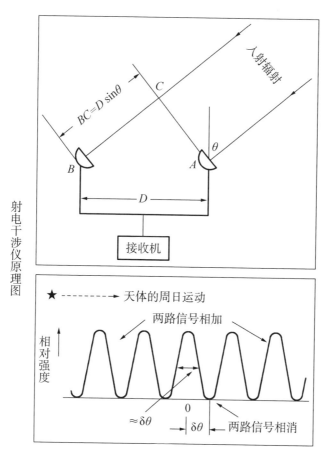

图 2-9　双天线射电干涉仪原理图，文中有详细说明①

得天文学家有可能利用小口径的天线获得高分辨能力。不过,双天线干涉仪只在东西方向上有比较高的分辨率,在南北方向的分辨率仍由单面天线的直径决定,因此双天线干涉仪的方向图是刀形或者说是扇形。即使如此,射电干涉仪的出现也是射电天文观测的一次革命性的变化。

赖尔用这台射电干涉仪观测太阳,分辨出太阳圆面上的局部辐射源,发现太阳黑子和耀斑是强大的米波射电源。1948年起赖尔用改装后的80 MHz太阳射电干涉仪观测 Cyg A,给出了它的结构图。后来又用这台望远镜观测了 Cas A。1950年,他用射电干涉仪测定了50个射电源的位置,发布了《剑桥第一射电源表》(1C星表)。在这前后,他又提出一种相位开关技术,可以大大减弱射电干涉仪的背景噪声,从而能够探测到更微弱的射电源。1955年,赖尔运用这种技术建成一台四天线干涉仪,用它开展射电巡天探测,于1959年发布了《剑桥第三射电源表》(3C星表)。3C星表共包含471个射电源,其中不少源的角径很小,被称为射电致密源。马尔滕·施密特对这些射电致密源进行研究,发现了类星体,成为20世纪60年代的四大天文发现之一。

3. 综合孔径射电望远镜的诞生

尽管射电干涉仪大大提高了分辨率,但是只是一维的高分辨率,还不能成像,与光学望远镜观测所给出的照片相比,相差实在太多。射电干涉仪还需要进行革命性的变革。

在射电干涉仪的基础上,赖尔提出了一种新的技术——综合孔径望远镜,是一种化整为零的射电望远镜。一个特大型天线可以划分为许许多多的小单元,也就是许多小天线。它们可以组成许许多多的双天线干涉仪。从理论上可以证明,基线长度相同、取向也相同的双天线干涉仪所获得的天体信息是完全相同的,因此只需要保留一组。这样一来,一面特大天线可以由一些取向不同、基线长度不同的小天线干涉仪来代替。

理论研究发现,小天线干涉仪获得的信息中包含了射电源空间分布的信息,把这些数据通过数学上的傅里叶变换进行处理,就可以求得天空射电亮度的二维分布,也就是得到被观测天区的射电天图。射电望远镜也可以像光学望远镜那样给出天体的照片。这是第二个原理。

第三个原理是:如果射电源是稳定不变的,那么许许多多的小天线干涉仪不需要同时观测,可以用不同时间的观测数据进行处理。因此,最简单的综合孔径射电望远镜,只需2面天线,一面固定,一面可以移动。以固定天线为中心,画一个圆,等效于一个"大天线",另一面天线逐次移动到"等效大天线"的各个位置,每个位置进行一次干涉测量,这样一来就可以少做许多天线了。

第四个原理是地球自转综合,也就是利用地球自转获得双天线干涉仪的不同取向的信息,而省去一次次移动天线进行观测。图2-10的上图显示天线A和B的运动,下图显示天线B在地球自转12小时中相对天线A位置的变化。地球自转一周,B天线绕A天线一周,描绘出一个圆路径,相当于把可移动天线逐次地放到"等效大天线"各个地方。由于系统的对称性,只需要进行12小时的观测。

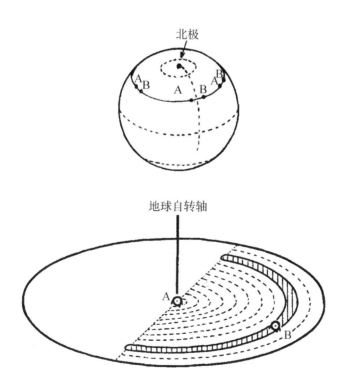

图2-10 地球自转综合孔径射电望远镜原理图,详见文中解释①

当然,也可以由许多天线来实现,几面固定,几面移动,甚至全部都固定。不管何种结构,要求测量得到"等效大天线"上所有方向和各种距离间隔上的相关信号。综合孔径射电望远镜的优点是不需要制造口径特别大的天线,用两面或多面小天线进行多次观测达到大天线所具有的分辨率和灵敏度,还能得到所观测天区的射电源结构的分布图像。

1957年布莱思(J. Blythe)按照这个思想建造了剑桥大学第一台综合孔径射电望远镜,取名可移动T型天线。这个望远镜后因被用于巡天获得《剑桥第四射电源表》(4C星表)而被称为4C阵列。如图2-11,东西方向固定放置一排总长约450 m的天线,在南北方向有一台可沿垂直线移动38个不同位置的小天线,可以综合成一个相当于正方形"大天线"的综合孔径望远镜,在7.9 m波长上给出2.2°的分辨角。这是人类历史上第一台综合孔径射电望远镜,得到了第一批银河系射电辐射的图像。虽然2.2°的分辨角不可能获得精细的分布图,但是这一观测实验证实了综合孔径新原理的正确性,意义非凡。

但是,他们建造更强有力的综合孔径射电望远镜时却遇到了克服不了的困

图 2-11   布莱思建造的第一台综合孔径射电望远镜,现已不再运行ⓦ

难。这困难不是综合孔径技术本身,原理上也没有问题,而是观测数据太多。20世纪50年代的计算机容量太小,根本就不可能进行这样大数据量的傅里叶变换。要等到60年代,计算机的发展才使之变为可能。

20世纪60年代,剑桥大学陆续建成三台综合孔径射电望远镜,它们的等效直径分别为0.8 km、1.6 km和5 km。1960—1961年,赖尔和内维尔(Ann Neville)开始研制等效直径1.6 km的综合孔径射电望远镜。它由三面直径18 m的抛物面天线组成,其中两面相距0.8 km,是固定的。另一面天线放在0.8 km长的铁轨上,可以移动。结果得到了4.5′的分辨率。这个实验的成功证明利用地球自转进行综合的方法是可行的。1964年这台望远镜正式启用,用于普测射电天图和研究弱射电源,特别是射电星系的结构。

1971年剑桥大学建成的等效直径5 km的综合孔径望远镜(图2-12),代表了当时最先进的设计。这台望远镜由8面口径13 m的抛物面天线组成,它们排列在5 km长的东西基线上,4面固定,4面可沿铁轨移动。每观测12小时后,移动天线到预先计算好的位置上再观测12小时,以获得各种不同的天线间距。这台望远镜是专为绘制单个射电源的结构而设计的,除了有更大的综合孔径以外,抛物面天线也更加精密,容许在短至2 cm的波长上工作,角分辨率约为1″,已经可以和高山台站上的大型光学望远镜媲美了。在灵敏度方面提高也比较多,可以观测遥远的

图 2-12 剑桥大学赖尔望远镜,现在重组成为 AMI 望远镜阵列 Ⓦ

射电源,比当时光学望远镜能看到的源远得多。在给出射电展源的二维图像方面的提高使得射电天文观测能和光学天文观测并驾齐驱。因纪念目的,这台望远镜被命名为赖尔望远镜。

4. 综合孔径望远镜的后续发展

综合孔径望远镜有三大优点:由许多小天线组成,接收面积可以很大,灵敏度很高,可以观测遥远的天体;天线间距可以很长,空间分辨率非常高,可以分辨清楚天体结构的细节;可以成像给出展源的强度分布图像。综合孔径望远镜被广泛用于各种天文计划,从银河系中电离氢云到遥远的类星体。最初的综合孔径望远镜频率范围在厘米波、分米波和米波波段,侧重观测星系和类星体。后来毫米波和亚毫米波综合孔径阵列发展起来,又成为观测研究恒星形成区的有效手段。当一团气云凝聚形成恒星时,新形成的恒星连同它们周围的电离氢区被弥漫的尘埃所包围,以致光学望远镜只有在这些尘埃消散之后,才能看到新诞生的恒星。然而尘埃不会对射电波有任何明显的吸收,因而射电观测可以研究这些恒星形成的最初阶段。

最有名的是用赖尔望远镜观测得到的天鹅座射电源 Cyg A 的图像(图2-13),细致地展现了这个射电源的结构:由两个遥遥相对的射电展源和处在中间位置的点源组成。能够看到这个点源发出的喷流,表明星系核正在连续地向两个展源输送高能粒子和能量。

综合孔径射电望远镜的发明把观测范围从大约10亿光年扩大到100多亿光年,几乎达到宇宙的边界,或追溯到宇宙的原初时期。这对宇宙学的研究至关重要。大爆炸宇宙学认为,星系是在宇宙演化的某阶段产生的,在这个阶段之前,没有星系,在这个阶段之后,由于宇宙的膨胀,星系的密度在减小,星系在演化过程中亮度在不断地减小。根据这个理论,宇宙发展的各个时期的图像应该是不一样的。还有一种宇宙理论认为,星系的空间密度不随时间变化,在宇宙中处处都是新的星系和老的星系混合在一起,从而保持密度不变。怎样证明谁是谁非呢?

研究宇宙的演化就好像对宇宙进行考古。如果我们能有宇宙各个时期的"照

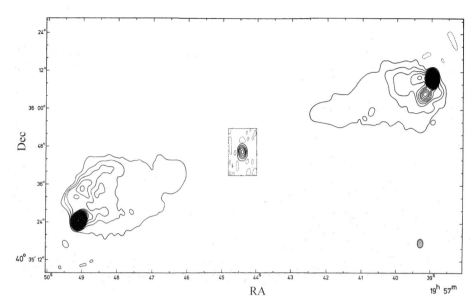

图 2-13　赖尔望远镜观测得到的 Cyg A 的图像，RA 与 Dec 分别代表天球坐标系中赤经与赤纬◎

片"，特别是早期的照片，一看就会明白，星系的分布变还是不变。在地球上，考古学家是通过挖掘古代遗物、化石等来确定年代和当时的自然、社会等情况的。在宇宙中能不能找到这样的"化石"？

赖尔望远镜的出现解决了这个问题。它已经能观测到远至100亿光年以外的天体——即能够获得宇宙100亿年以前的"照片"。赖尔和他的同事从1950年起，进行巡天观测，发现了非常多的射电源。他们把发现的射电源编制成10多个射电源表。对这些射电源的资料进行分析后，赖尔发现，射电源的数密度随距离的增加而增多，但当距离大到一定程度以后，射电源的数密度又开始减少。这说明星系只在宇宙演化的某一个阶段才会大量地产生，在100多亿年以前宇宙中的射电源比近期的射电源多得多，最多时可达到现在的1000多倍。这一观测证明宇宙是在随时间的推移而变化着的，今天的宇宙不同于过去的宇宙。赖尔的研究工作成为支持大爆炸宇宙学的重要观测事实。

在赖尔取得成功以后，综合孔径射电望远镜风靡全世界，至今仍具强劲的发展势头。美国、荷兰、英国、澳大利亚、印度、加拿大、日本、苏联和中国都先后建造了综合孔径射电望远镜。不仅有以观测研究银河系和河外射电源为主的综合孔径望远镜,还有以太阳为观测对象的日像仪。从波段上来说,有以厘米波、分米波为主的;有以米波为主的,如印度米波综合孔径射电望远镜(GMRT);还有以毫米波,甚至亚毫米波为主要波段的,如澳大利亚望远镜致密阵列(ATCA)、亚毫米波阵列望远镜(SMA)、阿塔卡马大型毫米波/亚毫米波阵列(ALMA)。在众多综合孔径望远镜中,功能最强大的要数美国的甚大阵(VLA)。

VLA由27面直径25 m的可移动抛物面天线组成,分别安置在三个铺有铁轨的臂上,呈Y形。两个臂长是21km,另一个臂长为20 km。最长基线为36 km,观测波段为6 mm—5.16 m。其最高角分辨率为0.05″,已经超过地面上的大型光学望远镜。VLA在灵敏度、分辨率、成像速度和频率覆盖四个方面全面超过赖尔望远镜。

我国的密云米波综合孔径望远镜于1985年建成。由28面口径9 m的天线组成,东西方向一字排开,总长1160 m。工作频率是232 MHz和327 MHz。天线数目足够多,不需要移动天线就能获得各种基线长度。

随着技术的发展,综合孔径射电望远镜在增长基线长度方面不断探索。英国多天线微波接力干涉仪(MERLIN)于1980年投入使用,由7台射电望远镜组成,最长基线达217 km。最短工作波段为12.5 mm,分辨率达到0.04″,与哈勃空间望远镜的分辨率比肩。最初采用微波连接方法,取消了馈线传输。几经改进,最后是采用光纤连接。由于望远镜数目比较少,又全是固定在地面上不能移动的天线,

图2-14   1981年建成的VLA,位于美国新墨西哥州的圣阿古斯丁平原上①

不同长度的基线数目不够多,对成像质量有影响。但是,最长基线达到217 km,是一个很大的进步。

甚长基线干涉仪(VLBI)是综合孔径射电望远镜的进一步发展。它借助频率极端稳定的原子钟,保证射电望远镜工作频率的极端稳定。分别处在不同地方的多台射电望远镜同时观测一个射电源,各自独立地把观测到的信号记录在磁带上,并在记录观测数据的过程中打上原子钟输出的准确时间信号。然后把各台射电望远镜的观测数据进行相关处理,就可以像综合孔径射电望远镜一样得到射电源的图像。由于有了原子钟的帮助,保证各台射电望远镜在同一个时间、用相同的中心频率和频带宽度、观测同一个射电源,做到了"三同",就不需要馈线连接和传输,也不需要微波接力。由于基线可以长达上万千米,分辨率空前提高,远远超过大型光学望远镜和哈勃空间望远镜。更有甚者,把射电望远镜送上了天,与地面上几个射电望远镜一起构成空间甚长基线干涉仪网,最长基线已达21 000 km。所有这些都是在综合孔径射电望远镜基础上的发展,观测资料的处理方法虽然有改进,但仍然属于综合孔径技术。

三、贾科尼开创X射线天文学

在德国著名物理学家伦琴发现X射线之后,天文学家对天体的X射线观测产生浓厚的兴趣,但是遇到两大难题:第一是地球大气对X射线有强烈的吸收,在地面上不可能接收到天体的X射线辐射,必须到地球大气之外去观测;第二是X射线有很强的穿透力,又很容易被介质吸收,很难建造类似光学和射电波段那样的望远镜来观测X射线源。这两个难题成为X射线天文学发展的拦路虎。20世纪60年代,航天技术的发展和掠射式望远镜的发明使得这两大困难得到克服,迎来了X射线天文学的大发展。美国天文学家贾科尼由于对X射线天文学突出的贡献荣获2002年度诺贝尔物理学奖。

1. X射线天文学的创立和早期发展

1895年,伦琴在实验室发现了X射线,并于1901年获得第一届诺贝尔物理学奖。X射线波段的能量范围为0.1—100 keV,其中0.1—10 keV称为软X射线,10—100 keV称为硬X射线。能量在100 keV以上就是γ射线了。实际上X射线和γ射线的分界是相当不严格的,常常也把γ射线看作是高能X射线。

1949年,美国海军实验室的科学家用V2火箭携带探测器发射到高空,接收到来自太阳的X射线辐射。此后十余年中,天文学家继续用火箭监测太阳的X射线辐射。1960年,该实验室的布莱克(Richard Blake)等人利用"空蜂号"火箭携带一架针孔直径0.0127 cm的针孔照相机成功地拍摄到太阳的X射线照片,这也是人类获得的第一张天体X射线照片。美国对太阳的X射线观测进行了开创性的工作,成为世界上X射线空间探测的开端。

1962年6月,美国麻省理工学院以贾科尼为首的科研组发射了一枚火箭,达到230 km的高度,用于探测月面由太阳辐射产生的X射线荧光。这是美国宇航局为阿波罗载人宇宙飞船计划做的准备工作,没有探测到月球的X射线荧光,但却得到了意外的特大收获。在距离月球大约25°的地方,发现了一个位于天蝎座的强X射线源,取名为天蝎座X-1。天蝎座X-1的流量密度(望远镜在单位时间、单位面积、单位频宽上所接收到的能量)非常大,比太阳的大100倍。天蝎座X-1距离地球大约9000 ly,计算可知,天蝎座X-1的X射线光度(天体单位时间在X射线波段所辐射的总能量)是太阳的3.25×10^{19}倍。另外,天蝎座X-1的辐射能量主要集中在X射线波段,比这个天体的可见光波段强约1000倍,是典型的X射线天体。天蝎座X射线源的发现被认为是X射线天文学的第一个里程碑。

在20世纪60年代,使用火箭共发现了约30个X射线源,并得到初步的X射线天图,它们大部分都集中在银道面附近。火箭探测有一个致命的缺点,就是观测时间太短,只能维持几分钟,而且每枚火箭只能使用一次,费用昂贵。直到X射线卫星陆续进入太空,X射线天文学才开始蓬勃发展起来。

1962—1969年美国发射"轨道太阳观测台"(OSO)1至6号,1969年苏联和东欧共同发射"国际宇宙1号",这些卫星都是用于观测太阳的X射线辐射。到了20世纪70年代,X射线卫星迎来大发展,各个航天大国分别发射了自己的X射线卫星。1970年,美国发射了一颗专门用于X射线探测的"乌呼鲁"卫星(图2-15)。由于发射地点在肯尼亚,发射日期正巧是肯尼亚的独立纪念日,当日该国人民为庆祝独立高呼"乌呼鲁"(Uhuru,斯瓦希里语"自由"的意思),遂以此命名该卫星。"乌

呼鲁"上携带的两个探测器,分别能达到0.5°和1°的定位精度,可以探测波长0.06
—0.57 nm的X射线辐射。因为是专用卫星,可在地球轨道上进行长期观测,可以
发现单个的X射线源,并对它们进行长期监测以发现其辐射强度随时间的变化。
在3年内,"乌呼鲁"首次完成了X射线波段的系统巡天,提供了全天X射线源的分
布图。乌呼鲁卫星的发射上天被公认为X射线天文学发展的第二个里程碑。

1974年,由贾科尼领导的小组,发表了乌呼鲁卫星的巡天结果,得到了银河系
X射线源的分布图。结果表明,绝大多数的银河系X射线源都位于银道面附近,不
超过20°范围,处在旋臂之中,表现出向银心聚集的倾向。"乌呼鲁"在首次完成的
巡天观测中发现了339个X射线源,为天文学家展示了各种类型的X射线天体。
最大的成功是发现和证实了一类新的X射线源的存在——X射线双星,包括半人
马座X-3、天鹅座X-1等十分著名的X射线源。

在"乌呼鲁"之后,美国、西欧、日本和苏联共发射了20多颗X射线天文卫星,

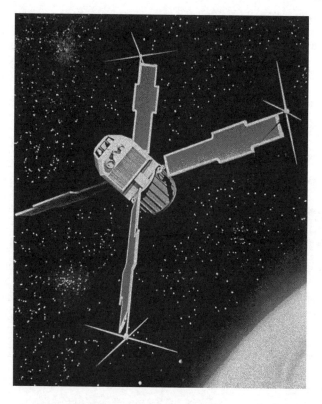

图2-15　X射线卫星"乌呼鲁"的艺术画Ⓝ

如1972年3月发射的欧洲第一颗X射线卫星"特德–1A"、1974年8月发射的荷兰第一颗人造地球卫星"荷兰天文卫星1号"、1974年10月发射上天的由英国和美国合作的"羚羊5号"、1975年5月上天的美国"小型天文卫星3号"等。其中美国宇航局于1972年8月发射上天的"哥白尼天文台"在太空工作了九年半,一直到1981年2月,获得了大量X射线观察数据,发现了引人注目的X射线脉冲星。

20世纪70年代,最重要的X射线卫星是美国的"高能天文台"系列。1977年8月上天的"高能天文台1号"相继发现了一批暂现X射线源、X射线暴等新X射线源。至70年代末,已发现的X射线源的总数达到1500多个。1978年11月"高能天文台2号"上天,后来改名为爱因斯坦天文台,观测成果显著。

20世纪80年代初,日本的X射线卫星显赫一时。1983年2月,日本"天马号"卫星上天,一直工作到1988年12月。这是一颗比较小的卫星,仅216 kg,可以观测能量0.1—60 keV的X射线,成果颇丰。

2. 从计数器到掠射式X射线望远镜

早期,天文学家利用实验室中进行粒子物理实验的探测器来接收天体的X射线光子,常用的有正比计数器和闪烁计数器。正比计数器是一个密闭容器,其中充有数个大气压的以惰性气体为主的混合气体。利用稀有金属铍或钛,制成只有0.1 μm厚的薄窗。容器中间有一根或多根阳极丝,并在周围加高压电场。有一根阳极丝的这类探测器称为正比计数器,有多根阳极丝的称为多丝正比室。当有X射线光子通过薄窗进入容器内,入射光子与筒内气体原子碰撞使原子电离,产生电子和正离子。在电场作用下,电子向中心阳极丝运动,正离子以比电子慢得多的速度向阴极漂移。电子在阳极丝的附近受强电场作用加速获得能量可使原子再电离。从阳极丝引出的输出脉冲幅度较大,且与初始电离成正比。

在非太阳X射线源的探测方面,为提高灵敏度,往往需要大面积的薄窗正比计数器。这种仪器的制造技术后来发展较快。美国小型天文卫星"自由号"曾使用面积达840 cm²、厚仅50 μm的铍窗正比计数器。随着X射线能量的升高,正比计数器将失去作用,它的探测上限约为60 keV。更高能量的X射线的探测,则需用闪烁计数器,它是一种利用所谓物质荧光现象的粒子探测器。

探测器的灵敏度由面积决定,面积越大,所接收到的光子数目越多,灵敏度越高。但是,空间观测无法携带特大面积的探测器,这是一个限制。还有,计数器本身没有任何成像和定向功能。为了获得一定的空间分辨率,计数器的前面放置一个筒状物作为准直镜,只允许一定方向的X射线光子射入仪器,因此方向性较差,尤其是不能成像。

为什么不能用普通的光学望远镜去观测天体的X射线辐射?第一个原因是X射线的波长太短,大多短于1 nm,而构成镜面的固体材料中两个原子之间的典型间隔约0.1nm,所以入射的X射线遇到的是一个非常"粗糙"的表面,这样在遇到每一个原子时会极其杂乱地向各个方向发生散射。第二个原因是X射线有很强的穿透力,又很容易被介质吸收,在介质中的折射率接近于1,因此类似光学望远镜的折射系统也不可能用于X射线。

天文学家一直在设法让X射线观测既有高分辨率又能成像。对于波长较长、能量较低的软X射线,20世纪60年代时,美国科学家布莱克等人发明了一种X射线针孔成像仪。他们用这种成像仪首次获得了太阳的软X光图像,并进一步计算出太阳在0.1—6 nm波段的流量强度。后来,布莱克等人又对X射线针孔成像仪进行多次改进,使仪器的分辨能力不断提高,最后拍摄太阳X射线像时的分辨角达到了1′。X射线针孔成像仪的视场很大,但分辨率和灵敏度都不太高。

研究表明,X射线和远紫外线也不是完全没有被介质全反射的可能,当入射角非常小时,如达到1°—2°时,就可能被介质全反射,这就是掠射现象。1952年,天文学家沃尔特(Hans Wolter)首先提出利用X射线的掠射来进行聚焦。20世纪70年代中期,贾科尼等人成功研制成掠射式X射线望远镜,解决了困扰天文学家多年的这个大难题。

图2-16是掠射式X射线望远镜的原理示意图,望远镜由4层套叠的反射镜的环组成,4层环中每层环圈上都有一组特定的抛物面镜和双曲面镜,入射的X射线几乎顺着镜面,被反射到焦平面,最后获得天体的X射线像。掠射式望远镜使大面积X射线光子聚焦成像成为现实,大大提高了X射线观测的分辨率和灵敏度,

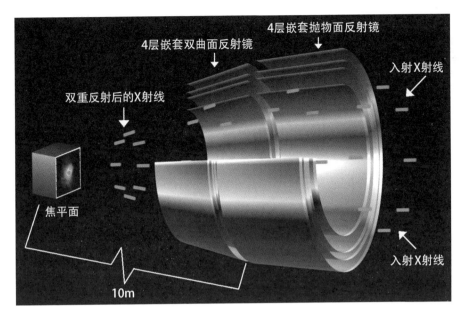

图2-16　掠射式X射线望远镜的工作原理Ⓝ

能够观测遥远、微弱的X射线源。

　　1978年,美国爱因斯坦天文台(图2-17)携带历史上首台掠射式X射线望远镜上天,成为X射线天文学发展的第三个里程碑。这台望远镜口径为58 cm,最高分辨率达2″,灵敏度大大高于以前所有的X射线观测仪器,可谓脱胎换骨。在太空工作的两年多时间中,"爱因斯坦"以空前的灵敏度首次记录到银河系内各种恒星发出的X射线。它发现一些恒星在X射线波段发射的能量非常高,竟达到可见光波段能量的百分之一,而太阳在X射线波段发射的能量仅占可见光波段能量的百万分之一。它还发现绝大多数类星

图 2-17　爱因斯坦天文台（最初的名字为
HEAO-2或HEAO B)Ⓝ

体都是X射线源,在它所巡视的70多个球状星团中有16个有X射线辐射,另外还在双子座–麒麟座天区观测到一个直径为300 ly、绝对温度为30万开的X射线气环。这些成果扩大了X射线源的种类,使X射线天文学的内容更加丰富、完整了。

掠射式望远镜主要适用于软X射线成像。对于能量更高的硬X射线乃至γ射线波段,因为掠射角太小而无法使用,通常使用调制方法,设法把入射X射线光子打上特殊记号,然后通过数学手段重构X射线源的图像。调制技术具有视场大、可测能量高的优点,但是其分辨率和灵敏度不如掠射式望远镜。

3. 贾科尼获得2002年诺贝尔物理学奖

回顾X射线天文学发展历程的关键时刻,离不开贾科尼的努力和贡献。贾科尼主持研制的爱因斯坦天文台上天,使X射线天文学发展走上成熟。他发明的掠射式X射线望远镜使软X射线的观测灵敏度和空间分辨率能与光学望远镜比肩,开创了X射线天文学的新纪元。2002年贾科尼获得诺贝尔物理学奖,可谓是众望所归。

贾科尼(图2-18)1931年出生于意大利,1956年获得意大利米兰大学物理学博士学位,论文是关于宇宙线天文学,之后以"富布赖特研究生"身份进入美国印第安纳州大学。1959年,28岁的贾科尼受聘加入美国科学与工程学公司。1973

年被聘为哈佛大学教授。1982年,成为空间望远镜研究所首任所长。1982年到1997年期间,在约翰斯·霍普金斯大学担任天文和物理学教授。1990年,成为欧洲南方天文台(ESO)台长,领导了甚大望远镜(VLT)的4台8 m口径光学/红外望远镜的成功研制。1999年,他回到美国成为国家射电天文台台长和大学联合体主席,期间负责ALMA的建设。他不仅在X射线天文学方面贡献巨大,也是光学/红外和射电天文领域望远镜建设的领袖人物之一。

图2-18   2002年诺贝尔物理学奖获得者贾科尼Ⓦ

贾科尼获奖后,我国科技日报记者有幸得到机会,在华盛顿中心第16街的"大学联合公司"总部对他进行采访。贾科尼兴奋地说:"X射线天文学是一项基础科学研究。搞基础研究要有好奇心,就是有将工作深入进行下去的决心。我认识到,从宇宙X射线源入手,会打开宇宙的奥秘。"当谈到中国科学家获得诺贝尔奖的前景时,贾科尼很认真地说:"诺贝尔奖奖励的都是基础性的研究成果,因此抓基础研究、抓青年人的教育十分重要。中国近几年发展很快,中国有才华的青年人很多,我相信不会太久,中国人会获得诺贝尔奖。但获诺贝尔奖不是目的,很多有成就的科学家并没有获诺贝尔奖。"2008年,贾科尼应中国科技大学邀请访问中国,10月21日下午做了题为"X射线天文学的兴起"的精彩报告,向中国物理和天文界的学者和同学们介绍了X射线天文学的发展历程和他本人在其中的参与经历。

4. 著名的X射线源

银河系内的X射线源有太阳、彗星、超新星遗迹、部分射电脉冲星、脉冲星风云、X射线脉冲双星、X射线暂现源和X射线爆发源。实际上,所有恒星都有X射线辐射,太阳是它们的代表。银河系外则有正常星系、活动星系、类星体、星系团和弥漫的X射线背景辐射。所有这些X射线源中,X射线双星的发现是最为耀眼的成果。

1) 太阳

1960年发射上天的美国"先驱者5号"成为人类第一艘对太阳进行X射线观测的设备。这之后,太阳成为空间X射线观测最频繁、最全面、观测资料最多的一个天体。日冕具有比太阳光球高得多的温度,达到百万开。这样高的温度所产生的X射线和远紫外波段辐射远比光球发射的相应波段辐射强得多,因此无须遮挡光球就可以很好地观测日冕。

1991年发射上天的由日本、美国和英国合作的"阳光号"太阳观测卫星,携带的软X射线望远镜的分辨率很高,能给出清晰的太阳X射线图像。在太空工作了十年,几乎是一个太阳活动周期,取得了极其丰富的观测资料,共获得6亿张太阳

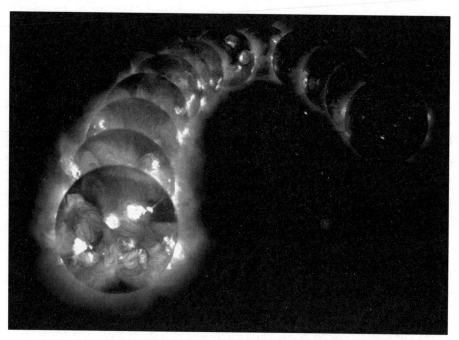

图2-19 "阳光号"卫星1991—1995年期间观测太阳的软X射线图像集合,X射线
辐射强度随时间逐渐变化,与太阳黑子的活动周期相对应◎

图像的照片(图2-19)。

2)X射线双星

发现X射线双星是X射线天文学早期探测最重大的成就。发现了一种新型
的天体品种,又发展了一种新的吸积理论来解释这种双星系统的辐射和演化
机制。

1964年,由火箭携带的盖革计数器记录下8个X射线源,其中的天鹅座X-1是
地球上观测到的最强的X射线源之一,也是人类历史上由观测找到的第一个黑洞
候选者。乌呼鲁卫星对它进行了长期观测,发现其X射线强度有波动,辐射具有
1 ms(毫秒)的变化时标,由此可以推断辐射源的最大尺度为300 km。后来的观测
证实,天鹅座X-1是由一颗蓝巨星和一颗发射X射线的子星组成的双星系统,蓝
巨星质量在25—40 $M_\odot$之间,轨道周期为5.6天,根据双星运动的参数估计这个X
射线源的质量超过7 $M_\odot$,远远超过了中子星质量的上限,因而被认为可能是黑洞。
图2-20是天鹅座X-1黑洞的示意图,伴星物质源源不断地流向黑洞形成吸积盘,

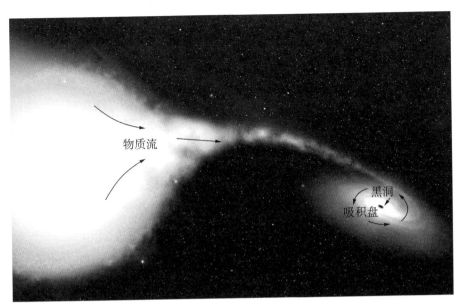

图 2-20　天鹅座X-1双星中的黑洞吸积示意图⑮

吸积盘内侧的物质不断被黑洞吸食,发出 X 射线辐射。

此外,X 射线双星系统还可以由一个中子星和一个光学伴星组成,光学伴星质量的大小决定了这个双星系统的性质。若 X 射线双星中的光学子星的质量大于 $10\ M_\odot$ 称为大质量 X 射线双星。双星中的中子星比较年轻,磁场较强,表现为 X 射线脉冲星。1970 年,乌呼鲁卫星首先发现半人马座 X-3(Cen X-3)和武仙座 X-1(Her X-1),它们的脉冲周期分别为 4.84 s 和 1.24 s。它们均有周期性的掩食现象,表明是双星系统,轨道周期分别是 2.087 天和 1.70 天。这是 X 射线天文观测发现的第一种重要的新天体。一般而言,射电脉冲星的自转越来越慢,其辐射是靠自转能提供的。但 X 射线脉冲星不同,它是靠不断吸积伴星的物质和角动量获得能量的,自转频率往往表现为越来越快或飘忽不定。X 射线脉冲星的自转周期范围为 0.069—835 s,而射电脉冲星的周期范围一般是 1.4 ms—8.5 s。2018 年,低频射电望远镜阵列发现了周期为 23.5 s 的脉冲星 PSR J0250+5854,打破了纪录。

3)X 射线暴

1975 年开始,卫星观测陆续发现 X 射线暴,被认为是 20 世纪 70 年代天文学上的重大发现。爆发源大部分在银河系内,大多数在银道面附近,有少数在球状星团中。X射线暴的辐射在1 s左右时间内会突然增强几十倍,衰减时间约为3—100 s,总辐射能量约为10^{39} erg(尔格,能量单位,1 erg=10^{-7} J),峰值光度达10^{38} erg/s量级。X射线暴具有重复出现的特性,但却没有准确的周期。两次爆发间隔约为几小时到几天,甚至更短。观测和理论研究认为X射线暴来自低质量X射线双星中的中子星。光学伴星的质量约为1 $M_\odot$,中子星的年龄比较老,磁场较弱,对吸积物质的控制作用不大,因此由伴星来的物质可以落到整个中子星表面,当吸积物质聚集到一定程度以后,就有可能导致核聚变,先有氢核的聚变,再有氦核的聚变,从而产生一次爆发。

4) 脉冲星风云的发现

超新星爆发中产生了致密的中子星和弥散的超新星遗迹。超新星的发现和观测主要是光学波段,而超新星遗迹则主要是射电观测。但是,X射线观测也成为超新星和超新星遗迹观测研究不可或缺的手段。

蟹状星云是1054年7月4日发生的超新星的遗迹,当时在我国的古书上有详细的记载,后来被国际天文学界称为"中国新星"。1968年在这个超新星遗迹中发现了脉冲星。它在从射电到γ射线的波段都有很强的辐射,已成为天文学家研究恒星演化的一个非常理想的样品。射电脉冲星已发现近3000个,只有极少数在光学、X射线和γ射电波段上有脉冲辐射。至今只发现100多颗射电脉冲星具有X射线辐射。

钱德拉X射线天文台的观测首先发现蟹状星云内的脉冲星风云是X射线观测的特有贡献。蟹状星云中的脉冲星风云如彩图4b所示,可以清晰地看出脉冲星风云的结构:喷流、节点、内环和环状小束。位于中心的X射线点源,是蟹状星云脉冲星,内环的内径约10 ly,比太阳系要大20倍,喷流垂直于圆环面。辐射显示非热辐射特性,属于高能带电粒子的同步辐射。在风云中没有热辐射的结构。脉冲星风云只是超新星遗迹中脉冲星附近很小的区域。

脉冲星风云是由脉冲星的星风与周围介质相互作用形成的。所谓星风,就是高能带电粒子流,它们因为中子星的快速自转和表面超强磁场而被加速。脉冲星星风与周围介质作用产生冲击波,磁化的粒子流发出X射线波段的同步辐射。目前已经有43个由X射线观测发现的脉冲星风云。

5)X射线源新品种

　　X射线观测发现的众多X射线辐射源都是双星系统。太阳和恒星,射电脉冲星和超新星遗迹这些单个的星体也有X射线辐射,但它们在光学波段或射电波段的辐射都很强。近20年来,空间X射线观测发现了多种孤立的X射线源,比较特殊,成为X射线源的新品种。

　　第一种是反常X射线脉冲星。说它反常,一是因为它们是孤立的天体,二是因为它们的光度远远超过转动提供的能量。与由自转提供能源的射电脉冲星不同,它们的磁场特别强,其辐射可能由磁能提供,故又称磁星。

　　第二种是软γ射线重复暴。本已归属于γ射线暴,后来发现,它们的能量比较低,接近X射线,特别是它们的很多特性与反常X射线脉冲星很相似,因此可看成是一种X射线源。它们都是孤立源,脉动周期都在2—12 s的范围内,且周期变化率的范围也相近,磁场都非常强,达到10^{13}—10^{15} G(高斯,磁场单位,1 G=10^{-4} T)。它们都属于由磁能提供辐射的单个中子星。

　　第三种是暗X射线辐射孤立中子星,到2010年共发现了8个。它们的光度很低,自转周期在3—12 s之间,磁场不强,光度比其他X射线源低很多。频谱呈现热谱特征,光学对应体很暗,没有观测到射电辐射。它们的辐射既不是吸积供能或磁场供能,也没有足够的转动能提供,被认为是靠残余的热能苟延残喘。

　　第四种是超新星遗迹中心致密天体。在某些超新星遗迹中心附近观测到令人费解的X射线致密源,没有射电、光学和γ射线波段的辐射。X射线谱是温度几百万开的热谱,没有观测到非热成分。现在已知有8个这样的源,其中有3个源的X射线光度大于自转能损率,这一特点与磁星很像。但是,它们的磁场很弱,不可能由磁能供能,因此称为反磁星,估计是由中子星的冷却或者由残留的吸积盘吸积供能。

5. 翱翔在太空的大型X射线观测设备

20世纪80年代之后一直到21世纪的今天,各种X射线天文望远镜陆续发射上天。X射线空间观测持续地发展。

1) 欧洲X射线观测卫星(EXOSAT)

EXOSAT是为了提高分辨率,利用月球遮掩X射线源的观测来确定明亮的X射线源的准确位置,专门研制的一个"月掩星"观测卫星,1983年5月26日发射上天。这个X射线卫星有直接指向天体和月掩X射线源观测两种模式。为了使月球能够掩食比较多的X射线源,其运行轨道不同于以往任何X射线天文卫星,选择了一个高度偏心轨道,偏心率达到0.93,轨道周期是90.6小时。轨道倾角为73°。远地点为191 709 km,近地点为347 km。3年中共进行了1780次观测。除了对X射线源定位外,还系统地观测研究了活动星系核、恒星冕、激变变星、白矮星、X射线双星、星系团和超新星遗迹等天体的X射线辐射特征。

2) 伦琴X射线天文卫星(ROSAT)

ROSAT(图2-21)是德国、美国和英国合作项目,1990年6月发射上天。它装备有两架口径为84 cm和57 cm的掠射式X射线望远镜,分别观测0.1—2.0 keV的软X射线和0.06—0.2 keV的极紫外线。ROSAT的第一项大任务就是进行全天巡天观测,在为时半年的巡天观测中共发现了大约8万个X射线源和约500个紫外源,数目达到了此前X射线源总数的20倍。这个卫星给予我们极大的回报,从最近的月球到最远的类星体,从微小的中子星到最大的星系团,它给几乎所有天文学领域都带来了新的发现。

3) 美国钱德拉X射线天文台

钱德拉X射线天文台(图2-22)1999年7月由哥伦比亚号航天飞机送入太空,为纪念世界著名美籍印度天体物理学家钱德拉塞卡而得名。其特点是兼具

图2-21   伦琴X射线天文卫星①

图 2-22　钱德拉 X 射线天文台探测时的艺术家想象图

高空间分辨率和高能谱分辨率,标志着 X 射线天文学从测光时代正式进入了光谱时代。它的主体是一台大型的掠射式 X 射线望远镜。此外还携带多部观测设备:一台 CCD 成像光谱仪,可观测能量 0.2—10 keV 的 X 射线;一台高分辨率相机,可观测能量为 0.1—10 keV,时间分辨率达到 0.016 s;一台高能透射光栅光谱仪,可观测能量为 0.4—10 keV;一台低能透射光栅光谱仪,可观测能量为 0.09—3 keV。

　　鉴于"钱德拉"具有很高的灵敏度、较宽的频谱范围、很高的谱分辨率,还有很高的空间分辨率和时间分辨率等众多的优点,科学家们把许多艰难的观测任务交给它来完成。"钱德拉"不辱使命,成果辉煌,涉及黑洞、脉冲星风云、超新星、超新星遗迹、年轻的类太阳恒星、星云、星系碰撞、星系团中的暗物质和暗能量,以及生命必需元素起源等研究领域。"钱德拉"改变了我们进行天文研究的方式。这说明,对宇宙 X 射线源进行精确观测是了解天体及天体活动的关键。未来还需要观测能力更强大的 X 射线望远镜来推进我们对恒星、星系、黑洞、暗能量等的研究。

4) 欧洲 X 射线观测卫星(XMM-牛顿)

　　XMM-牛顿(图 2-23)1999 年 12 月发射上天,是可以与"钱德拉"媲美的大型 X 射线观测设备。XMM-牛顿装备了三台掠射式 X 射线望远镜,每个望远镜由 58 个套筒组成,最大的一层直径为 70 cm,焦距为 7.5 m,总接收面积达到 4300 cm²。在

图 2-23　欧洲 XMM-牛顿卫星艺术家想象图Ⓔ

焦平面上放置了三台欧洲光子成像照相机,能观测能量在 0.2—12 keV 范围的 X 射线辐射,可以进行 X 射线成像、X 射线测光和中等分辨率分光观测。两台反射式光栅分光仪,可以获得高分辨率的 X 射线光谱。一台光学监视器则是一架口径 30 cm 的光学/紫外望远镜。

XMM-牛顿服役 10 多年,观测对象包括双星、火星、星系核、星系团、暗物质、宇宙纤维、黑洞,成果累累,获得了诸多突破。头 10 年用它的观测数据写成的论文多达 2200 篇。为了研究宇宙大尺度的结构和演化,XMM-牛顿针对星系团进行了一个空前的巡天计划,其宏伟任务是要反映宇宙一半年龄时星系团的分布,跟踪观测宇宙大尺度结构的演变。巡天覆盖了两个巨大的天区,其面积相当于 100 倍满月面积,共观测到 450 个星系团。观测结果表明,宇宙中物质的大尺度分布是不均匀的,纤维状的物质结构把星系团中的星系联结在一起,其中还有大小不同的空洞。

5) 贝波X射线天文卫星

"贝波"是意大利研制的 X 射线卫星,后来荷兰加入合作。原计划于 1986 年发射,拖到1996年才借助美国火箭发射上天。由于研制过程比较拖拉又一再追加经费,备受指责,曾被意大利人认为是一个"面子工程"。国际同行也认为它即使上天也将失去先进性,不会有什么大作为。"贝波"以观测天体的X射线为主,兼顾γ射线暴的发现和监测。可以同时对一个天体在很广的能谱(0.1—300 keV)上进行观测,携带的照相机视场为20°×20°,比其他X射线望远镜的视场大很多。

不被世人看好的"贝波"一上天就解决了一个困惑天文学家30多年的难题,丑小鸭顿时变成了白天鹅。γ射线暴是1967年首次发现的,特征是γ射线辐射变化剧烈而迅速,持续时间在0.1—1000 s之间,主要集中在0.1—100 MeV的能段。从1967年到1997年的30年间,天文学家下足了功夫,共发现3000多个γ射线暴,但是无法确定它们的距离。因此,一直不知道这些γ射线暴的能量究竟有多大。距离之所以难确定,在于仅靠γ射线的观测无法确定其位置,必须配合其他波段特别是光学波段的观测。如果γ射线暴有光学余晖的话,光学望远镜可以测出红移,也就能估计出距离来。但由于发现γ射线暴的时候并不能给出准确的方位,地面大型光学望远镜无法去寻找光学余晖。

"贝波"的大视场照相机立了大功。"贝波"上天不久,就发现几个γ射线暴,大视场照相机随即抓获X射线余晖,得到了比较准确的位置。地面大型光学望远镜接着发现了光学余晖,测出其谱线红移,得到了这些γ射线暴的距离。研究发现,γ射线暴都是距离遥远的天体,其中有一个γ射线暴所释放出的能量是太阳在100亿年中释放的能量的200倍。

6) 我国硬X射线调制望远镜(慧眼)

"慧眼"是我国发射上天的第一个X射线探测卫星,于2017年顺利上天,虽然姗姗来迟,丧失了一些先机,但依然具有鲜明的特点和优势。其一是观测频段宽,携带高能、中能和低能三台X射线望远镜,覆盖了整个X射线波段,还拓展到软γ射线波段。既可进行X射线观测还可以进行γ射线暴的观测。其二是三个X射线望远镜可以在不同能段同时观测一个天体。其三是应用我国首创的调制技术能够实现特定天体和特定天区的成像,在国际上是独一无二的。由于硬X射线波段无法研制掠射式望远镜,因此国际上硬X射线观测的分辨率都不高,"慧眼"的硬X

射线分辨率鹤立鸡群,具有优势。虽然"慧眼"的观测能谱范围很宽,但却取名为硬X射线调制望远镜,就是为了突出优势和重点所在。关于"慧眼"的更多信息将在第八章进行介绍。

从1962年到1999年,X射线探测的灵敏度提高了100亿倍左右,人类能观测到更多、更深、更远的天体。在X射线波段上观测技术的迅速进步,以及所取得的许多前所未见的重大发现,使X射线天文学成为堪与光学天文学和射电天文学并驾齐驱的、新兴的天文学分支,展现出光辉的发展前景。

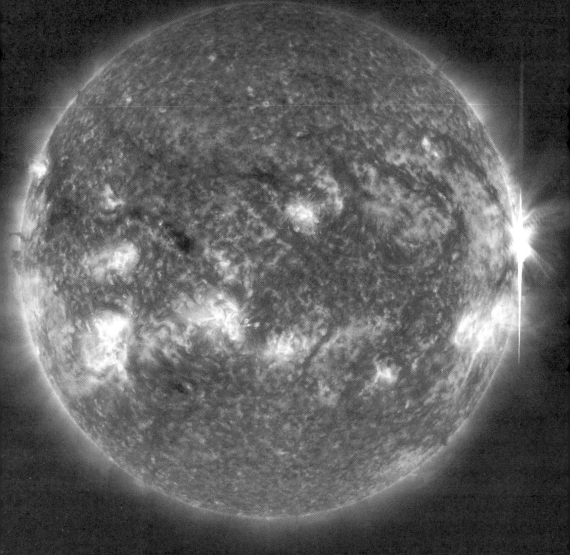

第三章

光明的创造者

太阳和恒星

夸父逐日,人类对于我们的母恒星——太阳充满着好奇,自古就开始探寻太阳的奥秘。海尔发明太阳单色仪和太阳塔,观测太阳活动和太阳磁场,为人类揭开笼罩太阳的神秘面纱,是当之无愧的"太阳物理之父"。太阳看上去很平静,但时常发生诸如黑子、日珥、耀斑、日冕物质抛射等活动现象,非常激烈,非常复杂。瑞典天文学家阿尔文研究太阳活动形成机制,提出的磁流体力学理论成为研究太阳活动现象的有力理论武器之一,为此获得1970年诺贝尔物理学奖。晴朗的夜空,繁星点点,构成神奇的图案,闪烁着五光十色。赫茨普龙和罗素研究恒星光度与温度的关系,绘制赫罗图,让我们看清恒星的分类和演化。太阳和恒星光辉灿烂,它们的能源是什么? 人们在很长的时间里弄不清楚,一直到20世纪30年代美国贝特提出恒星能源理论,才被大家认可。贝特为此获得1967年诺贝尔物理学奖。宇宙中的物质都是由各种元素组成,这些元素是如何产生的? 连科学家们也是一头雾水。直到1957年伯比奇夫妇(Margaret Burbidge & Geoffrey Burbidge)、福勒和霍伊尔(Fred Hoyle)推出B^2FH论文,才有了正确的理论。论文作者之一的福勒获得1983年诺贝尔物理学奖。本章将围绕这5个重大成就,介绍人类探究太阳和恒星的历史和发展,包括研究的内容、意义、方法以及后续的发展,当然还有科学家的奋斗精神和科学态度。

一、海尔为太阳物理学做出杰出贡献

16 09年,伽利略发明历史上第一具天文望远镜,成为天文学史上划时代的创举。这具望远镜的聚光能力约为肉眼的数十倍,很短时间里便取得了一系列突破性的天文发现。20世纪,海尔研制三台大型光学望远镜,完成了从经典的天文望远镜到现代大型望远镜的转变。5.08 m口径的海尔望远镜的聚光能力超过伽利略望远镜10 000倍,独领风骚近半个世纪。天文望远镜的发展使我们能够观测更遥远、更暗弱的天体及天体现象。海尔在太阳光谱方面的研究成果也是杰出的,发明太阳单色照相仪和太阳塔,首次发现太阳黑子磁场、普遍磁场及黑子磁性转变的22年周期。海尔的这些贡献都是诺贝尔奖级别的,从1913年起,他多次被提名为诺贝尔物理学奖的候选人,却受到重重阻挠,反对之声很强烈,每次都落选。1923年的评审会上,坚持反对海尔入选的一位评委说得非常露骨:"天体物理发展太快,以致几乎覆盖了整个天文学,而诺贝尔奖并没有设天文学奖,因此天体物理也不应该获诺贝尔物理学奖。"

1. 太阳单色光照相仪和太阳塔

海尔(图3-1)1868年生于美国芝加哥,从小喜爱天文,14岁时就拥有一台二手的克拉克光学望远镜,安装在自家的房顶上,观测恒星、太阳黑子和日食。1886年,他进入美国麻省理工学院主攻物理学。1890年毕业后,到芝加哥大学任教,很快就升为副教授、教授。1895—1905年任叶凯士天文台首任台长。1904年主持建成威尔逊山天文台并任首届台长。

图3-1　美国天文学家海尔①

早在大学期间,海尔就在父亲的资助下,自己动手建立了一个太阳光谱实验室,并且设计出太阳单色光照相仪,在学校出尽了风头,在天文界也引起很大的反响。当时的天文学家应用光学望远镜只能观测太阳的光球层,而太阳大气有三层,即光球、色球和日冕。在可见光波段,色球的亮度只有光球的万分之一,日冕的亮度只有光球的百万分之一,非常暗淡。由于地球大气散射太阳光,地球大气比色球要亮100倍,完全把色球和日冕发出的非常微弱的可见光给淹没了。只有在发生日全食时,月球把光球遮挡后才能看到色球和发生在色球上的日珥及日冕。平时则无法观测色球,这可难倒了天文学家。但是,年轻的海尔看到一个小孩用红色透明糖纸挡在眼前看妈妈,引发了灵感,小孩说:"妈妈变红了。"海尔也拿糖纸挡在眼前瞧起来,他想:为什么隔着红玻璃纸看到的事物颜色都是红的呢? 那是因为红玻璃纸把其他色光滤掉了,只让红光通过。继而他想,太阳光是由多种颜色的光合成的,能不能利用一种设备,把其他光滤掉只让一种光通过呢? 受这一事件启发,他通过多次实验制作出一种特殊镜头——滤光器。在此基础上,他发明了太阳单色光照相仪。

太阳色球中有一条非常强的红色谱线——氢元素的Hα谱线,波长为6562.8 Å。光球也发射这条谱线,但是非常弱。用Hα谱线去看光球和色球,那色球要比光球明亮得多。海尔发明的太阳单色光照相仪仅拍摄Hα谱线,因此在非日全食期间观测太阳,可以看到红红的太阳色球层和日珥,成为观测研究太阳色球最重要的设备。直到1933年李奥(Bernard Ferdinand Lyot)发明了双折射滤光器,将其安装在太阳望远镜光路之中,形成完整的太阳色球望远镜,太阳单色光照相仪才退出历史舞台。

世界各国对太阳的观测研究都很重视,发展很快,但都遇到一个共同的难题:望远镜的口径越造越大,观测所得的图像却仍然不够清晰和稳定。时任威尔逊山天文台台长的海尔着手解决这个难题。他认为可能是地面大气受温度变化的影响产生了扰动,导致观测图像变差。1904年,他用一架小型光学望远镜在离地面20 m高处观测太阳,发现所得图像比在地面上的观测结果好很多,因此提出建造塔式太阳望远镜(简称太阳塔)。塔高至少20 m,顶部安置观测太阳的定天镜(一面反射镜,由电动操控的镜架使之跟踪由于地球自转引起的太阳视运动),将太阳光垂直导入正下方的成像系统和观测仪器,避免了地面大气扰动的影响。

1907年威尔逊山天文台建成世界上第一座太阳塔。太阳塔高18 m,成为现代太阳观测的开端。1908年,海尔用这座太阳塔观测发现了太阳黑子磁场,这可是个了不起的大发现,因为这是人类首次观测到地球之外的天体的磁场。为了进一步测量黑子磁场,需要更大的色散光谱仪,要求有更长的焦距,18 m高的塔明显满足不了需要。海尔决定筹建第二座46 m高的太阳塔(图3-2)。这座太阳塔于1908年动工,1910年完成,1912年5月终端设备配齐后投入观测,在1962年美国基特峰太阳塔建成以前,一直是全球焦距最长的太阳塔。

这座46 m高的太阳塔结构很特别,由两个塔组成,一个套一个。内塔支持塔顶的光学设备,主要是观测太阳用的定天镜。外塔支撑顶上的圆包,因此有效地防止了风引起的光学设备的颤抖。终端设备放置在塔的底部,获得的太阳图像非常清晰和稳定。观测室中的太阳像成为天文学家手中随心所欲的实验物。利用观测室配备齐全的设备,如分光仪、照相机、磁象仪等,想测太阳的哪个物理特性就用哪个仪器,想测哪个局部就把探测器放在太阳像的对应部分。这座世界上唯一双塔结构的太阳塔,取得了一系列的重大成果,如发现太阳自转、超米粒组织、

图 3-2   威尔逊山天文台的两座太阳塔①

太阳黑子极性反转的 22 年周期等。海尔 1923 年退休以后,威尔逊山的太阳观测仍很活跃。

威尔逊山天文台建成两座太阳塔之后,在美国和世界多个国家掀起了建造太阳塔的热潮。最著名的是美国 1962 年建成的基特峰天文台太阳塔。塔高 32 m,地下部分更是庞大。塔顶放置一面 208 cm 口径的反射镜(定天镜),把太阳光反射到 150 m 以外的 152 cm 口径的物镜成像。焦距很长,获得的太阳像的直径达到 0.8 m。我国先后建成 3 座塔式太阳望远镜。1979 年南京大学首先建成第一座太阳塔,塔高 21 m,定天镜口径 60 cm,成像镜口径 43 cm,焦距 21.7 m。国家天文台怀柔太阳观测站的太阳塔建于 1984 年,主要设备是由 5 台望远镜组成的多通道太阳望远镜,主要观测太阳磁场、速度场和太阳爆发活动等,观测成果誉满全球。2015 年,云南天文台抚仙湖一米新真空太阳望远镜建成。真空太阳望远镜优于老一代塔式太阳望远镜,把成像光学设备都放在真空筒中,没有了空气,当然也就没有了空气流动。这样就解决了内部气流对成像的不利影响,获得的太阳图像更加清晰和稳定。

2. 海尔推动现代光学望远镜发展

除发明太阳单色光照相仪和太阳塔之外,海尔还推动了现代光学望远镜的发展。光学望远镜的性能主要由分辨率和极限星等决定。分辨率是指分辨观测对象细节的能力,由望远镜的口径和观测频率决定:口径越大,分辨率越高;频率越高,分辨率越高。极限星等是望远镜能看到最暗的恒星的星等,表示灵敏度的大小,主要由望远镜主镜的口径决定,口径越大,灵敏度越高。因此,大口径成为望远镜发展的一个主要目标。

在海尔之前的光学望远镜有三大类:折射望远镜、反射望远镜和折反射望远镜。 伽利略发明的望远镜属于折射望远镜。1668年牛顿发明了反射望远镜,改变了光学望远镜的发展方向。英国天文学家赫歇尔一生当中共磨制了数百架望远镜,在研制反射望远镜方面作出了重大贡献。1786年,他制造了一架当时世界上最大的、口径达 1.2 m 的反射望远镜。在赫歇尔之后大约 100 年,英国天文学家罗斯伯爵(William Parsons, 3rd Earl of Rosse),先后制成了 4 架反射望远镜,最大口径达 1.84 m,曾雄霸一时。直到 19 世纪中叶,折射望远镜才得到进一步的发展。美国的克拉克(Alvan Clark)和他的儿子们共同完成了口径 47 cm 和 66 cm 的折射望远镜。此后,小克拉克(Alvan Graham Clark)得到海尔的帮助,游说金融家叶凯士(Charles Tyson Yerkes)出资建造了叶凯士天文台和世界上最大的、口径 101 cm 的折射望远镜,堪称空前绝后。

折射望远镜和反射望远镜都有自己各自的优缺点。折射望远镜视场大,每次可以观测较大范围的天区,但成像质量比较差。反射望远镜的清晰度高但视场小,每次只能看见几平方角分的天区。1930 年,伯恩哈德·施密特(Bernhard Schmidt)研制出折反射望远镜,把两者的优点集于一身,使望远镜视场大、清晰度高。施密特望远镜成为非常理想的巡天望远镜。但是,施密特望远镜的口径很难做得很大。

海尔在帮助小克拉克完成口径 101 cm 的折射望远镜的建造后,把精力放在研制现代化的大型光学望远镜上,连续制造了口径 1.53 m、2.54 m 和 5.08 m 三架大型反射望远镜,对光学望远镜的发展做出了重大的贡献。1897 年海尔开始酝酿研制大型光学望远镜的计划,他决定在海拔1800 m的威尔逊山建立天文台,自费花了25 000美元从巴黎买回一块直径1.53 m的玻璃镜胚。1903年,1.53 m的反射望远镜开始建造,经过五六年的努力,于1908年12月完成。在当时,只有罗斯伯爵的1.84 m光学望远镜比它大,但是海尔的1.53 m望远镜的性能远远超过了罗斯伯爵的望远镜。这不仅因为物镜由原来的金属材料改为玻璃材料镀银或镀铝——既避免了金属镜生锈的缺点,又提高了镜面的反射率,更重要的是因为望远镜整体的现代化程度使其操作起来非常方便灵活。反观罗斯伯爵的望远镜,只能在子午线方向附近移动,运转十分笨拙,而且还是金属镜面。海尔的1.53 m望远镜连接上照相机可以拍摄到暗至20等的恒星。1915年美国天文学家亚当斯用它连接上光谱仪拍到了天狼星A那颗暗弱小伴星的光谱,这是人类首次拍到白矮星的光谱,为揭示白矮星身世的秘密提供了有力的观测依据。

1.53 m口径反射望远镜的成功令海尔十分高兴,但并没有使他满足,他心里还有更大的追求目标,他要建造更大的望远镜。这时,洛杉矶一个名叫胡克(John D. Hooker)的富商愿意捐钱造一架史无前例的大望远镜,海尔欣然接受,决定造一架口径2.54 m的反射望远镜。

然而,要得到一块口径2.54 m的玻璃镜胚可不是一件容易办到的事情,许多玻璃厂家都没有胆量接这个活儿。最后,海尔不得不找到之前为他提供1.53 m镜胚的法国玻璃厂。1908年,2.54 m的玻璃镜胚运到了帕萨迪纳。海尔对这块大玻璃不甚满意,因为那上面有许多小气泡。他请玻璃厂又做了几块,每块都不是完美无缺的,而且情况似乎更糟糕。最后,海尔决定还是用第一块镜胚试一试。于是,他开始给镜胚抛光,抛光后发现小气泡并无大碍。

1918年年底,这架以胡克的名字命名的反射望远镜(图3-3)终于骄傲地矗立在威尔逊山天文台。它成为名副其实的世界冠军。尽管这个庞然大物的总重量达90 t(吨),但操作起来方便自如,而且能以很高的精度跟踪恒星,观测能力大大超过了以前所有的望远镜。天文学家使用它得到了许多重要发现,其中有两项里程碑式的贡献——沙普利发现银河中心在人马座和哈勃发现河外星系。

海尔研制、建造的光学望远镜,一个比一个大,一个比一个好。但是,他并未

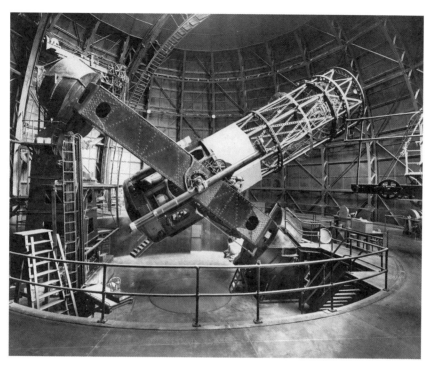

图 3-3　口径 2.54 m 的胡克望远镜①

因此而满足,他还想建造口径更大、自动化程度更高的光学望远镜。具体来说,海尔要建造一台口径 5.08 m 的光学望远镜,它的分辨率比 2.54 m 望远镜要提高 1 倍,而灵敏度则要提高 4 倍。其中有两个难点:一是要弄到足够的钱,二是要有更精密的制造技术和自动化程度更高的控制系统。

　　海尔找到著名的石油大王洛克菲勒(John Davison Rockefeller)。由于海尔已经名声远扬,他的筹款工作马到成功,于 1928 年获得 600 万美金的资助,顺利地解决了筹建天文台和研制望远镜的经费问题。在 20 世纪 30 年代初期,由于洛杉矶的城市发展,威尔逊山的观测条件受到很大影响。海尔选择威尔逊山东南 100 多千米的帕洛马山为新的台址。至于 5.08 m 望远镜的建造则是一项空前浩大的工程,遇到的技术难题很多。首先要解决 5.08 m 口径的主镜的建造,经过细致的调查研究,海尔决定选用几年前纽约州康宁玻璃厂研制成功的一个新品种——派勒克斯玻璃,这种玻璃对热胀冷缩的抵抗能力比普通玻璃强 3 倍。为了进一步降低温度的影响和减轻镜片的重量,海尔将镜胚的形状进行了重大改革。镜胚一改以往整块玻璃的常态,而变成背后是纵横交错条纹的肋材。康宁玻璃厂经过多次试验之后,于1934年3月24日成功浇注了一块口径5.08 m、重59 t的圆盘形玻璃镜胚,同年12月2日又浇注了同样的一块镜胚。为了尽量减少镜胚中的气泡,在冷却时对温度进行控制,使它缓慢冷却,冷却过程整整用了10个月的时间。这个史无前例的巨型镜胚安全抵达帕萨迪纳后,接着就是长时间的研磨和抛光,其间要把平面磨成曲面,中间要凹下去10 cm。59 t的镜胚研磨成型后只剩下14.5 t,可见工作量的巨大。其他配套工作非常多,同样也非常重要,如巨大的圆顶建筑、合适的镜筒、配套的辅助光学设备以及自动跟踪系统等等,都不是轻而易举就能完成的。1948年年初,这架5.08 m的反射望远镜终于在帕洛马山上立起来了,镜筒长17 m、重140 t,有六七层楼那么高。整个装置可动部分的总重量达500多吨。由于采用最新的技术,这样一个庞然大物竟然能够运转自如,不仅能够快速地对准观测的天体或天区,而且还能够精准地跟踪进行几个小时的观测。特别大的反射镜自身带来一个严重的问题,镜片将会因本身的重量而有轻微的下垂,改变表面形状的精确度,而且在望远镜转到不同的位置时,表面的变化情况不同。计算表明,镜片的精确度时时处处都维持在25 nm以内。5.08 m单镜片达到了这个技术指标,几乎达到极限了。之后,很长的一段时间里没有更大型的光学望远镜问世,主要就是这个原因。

5.08 m光学望远镜能拍摄到暗至23等的暗弱天体,能对远至几亿光年的遥远星系进行光谱测量。1948年6月3日,人们在巨镜下面举行了隆重的落成典礼。一位天文学家通过望远镜观看了星空以后兴奋地说:"我一生从未见过这么多星星,它们就像撒在鱼池上的花粉一样多。"人们亲切地称这架大望远镜为海尔的大眼睛。然而这时海尔已经长眠地下,离开人们整整十年了。为了纪念海尔的贡献,这台巨大的光学望远镜被正式命名为海尔望远镜(图3-4)。

自天文望远镜诞生以来,天文学家和望远镜制造专家们就一直没有停止对望远镜更高的追求。海尔望远镜达到了极致,在落成之后几乎半个世纪的时间里成为最好、贡献最大的望远镜。虽然苏联建成了6 m口径的光学望远镜,但是它的观测品质远不及海尔望远镜。1969年,威尔逊山天文台和帕洛马山天文台合并,改

图 3-4　现在的海尔望远镜①

名为海尔天文台,以纪念这位将自己毕生精力毫无保留地献给了光学望远镜研制和天文学事业的伟大科学家。

　　1993 年,凯克 10 m 光学望远镜建成,望远镜制造技术又开始了新的跃进,多镜片拼接和自适应光学成为新的技术亮点。到 21 世纪初,10 余台口径 8 m 以上的大型望远镜陆续建成。当今又在向口径 30 m 以上的光学望远镜进军。

3. 海尔对太阳物理的研究

　　观测设备的创新与更新换代必然推动天文研究的进步。海尔依靠当时最先进的光学望远镜,对太阳进行深入研究,做出了一系列杰出成果,加深了人们对太阳的认识。

1) 太阳黑子及其磁场

　　太阳看上去很平静,但实际上它处在不断骚乱的状态之中,时常发生诸如黑子、日珥、耀斑、日冕物质抛射等活动现象。太阳黑子最常见,但不同年份情况很不一样,具有大约 11 年的变化周期。极大年份,日面上的黑子很多;极小年份,黑子很少。黑子看上去是黑的,实际上并不真是黑的,它们也是炽热明亮的气体,只是温度比5800 K的光球要低1500 K左右,显得暗黑了。

在海尔发明太阳单色光照相仪后,人们对太阳的观测不再局限于日食期间。海尔使用斯诺太阳望远镜对太阳进行跟踪观测,发现太阳黑子实际上是处于光球上由米粒组织构成的气态大漩涡中心。根据罗兰(Henry Augustus Rowland)1876年关于快速旋转的带电橡胶环产生磁场的实验,海尔推测黑子上也存在磁场。1896年,荷兰物理学家塞曼(Pieter Zeeman)在实验中发现,原子的光谱线在外加磁场中出现分裂,一条谱线会分裂成几条偏振化的谱线,这种现象称为塞曼效应,成为检验黑子磁场最好的方式。海尔经过观测于1907年发现太阳黑子磁场的存在,次年发表论文《关于太阳黑子中可能存在的磁场》(On the Probable Existence of a Magnetic Field in Sun-spots),证明太阳黑子上存在一个强度大约为2600 G的磁场。这是人类第一次把黑子与磁场联系起来,开启了对太阳磁物理性质的研究。

之后,海尔持续观测太阳,发现黑子一般是成群出现。一个黑子群中有两个主要黑子(图3-5),它们的磁极性是相反的。如果前导黑子是N极的,则后随黑子就是S极的,称为双极黑子群。对于整个半球(如北半球)出现的双极黑子,一前一后的极性都是如此。而在另一半球(南半球)情况则与此相反,前导黑子是S极的,后随黑子是N极的。在约为11年的太阳活动周期期间都保持这种状况。但是,到下一个活动周期开始,上述磁极性分布便全部颠倒过来。因此,每隔22年黑子磁场的极性分布经历一个循环,称为一个磁周,也称为海尔周期。

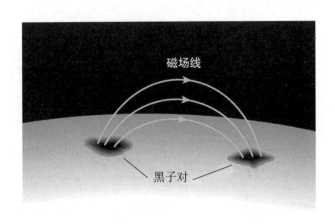

图3-5 太阳双极黑子示意图①

2）太阳普遍磁场

1892年，德裔英国物理学家舒斯特（Arthur Schuster）提出，一个快速旋转的球体会产生磁场，并猜想地球和太阳都存在普遍磁场。天文学家对耀斑、日冕的观测研究也都支持太阳本身就是一个磁体的猜想，但是缺乏直接观测的证明。海尔应用18 m太阳塔观测发现太阳黑子磁场以后，接着就着手观测太阳的整体磁场，没有成功。这是因为太阳的普遍磁场比较弱，由磁场导致的谱线分裂太小，测量不出来。1912年，威尔逊山天文台建造了第二座46 m高的太阳塔，焦距更长，光谱仪色散更大，能够拉大谱线的分裂。经过观测，海尔于1913年发表论文，证明太阳是一个磁体，估算在磁极附近磁感应强度为50 G。

随着天文观测技术的进步，现在天文学家可以很方便地测量太阳像上每一处的磁场，获得太阳的磁场分布。太阳磁场可以分为活动区局部磁场、普遍磁场和整体磁场三种情况。太阳是可以对其表面磁场的分布进行观测的唯一恒星，其他恒星只能估计整体磁感应强度。

太阳普遍磁场是指除活动区以外的区域的磁场，也就是宁静区的磁场。由于局部活动区磁场的干扰，太阳普遍磁场只是在两极区域比较显著，而不像地球磁场那样完整。太阳极区的磁感应强度只有1—2 G。太阳普遍磁场的强度经常变化，甚至极性会突然转换。宁静区的磁感应强度并不均匀一致，特别是发现了不少面积小、磁感应强度达几千高斯的磁结点。

把太阳当作一个整体进行测量可以获得日面各处平均下来的整体磁场。这种磁场的强度和极性呈现出有规则的变化。大致来说，在每个太阳自转周（约27天）内极性变化两次。这是由于日面上有东西对峙的极性相反的大片磁区，随着太阳由东向西自转，可以交替地观察到南极和北极的整体磁场。

太阳普遍磁场的来源是一个尚未解决的难题。目前比较受认可的有两种理论。一种认为现有的磁性是几十亿年前太阳形成时遗留下来的。因为理论计算表明，太阳普遍磁场的自然衰减期长达100亿年，磁性长期留存是可能的。另一种则认为太阳磁场是由太阳上等离子体（带电离子组成的流体）运动造成的。

4.现代太阳物理的发展

海尔开启了对太阳物理性质的研究,而现代天文学家使用地面望远镜及空间太阳探测器,深入研究太阳的内部结构和太阳活动。

1) 太阳的结构和辐射

太阳的视直径约为0.5°,半径为696 000 km,分为6层,里3层,外3层,如图3-6所示。中心部分称为日核,半径约为0.25 $R_\odot$(太阳半径),大部分质量都集中在这里,温度特别高,可达1500万开,是太阳的产能区。日核外面的一层称为辐射区,日核产生的能量通过这一区域,以辐射的形式向外传出,它的范围从0.25 $R_\odot$到0.86 $R_\odot$。辐射区外的一层称为对流层,处于剧烈的上下对流状态,它的厚度为10万千米左右。对流层外是光球,是我们平时所看见的明亮的太阳圆面,光球厚度约500 km。光球之外是红色的色球,厚度大约2000 km。最外面为日冕,分为内冕和外冕,内冕厚约0.3 $R_\odot$,外冕则达到几个太阳半径甚至更远。

太阳是一个全波段天体,在射电、红外、可见光、紫外、X射线和γ射线波段都有很强的辐射。

太阳光球的温度约5800 K,这个温度的物质只能部分电离。但是太阳色球的

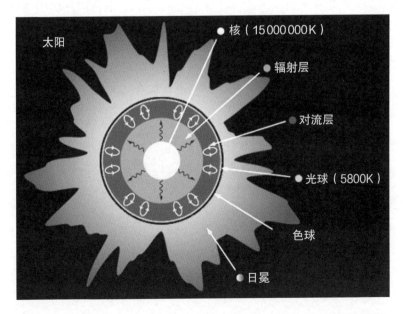

图3-6　太阳的结构:日核、辐射层、对流层、光球、色球和日冕①

温度比光球高很多,越往外越高,达到几万开,日冕的温度更高,达到几百万开。在太阳内部,越向里去,温度越高,电离程度也越高,太阳核心区的温度达到1500万开,物质被100%电离。等离子体虽然总体上是电中性的,但太阳中的等离子体在不停地运动中,就能产生电流。黑子、日珥、耀斑、日冕物质抛射这些激烈的活动现象中都有大规模的等离子体运动,所产生的电流比较大,分布比较复杂。有电流就会产生磁场。太阳不仅有电磁波的辐射,还有高能粒子的发射,也就是我们观测到的太阳风。太阳的磁场也被太阳风裹挟延伸到行星际空间。这不仅对地球有巨大的影响,也控制了行星际的空间环境。

2)太阳活动

太阳耀斑(图3-7)是太阳局部区域最剧烈的爆发现象,特点是来势猛、能量大,发生很突然,消失又很快,一般只存在几分钟、十几分钟,极个别的能持续几个小时。在短短一二十分钟内耀斑释放出的能量达到10^{30}—10^{33} erg,这个能量可能是来自磁场的湮灭。磁场具有能量,其值与磁感应强度的平方成正比。在太阳大气中常常观测到大尺度的反向磁场结构,它们之间很窄的一个区域由于磁场反向导致磁场湮灭,磁场变得很弱,甚至消失,但电流很强,这个区域称为电流片。电流片中的磁场消失,磁能转变为等离子体的内能和动能。在活动区内一个强度为几百高斯的磁场一旦湮灭,它所蕴藏的磁能便全部释放出来,足够供给一次大耀斑爆发所释放的能量。耀斑爆发释放的能量相对集中在波长较短的紫外波段和X

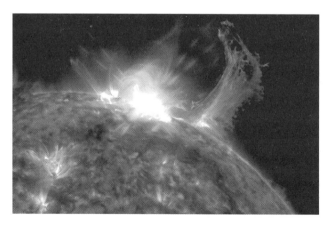

图3-7 发生在光球边缘的耀斑,伴随着物质向外喷射⑩

射线波段,以及发射的高能粒子。

日珥(图3-8)是太阳色球层上一种经常性的活动现象。日珥一般高约几万千米,大大超过了色球层的厚度,延伸到日冕当中。宁静日珥变化比较缓慢,一般能够在日面存在几天时间,甚至存在数月之久。活动日珥像喷泉一样,从太阳表面喷出很高,又沿着弧形轨迹慢慢地落回到太阳表面。爆发日珥则是更激烈的过程,以大于1000 km/s的高速将等离子体物质喷发到日冕中,被喷射的物质速度很快,将克服太阳引力的束缚进入行星际空间。日珥的温度约为10 000 K,它却能长期存在于温度高达一两百万开的日冕中,既不迅速瓦解,也不下坠到太阳表面,这主要是靠磁力线的隔热和支撑作用。宁静日珥的磁感应强度约为10 G,磁力线基本上与太阳表面平行。活动日珥的磁场强一些,可达200 G,磁场结构较为复杂。

日冕也会发生非常剧烈的活动现象。日冕非常稀薄但温度非常高,达到数百万开,是完全电离的等离子体。日冕中有许许多多零星的磁场,磁回路之间的相互作用释放能量,把日冕加热。日冕的辐射在光学波段很弱,但在X射线波段却很强。在X射线或远紫外线波段的日冕照片上可以观察到日冕中存在大片不规则的暗黑区域,被称为冕洞。其特点是等离子体密度只是其他宁静区域的1/10至1/3,温度也比宁静区域低一些。

冕洞比较稳定,但并非永久存在。两极冕洞面积的总和是相当稳定的,单个冕洞都比较大,寿命也比较长,可达一年以上。非极区冕洞面积比较小,寿命也短些。冕洞仅存在于大的单极磁区域中,但并不是每一个单极磁区都能产生冕洞。冕洞中的磁场是不均匀的。各孤立冕洞的磁感应强度不等,从零点几高斯到十几高斯,冕洞与无冕洞区的磁感应强度差不多。

冕洞偶尔会发生极为壮观的物质抛射事件。在一两个小时内从冕洞中喷射出几十亿吨等离子体物

图3-8　发生在色球但延伸到日冕的日珥①

质,速度达到 400 km/s,冕洞成为高速太阳风的出风口。图 3-9 是卫星观测到的一次日冕物质抛射事件,非常壮观。

图 3-9　日冕物质抛射事件。观测日冕需要用圆形挡板把光球和色球及部分日冕遮住,挡板上的白色圆圈表示光球的大小,可以看出大量的物质向外抛射⑩

二、阿尔文创建太阳磁流体动力学

20世纪30年代末,为了解释多种多样的太阳活动现象与磁场的关系,一批磁流体力学的探索者出现了,阿尔文是其中之一。阿尔文从天文现象寻找到新的物理规律,并把这一理论用来解释复杂的天文现象,成为太阳和宇宙磁流体力学的奠基人。磁流体力学首先在天体物理研究中得到完善和发展,后来在受控热核聚变的磁约束以及一些工业新技术中也有重要的应用。

1. 阿尔文的两个正确预言

阿尔文(图3-10)1908年5月30日生于瑞典,1926年进入乌普萨拉大学,1934年获博士学位,1940年起任斯德哥尔摩皇家理工学院等离子体物理教授,1967年起兼在美国加利福尼亚大学(简称加州大学)圣迭戈分校执教。1948年阿尔文出版《宇宙动力学》,1963年又出版专著《宇宙电动力学》,总结了磁流体力学的基本原理及其在天体物理学中的应用。1970年,阿尔文获诺贝尔物理学奖。1976年,他把主要的研究成果总结在与阿雷纽斯(Gustaf Arrhenius)合著的《太阳系的演化》一书中。1991年退休,退休后来往于加利福尼亚州和瑞典之间。1995年逝世,终年87岁。

当阿尔文还是博士研究生的时候,就创立了一个关于宇宙辐射起源的理论。1937年在这个基础上他提出"银河系的星际空间到处存在磁场"的假说。在那时,人们并未观测到,也不认为银河系到处都有磁场。这一假说一直受到冷落。20世纪40年代天文学家才发现银河系存在磁场的迹象,到60年代测出银河系磁场的分布之后,才证实了阿尔文的假说的正确性。

磁场在宇宙中是普遍存在的,地球、太阳、恒星、星系都有磁场,就连物质特别稀少的星际空间、星系际空间也有磁场。地球的磁感应强度很弱,只有0.5 G。太阳的平均磁场约为2 G,太阳黑子区域的磁场高达几百至几千高斯。有些恒星磁场很强,可达几千乃至几万高斯,白矮星的磁场达到10^5—10^7 G。宇宙中磁场最强要算中子星,达到了10^8—10^{14} G。相比之下,银河系星际空间的磁场仅有10^{-6} G。

阿尔文在提出银河系中处处有磁场的假设后不久,又提出星际空间充满着等离子体。

图3-10 瑞典天文学家阿尔文[P]

物质的等离子体状态是在温度非常高的情况下出现的,核外的电子因获得足够的能量摆脱原子核的束缚成为自由电子。原子变成自由电子和正离子的过程称为电离。太阳和恒星的温度很高,足以使气体完全电离或部分电离而形成等离子体。因此中性的原子气体变成了自由电子、正离子和中性粒子所组成的混合气体,称为等离子体,这种状态被称为物质的第四态。因正负电荷密度几乎相等,故从整体看等离子体呈现电中性。天体物理学和空间物理学的研究对象中,都涉及等离子体。

2. 太阳磁流体力学的建立

太阳大气是炽热的气体,应遵循流体力学规律。但是,太阳大气又是由自由电子、正离子和中性原子组成的等离子体,而且又处在磁场之中,当然要遵从电动力学的规律。等离子体在电磁场里运动时会产生电流。电流与磁场相互作用,产生洛伦兹力,从而改变流体的运动,同时电流又导致电磁场发生改变。单独的流体力学或电动力学都不能用来研究太阳大气,磁流体力学这门新学科应运而生。1940—1948年,阿尔文提出带电粒子在磁场中运动的"引导中心"理论、磁冻结定理、磁流体动力学波(即阿尔文波)和太阳黑子理论,在此基础上创建了太阳磁流体力学。由于太阳磁流体力学有关规律也可以用来研究其他恒星以及所有等离子体与磁场并存的天体,因此这一学科又被称为宇宙磁流体力学。

1) 等离子体在磁场中的运动

部分电离或完全电离的气体,在某些方面跟中性气体有相似之处,如描述气体的宏观物理量密度、温度、压力等对电离气体同样适用。但是,它的主要性质却发生了本质的变化,电离气体的行为主要受电磁力的支配。实际上,太阳等离子体中虽然有很多自由电子和正离子,但是正电荷和负电荷处处相等,处于电中性状态,因此不需要考虑电力的作用,而只要考虑磁力也就是洛伦兹力的作用。

荷兰物理学家洛伦兹(Handrik Lorentz)首先提出了运动电荷产生磁场和磁场对运动电荷有作用力的观点。后来这一观点也被实验证明,为纪念他,人们称这种力为洛伦兹力。洛伦兹力的大小正比于磁感应强度、电流密度以及磁场和电流所夹的角度 θ 的正弦,力的方向既垂直于磁场,又垂直于速度方向。洛伦兹力不改变电荷运动的速度,仅仅改变速度的方向,使带电粒子作匀速圆周运动。当带电粒子的运动方向与磁力线不垂直时,其速度可分解为一个与磁场垂直的分量和一个与磁场平行的分量。带电粒子沿磁场方向的运动不受洛伦兹力的影响,而垂直磁场方向做圆周运动,因此带电粒子在磁场中的运动是螺旋轨道(图3-11)。螺旋的轴线称为引导中心。螺旋轨道的半径与带电粒子的质量成正比,正离子比电子的质量大得多,因此正离子的回旋半径大,距磁力线要远;而电子则以很小的回旋半径绕磁力线前进。

阿尔文把带电粒子在磁场中围绕"引导中心"的运动方式发展为一种工具,成为等离子体物理研究的重要方法。他应用这种近似方法研究地球磁场和极光现

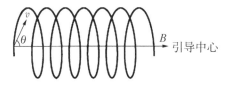

图 3-11　带电粒子的运动方向与磁力线不垂直时的运动轨迹, θ 是磁场 B 和电流所夹的角度, v 是带电粒子的速度。在磁场的作用下, 带电粒子的运动轨迹呈螺旋线向前运动①

象, 得出地磁场中存在环流的新结果。由于这一结果与当时流行的看法不一致, 未能得到同行的认可, 但后来的研究却表明环流的确是地磁球壳结构的一个重要特征。

2) 磁场的扩散与冻结

宇宙中既有等离子体又有磁场, 磁场的变化就具有新的特点。1942 年, 阿尔文发现等离子体在磁场中运动的一个新现象——磁冻结。他首次提出:"理想导电流体不能作垂直于磁力线的相对流动, 因此流体物质固结在磁力线上。"

从物理实验中可以知道, 当电流流过螺线管后会产生磁场。在断开电源后, 磁场会很快地消失。如果在螺线管中放着电导率很高的物质, 磁场衰减就很慢。这种现象称为磁场的扩散。磁场扩散的快慢与介质的电导率有关, 还与电流流动区域的尺度密切相关。地球上的实验与天体物理过程中的磁扩散很不相同。计算给出, 一个半径为 1 m 的铜球的磁场衰减时间是 10 s。太阳的普遍磁场通过扩散消逝所需的时间非常长, 达到 10^{10} 年, 比太阳的年龄还要长。因此有的学者认为, 太阳形成初期所集聚的磁场到今天大部分都还没有扩散出太阳。基于这样的分析, 有天文学家认为目前观测到的恒星磁场以及更大尺度的星系磁场都保持着它们形成初期的位形, 就好像化石一样。

在磁场扩散几乎为零的情况下, 磁冻结现象发生了。这时, 等离子体在磁场中必然带着磁力线一起运动, 相当于磁力线冻结在物质里面了, 或者说等离子体粘连在磁力线上了。等离子体带着磁力线一起运动, 导致磁场的变化, 这个过程称为对流。对流过程能使磁场增加, 也能使磁场减小, 而磁场的扩散只会导致磁场衰减。

判断是否发生磁冻结的参数是磁雷诺数,由磁扩散的特征时间与磁对流特征时间的比值来定义,即 $R_m = t_{扩散} / t_{对流}$。当 $R_m \gg 1$ 时,磁扩散过程的特征时间比磁对流过程特征时间长得多,磁对流过程起主要作用,这时的磁场是和等离子体冻结在一起的。天体物理的研究对象,如太阳黑子、太阳及银河系等,它们的几何尺度非常大,总满足 $R_m \gg 1$ 的条件,因此天体物理研究中的等离子体基本上是和磁场冻结在一起的。

虽然太阳的对流层、光球、色球和日冕都符合磁冻结的条件,但是在对流层电磁力相比其他力要小很多,可以忽略,磁场被等离子体推来推去,随波逐流。在光球,磁压和其他力的大小相当,而在色球和日冕中,磁压相对较强,变得起主导作用,等离子体被磁场所控制。

3) 阿尔文波——磁流体力学波

1942年,阿尔文在研究太阳黑子磁场的过程中发现了磁流体力学波。$R_m \gg 1$ 时,等离子体和磁场冻结在一起,这时磁力线存在着张力,就像一根紧绷的绳子。力学原理和实际经验告诉我们,弹拨乐器的弦线,在外力的作用下,会发生振动,产生沿弦线方向传播的横波。黏附着等离子体的磁力线也像一根弦线一样,当在垂直磁力线方向上受到扰动后,也会产生一种横波,也就是阿尔文波。根据阿尔文的推导,阿尔文波的速度与频率及振幅无关,仅是磁感应强度(B)和密度(ρ)的函数。阿尔文波的速度为

$$v_A = \sqrt{\frac{B^2}{4\pi\rho}} . \qquad (式3.1)$$

磁场越强,密度越小,阿尔文波的速度就越大。

从流体力学理论可以知道,一般的理想流体中是没有横波的。因此在那时几乎所有物理学家都不相信阿尔文波的存在。直到1948年阿尔文到芝加哥大学做学术报告,再一次谈他的磁流体力学波,终于说服了物理学界的权威学者费米(Enrico Fermi),阿尔文波才为世人所承认。当然,最重要的还是1949年隆德奎斯特(S. Lundquist)所进行的实验。隆德奎斯特用水银做实验,磁场是1000 G,结果

得到了速度约为 75 cm/s 的阿尔文波。之后科学家不断在实验室和外层大气中获得阿尔文波,印证了这个理论的正确性。

在磁流体力学中,声波受磁场的影响分解为快磁声波和慢磁声波两种,快磁声波的相速比阿尔文波速快,而慢磁声波的相速则比阿尔文波速慢。这三种波统称磁流体力学波。

20世纪40年代中叶,磁流体力学的基本理论体系大致构成。磁流体力学波的提出成为磁流体力学成熟的标志性事件。从那以后,磁流体力学发挥了巨大的理论威力,成功地解释了发生在太阳上的一个又一个观测现象,成为探索太阳规律的支柱理论之一,形成新的太阳磁流体力学研究方向。磁流体力学在宇宙中其他天体中的应用,便形成了宇宙磁流体力学。

3. 磁流体力学的实际应用

随着太阳观测的逐步深入,发现了大量的太阳活动现象,按照当时公认的理论知识很难加以解释。例如:太阳黑子的温度偏低,但磁场却非常强;黑子群倾向于成对地出现;太阳黑子有11年的变化周期;色球和日冕的温度比光球还要高;太阳耀斑爆发释放出巨大的能量和高能粒子,等等。磁流体力学对这些现象给出了科学解释。

早在1942年,阿尔文就用阿尔文波来解释太阳黑子的形成和它们的11年周期性变化,并逐渐发展成为系统的太阳黑子理论。黑子的温度为什么比周围的光球要低很多? 天文学家认为黑子的低温与强磁场有关。黑子是光球上的活动现象,它们的根基却在光球之下的对流层。对流层的底部连接着辐射层,温度很高,顶部连接着温度很低的光球,这样底层的高温物质团就会不断地上升,顶层的比较冷的物质团会下沉,形成对流。光球表面观测到的米粒组织就是这种对流的物质团。黑子磁场比周围地区要强很多,发生磁冻结现象,因此在对流层中物质团的对流很容易激发出阿尔文波。阿尔文波沿磁场传播把能量带走,导致黑子内部温度下降。还有一种解释是认为黑子的强磁场会抑制对流活动,导致对流层底部热的物质团不容易达到磁力线与光球表面相交的黑子区域,能量来不了,温度上不去,导致黑子的温度比周围要低很多。这两种解释都属于磁流体力学的过程,究竟哪一种解释正确,还需要进一步研究。

磁流体力学湍流与宇宙中磁场的产生和维持有很大关系。湍流是等离子体的无规则运动,会把磁力线拉伸而使磁场增强。在20世纪60年代中叶,湍流发电机理论开始应用于解释太阳磁场的变化,主要解决小尺度磁场的建立和维持。小尺度磁场的涨落会对大尺度磁场做出贡献,从而形成太阳磁场的周期性变化。

4. 阿尔文的等离子体宇宙

从古至今,已有几十种太阳系起源的学说。主要有两类,一类认为太阳系是由同一块星云物质凝聚而成的,另一类则认为太阳系是在一次突然的灾变中产生的,如两颗或三颗恒星的碰撞等事件。20世纪后,星云说占上风。1942年以后阿尔文发表了一系列论文阐明他的太阳系演化学说,并在1964年和1976年出版专著《太阳系的起源》和《太阳系的演化》。

阿尔文的太阳系起源学说的要点是:太阳及其行星系统都是由高度电离的气体云形成的。高度电离的气体云具有磁场,中心部分形成太阳,并具有比气体云强得多的磁场。由于星际磁场和电离云自身磁场的作用,使电离云维持在太阳附近约0.1 ly的距离内。后来由于冷却慢慢地还原为中性气体,中性原子不再受磁场约束,在太阳引力作用下不断地向太阳下落。中性气体在下落的过程中,引力势能转变为动能,温度逐步升高而再度电离。气体云中有不同的元素,每种元素的电离电位不同,电离电位低的元素先被电离形成电离云。电离云受磁场的约束而停止向太阳下降。电离电位比较高的元素将在离太阳比较近的地方电离,最后由四种元素组成的气体云在离太阳不同的距离上停留下来,形成四个电离云。太阳系中的八大行星及其卫星都是由这四个电离云中的物质凝聚而成的。行星系统的卫星形成过程与形成行星的过程类似。

阿尔文的学说强调了太阳系形成中电磁力的作用。这一学说还可以很好地解释太阳系角动量的分布问题。太阳形成后具有比较强的偶极磁场,可以一直延伸到附近的四块电离云中。太阳在自转,磁力线自然也跟着一起转动。由于电离云中的物质不能跨过磁力线,只能跟着磁力线一起运动。太阳自转也把附近的四块电离云带着一起转动,电离云由此获得角动量。在这个过程中,太阳通过"磁耦合机制"把角动量转移给电离云,自转速度逐步减慢。阿尔文的太阳系形成模型并没有流行起来。

对于宇宙的形成和演化,阿尔文提出与流行的大爆炸宇宙学说不同的等离子体宇宙演化学说。1961年阿尔文和克莱因(Oscar Klein)首次提出等离子体宇宙模型。他们相信现在的宇宙正处在膨胀之中,但不像大爆炸宇宙学所预期的那么激烈,而且宇宙也不像大爆炸宇宙学认为的那样是从一个极高温、极高密状态的火球爆炸后演化出来的。他们认为,现在的宇宙经历了一个漫长的先收缩后膨胀的过程。最初的宇宙是一个直径约为10^{12} ly的巨大球体,该球体内充满着密度极其稀薄的、分布均匀的粒子和反粒子,稀薄到每100 m^3的容积内只有一个粒子或一个反粒子。粒子之间彼此分离很远,基本不可能发生碰撞。在引力起作用后,巨大球体开始收缩,球的半径逐步缩小,粒子与反粒子越靠越近。正、反粒子碰撞发生湮灭,释放出能量。当正、反粒子发生湮灭所释放的能量足以抵抗引力的作用时,巨大球体就停止收缩,转为膨胀。膨胀开始时是急剧的,但逐渐慢了下来。

在阿尔文等人提出等离子体宇宙学的时候,反粒子的概念和实验都比较新,这个模型自然存在不少不足之处。天文观测表明宇宙中物质的成群、成团性比以前估计的还要突出,这是他们的模型无法解释的。为此,阿尔文进一步完善他们的模型,把在磁流体力学实验中发现的"等离子体绳索"应用到宇宙模型中。

在研究磁场对等离子体的影响时,阿尔文发现等离子体能够携带电流。这个电流和其他电流一样,在其周围也产生磁场,导致等离子体、电流和磁场缠绕在一起,使电流沿磁力线流动。阿尔文形象地称之为"等离子体细束",也有人称之为"等离子体绳索"。在实验室进行的极光和磁暴现象模拟实验中曾经观察到这种现象。天文观测发现的日珥中长达几十万千米的暗条和银河系中心发射出来的长达120 ly的纤维状物质都是"等离子体细束"。阿尔文相信这种"等离子体细束"会不断生长达到几十、几百万光年长。最后"等离子体细束"断裂为超星系团大小的等离子体云。这些云中的"等离子体细束"又断裂为星系大小的团块,最终形成星系和星系团。由等离子体细束形成的星系仍保留当时等离子体的高速运动,因而导致星系具有比较高的本动(哈勃定律无法消除的退行速度)。

在阿尔文工作的基础上,等离子体物理学家勒纳(Eric Lerner)、彼得斯(Michael W. Peters)和美国洛斯阿拉莫斯国家实验室的佩拉特(Anthony Peratt)等人就宇宙微波背景辐射、轻元素的生成及星系的形成和演化等方面发展了阿尔文的宇宙演化模型。

当然,物质与反物质的分布和隔离问题仍是阿尔文模型的困难之一。1932年安德森(Carl David Anderson)发现正电子,证明了反粒子的存在。1955年,加州大学伯克利分校的塞格雷(Emilio Segrè)和张伯伦(Owen Chamberlain)通过质子对撞证实反质子的存在。1995年,在欧洲核子研究中心的低能反质子环产生出了反氢原子。这些实验证明了反物质真实存在且可以在实验室中生成。但是粒子和反粒子问题,特别是寻找反粒子至今仍是一个未完全解决的科学问题。阿尔文的宇宙模型以及太阳系形成模型虽然没有得到公认,但也是有意义的探索,还是有进一步发展前景的。

三、赫罗图推动恒星演化研究

银河系中有2000多亿颗恒星。这么多的恒星彼此间有什么不同,应该怎样分类? 有什么样的演化规律? 最先给出回答的是赫茨普龙和罗素。他们利用部分恒星资料得到表面温度和光度的关系图,获得了恒星类别和演化规律的线索。这一研究结果被称为"赫罗图",是20世纪天文学的重大成就之一。至今,赫罗图仍然是恒星分类和演化最重要的规律,并成为一种研究不同星团和星系的重要方法。

1. 恒星的光度和表面温度

在银河系中有千亿颗恒星,它们的特性千差万别,有亮的和暗的,热的和冷的,大的和小的,老的和少的。古希腊天文学家喜帕恰斯创建视星等,用来描述地球上观测到的星体的明暗程度。1850年,英国天文学家普森(Norman Robert Pogson)建立公式

$$m_2 - m_1 = -2.5 \lg(L_2/L_1), \qquad (式3.2)$$

阐述星等m和恒星光度L的关系,量化了星等系统。视星等是我们观测到的亮暗程度,与恒星距离的远近有关,不能表征恒星的光度

大小。为此,天文学家给出绝对星等这个参数来估计天体的光度,其定义是当星体位于距离地球 10 pc(秒差距,长度单位,约 3.08×10^{16} m)时观测得到的视星等。视星等和绝对星等的换算公式为

$$M = m + 5 - 5 \lg d.\qquad\text{(式3.3)}$$

其中,M 为绝对星等,m 为视星等,d 为天体到地球的距离(以 pc 为单位)。

　　天文学家把光度大的恒星叫作巨星,光度比巨星更强的叫超巨星,光度小的称为矮星。恒星之间的光度差别非常大。织女星的绝对星等是 0.5 等,它的光度是太阳的 50 倍。超巨星"天津四"的绝对星等大约是 -8.38 等,其光度比太阳强 5 万多倍。还有一颗在星空中极不起眼的天蝎座 ξ¹,视星等只有约 4.7 等,但它的绝对星等是 -8.5 等,光度几乎是太阳光度的 85 万倍。最强的恒星的光度甚至是太阳的 100 万倍。太阳是一颗黄色的矮星,相比之下光度比较弱,但还有比它更弱的星星,如著名的天狼星 B 是一颗白矮星,它的光度还不到太阳的万分之一。还有绝对星等在 20 等左右的暗弱恒星,它们的光度大约仅为太阳的 40 万分之一到 50 万分之一。此外,还发现光度大的星星,体积也大,光度小的星星,体积也小,图 3-12 给出了不同恒星的大小。

　　恒星光谱是研究恒星的重要手段。恒星光谱是由温度决定的连续黑体谱和

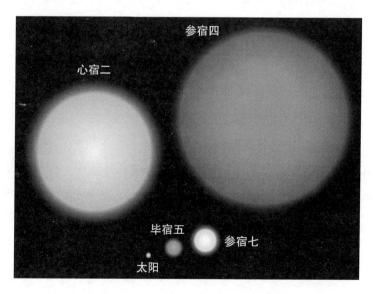

图 3-12　不同恒星大小的比较①

叠加其上的发射线及吸收线组成的。通过对恒星光谱的研究,可以知道恒星的表面温度和化学组成。1897年,美国女天文学家莫里(Antonia Maury)发表了681颗恒星光谱型的星表,将恒星分为22种类型,每类又分7个子类,分得太细了,反而显现不出各类的特性。1901年,坎农(Annie Jump Cannon)在莫里的基础上,采用字母系统给恒星分类,创造了恒星的哈佛分类系统。

表3-1 哈佛分类法

类型	颜色	表面温度(K)	典型星
O 型	蓝星	≥30000	参宿一和参宿三
B 型	蓝白星	10000—30000	猎户座腰带上的三颗星
A 型	白星	7500—10000	织女星和天狼星
F 型	黄白星	6000—7500	北极星
G 型	黄星	5000—6000	太阳
K 型	橙红星	3500—5000	牧夫座的大角星
M 型	红星	2000—3500	天蝎座的大火星

可以看出,恒星的温度或颜色成为恒星类型的主要标志。最初天文学家曾认为恒星的演化是从高温向低温状态演变,就好像炉火温度因燃料逐渐耗尽而下降一样,因此把温度比较高的O、B、A型星称为早型星,把温度比较低的G、K、M型星称为晚型星。后来的研究发现,这种看法是错误的,恒星并不存在从高温向低温演变的路径。

对太阳附近1500 ly以内的恒星的观测表明,温度越高的恒星数目越少。温度最高的O型很少,占比不到0.5%,B型和A型星分别占1%和1.5%,F型约占8%,G型约占13%,K型约占20%,M型约占56%。温度高的恒星数目少并不奇怪,一个原因是它们的质量比较大,相对小质量的恒星来说寿命要短得多,因此停留时间较短,观测到的数目也就比较少了。

2. 恒星光度与温度关系的发现

　　赫茨普龙(图 3-13)于 1873 年 10 月 8 日出生,1967 年 10 月 21 日去世,享年 94 岁,是国际天文学界的老寿星。他的父亲毕业于哥本哈根大学天文系,并获硕士学位。可是,当时天文学界的工作职位不多,他只能另谋生计,改行到人寿保险公司工作。但他仍然喜欢天文学,把天文学当作业余爱好。赫茨普龙从小受到父亲的影响,也十分喜欢天文学。然而在高中毕业时,父亲坚决反对他报考天文系,因为他的改行经历实在是太痛苦了。之后,赫茨普龙考入哥本哈根工学院攻读化学,1898 年毕业,成为一名化学工程师。

图 3-13　丹麦天文学家赫茨普龙①

　　赫茨普龙的工作是关于照相技术方面,而天文学观测与照相技术有相当密切的关系。天文学成为他的业余爱好,而他也在天文观测上得心应手,常常参加天文台一些正规天文课题的观测。他也很注意学习天文学的基础知识,以弥补"半路出家"的缺陷。1902 年,他成为乌拉尼亚天文台的一员,正式加入天文界。

　　这位天文界的新兵在短短的 3 年中,在研究恒星光谱型与光度的关系方面,给我们带来了惊喜。赫茨普龙研究了不同光谱型的恒星的特性后发现,蓝星一般比较亮,红星则有亮的和暗的两种,亮的称为巨星,暗的称为矮星。他发现巨星和矮星属于两个平行的演化序列。这一研究结果以《恒星辐射》为题发表在 1905 年和 1907 年的德国《科学照相杂志》上。1911 年,他测定了银河系中的昴星团和毕星团中恒星的亮度和表征颜色特性的色指数*。由于同一星团中的恒星与地球的距离相近,因此可以用视星等来表征星团中恒星的光度。赫茨普龙将光度和色指数作为纵坐标和横坐标,得到恒星的颜色 - 星等图。他发现,这些星大都落在一条连续带上,称为主序星;

---

* 色指数,天文学中用来表征恒星表面温度的标量,通常是使用分别在 U(紫外线灵敏)、B(蓝光灵敏)和 V(黄绿色光灵敏)滤镜下测得的光度差表示。

其余的星形成小群,都是属于巨星类的恒星。这个关系图对于理解恒星的演化十分重要。但是,他的研究结果虽然发表了,并且受到著名天文学家施瓦西(Karl Schwarzschild)的赏识,但并未受到其他天文学家的重视——可能他们从不阅读《科学照相杂志》,并不知晓他的发现。1909年,赫茨普龙成为了德国波茨坦天体物理台高级天文学家;1919年,任荷兰莱顿天文台副台长;1935年,任荷兰莱顿天文台台长。

3. 从罗素关系图到赫罗图

罗素(图3-14)是20世纪最有影响力的天文学家之一。1877年10月25日生于美国纽约州奥伊斯特贝。与赫茨普龙相比,罗素是地地道道的天文科班出身,1897年普林斯顿大学物理系毕业,1900年获得普林斯顿大学天文学博士,继而留校任教,1911年升任天文学教授,并担任普林斯顿大学霍尔斯特德天文台台长,一直到1947年。1957年2月18日,他在新泽西州普林斯顿去世,享年79岁。

1913年,罗素研究恒星分类和演化,获得的结果与赫茨普龙的结果很相似。

图3-14 美国天文学家罗素℗

他在恒星光度与光谱型的关系图上发现有两种类型的恒星,如图3-15所示。一类是图中的两条斜线之间的恒星,光度越高,表面温度也越高,它们就是主序星系列。另一类是图中斜线的上方的恒星,光度大、温度低、个头大。

在发表论文以前,罗素曾在两次重要的学术会议上做报告。第一次是在英国皇家天文学会会议上的报告,题为"巨星和矮星",主要是介绍他关于恒星光谱和光度关系的研究成果。第二次是在美国天文学会学术会议上的报告"恒星光谱型与其他特征之间的关系",展示了由300多颗恒星的观测数据获得的光谱-光度

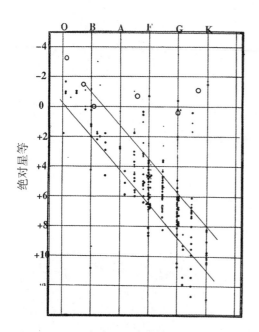

图 3-15   罗素在 1913 年发表的恒星光度－光谱型图，纵坐标为恒星绝对星等，横坐标为光谱型①

图。英国和美国是两个天文学非常发达的国家，到会的天文学家对罗素的研究结果特别感兴趣，给予高度称赞，文章还没有发表，"罗素关系图"就已经名扬天下了。这对赫茨普龙显然很不公平，但是他却默默忍受着。直至 20 年后，北欧的天文学家站起来为他说话，才使赫茨普龙的研究结果得到承认，人们开始把这类恒星的光度－光谱图称为赫罗图。赫茨普龙和罗素本来素不相识，由于共同发现了"赫罗图"，他们的名字总是同时出现在我们的面前。

4. 赫罗图揭示的恒星演化规律

从赫罗图的发现到今天已经 100 多年了，天文学获得巨大的发展，但是赫罗图揭示的恒星演化规律没有变。

图 3-16 是现今的赫罗图，依然是恒星的光度和光谱型（温度）的关系，但是比原始的赫罗图更丰富，多了白矮星这个群落。在赫罗图上，恒星主要集中在四个区域。第一个区域为主序星区，在从左上到右下的一条带子上分布着绝大多数恒星。这个带上的恒星，有效温度愈高，光度就愈大。这些星被称为主序星，又称矮星。我们熟悉的太阳、牛郎星、织女星等都是主序星。属于这个区域的恒星不会彼此相互演化，它们要长期定居，直到暮年离开这个区域。第二和第三个区域在主序星区右上方，分别为巨星区和超巨星区。这两个区域恒星的温度和某些主序星的一样，但光度却高得多，因此被称为巨星和超巨星。北极星（小熊座α）、大角（牧夫座α）属于巨星，心宿二（天蝎座α）则为著名的超巨星。研究表明，恒星在主

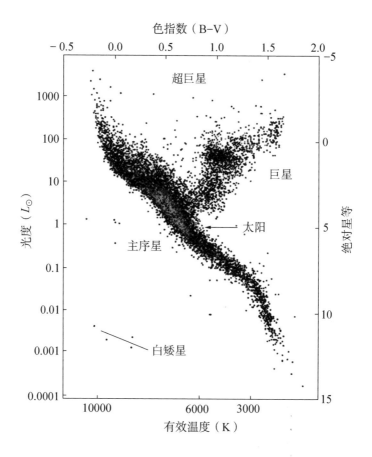

图3-16　现代恒星观测所获得的赫罗图,纵坐标以太阳光度($L_\odot$)为单位①

序星阶段停留生命的大部分时间以后,到晚期都会演变为巨星或超巨星。第四个区域在主序星区左下方,是一些温度高而光度低的白矮星和其他低光度恒星,天狼星B就在这个区域。实际上还有第五个区域,即温度很低的原恒星区,应处于主序星区的极端的右边,其演化方向是自右向左移动。赫罗图上没能标出这个区域。

恒星也像世间万物一样,有诞生、成长、衰老和死亡的演变过程,赫罗图上这五个区域的演化完整地显示了恒星的一生。

关于恒星形成,天文学家从年轻恒星的分布及其周围环境等研究中找到了蛛丝马迹。观测发现,年轻恒星集中在银道面的旋臂中,它们的周围充满着星际气体和尘埃。星际尘埃、氢、氦等组成了星际云,其中的分子云(氢分子聚集的天体)往往成团地在一起,而恒星也是成群、成团的。由此联想,恒星可能就是那些成团的分子云演化而来的。分子云很大,直径可达 1000 ly,密度虽然很低,但质量也可以达到 10—1000 $M_⊙$。分子云的密度并不是绝对地均匀,特别是当附近发生了诸如星系碰撞、超新星爆发、新的恒星诞生等事件时,它们所发出的密度波、激波和高能辐射都可能对分子云造成很大影响,导致分子云的密度分布发生较大的变化,形成多个密度比较高的核心。这些核心会把周围的物质吸引过来,造成更加不均匀的密度分布,核心物质增多,引力增强,因而收缩。周围物质以自由落体运动速度向其质量中心下落,巨大的引力势能转换为动能,导致核心温度升高、气体压力增加。这时,核心与它周围一大片物质便与巨分子云分离了。大量核心的存在使大星云碎裂,形成许多小云团。每一个小云团的质量很小,成为恒星的种子,称为恒星胎。恒星胎继续吸引周围的物质,质量越来越大,引力增大,温度升高,辐射加强,当引力和辐射压及气体压力达到平衡,不再收缩,赫罗图第五区域的原恒星就形成了。由于温度比较高,有比较强的红外辐射。不过,原恒星仍然被分子云物质形成的星壳包围着,因此光度较低,处于赫罗图的极右端。

原恒星会逐渐地捕获星壳的物质,质量不断增加,引力不断增强,温度不断升高。当温度达到几十万至两百万开时,开始断断续续地发生一些热核反应。当中心的温度进一步升高到 1500 万开以上,能进行持续不断的热核反应时,核反应产生巨大的辐射能使星体内部的压力增强到足以和引力相抗衡,达到流体静力学平衡状态,真正的恒星就形成了,进入赫罗图中的主序星阶段。图 3-17 展示了恒星形成的这一过程。

主序星是恒星一生中历时最长的演化阶段。以太阳为例,从分子云演变到主

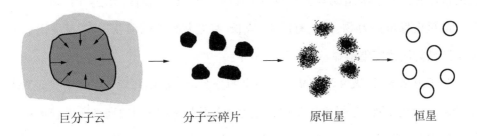

巨分子云　　　　分子云碎片　　　　原恒星　　　　恒星

图 3-17　由分子云形成原恒星及恒星的过程:由巨分子云演变为碎裂的分子云,再形成原恒星,最后演化为主序星①

序星需要1亿年，主序星阶段100亿年，主序星之后的演变直至变为白矮星和行星状星云的时间约为10亿年。因此恒星的一生有90%的时间处在主序星阶段。

质量不同的恒星在主序星阶段停留的时间很不相同（见图3-18）。质量愈大的恒星氢消耗得愈快，在主序星阶段停留的时间就愈短。这导致恒星的寿命差别非常大。质量比太阳大很多的恒星，寿命很短。例如质量为30 $M_\odot$ 的恒星寿命只有不到100万年，而质量为0.5 $M_\odot$ 的恒星寿命则接近1000亿年。

当一颗恒星度过它漫长的主序星阶段步入老年期时，它将首先变为一颗红巨星或红超巨星，即进入赫罗图上的第二、三区域。金牛座的毕宿五是红巨星，是全天第13亮星，直径是太阳的38倍。猎户座的参宿四则是红超巨星，是全天第10亮星，直径是太阳的887倍到1090倍。红巨星和红超巨星是恒星演化晚期所经历的一个不稳定阶段，与恒星处于主序星阶段的时间相比非常短暂。

当恒星内部的热核反应结束后，不同质量的恒星将迎来不同的结局。中低质量的恒星将最终成为赫罗图左下角的白矮星，而大质量的恒星将以超新星爆发结束一生，成为中子星或者黑洞。具体恒星的结局，取决于它的质量、金属量以及演

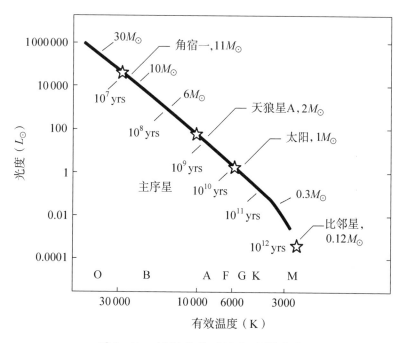

图3-18　恒星质量对演化的影响❶

化中的核心质量。目前,天文学家建立了不同的恒星模型来研究恒星的演化,还没有一个定论,但是公认当红巨星中的简并核心质量大于钱德拉塞卡极限(将在第四章介绍)时会发生超新星爆炸。

四、贝特发现太阳及恒星的能量来源

太阳日夜不停地发出光和热,它耀眼夺目的光辉从何而来? 自有人类以来,就是一个谜。1938年美国科学家贝特找到了太阳和恒星持续发光的机理,揭开了这个旷世的秘密,为此他获得了1967年的诺贝尔物理学奖。应该指出,英国天文学家爱丁顿最先预言恒星的能源来自氢聚变核反应,指明了研究的方向。美籍苏联科学家伽莫夫解决了粒子跨越势垒的物理学难题。他们的贡献不应该被埋没,同样应该获得尊敬。

1. 扑朔迷离的太阳和恒星的能源

太阳是离地球最近的恒星,给地球送来了阳光和温暖。地球上的绝大部分能源,如石油、煤炭、水力发电、太阳能、风能等,无一不是来自太阳。太阳辐射使地球上的生物苗壮成长,埋藏在地下的动植物变成了今日的石油、天然气和煤炭——这些实际上是储存起来的太阳能。太阳辐射把海水蒸发为云,让风把云吹向大陆,形成雨,落在高山和高原,为水利工程提供源源不断的动力。太阳能发电、风力发电、沼气发电等能量都可以归结为太阳辐射的能量。只有核能发电、地热发电、潮汐发电和化学电池等与太阳的辐射无关,但这些只占人类使用能量极少的一部分。太阳的辐射究竟有多少? 天文学家进行了准确的测量,如美国宇航局用人造卫星在地球大气外进行长期测量,发现在正对太阳的 1 m^2 的面积上,1 s 接收到太阳的辐射能量为 1368 J。这个数据被称为太阳常数,常写成 1368 W/m^2。地球绕太阳做周期运动,其轨道是椭圆,因此日地距离在不断地变化,需要换算为平均日地距离上的测量值。

地球大气上边界的太阳辐射光谱有 99% 以上在波长 0.15—4.0 μm 之间。大约 50% 的太阳辐射能量在可见光谱区(波长 0.4—0.76 μm),7% 在紫外光谱区(波长<0.4 μm),43% 在红外光谱区(波长>0.76 μm),最大能量在波长 0.475 μm 处。太阳表面常有黑子等太阳活动,导致太阳常数在一年当中有 1% 左右的变化。可以说,太阳常数变化很小,是很稳定的。由太阳常数可以推算出整个地球接收到的功率是 1.740×10^{24} erg/s,太阳辐射的总功率为 3.826×10^{33} erg/s,每秒钟释放出的能量相当于燃烧 1.28 亿吨标准煤所放出的能量。地球从中获取 22 亿分之一,只占极小的份额,但每年获得的能量相当 100 亿亿度电,平均起来地球上每人约 1.3 亿度电。人类一年总耗能为 5.5×10^{27} erg,太阳一秒钟释放的能量,足够地球用 7000 万年!

太阳的年龄约为 50 亿年。根据地质资料,在这么长的时间内太阳的辐射能量没有明显的变化。这表明,太阳必定有一个长期而稳定的能源。人们曾设想太阳是由氢和氧组成的,氢气在氧气中燃烧时,会产生淡蓝色火焰,并生成气态水。计算结果表明,太阳若靠这种化学能来维持,最多只能生存 3000 年,而且太阳拥有非常多的氢,但氧却非常少,因此这种想法很快就被否定了。后来又有人提出"流星学说",认为大量的流星高速撞击太阳,把它们的动能转变为热能。但是,这种想法也站不住脚,因为流星再多,也提供不了太阳所发出的光和热。

19 世纪德国物理学家亥姆霍兹(Hermann von Helmholtz)曾提出,太阳可以通过本身的收缩来加热自己——也就是把引力能转化为热能。但是,要维持太阳现在的辐射情况,太阳的寿命不会超过 5000 万年。开尔文勋爵(Lord Kelvin)根据亥姆霍兹假说所进行的计算,表明太阳是在 2000 多万年前诞生的。他费尽心机去劝说地质学家和生物学家接受这个时标，但都得到否定的回答——多方面的研究都说明太阳已经大约存在50亿年了。到20世纪初，天文学家企图合理解释太阳能量来源问题，进行了种种尝试，都失败了。

2. 爱丁顿预言太阳能源来自核聚变

科学家在恒星能源问题上陷于迷茫之际，英国天文学家爱丁顿于1920年最先指出，太阳和恒星的能源是恒星中心区域发生的氢聚变为氦的热核反应，指明了正确的研究方向和途径。爱丁顿1905年毕业于剑桥大学，后来成为剑桥大学天文学普卢姆讲座教授。从1916年开始研究恒星的内部结构，研究结果展现在他的第一部重要著作《恒星的内部结构》之中。他对恒星内部结构研究有三大贡献。首先是提出"可能通过辐射压力对抗引力以达到平衡"。这一论断得到公认，成为恒星内部结构的重要法则。第二是得到"恒星质量与光度的关系"，即恒星质量越大，发出的能量就越多。知道一颗恒星的光度，就可确定它的质量。第三就是在1920年提出的关于恒星能量来源的猜想。

爱丁顿详细地分析了曾经流行一时的"收缩假说"的谬误。然后指出，一颗恒星正在以一种我们不知道的手段从巨大能源库里抽出能量，这种能源库除了亚原子（比原子小的微观粒子）以外，不可能是别的。已经知道，亚原子丰富地存在于所有物质之中。在太阳里，储存的能量足够维持它的热输出达150亿年之久。

当时的物理和化学实验已经查明，氦原子核的质量小于组成它的4个氢原子核的质量之和，在合成过程中质量损失了约1/120。由于质量不可能消失，亏损的质量只能转变为能量释放出来。如果一颗恒星最初含有5%的氢，这些氢不断地合成为更复杂的氦元素，那么所释放的总能量将超过我们测得的恒星所辐射的能量，无须去寻找其他的能源。

爱丁顿指出，"要证明恒星的辐射是由氢聚变为氦所释放的能量这点是困难的，但是要否定它更困难。""恒星就像一个坩埚，星云中富含着的轻原子在这里被合成复杂的元素。物质在恒星中初步孕育诞生，为生命世界准备所需的多种多样的元素。"

20世纪初爱因斯坦提出的质能关系阐明了物质可以转化为能量。在经典物理学中,质量和能量是两个完全不同的概念,它们之间没有确定的转化关系。早在17世纪,伟大科学家牛顿就已经提出过类似的说法,认为"物质可以变为光或光可以变为物质"。而爱因斯坦给出了公式:$E = mc^2$,式中 E 为能量,m 为质量,c 为光速。20世纪20年代,科学家通过实验和计算已经把聚变反应的质量丢失弄得很清楚了。爱丁顿认为,只要能有方法释放聚变所产生的能量,那么太阳和恒星的能源就不成问题。

爱丁顿认为,"决定恒星释放能量的因素似乎是恒星内部的高温,如果是这样的话,能量的补给将主要来自最热的中心区域。"爱丁顿承认,他有关恒星能量来源的理论带有某些推测的成分,甚至说整个理论都是彻头彻尾的推测。但是,所有的一切都被他言中。后来的研究证明:恒星内部的核聚变反应是能量的唯一来源,核聚变的确发生在恒星中心最热的区域,恒星上的核反应过程的确产生着各种元素。

3. 伽莫夫突破库仑势垒难题

爱丁顿提出的恒星能源的猜想遭到很多物理学家的质疑。为此爱丁顿与詹姆斯·金斯爵士(Sir James Jeans)进行了一场旷日持久的辩论。当时的物理学家之所以反对爱丁顿的理论,是因为他们通过计算得知,发生氢聚变为氦的反应需要几百亿开的高温,而恒星中心区域的温度远远达不到这么高,也就不可能发生氢聚变为氦的核反应。

我们知道,原子核是靠强大的核力把众多的质子和中子紧紧聚集在一起的。核力的作用范围非常小,只有 10^{-13} cm。从构成来说,氦原子核是由两个质子和两个中子组成的,氢聚变为氦的反应需要四个质子和两个电子碰撞在一起,共同处在彼此相距 10^{-13} cm 的范围内形成原子核。其中有两个质子与电子作用转变为中子。这个过程能否实现,主要看带正电的质子能否不断接近和发生碰撞。质子之间的静电斥力与它们之间距离的平方成反比,它们越接近,斥力越大,因此很难彼此靠近。

在地球实验室中,科学家利用带电粒子在电磁场中受力获得加速度的原理研制出各种各样的粒子加速器。早期的加速器可以把质子加速到700 keV,目前世界上的大型加速器可以把质子加速到1000 GeV的能量。加速器使带电粒子获得很高的能量,成为轰击原子核的"炮弹",可以实现人工核反应。在太阳和恒星内部没有类似的加速器,只能靠极高的温度使质子具有非常大的动能,才能克服库仑力的排斥彼此靠近到达核力作用的范围以内。物理学家把这种阻挡原子核靠近的斥力称为"库仑势垒"。库仑势垒像一面高墙,将阻挡一切动能比库仑势垒低的粒子跑到核内去进行核反应。按照这个原理进行计算,确实需要几百亿开的高温。而太阳核心部分的温度只有1500万开。在太阳和恒星核心处的确不可能发生氢聚变为氦的核反应。面对物理学家这样的质疑,爱丁顿虽然坚持自己的看法,但也无法辩驳。

这个僵局被才华出众的美籍苏联科学家伽莫夫打破了。他提出了微观粒子的"穿墙术",顺利地解决了这个难题,也支持了爱丁顿的看法。

伽莫夫1904年出生在乌克兰的敖德萨,他于1926年从列宁格勒大学物理系毕业后,去格丁根大学参加了一个夏令营。他被当时新兴的量子力学和原子物理学日新月异的进展所吸引,决定留在那里做科研,后来又辗转于丹麦与英国,分别师从玻尔和卢瑟福两位大师。他中途回苏联母校读博,获得物理学博士学位。1931年,他留校任教授,并当选为苏联国家科学院通讯院士,那一年他年仅28岁。1933年10月,他携妻子离开苏联到伦敦、哥本哈根等地短期工作,于1934年夏天来到美国,并于1940年成为美国公民。伽莫夫博学多才,不仅在理论物理学上做出了卓越的贡献,而且在天文学、生物学上也都取得了顶级的学术成果。然而,这么多诺贝尔奖级别的原创性成果,他却没有得到应得的荣誉。

伽莫夫提出的微观粒子"穿墙术",在科学上称为量子隧道效应。如图3-19所示,按照经典物理理论,能量低于库仑势垒的粒子是不能穿越的,而按量子力学理论,有少数能量低的粒子可以穿越库仑势垒,这个通道被称为量子隧道。

量子力学认为微观粒子具有波粒二象性。电子束衍射的实验证明微观粒子具有波动性。根据波动理论,波函数将弥漫整个空间,粒子以一定的概率出现在

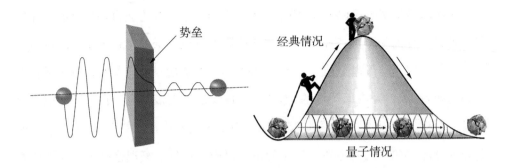

图3-19　量子隧道效应穿透势垒的图解：经典情况，不可能穿透；量子力学却允许通过隧道效应穿越⑩

空间的每个点，当然包括库仑势垒的另一个方向上。即使粒子的能量小于势垒的能量阈值，也有一部分粒子可以穿过去。究竟有多大的比例，量子力学是可以计算出来的。

伽莫夫提出的量子隧道效应得到很多物理学家的认同，而且为实验所证实，这对爱丁顿关于恒星能源的预言是极大的支持。但是，当时还是不清楚在恒星和太阳上如何才能实现氢聚变为氦。

1938年春天，伽莫夫举办了一次物理学讨论会，与会的有核物理学家，也有天体物理学家，两个领域的专家们进行无拘束的交流。讨论会上大家最为关注的问题是"太阳和其他恒星辐射的能量是靠什么样的热核反应生成的"。美国物理学家贝特在会上积极、活跃，是收获最大的一位。伽莫夫在《太阳的诞生和死亡》一书中描绘了这次讨论会的盛况，他对贝特的睿智和争分夺秒的工作热情进行了详细的描写。贝特在返回康奈尔的火车上就开始工作，仅仅用6个星期的时间就基本上解决了讨论会共同关注的难题，提出了"在太阳和恒星核心部分的碳氮氧循环反应实现氢聚变为氦并放出巨大能量"的理论。

之后，贝特与他的同事克里奇菲尔德（Charles Critchfield）合作，发现恒星获得能量的另一条途径——质子-质子链式反应。现在公认，像太阳这样质量不太大的恒星，中心区域的温度约为1500万开，只能发生质子－质子链式反应，而碳氮氧循环只能在温度高于2000万开的较大质量恒星中心区域进行。

爱丁顿最先预言恒星能源方案，伽莫夫的"量子隧道效应"解决了核反应所需

温度过高的关键问题,而贝特深入研究热核反应,提出了恒星中心区域产生能量
的碳氮氧循环和质子-质子链式反应,最终解决了恒星能源问题。

4. 恒星能源的碳氮氧循环

1967年,贝特因为"对核反应理论所做的贡献,特别是涉及恒星能量生成的发
现"获诺贝尔物理学奖,可谓众望所归。他之所以能这样快地解决这个难题,在于
他拥有广博的知识、敏锐的洞察力及处理问题的特殊才能,还在于他平易近人、心
胸坦荡、善于与人交流和合作。他是20世纪最多产的物理学家中的又一位杰出代
表,在众多的领域都做出了开拓性的贡献,成为20世纪最有影响力的物理学家
之一。

贝特(图3-20)1906年出生于德国,在法兰克福大学学习的头两年就展现出理
论方面的才能,被导师推荐到慕尼黑大学的索末菲(Arnold Sommerfeld)那里。索
末菲的名气非常大,他培养出来的学生,如劳厄(Max von Laue)、泡利(Wolfgang
Pauli)和海森伯(Werner Heisenberg)后来都成为世界物理学大师级的人物。贝特
出色地完成了博士课题,于1930年获得博士学位。贝特毕业后的经历十分丰富,
曾到英国剑桥卡文迪什实验室的卢瑟福门下学习,然后去罗马在费米的指导下工
作,成为很多世界级名师的弟子和合作者。1932
年,他到德国蒂宾根大学任教。1933年希特勒上
台,贝特因为外祖父母是犹太人而受到迫害,失去
大学职务,逃离德国。他先到哥本哈根同玻尔一起
工作,随后又去英国曼彻斯特大学和布里斯托尔大
学工作一年。1935年2月,他成为美国康奈尔大学
助理教授,1937年升为正教授。1938年,他提出了
恒星能量来源于其核心的热核反应过程,这是贝特
在科学上的最大贡献。

人类认识原子核的复杂结构和核反应是从19
世纪末发现天然放射现象开始的。天然放射性元

图3-20 1967年诺贝尔物
理学奖得主贝特①

素能通过 α、β、γ 三种衰变,分别放射出 α 粒子(氦核,$_2^4$He)、正负电子和 γ 光子。1911年,卢瑟福用 α 粒子冲击金属箔,发现原子由中心带正电的大质量原子核和环绕在核外的电子组成。1919年,他又用 α 粒子撞击氮元素生成了氧元素,完成了第一个人工核反应。在1932年查德威克(James Chadwick)发现中子后,物理学家才最后弄清楚原子核是由质子和中子组成的。原子核用符号 $_Z^A$X 表示,其中 X 为该原子核所对应的元素符号,A 为代表所含中子和质子总数的质量数,Z 为决定了元素属性的质子数,质子数相同但中子数不同的原子核为同一种元素的同位素。在核反应中,遵循质子中子总数守恒、电荷守恒、质量能量守恒等规律。

1938年德国物理学家魏茨泽克(Carl von Werzsäcker)先于贝特发表一篇有关碳氮氧循环的论文,但是贝特提出碳氮氧循环并与同行交流的时间却早于魏茨泽克发表论文的时间。因此学术界认为他们各自独立地完成了这一研究,把"碳氮氧循环"也称为"贝特-魏茨泽克循环"。

碳、氮、氧是我们很熟悉的元素,地球上很多。它们的原子核符号分别为 $_6^{12}$C、$_7^{14}$N、$_8^{16}$O,它们之所以不同,在于原子核中的质子数目和中子数目的不同,碳原子核中有6个质子和6个中子,氮原子核中有7个质子和7个中子,氧原子核中有8个质子和8个中子。只要增加或减少原子核中的质子和中子,这3种元素彼此可以转换,这当然要通过核反应来完成。如图3-21所示,"碳氮氧循环"核反应分为如下四步。

第一步:质子($_1^1$H)与碳核($_6^{12}$C)碰撞,使之变为氮同位素 $_7^{13}$N,放出 γ 光子和 1.95 MeV 的能量(式3.4);$_7^{13}$N 是放射性同位素核,很快就衰变生成碳同位素 $_6^{13}$C 和一个正电子 e^+ 及一个电中微子 ν_e,还有 2.22 MeV 的能量释放(式3.5)。

$$_6^{12}C + _1^1H \rightarrow _7^{13}N + \gamma + 1.95 \text{ MeV} \qquad (式3.4)$$

$$_7^{13}N \rightarrow _6^{13}C + e^+ + \nu_e + 2.22 \text{ MeV} \qquad (式3.5)$$

第二步:碳同位素 $_6^{13}$C 与质子($_1^1$H)碰撞,生成氮核($_7^{14}$N),放出一个 γ 光子及 7.54 MeV 的能量(式3.6)。

$$_6^{13}C + _1^1H \rightarrow _7^{14}N + \gamma + 7.54 \text{ MeV} \qquad (式3.6)$$

第三步:氮核($_7^{14}$N)与质子($_1^1$H)相碰撞,生成氧同位素 $_8^{15}$O、γ 光子和 7.35 MeV 的能量(式3.7);$_8^{15}$O 是放射性同位素,它随即放出一个正电子和一个中微子后衰变

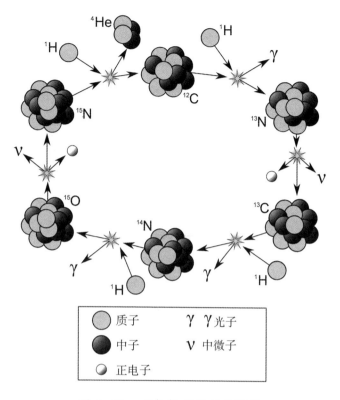

图 3-21 碳氮氧循环示意图Ⓦ

为氮同位素 $^{15}_{7}$N，并放出 2.75 MeV 的能量（式3.8）。

$$^{14}_{7}N + {}^{1}_{1}H \rightarrow {}^{15}_{8}O + \gamma + 7.35\ MeV \tag{式3.7}$$

$$^{15}_{8}O \rightarrow {}^{15}_{7}N + e^{+} + \nu_{e} + 2.75\ MeV \tag{式3.8}$$

第四步：氮同位素 $^{15}_{7}$N 与质子（$^{1}_{1}$H）相碰撞形成碳核（$^{12}_{6}$C）和氦核（$^{4}_{2}$He），并放出 4.96 MeV 的能量（式3.9）。

$$^{15}_{7}N + {}^{1}_{1}H \rightarrow {}^{12}_{6}C + {}^{4}_{2}He + 4.96\ MeV \tag{式3.9}$$

这一系列的核反应都是放热反应，因此，只要有碳元素和足够多的质子，碳氮氧循环就可以一直进行下去，成为稳定的能源。碳氮氧循环的结果是：四个氢原子核合成一个氦原子核，同时产生两个正电子、两个电中微子和三个光子，释放出 25.03 MeV 的能量。参与反应的碳元素在核反应前后没有发生任何改变，而氮、氧同位素只是在中间过程中产生又消失。碳氮氧循环是一种有效的氢聚变为氦的热核反应，要求温度达到 2000 万开以上。太阳中心区域的温度达不到，只有比太阳质量大一些的恒星才具备发生这种热核反应的条件。另外,恒星上必须有碳元素。宇宙热大爆炸后产生的第一代恒星是没有碳元素的,但第二代、第三代以及以后的恒星上都有少量碳元素存在。

此外,作为恒星中氢元素聚变的碳氮氧循环,还有其他种类。1957年,伯比奇夫妇、福勒和霍伊尔四人合作的论文中提出了第二种碳氮氧循环(或称氮氧循环),在这个循环中主要的催化因素是恒星物质中的氧元素,循环能否持续下去主要取决于 $^{15}_{7}N$ 和 $^{16}_{8}O$ 的质子捕获过程是否能持续发生。1974年,罗尔夫斯(C. E. Rolfs)和罗德尼(W. S. Rodney)在实验中发现了第三种碳氮氧循环,这种循环主要靠 $^{17}_{8}O$ 的质子俘获来驱动,依赖质子俘获过程的强度。

5. 太阳能源的质子-质子链式反应

由于太阳质量比较小,核心区域的温度不够高,不可能发生碳氮氧循环反应。太阳或质量更小的恒星只能依靠质子-质子链式反应提供能源。太阳或恒星有非常多的氢原子核——也就是质子。太阳在45亿年中就是靠这种聚变反应所释放的能量发出光和热。在这个过程中,太阳损失了原初质量的0.03%,相当于土星的质量。

氢原子核中仅有一个质子($^{1}_{1}H$),氦原子核($^{4}_{2}He$)中有两个质子和两个中子。氢核有三种同位素,即氢($^{1}_{1}H$)、氘($^{2}_{1}H$)和氚($^{3}_{1}H$)。它们都只有一个质子,但氘核中多了一个中子,而氚核中则多了两个中子。因此氘和氚又称重氢和超重氢。它们具有很多共同的特性,也有重大的差别。氘为氢的一种稳定形态的放射性同位素,常温下是一种无色、无味、无毒、无害的可燃性气体。氚也带有放射性,会发生β衰变,其半衰期为12.43年。

氦是一种稀有气体。1868年法国的让森(Pierre Jules Janssen)利用分光镜观察太阳表面,发现一条新的黄色谱线。科学家认为这条谱线来自太阳上的某个未知元素,取名为氦,希腊文的原意是"太阳"。氦在通常情况下为无色、无味的惰性气体。氦还有一种同位素氦3($^{3}_{2}He$),其原子核中有两个质子和一个中子。氦2($^{2}_{2}He$)是氦的另一种同位素,极不稳定,自然界并不存在。

氢聚变为氦的热核反应过程比想象的复杂得多。两个氢核相互碰撞已经很不容易了,更不用说3个或4个氢核同时碰撞了,那是绝对不可能的。一次氢聚变为氦的反应需要经过几个过程逐步完成,这就是质子-质子链式反应(图3-22)。

第一步:质子和质子的碰撞。如图3-23所示,99.999...%的质子碰撞都属于弹性碰撞,碰撞后仍然是两个质子。实际上它们非常短暂地形成由两个质子组成的氦的同位素氦2,但是氦2极不稳定,瞬间就分裂为两个质子。而另外1/10²⁸的机会下,质子碰撞能生成氘。实验室的实验从未观测到氘的生成。但是理论分析认为,这个反应还是可能发生的。短暂存在的氦2中的一个质子发生β衰变,这个质子转变为中子n及一个正电子e⁺和一个电中微子ν_e,并释放1.44 MeV的能量,中微

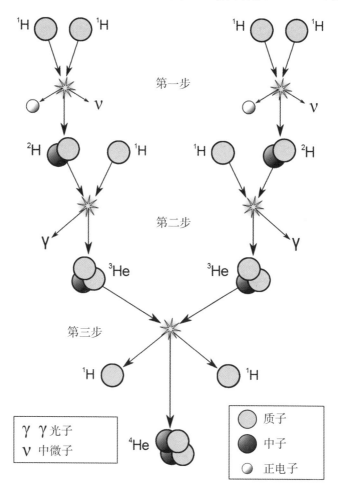

图3-22　质子-质子链式反应示意图Ⓦ

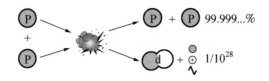

图 3-23   质子与质子碰撞事件生成氘的概率图解①

子还带走 0.26 MeV 的能量（式3.10）。

$$_1^1H + _1^1H \rightarrow _1^2H + n + e^+ + \nu_e + 1.44 \text{ MeV}$$ （式3.10）

第二步：氘与另一个质子碰撞，形成氦3和一个γ光子，释放 5.49 MeV 的能量（式3.11）。这是一个快速反应。

$$_1^2H + _1^1H \rightarrow _2^3He + \gamma + 5.49 \text{ MeV}$$ （式3.11）

第三步：有了氦3以后，进一步的聚变就有多种途径形成氦4，其中的一种途径是由两个氦3聚变为氦核和两个氢核，同时放出 12.86MeV 的能量（式3.12）。这种途径出现的可能性占了86%。

$$_2^3He + _2^3He \rightarrow _2^4He + _1^1H + _1^1H + 12.86 \text{ MeV}$$ （式3.12）

质子-质子链式反应的三步都是放热反应。在这一连串的反应过程中，有6个质子参与，最后形成一个氦核、两个质子、两个中微子、两个正电子和两个光子。

太阳上的氢聚变为氦的过程是非常缓慢的。这是因为在质子-质子链式反应中第一步形成氘的过程非常缓慢。大量的质子与质子的碰撞只能产生极少量的氘，氢的损失很少，反应率非常低。

太阳核心的氢聚变需要一定的温度和压强。温度很高时，质子才会有很大的运动速度。压强很大，密度才能很大，质子相互碰撞机会就大。反之，温度低了，压强小了，聚变就会减速甚至终止。太阳上的高温高压主要是由引力对星体的"压缩"提供的，在聚变的过程中，聚变快了，温度和压强升高，驱动星体膨胀，膨胀的结果是温度和压强下降，从而降低聚变速率。如果这个反馈机制太慢，就会使得星体大小出现比较大的变化，发出的辐射变得不稳定，这样太阳就会成为变星了。目前看来，太阳本身对聚变速率的调节是有效的。这保证了太阳在它度过的约45亿年生命过程中的辐射一直非常稳定，而且太阳还会继续稳定地发光发热大约50亿年。

五、B²FH论文揭示宇宙元素合成的路径

宇宙中的物质都是由各种元素组成。地球、行星、太阳、恒星、星云以及星际介质中具有各种各样但不尽相同的元素及其同位素。弄清楚宇宙中各种元素的生成机制及它们如何形成目前观测到的丰度(宇宙中的相对含量)成为热门研究领域之一。20世纪40年代英国天文学家霍伊尔率先提出宇宙中绝大部分元素是在恒星中形成的,开创了元素合成的新理论。1957年由伯比奇夫妇、福勒和霍伊尔合作完成的B²FH论文,推出了更完善的理论,揭示了宇宙元素合成的路径。

1. 宇宙中元素的种类和丰度

物质世界之所以非常丰富多彩,是因为非常多的元素及同位素的存在。曾有许多科学家毕其一生的精力在地球上寻找元素和它们的同位素。最出名的是俄国化学家门捷列夫(Dmitri Ivanovich Mendeleev),他在1869年编制了第一个元素周期表,当时仅63种元素。当今的元素周期表已经列出112种元素,其中有17种是人造元素,每种元素还有数目不等的同位素。人造元素是应

用加速器或核反应堆通过一定的核反应而生成，它们都是放射性元素，其特性是不稳定，会自行衰变，因为半衰期太短，在自然界难以存留。还有，自然界不存在质量数为5和8的元素，原因是它们太不稳定了，一旦形成，马上分离。

1814年，天文学家夫琅禾费通过他研制的分光镜发现太阳和恒星的许多明线和暗线，但当时人们并不知道其中的奥秘。1825年法国哲学家孔特（Auguste Comte）在一本书中宣称：恒星的化学组成是人类永远也不可能知道的。但在他去世后两年的1859年，德国物理学家基尔霍夫揭开夫琅禾费所发现的谱线的秘密，弄清楚这些明线和暗线是太阳和恒星上各种元素产生的发射线和吸收线。从此，天文学家通过光谱观测可以知道太阳和恒星的化学组成。基尔霍夫当时断定，太阳大气中有钠、镁、铜、锌、钡、镍等元素。天文学光谱观测很快就测出太阳和各种恒星上的元素组成，发现在地球上有的元素，恒星上都有。

自1889年克拉克（Frank Wigglesworth Clarke）发表元素在地壳中的平均含量的资料以来，人们已经积累了大量有关陨石、太阳、恒星、星云等各种天体中的元素及其同位素分布的资料，这对天文学家研究宇宙中的元素丰度很有帮助。研究结果表明，银河系、众多恒星和星际物质的元素丰度分布与太阳系的元素丰度分布大致相同：氢最丰富，按质量计约占71%；氦次之，约占27%；重元素合起来约占2%（天文学上习惯把氢和氦以外的元素都称为重元素）。这种丰度称为正常丰度，有少数恒星的元素丰度与正常丰度不同，不过也就是那不到2%的重元素当中某些元素多点少点的差别。银河系中心附近的恒星中的重元素丰度要比旋臂处的恒星大一些。这种丰度差别的研究对于宇宙中元素的形成和银河系的化学演化研究具有重要价值。习惯上把太阳系元素丰度称为"宇宙丰度"。

1937年，戈尔德施密特（Victor Goldschmidt）首次绘制出太阳系的元素丰度曲线。1956年，修斯（Hans Suess）和尤里（Harold Urey）根据地球、陨石和太阳的资料绘制出的元素丰度曲线有较大的改进。著名的B²FH论文就是以这个元素丰度曲线为依据进行理论研究的。当然，后来相继发表了多个更为详尽的元素丰度曲线图。图3-24是2003年发表的丰度分布。

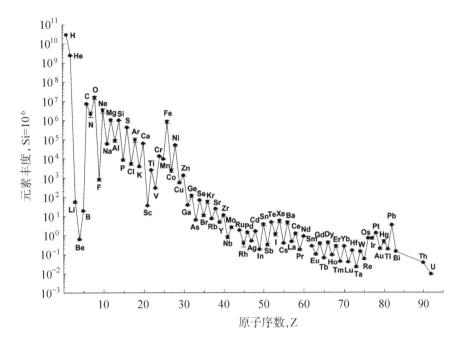

图 3-24　当今的太阳系中元素丰度分布。横坐标是原子序数,纵坐标为元素丰度,以硅(Si)=10^6为比例进行绘制①

2. 宇宙元素合成研究和霍伊尔的贡献

　　到20世纪40年代,科学家们已经基本上弄清楚宇宙中有多少元素,以及它们的丰度,获得了宇宙中元素相对含量分布图。科学家们必须对此进行科学的解释,不仅要回答这些元素是如何形成的,还要回答为什么有这样的丰度分布。1946年不寻常,科学家同年给出两个答案:英国天文学家霍伊尔指出"宇宙中比氢重的元素都是在恒星中合成的";美籍苏联科学家伽莫夫正式推出"热大爆炸宇宙学",认为所有元素都是在大爆炸初期合成的。究竟哪一个理论正确?

　　1946年,霍伊尔在英国著名期刊《皇家天文学会月报》(MNRAS)上发表40页的长篇论文《宇宙中的元素在恒星中合成》,这不仅是宇宙中元素来源的开篇之作,而且是一篇识破天机的杰作。那时,除了他没有别人认识到重元素是在恒星中合成产生的。这篇论文不仅提出了新观点——多个合成元素的核反应过程以及这个领域的研究任务和目标,还提供了在天文观测和实验室中检验这些观点的方法。霍伊尔提出:(1)宇宙中开始时只有氢元素;(2)氢元素在"正常"恒星的热核反应中合成产生;(3)其他元素由氢元素和氦元素合成产生,所产生的元素和地球上的元素有类似的分布。在这篇论文中,他特别详细地讨论了一种能够合成比较丰富的铁和铁峰元素(钒、铬、锰、铁、钴、镍等)的"平衡过程"(简称e过程)。

1946年伽莫夫正式提出宇宙大爆炸理论,认为我们观测到的宇宙是由一个比原子还小的"原始火球"爆炸演变而来的。大爆炸后3分钟,宇宙温度冷却到10^{10}K,形成了中子、质子,之后就开始合成元素。当时,这个理论认为大爆炸后的冷却阶段合成了宇宙中所有的元素。然而这个论断是错误的,不久就修改为"宇宙大爆炸初期可以产生氢、氘、氦3和氦4和锂等轻元素"。

很显然,在霍伊尔和伽莫夫的争论中,霍伊尔的观点是正确的,伽莫夫修改了自己的理论。1954年霍伊尔又在美国著名期刊《天体物理学报增刊系列》(ApJS)上发表一篇论文《发生在非常热的恒星上的核反应:从碳到镍元素的合成》,也是一篇长文,共25页,与第一篇论文一起构成了恒星中元素合成的比较完整的理论系统。这篇论文关注大质量恒星演化到发生超新星爆炸前的一秒中的元素合成的情况。给出了从硅到铁之间的13种元素的合成核反应。这篇论文解决了恒星中碳合成的难题。萨尔皮特(Edwin Salpeter)在20世纪50年代初提出由3个α粒子合成一个碳核的核反应过程,简称3α过程,但是研究表明,由两个α粒子碰撞形成的铍核($_4^8$Be)极端不稳定,一经产生,立刻分解,没有合成碳核的机会。霍伊尔认为3α过程一定能够实现,因为没有这个核反应过程,宇宙中就没有碳核,生命或许不会存在,也就没有人类,也就不可能有科学家来研究元素的合成了。所以霍伊尔坚信,肯定存在某种状态能使3个氦核合成碳核。通过研究,他具体地提出:"只要极不稳定的铍核($_4^8$Be)与氦核($_2^4$He)的能量之和与碳核的某个激发态的能量极其接近,就能产生偶然的共振,就会大大提高生成碳的几率。"

这个理论预言很快就被美国核物理学家福勒在实验中证实了,而且符合得非常好。福勒1933年毕业于俄亥俄州立大学工程物理系。1936年在加州理工学院获博士学位后,他一直在加州理工学院凯洛格辐射实验室工作。他和同事用氘和氮核($_7^{14}$N)碰撞,生成激发态的碳($_6^{12}$C)和一个氦核。进一步的实验则是由硼的同位素$_5^{12}$B的衰变制造出碳的激发态,结果发现有一些激发态的碳回落到基态,一些则分裂为3个氦核。这一核反应是可逆的,说明3个氦核也能结合生成碳核,即3α过程可以发生。

3α过程需要大约10^8 K的温度,这在质量比较大的红巨星中很容易满足。3α过程成为红巨星的主要能量来源。形成碳以后,一系列的聚变反应就可以发生了:碳核与α粒子碰撞形成氧核($^{16}_{8}O$)、氧核与α粒子碰撞合成氖核($^{20}_{10}Ne$),由于到合成铁之前的聚变过程都是释放能量,聚变可以一直继续下去,将依次合成出镁($^{24}_{12}Mg$)、硅($^{28}_{14}Si$)、硫($^{32}_{16}S$)、氩($^{40}_{18}Ar$)、钙($^{40}_{20}Ca$)等,合成的都是核子数为4的整数倍的原子核。

对霍伊尔这两篇论文最高的评价来自当时与他的观点完全相反的伽莫夫。伽莫夫模仿《圣经·创世记》写下了科普文章《新创世记》,把霍伊尔看成是宇宙重元素合成理论的开创者和奠基人。此文的大意是:上帝视察宇宙中的各种元素,得知质量数为1、2、3和4的元素都有了,即氢、氘、氚、氦3和氦4,很高兴。但当上帝得知没有质量数为5的元素时,感到大事不妙,没有"质量数5"意味着不会形成更重的元素了。于是,上帝说:"该有个霍伊尔了。"于是就有了霍伊尔。上帝让霍伊尔按自己的意愿用任何方式造就重元素。于是,霍伊尔决定在恒星中制造重元素,并且靠超新星爆发把它们散布开来。伽莫夫还借用了著名的"上帝说'要有牛顿,于是万物皆成光明'"的诗句来比喻霍伊尔。与伽莫夫高度赞扬相反,天文界和物理界的反应相当冷淡,几乎没有任何呼应。事实上,霍伊尔的元素形成理论和伽莫夫的大爆炸宇宙学都超越了当时科学家的研究和认识水平。这一研究领域死气沉沉。这成为霍伊尔的心病,他开始联络著名天文学家伯比奇夫妇和已经有重要合作的著名核物理实验专家福勒,组成小组进一步研究,以此来推动宇宙元素合成理论的发展。

3. 四大天文学家聚会剑桥大学和B²FH论文的诞生

从1955年开始,在霍伊尔的推动下,4位著名天文学家在剑桥大学会聚,进行合作研究。他们以1956年发表的元素丰度曲线为标准,研究恒星中元素合成的理论。经过几年的不懈努力,于1957年在《现代物理评论》(*Reviews of Modern Phys-*

ics)期刊上发表题为"恒星元素的合成法"(Synthesis of the Elements in Stars)的长达104页的论文,全面阐述了重元素在恒星内部合成的理论。论文的四位作者是玛格丽特·伯比奇、杰弗里·伯比奇、福勒和霍伊尔。这篇论文的作者按姓的第一个字母排序。随着论文的影响力越来越大,这篇论文被简称为"B^2FH"。

B^2FH受到极高的评价,被视为元素起源的里程碑式论文。这篇论文认为,宇宙中的元素除了氢、氦、锂以外,其他元素都是在恒星中合成的。不同恒星在不同演化阶段共有如下八种核反应合成过程,不仅可以形成所有的元素及其同位素,还能形成我们所观测到的元素丰度分布。

(1)四个氢核聚变为氦核的过程(氢燃烧);

(2)氦核聚变为碳核和氧核等的过程(氦燃烧);

(3)α过程,α粒子(即氦核)与氖同位素相继反应生成镁、硅、硫、氩等的过程;

(4)平衡过程(e过程),在温度和密度极高的条件下,产生铁峰元素(钒、铬、锰、铁、钴、镍等)的过程;

(5)慢中子俘获过程(s过程);

(6)快中子俘获过程(r过程),与s过程都是合成比铁峰元素更重的元素的过程,但r过程合成的元素更多;

(7)质子俘获过程(p过程),可以合成一些低丰度的富质子同位素;

(8)X过程,生成氘、锂、铍、硼等低丰度轻元素。

八大过程分为三种不同的形成机制。第一种也是最重要的一种是恒星演化过程中的聚变核反应,(1)—(4)属于这种机制。第二种是质子或中子打进原子核,增加原子核中的核子数目,形成比铁重的元素,(5)—(7)属于这种机制。第三种是论文所列的形成低丰度轻元素的机制。当时,B^2FH并不清楚产生这些轻元素的具体过程,故取名为X过程。后来,科学家们才弄清楚,这些轻元素可由宇宙线中的高能质子和α粒子与星际气体中的碳、氮、氧和氖作用,引起散裂反应生成。例如,宇宙线中的高能质子轰击^{12}C时,可以生成^2H一直到^{11}B的散裂产物。直到21世纪的今天,虽然有不少发展和补充,但元素合成基本的理论体系没有变。

总的来说，八大过程中的前四个过程主要是霍伊尔的贡献。B^2FH论文创造性地描述了p过程、r过程和s过程的存在,这部分研究成果主要是福勒的贡献。而作为第一、第二作者的伯比奇夫妇则是B^2FH的论文的撰写者和充实者,用天文学为这个理论提供了有力证据。

伯比奇夫妇在英国出生,曾是享誉英国的"天文学研究二人组",后来转到美国加州大学圣迭戈分校,从事天体物理学和宇宙学研究,主要研究星系和类星体。他们天文观测和理论功底深厚、研判能力超强、学术成就卓著,被霍伊尔看中邀请合作。伯比奇夫妇之所以欣然接受,是因为这个领域具有深刻的天文学意义,他们很乐意扩展自己的研究领域。他们从阅读学习霍伊尔的长篇论文开始,虽说隔行如隔山,但很快就进入正轨,承担起B^2FH论文的撰写任务。

伯比奇夫妇于1956年在加州理工学院完成这篇论文的第一稿,霍伊尔和福勒的早期研究成果成为这篇论文的基础和主体,伯比奇夫妇把比较难懂的核物理理论与天文观测实际紧密结合起来,增加了大量的相关观测和实验数据,引用了近百篇相关的天文学论文,使论文突出了天文学的特点,吸引了很多天文学家关注、讨论和研究。这也是B^2FH论文很快得到推广和传播的原因之一。伯比奇夫妇的贡献是不可或缺的。

实际上,论文还漏掉了霍伊尔1954年论文提出的核聚变形成碳元素的过程,成为B^2FH论文的一大缺憾。合作研究开始时,霍伊尔提供了他的1946年和1954年的论文,都是难懂的长篇论文。撰稿人伯比奇夫妇没有采用1954年的论文,霍伊尔出于对伯比奇夫妇的尊重,没有坚持。论文发表50年后,杰弗里·伯比奇解释说"因为1954年的论文是发表在天文学期刊ApJS上才没有采用",这可能是一个托词。福勒早期的研究生克莱顿(Donald Clayton)评论说:"霍伊尔1954年的论文写得太物理化了,只描述了核物理的关键方程,即使是他的B^2FH合作者,也很难理解和消化。"2007年,为纪念B^2FH论文发表50周年,加州理工学院召开学术讨论会,与会者高度评价B^2FH论文所取得的伟大成就,同时高度赞扬霍伊尔1954年的论文,并对B^2FH论文因为没有引用霍伊尔的这篇论文而漏了几个重要的元素合成过程和超新星产生元素的过程感到遗憾。

福勒(图3-25)对恒星合成元素的贡献是无可替代的。他获得1983年诺贝尔物理学奖,当之无愧。第一和第二作者伯比奇夫妇因B²FH论文获得美国天文学会1959年度华纳奖。唯独贡献最大、被认为是"恒星元素合成理论"创始人的霍伊尔,却什么奖都没有获得。霍伊尔被排除在诺贝尔物理学奖之外,引起了争议。

在论文发表40年后,第一作者玛格丽特·伯比奇不仅明确指出B²FH论文起源于霍伊尔1946年的论文《从氢元素开始的元素合成》,还明确说明了霍伊尔在理论创建上的思路和根据。第二作者杰弗里·伯比奇在2008年写道:"霍伊尔本应因这项工作和其他工作而获得诺贝尔奖。霍伊尔的贡献被低估了。"福勒在自传中写道:"恒星中由核聚变产生新元素的概念是霍伊尔于1946年首次建立的。这提供了一种解释宇宙中比氢重的元素产生的途径,其基础是恒星中可以产生诸如碳之类的关键元素。在恒星'死亡'时,这些元素将融入到其他恒星和行星中。霍伊尔推测,其他更罕见的元素可以在超新星爆发过程中产生。"霍伊尔的贡献毋庸置疑。

图3-25　1983年诺贝尔物理学奖得主福勒

4. 恒星的核聚变形成各种元素

核聚变是原子核融合的核反应,是指将两个较轻的原子核结合为一个较重的原子核的过程。地球上的氢弹就是利用氢同位素的聚变来实现的。在恒星上发生的氢聚变核反应效率很低,不会像氢弹那样发生毁灭性的爆炸。原子序数比铁小的元素,它们的核聚变都是放热反应,温度会不断升高,有利于其他元素的核聚变反应的进行。但是铁元素的核聚变反应则是吸热反应,由于无处获得所需要吸收的大量热量,因此该反应不能发生——铁成为恒星内部最稳定的元素。通过核聚变反应只能够制造铁和比铁轻的元素。

1）恒星发生核聚变的温度条件

　　发生核聚变反应所需的条件是高温和高压。氢弹就是由初级的核裂变反应产生极端的高温，推动后续的氢聚变反应。氢核聚变反应是放热反应，短时间放出巨大的能量，导致威力无比的爆炸。恒星核心区域温度最高，因此核聚变反应最先只能在核心区域进行。氢聚变的温度要求最低，大约为1000万开，而氦聚变则需要约2亿开。原子序数越高的原子核的聚变，对温度的要求越高。情况如表3-2所示。

表3-2　各种核聚变的生成物和对温度的要求

过程	聚变生成物	聚变所要求的温度
氢(H)聚变	氦(He)	约1000万开
氦(He)聚变	碳(C)、氧(O)	约2亿开
碳(C)聚变	氖(Ne)、钠(Na)、镁(Mg)、铝(Al)	约10亿开
氖(Ne)聚变	氧(Ne)、镁(Mg)	约15亿开
氧(O)聚变	硅(Si)、硫(S)、氩(Ar)、钙(Ca)	约20亿开
硅(Si)聚变	铁56(^{56}Fe)	约30亿开

　　恒星从原恒星演化到主序星的标志是在恒星核心区域能够持续不断地发生氢聚变为氦的核反应。主序星在恒星的一生中占据大部分时间，都是在制造氦元素。只有向红巨星演化的阶段，才开始制造其他元素。

　　恒星的寿命主要由质量决定，质量最大的恒星寿命只有几百万年，质量最小的恒星寿命可达千亿年。恒星质量越大，核心区的温度越高，发生核聚变反应合成新元素的能力越强。天文学家按质量把恒星分为大中小三类恒星：质量小于8 $M_\odot$的称为小质量恒星；质量在8—25 $M_\odot$之间的为中等质量恒星；质量大于25 $M_\odot$的为大质量恒星。它们的寿命、演化路径和演化终点各不相同。所有主序星都会演变为红巨星，小质量恒星最后演变为白矮星和围绕白矮星的行星状星云。中等质量和大质量恒星，演变到最后发生超新星爆发，中等质量恒星将形成一个中子星,大质量恒星则为黑洞,爆发后会留下一个星云状的超新星遗迹。

2)太阳上的核聚变过程及其演化

小质量恒星的代表是太阳。目前在它的核心区域正在进行氢聚变为氦的核反应,不断地制造氦元素,已经持续了45亿年,太阳上有极其丰富的氢,足够再持续制造氦约50亿年。如图3-26所示,当太阳核心区域的氢全部转为氦时,由于温度不够高,不能发生氦聚变,不能继续提供能量,辐射压将大大下降而导致星体收缩,结果使核心温度上升。温度上升并不能使氦核发生聚变反应,但却导致紧贴核心区域的外面一层开始了氢聚变反应,并一层一层地迅速向更外层转移,推动星体膨胀和温度下降,逐步形成又大又红的红巨星。太阳未来的归宿就是红巨星。红巨星演化到最后,核心区域温度逐渐上升导致氦聚变开始进行。氦聚变发生的一刹那,由于物质经过压缩处于简并态,温度不受辐射压调控而迅速上升,反应速度既快又猛烈,这个过程称为氦闪。之后物质脱离简并态,反应速度受控降低并变得平稳。一段时间

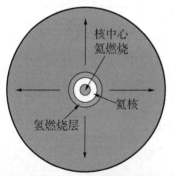

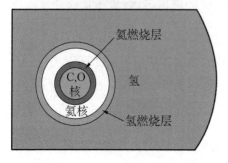

图3-26　图解太阳未来演化过程,最上方的图是太阳的当前情况,在太阳的核心区域发生氢聚变为氦的反应;第二张图显示太阳核心区域的氢几乎变成纯氦,外面一圈开始进行氢聚变为氦的过程,太阳开始膨胀;下一张图显示太阳核心区域的氦聚变开始发生,而壳层的氢聚变继续进行,这时的太阳内部有两处发生核聚变的地方;最后一张图为太阳核心坍缩为白矮星,外围物质向外抛射形成行星状星云❶

后红巨星的物质不够支撑核反应继续进行,核心收缩形成白矮星,外层物质被抛射到星际空间形成多姿多彩的行星状星云。

大多数小质量恒星最后演变为由碳和氧组成的白矮星,质量小于$0.8\,M_\odot$的恒星无法达到氦燃烧的温度和压强,将会在氢燃烧殆尽后直接成为氦白矮星。质量比较大一些的恒星还能进行碳聚变和氧聚变核反应,还能形成一些比较重的元素,如氧、氖和镁等。

3) 中等质量和大质量恒星元素洋葱头结构

我们更关心的是恒星上更多元素的合成。质量大于$8\,M_\odot$的恒星,核心的温度很高,可以达到6亿开以上,因此可以在全部氢聚变为氦后,立即进行氦聚变过程,生成碳和氧,碳还能聚变为氖和镁。当温度达到10亿开时,氖原子核与氦原子核碰撞可以生成镁。温度升高到15亿开后便能生成硫、硅和磷。温度再升高,还能发生更多的聚变反应,生成更多的元素。只要核心区域的温度升高到如表3-2所要求的温度,那么核聚变反应可以一直发生到生成铁元素。因为铁聚变反应是吸热反应,不可能进行铁聚变,铁元素成为大质量恒星核心最后的灰烬,这时的恒星核心区域由铁元素组成。恒星的温度从核心向外是逐步降低的,在核心区域外面将进行不同元素的核聚变反应。外层的热核反应使得恒星不断膨胀,形成体积巨大的红巨星。红巨星的内部则形成由不同元素组成的一系列同心层,很像一个洋葱头,如图3-27所示。

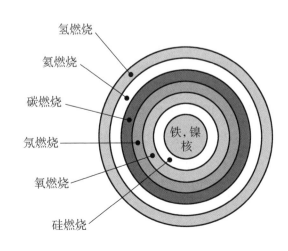

图3-27 大质量恒星演化形成各种元素的洋葱状结构示意图,除核心处的铁外,其他各层中如果温度足够高还可以继续进行核反应,生成不同的元素。从里到外分别形成铁、硫、硅、镁、氖、氧、碳、氮、氦等元素①

氢燃烧
氦燃烧
碳燃烧
氖燃烧
氧燃烧
铁,镍核
硅燃烧

4）核聚变的光致蜕变过程

在各种核聚变反应中,氖聚变和硅聚变很有个性,两个氖原子核不可能发生核聚变,两个硅原子核也不可能发生核聚变。科学家发现它们发生核聚变的另一种过程,称为光致蜕变过程。恒星中的高能γ光子与氖或硅作用,发射出质子、中子和α粒子,这些粒子极易与未光解的氖或硅作用发生多种核反应。图3-28是硅的光致蜕变过程,即α过程。图3-28（a）展示硅核光解生成许许多多高能α粒子;(b)是α粒子与未光解的硅核结合成多种元素。

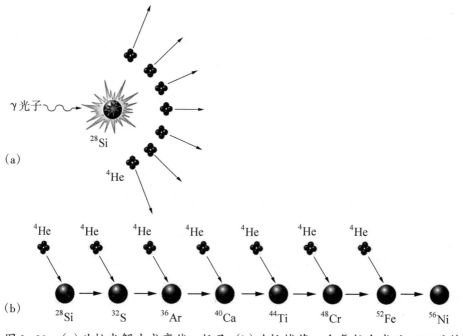

图3-28 （a）硅核光解生成高能α粒子;(b)硅核捕获一个氦核合成硫-32,后续反应形成氩、钙、钛、铬、铁和镍①

5. 恒星中的慢中子、快中子和质子俘获过程

B²FH论文把产生比铁重的元素归结为3个核反应过程:慢中子过程、快中子过程和质子过程。恒星中质子有得是,但质子带电,不易打入其他元素的原子核。中子不带电,比较容易打进别的原子核,也就是容易被原子核俘获,但是在恒星中自由中子比较罕见。如果一种元素的原子核俘获一个质子,就变为原子序数高一

级的元素。如果原子核俘获一个中子,就形成了它的同位素。由于中子容易衰变为质子,这个原子核也可以通过中子衰变增加质子数而变成原子序数高一级的元素。不断地俘获中子就可能形成更多质子的原子核,形成更重的元素。

1) 慢中子捕获过程(s过程)

在中子密度较低和温度中等的情况下,发生的是慢中子捕获过程。慢就慢在自由中子太少,原子核不容易捕获到中子。然而中子衰变为质子的过程却比较快,导致原子核捕获一个中子后留不住,很快就变为质子,生成另一种元素。有的中子比较稳定留了下来,就形成了同位素。s过程形成的元素同位素是不完全的。

如图3-29所示,银核($^{109}_{47}Ag$)捕获一个中子,生成银同位素$^{110}_{47}Ag$,但由于β衰变太快,中子迅速衰变为质子,很快就变为镉$^{110}_{48}Cd$,然后继续捕获中子,生成镉的多种同位素,直到$^{115}_{48}Cd$,又由于中子迅速衰变为质子,很快就变为铟$^{115}_{49}In$。因此,s过程不能生成镉$^{116}_{48}Cd$。从图上可知,锡$^{122}_{50}Sn$、$^{124}_{50}Sn$和锑$^{123}_{51}Sb$都不能生成。

低效率的s过程只能产生太阳中超铁元素约一半的量,无法解释观测到的丰度。只靠s过程,也根本无法生成铀、钍这类放射性重元素。s过程的终点是铋$^{209}_{83}Bi$,因为一旦形成比铋更重的元素,就会衰变,还要回到$^{209}_{83}Bi$。

2) 快中子俘获过程(r过程)

与s过程不同,r过程中,由于自由中子非常多,中子俘获反应速率非常快,比进入原子核后的中子衰变过程要快,因此不会发生漏掉产生某些元素同位素的现

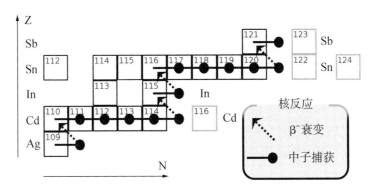

图3-29 s过程示意图,虚线箭头代表一个中子衰变为一个质子,圆点为捕获一个中子,详见文中说明Ⓦ

象。r过程每次俘获中子的时间不到一秒,比s过程要快10^{10}倍。一个铁族原子核在10—100秒内可以俘获200个中子,尽管其生成物都是不稳定的核,但在连续两次中子俘获之间,不会发生β衰变。大多数丰中子稳定核就是在r过程产生的。

不管是慢中子俘获还是快中子俘获,必须有自由中子。恒星里的自由中子从哪里来?

第一个来源是某些核反应,如碳同位素$^{13}_{6}C$与氦(He)的核反应(式3.13),还有氖同位素$^{22}_{10}Ne$与氦(He)的核反应(式3.14)。这种办法产生的自由中子很有限,只能满足慢中子俘获过程的需要。

$$^{13}_{6}C + ^{4}_{2}He \rightarrow ^{16}_{8}O + n \tag{式3.13}$$

$$^{22}_{10}Ne + ^{4}_{2}He \rightarrow ^{25}_{12}Mg + n \tag{式3.14}$$

第二种办法是把质子转变成中子,因为反电中微子与质子相碰将生成中子和正电子(式3.15)。

$$\bar{\nu}_e + p \rightarrow n + e^+ \tag{式3.15}$$

天体中的质子非常之多,取之不尽,但反电中微子($\bar{\nu}_e$)很少见。这样的核反应很难在恒星中发生。自然界里最强大的反电中微子源是核心坍缩型超新星,因此B^2FH论文认为,在超新星爆发时可以产生大量的自由中子。在超新星爆发前后的短暂时间里重原子核能快速俘获中子,制造出各种s过程产生不了的重元素,如铀(U)、钚(Pu)、钍(Th)、碘(I)等。而且还可以发生氖和硅的光致蜕变过程,形成铁族元素。

3) 质子过程(p过程)

富含质子的元素是由原子核捕获质子生成的,称为质子过程(p过程),是B^2FH论文首次提出的。低丰度的富质子原子核,如钼($^{92}_{42}Mo$)、锡($^{112}_{50}Sn$,$^{114}_{50}Sn$)、钐($^{144}_{62}Sm$)等不能由s过程或r过程形成,但可以从中子俘获过程的产物出发,再通过俘获质子放出γ光子的反应,或者通过吸收γ光子放出中子的反应而生成。这两种过程统称为p过程。p过程可能发生在温度$T \geq 10^9$ K、密度$\rho < 10^{-4}$ g/cm³的超新星的壳层中。

在提出p过程时,人们对这个过程的物理性质的认识并不很清楚。对于生成稳定或基本稳定的元素来说,质子俘获并不非常有效。因为随着俘获质子,原子核的电荷增加了,下一个来的质子将遭到更大的排斥力。后来,一些研究者提出快速质子过程(rp过程),条件是高能质子非常多,温度虽然也要增加,但并不要求增加太多。然而,这个反应在核坍塌的超新星中并没有被发现,因此p或rp过程是否有效仍待研究。

B²FH论文把产生比铁重的元素归结为s过程、r过程和p过程。其中,r过程最为重要。虽然在原理上是成立的,但并没有充分的实验验证和天文观测的检验。20世纪的天文学家都支持他们的观点,认为超新星爆发中能够产生比铁重的诸多元素。1987年发生在银河系近邻星系大麦哲伦云中的超新星SN 1987A是近四个世纪以来地球上可见的最明亮的超新星,给天文学家一个绝好的机会来验证超新星合成比铁更重元素的理论预言。结果观测到部分放射性元素,如半衰期比较短的钴56和钴57,对B²FH理论是一种支持。但是并没有在超新星中观测到预想的各种比铁重的元素,特别是人们期望观测到的贵重金属元素金和银等。

随着超新星计算机模型越来越好,许多学者都发现超新星产生金这个级别的重元素的能力很差,几乎不可能。r过程在超新星爆发时并不有效。他们提出的新理论认为:双中子星系统碰撞并合时有少量物质被高速抛射出来,形成非常明亮的新星,比一般新星亮千倍,称为千新星。这些含有大量高能中子的抛射物质将能够通过r过程有效地合成大量重元素,成为宇宙中合成超重元素的大熔炉。

2017年引力波直接探测到两颗中子星并合事件,之后不仅观测到预言的千新星,而且还观测到我们熟知的金、银等重金属元素。这个新的理论和观测验证是B²FH论文提出后恒星元素合成理论最重要的发展。

第四章

扭曲时空的"巨人"

致密天体和引力波

恒星结束其光辉灿烂的一生后,将由于质量的不同分别转变为三种致密天体——白矮星、中子星和黑洞。这些致密天体为我们提供了研究广义相对论、粒子物理、磁流体动力学、高能物理等的天体实验室,是现代天文学的重要研究对象。白矮星的研究,观测走在理论的前面,它的高密度曾经是困惑科学家多年的谜题。中子星和黑洞则是理论走在观测的前面,天文学家为寻找它们费尽心思,历经艰难曲折。钱德拉塞卡突破性地使用相对论和量子论研究白矮星结构,得出白矮星的质量上限,推动了恒星演化理论的研究。休伊什和贝尔(Jocelyn Bell Burnell)在进行行星际闪烁的研究时,意外发现了射电脉冲星,证明了朗道预言的中子星的存在,为天体物理研究揭开了新的篇章。赫尔斯和泰勒致力于脉冲星研究,发现了脉冲射电双星,并且经过多年观测间接印证了引力波的存在,有力佐证了广义相对论的正确性。而在2015年,韦斯、巴里什和索恩领导的LIGO团队更是直接观测到由两个黑洞并合产生的引力波,开启了引力波天文学的时代。彭罗斯潜心研究广义相对论,通过理论证明黑洞正是广义相对论预言的天体,推动关于黑洞的研究。本章将围绕这5个获得诺贝尔物理学奖的天文学项目,介绍致密天体和引力波的研究概况。

一、钱德拉塞卡推导白矮星质量上限

白矮星的发现带来了致密天体之谜。科学家在不断探索如此高密度恒星如何形成的过程中，经历了巨大的思想变革，这是从经典天文学到现代天文学转变的一个典型例子。钱德拉塞卡运用量子力学和相对论，推导出白矮星质量上限，改写了恒星演化的理论。他的白矮星理论和研究经历都具有重要的意义，值得我们品读。

1. 白矮星的发现和早期研究

天狼星是全天最亮的恒星。1718年哈雷通过测量天狼星位置发现它有自行。1836年贝塞尔（Friedrich Wilhelm Bessel）发现天狼星的自行呈波浪式的变化（图4-1），并由此推断天狼星有一颗看不见的伴星，其轨道周期约为50年。

1862年小克拉克用他新研制的望远镜观测天狼星时，发现在天狼星附近有一个很小的光点，最后确认它就是天狼星的伴星，称为天狼星B，而天狼星则改称天狼星A（图4-2）。天狼星B是一颗暗星，其亮度比天狼星A差10个星等，光度相差1万倍。人们

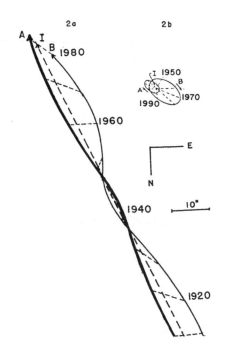

图 4-1   天狼星自行的观测记录①

以为天狼星 B 是一颗冷而小的恒星,但是光谱观测表明它是一颗热星,表面温度
比太阳还要高,达到 8000 K。当恒星的温度相同时,其光度与恒星的表面积成正
比,天狼星 B 如此之暗的原因只能归为天狼星 B 的表面积特别小,估算出的直径只
比地球的大一点。虽然天狼星 B 的大小和太阳系的行星差不多,但是它的质量却
和太阳差不多。要使天狼星 A 呈波浪式自行运动,只有当天狼星 B 的质量很大时
才有可能。后来的计算给出天狼星 A 的质量是 2.4 $M_⊙$,天狼星 B 则具有 0.98 $M_⊙$
的质量。这样一来,这颗伴星的平均密度比 1 t/cm³ 还要高。当时人们都不敢相信
恒星有如此高的密度,成为一个令人困惑的问题。

　　20 世纪 20 年代,天狼星 B 成为天文学家感兴趣的研究课题之一。1924 年英
国天文学家爱丁顿最早提出“白矮星”的概念。他认为白矮星内部的温度非常高,
原子都被电离成电子和原子核,这些粒子的体积比原子小得多,由于高度压缩,导
致密度很高。它的表面积太小,所以往外辐射的总能量就比普通恒星少得多。他
称这样的恒星为“白矮星”,“白”是指表面温度高,呈白色;“矮”是指“个儿小”,光

图 4-2 天狼星 A(正中)和天狼星 B(左下)的观测图像 Ⓝ&Ⓔ

度低。爱丁顿最先确认白矮星属于一种前所未有的致密星,成为白矮星研究的鼻祖。实际上,爱丁顿对白矮星的认识极其肤浅,甚至是错误百出。

现在已经清楚,白矮星是由中小质量红巨星演化而来的。红巨星核心区域的热核反应停止以后,氢核都转变为氦核,还有同等数目的自由电子,辐射压立即下降,导致核心区域坍缩。坍缩过程会使温度上升,电子气体压力增加。如果气压增加非常多,重新达到流体静力学平衡状态,那么核心部分就会停止坍缩而形成一个新的稳定的恒星。但是,根据理想气体的物态方程,坍缩过程所增加的气体压力远远不能弥补因为热核反应停止而减小的辐射压,因此红巨星的核心区域应该一直坍缩下去,直到一种新的能够对抗引力的"压力"产生,坍缩才会停止,并形成稳定的白矮星。经典物理学无法给出这个过程。

1926年,英国剑桥大学物理学教授拉尔夫·福勒(Ralph Howard Fowler)基于泡利不相容原理和费米-狄拉克量子统计法提出了白矮星形成的理论。泡利不相容原理(图4-3)指出:在由电子、质子和中子这些微观粒子(称为费米子)组成的系统中,不能有两个或两个以上的粒子处于完全相同的状态。电子的能量状态是不连续的,只能取某些特定的值(不同的轨道),在每个轨道上只允许自旋相反的两个电子存在。其他电子只能在更高的能级上落脚。1926年费米和狄拉克(Paul Dirac)相继提出遵循泡利不相容原理的单原子理想气体所遵循的能量分布,被称为费米-狄拉克分布。坍缩状况下的电子密度已经非常高,泡利不相容原理使得绝大部分电子处在非常高的能级上,这时的电子再也不是理想气体了,被称为简并电子气体。其压力不是与密度成正比,而是与密度的5/3次方成正比,而且与温度无关。例如,坍缩能使密度大约增加10^7倍,对于理想气体来说,气体压力也增加10^7倍,但是对简并电子气就要增加4.7×10^{11}倍。这样,简并电子气压远远高于理想气体的压力,从而可以对抗强大的引力而形成稳定的白矮星。

拉尔夫·福勒证明了在白矮星那样的压力与密度条件下,星体的能量的确比地球上通常的物质所具有的能量大很多。他推导出的白矮星密度和压力的关系式,完美地揭开了白矮星为何拥有如此高密度的谜底。拉尔夫·福勒对白矮星的形成理论做出了原创性的贡献,得到了当时科学家的认同。但是,他进一步得出结论,认为"任何质量的恒星的归宿都是白矮星"却是错误的,为名言"真理向前多走一步就是谬误"所言中。发现和纠正这个错误的是他的学生钱德拉塞卡。

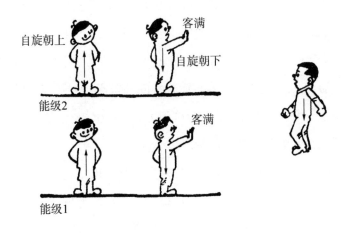

图4-3 泡利不相容原理图解①

2. 钱德拉塞卡提出白矮星质量上限

钱德拉塞卡(图4-4)1910年出生于印度的拉合尔(现属巴基斯坦),全家于1916年迁居金奈。他可谓家学渊源,叔叔拉曼(Chandrasekhara Raman)是1930年的诺贝尔物理学奖获得者。钱德拉塞卡从小就刻苦学习、聪明过人。15岁考上了金奈的院长学院。他的大学时期(1925—1930)正值经典物理学向现代物理学转变,新的理论、新的学说和新的概念一个接一个地出现。物理学研究的最新进展不可能及时成为大学教科书的内容,他只能如饥似渴地阅读当时处在物理学前沿的科学家海森伯、狄拉克、泡利、费米等人的论文。1928年,德国物理学家索末菲来到他们大学讲授有关量子统计学等的研究进展,钱德拉塞卡听了后,立即尝试把量子统计的理论应用到白矮星上。

他在大学四年级时写了一篇论文《康普顿散射和新统计学》(The Compton Scattering and the New Statistics),1928年发表在名气很大的《皇家天文学会月报》上。这篇论文引起剑桥大学老师的注意,希望他能来攻读研究生。学院的领导也非常重视和支持,为他申请到印度政府的奖学金。

1930年7月31日钱德拉塞卡乘轮船前往英国。在漫长的航程中,虽然被晕船困扰着,但他丝毫没有放松自己的学习,并开始做起了研究。他随身携带了剑桥大学拉尔夫·福勒教授关于白矮

图4-4　钱德拉塞卡①

星的论文,他非常信服,但希图进一步发展。他要引进爱因斯坦的相对论,考虑白矮星中的简并电子速度接近光速时的情况,重新计算拉尔夫·福勒的结果。不算不知道,一算吓一跳。他得到了完全不一样的结果——白矮星有一个质量上限。当超过这个质量上限时,白矮星将不是恒星的最终归宿,相对论性的简并电子压力抵抗不了引力,星体还要继续坍缩。这个全新的结果使他十分惊喜,小心翼翼地多次重复推演和计算,结论依旧。

钱德拉塞卡认为,"任何质量的恒星的归宿都是白矮星"的结论是错误的,拉

尔夫·福勒的白矮星理论需要修正。来到剑桥大学以后,他成为拉尔夫·福勒教授的学生。这是一个非常特殊的学生,如愿以偿地投奔到最崇拜的老师门下研究最想研究的白矮星,但一开始就有了超越老师的想法,要修正老师已被公认的白矮星理论。他不仅得到导师细心的指导,还得到现代物理学大师狄拉克的推荐,到哥本哈根进行为期一年的研究,在那里他认识了现代物理学的旗手玻尔。很快,他就完成一篇关于白矮星质量上限的论文。

钱德拉塞卡的白矮星理论有两个重点:其一是白矮星的质量与半径的关系(图4-5),白矮星的质量越大,半径越小,这与正常恒星的规律完全相反;其二是白矮星的质量不会大于太阳质量的1.44倍。

在密度不是特别高的情况下,电子速度比光速要小很多,这时形成非相对论简并电子气,其气压与密度的5/3次方成正比,与温度无关。可以导出白矮星的半径与质量的关系为$R \propto M^{-5/3}$,白矮星的质量越大则它的半径越小。白矮星之所以能够保持稳定就在于半径与质量的关系:假如白矮星的质量略有增加,引力当然也随之增加,但这时恒星的半径会减小,从而密度增加,导致简并电子气压力增加,所以仍然维持平衡状态。假如白矮星的质量略有减小,引力减小,由于半径增加使密度减小,也能保持平衡状态。

钱德拉塞卡研究发现,当密度更高时情况就发生了变化。按照泡利不相容原理,非常多的简并电子会被推到更高的能级上,其速度接近光速而成为相对论性

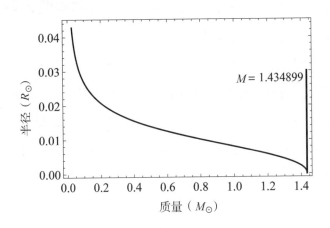

图4-5　白矮星质量和半径的关系❶

简并电子。相对论性简并电子气的物态方程发生了变化,简并电子气压仍和温度无关,但却与密度的4/3次方成正比。这时,白矮星的质量与半径的关系消失了,质量的变化不会引起半径的变化,这样就不可能通过白矮星半径的自动调节来达到平衡。质量增加导致的引力增加无法被平衡,使恒星的坍缩继续下去,不可能形成稳定的白矮星。钱德拉塞卡计算出白矮星的质量上限为 $1.44\ M_\odot$。

1931 年,钱德拉塞卡发表论文《白矮星的极大质量》(The Maximum Mass of Ideal White Dwarfs)。这篇论文在当时并不起眼,甚至遭到多位权威的反对,但是后来却成为惊天巨作,其成果被公认是天文学上发展的一项重大成就,称为"钱德拉塞卡极限"。

3. 激烈的争论尘埃落定

钱德拉塞卡的白矮星理论并非一开始就被天文学家认可,而是经历了种种波折。

钱德拉塞卡的导师拉尔夫·福勒是用现代物理学量子理论解释白矮星高密度的第一人,名气很大,但是在剑桥大学还有一位在国际科学界享有很高威望的爱丁顿教授。爱丁顿是定义白矮星为致密星的第一人,被认为是研究白矮星的权威学者,直到去世前都是国际天文学联合会主席。

爱丁顿对钱德拉塞卡的白矮星研究表现出格外的关心,把手摇计算机借给钱德拉塞卡使用,还时不时约谈,深入了解他的观点和研究方法。实际上,爱丁顿的关注并不是出于观点相同,而是观点针锋相对:钱德拉塞卡强调"白矮星有一个质量上限",而爱丁顿则认为"白矮星不会有任何质量上限"。爱丁顿批评说钱德拉塞卡的理论不够严谨,过度简化,可能会导致错误的结论。钱德拉塞卡按照公式重新进行严格的推导和计算,更加坚信原来所获得的结论。在这之前,爱丁顿已经推荐钱德拉塞卡到1935年1月举行的英国皇家天文学会年会上去做报告。爱丁顿无法反悔,内心极度矛盾,是违心地支持钱德拉塞卡的"白矮星质量上限"还是按自己的看法反对呢?钱德拉塞卡并不知晓此时爱丁顿的苦恼,专心致志地准备他的报告。可是他万万想不到,在年会上的报告,会使他顿觉跌入深渊。

　　1935年1月,在英国皇家天文学会学术会议上,钱德拉塞卡踌躇满志地把自己关于白矮星的发现公之于众。他指出:"超过1.44 $M_\odot$的白矮星是不稳定的,还会继续坍缩,体积会越来越小、密度越来越大,直到……"当时的他几乎说出了黑洞的概念。

　　这时爱丁顿的主意已定,要按自己的科学观点表态,对钱德拉塞卡的报告采取坚决否定的态度。他的发言把钱德拉塞卡的理论批得一文不值。他说,他不相信白矮星有质量上限。他已经证明恒星无论其质量多大,都可以达到某种稳定的状态。他认为,相对论性简并是一个谬论,根本不存在。说到激动时,爱丁顿还当场把钱德拉塞卡的论文撕成了两半。爱丁顿的发言和举动使钱德拉塞卡非常震惊,他想反驳,但是主持人不但不给他发言的机会,还要求他感谢爱丁顿的"评论"。参加会议的学者和研究生,没有一个人为钱德拉塞卡的理论说话,他们都相信爱丁顿这个大权威。同年7月,国际天文学会在巴黎召开代表大会,钱德拉塞卡和爱丁顿又见面了。在会上,爱丁顿主动出击,又一次激烈地批评钱德拉塞卡的白矮星理论。钱德拉塞卡想争辩,仍然没有得到允许。

　　两次遭受学术权威的封杀,但钱德拉塞卡并不屈服,坚信自己的理论是正确的。他知道,他和爱丁顿之间争论的焦点不是天文问题,而是要不要用现代物理学的相对论、量子统计、泡利不相容原理等来解决像白矮星这样的致密星的内部结构问题。爱丁顿坚持经典物理学仍然适用,不承认相对论性简并。钱德拉塞卡转向物理学界去征求意见,寻求支持。他首先得到了著名的物理学家玻尔及在玻尔那里工作的罗森费尔德(Léon Rosenfeld)的支持,他们认为,爱丁顿的理论违反了泡利不相容原理,必然是错误的。钱德拉塞卡又向泡利请教,同样得到坚决的支持。但是,这几位物理学界的权威都不愿意与爱丁顿公开对抗。1939年8月,国际天文学会在巴黎召开学术会议专门讨论白矮星和超新星问题。钱德拉塞卡终于获得机会在大会上发言,他公开指出爱丁顿理论的错误所在,赢得了许多人的支持。

　　很显然,一个新理论总是需要时间来验证它的正确性,天文学的理论更需要用天文观测来检验。估计白矮星质量的最准确方法是对那些由中子星和白矮星组成的密近双星系统的轨道进行观测,如果能够获得5个轨道参数,就能分别计算出中子星和白矮星的质量。从科学文献可以查到13个由中子星和白矮星组成的密近双星系统,计算得到白矮星的质量。只有1颗的质量在1.2—1.4 $M_\odot$范围,2颗接近1 $M_\odot$,其余10颗的质量均小于0.36 $M_\odot$。白矮星的质量还可以用大型光学望远镜观测获得它们的半径或其他参数来估计。到1999年,观测发现的白矮星已超过9000颗,其中能够计算出质量的,没有一颗超过1.44 $M_\odot$的钱德拉塞卡极限。

关于Ⅰa型超新星的理论和观测对钱德拉塞卡极限理论是重大的应用和支持。双星系统中的白矮星很常见,如果它的伴星是主序星或者红巨星,白矮星可以吸积来自伴星的物质,质量不断增多。当质量超过钱德拉塞卡极限以后,这颗白矮星将坍缩而发生超新星爆发,称为Ⅰa型超新星。由于这类超新星爆发时的质量差不多,爆发的规模和释放出来的能量也差不多,因此可以认为它们的光度或绝对星等基本相等。所以这种超新星爆发可以作为一种标准烛光来使用,通过观测其视星等来估计距离。2011年佩尔穆特、施密特和里斯就是通过观测几批Ⅰa型超新星,测出它们的距离,发现宇宙加速膨胀而获得诺贝尔物理学奖。2015年,天文学家发现一个由两颗白矮星构成的密近双星系统,总质量大约为太阳的1.8倍,每4个小时相互绕转一周。预计在7亿年内将最终并合成一颗恒星,由于总质量大于1.44 $M_\odot$,并合时将发生超新星爆发,产生一颗Ⅰa型超新星。2014年4月,天文学家在浩瀚的宇宙之中发现了一颗已存在110亿年的白矮星,漫长的时间中它慢慢地冷却,温度之低使得构成它的碳结晶化,成为了一颗"钻石星球"(图4-6)。对太阳这样质量的恒星而言,大约65亿年后也会演化为一颗白矮星。

钱德拉塞卡对爱丁顿的打压采取了宽容的态度,之后还与爱丁顿恢复了友好的关系,经常通信交流。1944年爱丁顿逝世,钱德拉塞卡出席追悼会,发表了感情真挚的悼词,还出版一本题为"爱丁顿"的小册子,纪念爱丁顿百年诞辰。他给予爱丁顿极高的评价,称赞他是仅次于施瓦西的最伟大天文学家。

我们可以设想,如果当时爱丁顿采取支持的态度,那么关于大质量恒星的演化途径和结局的研究将会成为天体物理学的热点研究领域,将会引起科学家的关注和投入,就有可能弄清楚恒星演化的终点除了白矮星外,还会有其他的结局。

图 4-6　钻石白矮星 BPM 37093 示意图 ①

如果沿着钱德拉塞卡的思路继续研究下去,中子星和黑洞两个概念有可能比现实早二三十年进入天体物理学。爱丁顿的打压,不仅对钱德拉塞卡是一大伤害,对天体物理学的发展更是造成了巨大的损失,而钱德拉塞卡则有另外的感悟。他说,假定当时爱丁顿同意他的研究结果,对天文学是有益处的,但对他本人不一定有益。爱丁顿的赞美之词将使他那时在科学界的地位有根本的改变,他也可能骄傲自满、不思进取了。他不能确定,在那种诱惑的魔力面前他会变成什么样。

4. 钱德拉塞卡的科学之路

钱德拉塞卡总是逃脱不了被爱丁顿打压那一幕所造成的心理上的压抑,这次痛苦的经历让他形成了一种独一无二的研究风格。他一生中换了 7 个不同的天文学研究领域,每个都从头开始做出丰硕并出色的研究成果,并以一部详尽的专著作为总结。这在科学界是绝无仅有的。钱德拉塞卡自己是这样总结这种风格的优点的:"每个 10 年投身于一个新的领域,可以保证你具有谦虚精神,你就没有可能与年轻人闹矛盾,因为他们在这个新领域里比你干的时间还长!"

第一阶段从 1929 年到 1939 年,主要研究恒星结构和演化,包括白矮星理论,

1939年出版专著《恒星结构研究导论》(*An Introduction to The Study of Stellar Structure*)作为总结和结束。钱德拉塞卡1930年到剑桥大学三一学院读研,1933年获得博士学位,博士生期间共发表论文15篇。留校任教的3年发表论文21篇。绝大部分都发表在国际著名期刊,包括英国《自然》期刊、《皇家天文学会月报》、美国《天体物理学报》等。这是一个顶呱呱的数据,在剑桥大学站住脚完全没有问题。然而他还是决定离开英国到美国去寻求发展,不仅离开英国,还要脱离他最最热爱的恒星结构与演化研究领域。

1937年1月,钱德拉塞卡从英国剑桥大学来到美国,落脚在芝加哥大学天文系和大学属下的叶凯士天文台。芝加哥大学天文系和叶凯士天文台都是著名天文学家海尔创建的,当时以天文观测成就著称,钱德拉塞卡到来时是系里唯一的一名从事理论研究的教员。由他制定的研究生教学计划,两年中研究生要上18门课,而他本人包揽了其中的12门,每一年要开6门课。由于天文台到大学路程远,每次上课都得先开两个半小时的车。有一年一门课仅两名学生选修,他照样驱车前往上课。这两个学生就是我们熟知的后来获得诺贝尔物理学奖的杨振宁和李政道。钱德拉塞卡的教学任务非常繁重,但科研成果依然丰硕。在芝加哥大学的前3年,他除了继续完成在剑桥大学已经开始的一些论文,着手把第一阶段的研究成果写成一本专著外,还进行调研寻找下一个阶段的新研究领域。

第二阶段从1939年到1943年,研究恒星动力学和布朗运动理论,1943年出版《恒星动力学原理》(*Principles of Stellar Dynamics*)作为总结和结束。第三阶段从1943年到1950年,主要研究辐射转移和行星大气理论,1950年出版《辐射转移》(*Radiative Transfer*)一书。第四阶段从1952年到1961年,研究成果总结在1961年出版的《流体动力学和磁流体的稳定性》(*Hydrodynamic and Hydromagnetic Stability*)中。1952年,他开始担任《天体物理学报》的主编,进入了他一生中最忙碌的时期,一干就是20年。教学任务还和原来一模一样,然而科学上的产出一点都没减少。1971年,年过六旬的钱德拉塞卡才辞去主编职务。第五阶段从1961年到1968年,研究成果总结在1968年出版的专著《平衡系统的椭球图样》(*Ellipsoidal Figures of Equilibrium*)中,解决了困扰众多数学家近一个世纪的难题。第六阶段是 1969 年到 1973 年,研究相对论和相对论天体物理的一般理论。第七阶段从 1974 年到 1983 年,主要研究黑洞的数学理论,这实际上回到了他年轻时候完成的第一个领域中了。只是那时黑洞只是钱德拉塞卡"白矮星质量上限"理论的一个可能的推论,而这时黑洞理论研究及其搜寻已经蓬蓬勃勃地发展起来。钱德拉塞卡以 64 岁的高龄,从头开始介入黑洞研究领域。这需要很大的勇气,但他依然取得重要的成果,1983 年出版专著《黑洞的数学理论》(The Mathematical Theory of Black Holes),因论述至为透彻而被贝特誉为"令人生畏"。钱德拉塞卡总共发表 400 多篇论文,从 1989 年到 1991 年,芝加哥大学出版社陆续出版了 6 卷本的《钱德拉塞卡论文选》(Selected Papers)。

钱德拉塞卡的卓越成就,理所当然地使他获得众多的荣誉、奖章和奖励。除 1983 年获得诺贝尔物理学奖外,还有三件荣誉最为宝贵:第一是以"钱德拉塞卡极限"来命名白矮星质量上限;第二是以钱德拉塞卡的名字来命名美国 1999 年上天的大型空间 X 射线望远镜;第三是用钱德拉塞卡的名字命名 1970 年 9 月 24 日发现的一颗小行星。

1995 年 8 月 21 日,深受国际天文界尊敬的钱德拉塞卡因心力衰竭在芝加哥大学校医院与世长辞,终年 85 岁。

二、休伊什和贝尔发现脉冲星

脉冲星是20世纪60年代天文学的四大发现之一。脉冲星的发现证实了中子星的存在。中子星具有和太阳相当的质量,但半径只有约10 km,因此具有非常高的密度,是一种典型的致密星。中子星还具有超高压、超高温、超强磁场和超强辐射的物理特性,成为地球上不可能实现的极端物理条件下的空间实验室。脉冲星的发现,不仅为天文学开辟了一个新的领域,而且对现代物理学的发展也产生了重大影响,导致了致密物质物理学的诞生。英国天文学家休伊什和他的研究生贝尔一起发现了脉冲星,在宇宙中找到了物理学家和天文学家梦寐以求的中子星。休伊什因发现脉冲星并证认其为中子星而与赖尔分享1974年的诺贝尔物理学奖。贝尔被排除在诺贝尔奖之外引起学术界很大的意见,认为她应该与休伊什共同获此荣誉。

1. 朗道预言中子星的存在

原子核的正电荷数与其质量数不相等的事实告诉人们,在原子核中除去带正电荷的质子外,还应该含有其他的粒子。1931

年,居里夫妇(Pierre Curie & Maria Curie)公布了他们关于石蜡在"铍射线"照射下产生大量质子的新发现。英国物理学家查德威克意识到,这种"铍射线"很可能就是由中性粒子组成的,他立刻着手研究,用云室测定这种粒子的质量,结果发现这种粒子的质量和质子一样,但不带电荷,他称这种粒子为"中子"。中子的发现解决了理论物理学家在原子研究中遇到的难题,是原子物理研究上的一个突破性进展。查德威克因此被授予1935年的诺贝尔物理学奖。

就在中子发现的前一年,年仅23岁的研究生朗道(Lev Landau)在1931年2月完成的一篇论文中提出:"可能存在比白矮星的密度更大、达到原子核的密度的恒星。""一颗恒星,当它的物质密度超过原子核的密度时,粒子将紧密接触,形成一个巨原子核。"朗道是苏联列宁格勒物理技术学院的研究生,1927入学,1934年毕业获得物理和数学科学博士学位。1929年至1931年期间,朗道获得奖学金,曾多次获得短期的学习和工作的机会,前往丹麦的尼尔斯·玻尔理论物理研究所和英国剑桥大学,结识了著名物理学家狄拉克、玻尔、泡利。这篇"恒星将成为一个巨原子核"的论文是在丹麦访问期间完成的,于1932年发表。中子发现后,朗道才意识到,他说的"巨原子核"的组成主要为中子。科学界公认朗道最先提出了中子星的存在。

中子星是比白矮星更致密的恒星,典型的中子星质量为1.4 $M_\odot$,半径10 km,密度为7×10^{14} g/cm^3,是正常原子核密度的2—3倍,中子星核心处的密度则可能比原子核密度高10—20倍。比较完整的中子星理论是由兹维基(Fritz Zwicky)和巴德(Walter Baade)在1934年各自提出的。他们认为,"中子星是大质量恒星演化到超新星爆发之后的产物。恒星坍缩后,在其核心形成中子星"(图4-7)。

朗道预言中子星的存在推动了中子星物理的研究,开辟了一个新兴的学术领域。在1967年发现脉冲星之前的30多年中,中子星的理论研究没有中断过,主要在3个方面:

(1)中子星内部致密物质状态方程的研究;

(2)中子星内部超流状态的研究;

(3)中子星的中微子辐射、表面热辐射和冷却的研究。

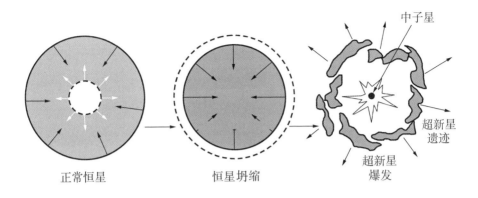

图 4-7   大质量正常恒星演化到晚期发生超新星爆发,形成致密的中子星和弥散的超新星遗迹①

2."虚无缥缈"的中子星

中子星太不寻常了,当人们第一次听到这种小得惊人、密度大得出奇的恒星,一定会问,真有这样的恒星吗? 连不少天文学家都感到怀疑。即使所有科学家都对中子星的存在深信不疑,怎样去寻找中子星仍是一个没有任何头绪的难题。

天文学的发现都是通过观测天体的辐射得到的。要想发现中子星,必须知道中子星的辐射特征。恒星的辐射强弱主要由恒星的温度和体积决定。如果中子星的温度与普通恒星相当,半径只有 10 km 的中子星的光度只有普通恒星的几十亿分之一,即使用现代大型光学望远镜也难以观测到,因此很少有人去尝试。实际上,中子星的辐射特征和普通恒星并不一样。在发现中子星以前,天文学家就曾无意地在光学、射电和 X 射线的观测中记录过从中子星发来的辐射,只是"不识庐山真面貌"罢了。

关于中子星冷却的理论研究,一致认为中子星表面温度约为 10^6 K。这样高的温度将辐射软 X 射线,这成为寻找中子星的一种方法。一些天文学家认为,在可见光波段,可以看到某些双星的主星,却看不到其伴星。很可能,这颗看不见的伴星就是中子星,在 X 射线波段可以发现。

果不其然,1962 年 6 月贾科尼使用火箭探测月球的 X 射线辐射时偶然发现了天蝎座(Sco) X-1。1966 年,桑德奇(Allan Sandage)等找到了 Sco X-1 的光学对应体,星等为 13 等。1967 年,在脉冲星发现前夕,苏联天文学家什克洛夫斯基(Iosif Shklovsky)提出,Sco X-1 是处在双星系统中的一颗中子星,中子星吸积伴星的物质发出 X 射线辐射。由于缺乏过硬的论证,并未得到天文学家们的认可。到 1968 年,已经观测到 20 个致密的 X 射线源。实际上,它们就是中子星,但由于没有发现其与中子星相联系的证据,相见并不相识,把发现中子星的机会留给了射电天文学家。

天体物理学本身的发展也逐渐地把寻找中子星问题提到日程上来。理论研究认为,中子星是在超新星爆发中产生的。天文学家观测研究超新星遗迹已经有比较长的历史了。超新星遗迹中有一个非常有名的蟹状星云(彩图 4),它是我国古书 1054 年记载的一次超新星爆发的遗留物,1949 年被确认是一个射电源。光学观测发现蟹状星云在膨胀,每年大约 0.2″左右,而且膨胀速度在加快。后来又发现它有 X 射线和 γ 射线辐射。蟹状星云所有频率上的辐射总量相当于 10 万个太阳的辐射。其辐射特征表明是高能电子在磁场中绕磁力线做螺旋运动时所发出的同步辐射。蟹状星云是一团稀薄的气体,超新星爆发时所产生的高能电子早已衰弱,如此强的同步辐射,其能量来自何方? 源源不断的高能电子来自何方? 磁场是怎样形成的? 星云加速膨胀的能量由谁来提供? 这一系列问题成为天文学家研究的热点。帕齐尼(Franco Pacini)预言,蟹状星云的能源和高能电子由星云中的一颗中子星提供。在 1967 年发现脉冲星以前,天文学家曾在蟹状星云中进行了多次搜寻,但都没有找到中子星。

1965 年,剑桥大学的休伊什采用行星际闪烁方法研究蟹状星云,观测发现蟹状星云中存在一个致密成分,其角径只有约 0.2″,亮温度达到 10^{14} K。当时他就指出,这个致密成分可能是 1054 年超新星爆发的遗留物。可惜,他并没有认识到这个致密源就是要寻找的中子星。休伊什依然继续深入对行星际闪烁的研究。这一研究竟帮助他和他的研究生贝尔发现了中子星。

3. 休伊什领衔研制行星际闪烁望远镜

什么是行星际闪烁? 在晴朗的夜晚,我们抬头仰望星空,就会看到星星在向我们眨眼,那是由于地球大气对流层中空气密度的不规则变化和扰动对光波的影响。"眨眼"就是光的强度在不停地变化着。类似地,地球的电离层对无线电波的作用也会产生闪烁。太阳系行星际空间充满着由太阳风所带来的密度不均匀的等离子体,它们也会使射电波的强度不断变化,发生闪烁。

休伊什1924年5月11日出生在英格兰南部康沃尔郡的一个银行家家庭里,11岁时在汤顿的国王学院上中学,中学毕业后进了剑桥大学,一年之后应征入伍。二战期间,他参与机载反雷达设备的研究,指导空军人员使用雷达干扰设备。二战结束后休伊什回到剑桥继续学习,1948年毕业后被推荐进入卡文迪什实验室工作。

休伊什参加了赖尔领导的剑桥大学射电天文小组,开始研究射电源强度起伏的现象。他侧重研究射电源产生闪烁的原因,弄清了射电源强度的不规则起伏是电离层引起的电波闪烁。1954年,休伊什根据衍射理论推导出一个重要的结论:一个角径足够小的射电源,它的辐射通过太阳的日冕时可能产生明显的闪烁。1962年他进而提出,如果日冕的不均匀性延伸到整个行星际空间的话,这种现象就成为行星际闪烁。为了深入分析闪烁现象,休伊什研究了无线电波在不均匀透明介质中的传播理论,提出了"相位屏衍射"理论。观测发现,行星际介质对射电波所产生的闪烁现象是快速的,在秒数量级。只有角径很小的射电源的辐射通过行星际空间才有闪烁现象,通过观测射电源的行星际闪烁可以判别它们是不是小角径的类星射电源。通过研究行星际闪烁还可以了解日地空间、太阳风及太阳外层大气的情况。

1963年,类星体被发现了。它们具有像恒星那样小的角径(小于$1''$),但不是恒星,有很大的红移,表明它们正在以巨大的速度远离我们。类星体是迄今为止天文学家所知道的距离最遥远、辐射能量最多的天体,在宇宙学和天体物理学上有着极其重要的意义。这一发现立刻引起射电天文学家的极大兴趣,形成搜寻类星体的热潮。

1964年,休伊什等人在178 MHz频率上对一些类星体和星系进行行星际闪烁的观测,结果表明只有类星体才有强度起伏,只有角径小于$0.5''$—$1''$的射电源在观测波长大于1 m的情况下才会出现行星际闪烁。因此行星际闪烁技术能在米波波段上提供大约1″的高分辨率,相当于一个基线长1000 km的干涉仪的角分辨率。在当时,不可能有这样长基线的射电干涉仪。休伊什敏感地认为,行星际闪烁是从众多射电源中发现类星体的非常有效的方法。

1965年,休伊什获得基金支持,用来建造剑桥大学"行星际闪烁大型射电望远镜"(图4-8),当时最紧迫的观测研究课题是搜寻类星体。由于行星际闪烁随波长的增加而增强,选择3.7 m的波长,不仅行星际闪烁显著,而且技术要求不高,成本低廉,比较容易研制接收面积很大的天线。类星体是河外射电源,离我们特别遥远,流量密度特别微弱,必须要有足够大的天线面积来接收辐射。因此休伊什设计了长470 m宽45 m的矩形天线阵,由16排、每排128个振子天线,共2048个振子组成。一排排振子挂在1000多根约3 m高的木杆上。振子和馈线是用较粗的铜线做的,总共用了近200 km的铜线、电缆和涤纶链线,还有24 000个塑料绝缘子。天线接收面积达21 150 m²,灵敏度很高。行星际闪烁是短时标的变化,要求射电望远镜接收系统的时间分辨率达到0.1 s。望远镜固定不动,射电源因地球自转每天经过望远镜的天线方向主瓣一次,前后约几分钟。为了测定行星际闪烁对日距角的关系,要求对每个射电源重复地进行测量。

和当时英国焦德尔班克的76 m口径射电望远镜相比,这是一个造价很低、构

图4-8　发现脉冲星的行星际闪烁天线阵①

造比较简陋、功能单一的阵列。然而,谁也没有想到,为行星际闪烁研制的专用设备却为发现中子星铺平了道路。

4. 脉冲星信号的发现

贝尔是休伊什的博士生,她在英国格拉斯哥大学获物理学学士学位以后就想攻读天文学博士学位,首选的是焦德尔班克天文台,可是由于工作人员把她的申请丢失,她才到了剑桥大学。后来负责研究生工作的主管在回答焦德尔班克天文台台长的批评时说,"要不是我把她的申请信丢了,那脉冲星到现在还没有发现呢!"贝尔的确十分优秀,但她如果不是到休伊什那里做研究生,就没有机会参加当时最高水平的行星际闪烁的观测研究,她即使再聪明百倍,也是无缘发现脉冲星的。

1965年贝尔到剑桥大学攻读博士时,休伊什正忙于建造行星际闪烁射电望远镜。她作为一名研究生加入了这个项目,成为研制团队的一员,头两年全心全意地投入到望远镜的建设。这台射电望远镜规模大,但比较简单,完全由休伊什的团组成员自己动手建造,加上贝尔一共有6个人,有时还有学生来帮忙。

1967年7月,这套装置投入运行。计划对一批射电源进行观测,挑选出其中有闪烁现象的射电源进行重复观测,以确认是真正的闪烁源,最后才把这些射电源归为小角径的类星体候选者。在休伊什的指导下,贝尔负责操作望远镜和分析记录,6个月的观测取得5000多米记录纸的原始资料。望远镜非常灵敏,很容易接收到附近的无线电干扰,区分闪烁源和干扰成为每天必做的工作。在观测程序上,每隔一周重复观测一次,这样能帮助识别干扰,因为干扰信号和天体信号不同,干扰不会在同一个方向上重复出现。

8月,贝尔注意到一个发生在深夜的"闪烁源"(图4-9),这是不寻常的,因为夜晚太阳风很弱,强闪烁源是不会发生的。这个奇怪的"闪烁源"所在那块天区没有要观测的射电源。贝尔提醒休伊什注意,建议进一步观测研究。在排除了人为干扰和确认这个信号遵守恒星时以后,休伊什认为可能是来自一颗太阳系之外的射电耀星,于是决定用快速记录仪确定信号的性质,看一看它是否与太阳耀斑的射

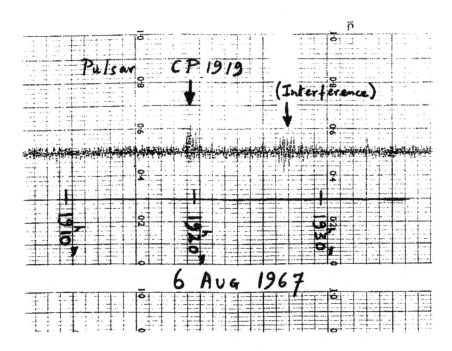

图 4-9 发现脉冲星的原始记录：与噪声相仿的脉冲星信号，经过反复验证确认是
脉冲星①

电辐射有相似的性质。由于这个源时隐时现，一直等到 11 月 28 日，贝尔才成功地
记录到这个起伏信号，发现是一系列强度不等但时间间隔基本相等的脉冲，脉冲
的间隔约为 1.33 s。

  休伊什得知后的第一感觉是这些规则脉冲一定是人工产生的。在当时，天文
学家所发现的天体周期信号的周期都比较长，任何已知天体的辐射都不会是这样
的短周期脉冲。然而，这个信号却很像我们通信用的电报，因此他提出可能是太
阳系外行星上的"小绿人"发出的信号。有人曾经讥笑休伊什提出的"观测到的脉
冲信号可能是小绿人发出的"，误导了对可疑信号的论证。这种看法是不对的，对
于观测到的可疑信号，既然不知道是什么，就需要探讨各种可能性，外星人发来的
"电报"当然是可能性之一，这是科学的态度。

  休伊什是一个十分谨慎的学者，这个想法对与不对，他采用非常严格的方法
进行证认。他认为，如果这个信号是人工产生的，"小绿人"必然居住在行星上，那
么这个脉冲信号中必然附加了行星轨道运动所产生的多普勒位移。他精心地分

析观测资料,没有找到这种多普勒位移,从而否定了"小绿人"的看法。贝尔当时并不理解休伊什的一些判断。10年后她曾写道,"当时我不完全理解休伊什的看法。我所不理解的是,为什么这样快速的变化难从恒星、星系或当时知道的任何其他类型的天体获得。"贝尔的"不理解"是对的,脉冲信号就是来自一种特殊的天体。当时人们将它称为脉冲星。现在我们知道,脉冲星是高速旋转的中子星。

休伊什在修正地球轨道运动的影响之后,惊讶地发现脉冲周期可以精确到千万分之一秒,测出他们所发现的第一个可疑信号的周期是1.3372795 s。当时取名为CP1919,CP为剑桥大学发现的脉冲星,1919是脉冲星的赤经。紧接着,贝尔在记录纸所记录下的资料中,又找到3个脉冲星。其中一颗的脉冲周期仅0.25 s,正式的名字为PSR B0950 + 08。4颗脉冲星中信号最强的是PSR 0329+54(图4-10),从观测记录上就可以看出周期性的脉冲。

现在看来,休伊什好像是"专门"为发现脉冲星而设计他的射电望远镜的。望远镜接收面积特别大,便于接收脉冲星特别微弱的辐射。脉冲星辐射是幂律谱,恰好在3.7 m波长比较强。望远镜接收机的时间分辨率选在0.1 s、0.05 s和0.03 s,恰好比大多数脉冲星的周期短。行星际闪烁观测要求的重复测量则是发现这种与"干扰"很像的脉冲信号必不可少的条件。对于发现脉冲星来说,真可谓"万事俱备"了。

作为脉冲星的最先发现者,贝尔的功绩是不可磨灭的。那时她只有24岁,虽然她的主要任务是在导师指导下进行行星际闪烁观测,但她对观测中出现的"新现象"穷追不舍,抓住极易与"干扰"混淆的短促脉冲信号不放,导致了脉冲星的发现。贝尔在谈到脉冲星的发现时说,"我在这儿搞一项新的技术来拿博士学位,可

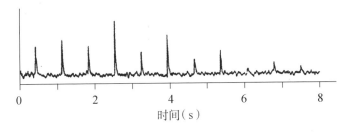

图4-10　最先发现的4颗脉冲星中辐射最强的PSR 0329 + 54的脉冲信号①

一帮傻乎乎的'小绿人'却选择了我的天线和频率来同我们通信",诉说了她发现脉冲星的好运气。然而,偶然发现并不是仅凭运气。如果没有她的细心和坚韧,中子星的发现又不知要推迟多少年!发现脉冲星的第二年,贝尔获得博士学位,博士论文的主题仍是类星体闪烁,仅在附录中提到脉冲星的发现。

1968年1月,发现脉冲星的论文刊登在《自然》杂志的第2期上,共有5位作者,排名第一的是休伊什,第二的是贝尔。题目是"快速脉冲射电源的观测"(Observation of a Rapidly Pulsating Radio Source),论文的主要内容是发布穆拉德射电天文台观测到4个脉动射电源的不寻常信号,并给出CP1919的准确周期、色散及脉冲强度的变化,确认该源处在银河系中。对脉动射电源极端准确的周期来源进行了讨论,认为很可能与白矮星或中子星的振荡有关。

5. 诺贝尔奖的争论

1974年诺贝尔物理学奖由赖尔和休伊什两人共享。赖尔是因为发明综合孔径射电望远镜而获奖,休伊什则是因为发现脉冲星而获奖。休伊什的获奖是当之无愧的。然而贝尔没能获奖,却在学术界引起轩然大波。天文界许多人士都认为,只授予休伊什一人而忽视贝尔的贡献是不公正的。英国著名天文学家霍伊尔的意见最为激烈,认为诺贝尔奖评审委员会在授奖前的调查工作欠周密,甚至是诺贝尔奖历史上的一件丑闻和性别歧视案。正像著名脉冲星专家曼彻斯特(Richard Manchester)和泰勒在专著《脉冲星》的第一页写的那样:"没有贝尔的洞察力和百折不挠的努力,我们现在可能无法分享到研究脉冲星的这份快乐。"实际上,早在脉冲星发现前的10多年,国际上有好几台大型射电望远镜就已具备发现脉冲星的能力,而且还多次纪录到来自脉冲星的信号,但是他们没有察觉,以致失之交臂。很明显,没有贝尔精细过人的工作和坚忍不拔的精神,这次也可能会失去发现脉冲星的机会。

贝尔本人对于与诺贝尔奖失之交臂这件事倒并不委屈。1977年,她在《小绿人:白矮星还是脉冲星》一文中就宣称:"我认为把诺贝尔奖授予研究生本身就是对诺贝尔奖的不尊重,当然一些非常特殊的情况除外,但我不在此列。我一点也

不觉得难过,相反我为自己能在这样的
研究团队工作感到幸运。"她一直孜孜不
倦、按部就班地进行着她的研究。时至
今日,她已成为著名的天文学家,担任过
英国皇家天文学会会长。

图 4-11　　贝尔博士和休伊什教授在脉
冲星国际会议上的合影,刊登在会议论
文集的首页 ①

　　天文学界没有因为贝尔的谦虚而忘
记她的卓越贡献。1980年在联邦德国波
恩召开的国际天文学会第95次会议是世
界脉冲星学者的大聚会,共同回顾脉冲
星发现13年来的巨大进展,会议特别把
贝尔请来。在会议论文集的第一页上发
表了贝尔和休伊什在会议期间的合影
(图4-11),并冠以"脉冲星发现者的再次
会见——贝尔博士和休伊什教授"的文
字说明。这代表了当代脉冲星学者的心
声,他们把脉冲星发现者的桂冠"戴"在贝尔的头上,弥补那不能更改的遗憾。贝
尔还获得了十几项世界级的奖项,最大的奖项是2018年获得的科学突破奖基础物
理学奖,奖金为300万美元,特别表彰她在1967年对发现脉冲星做出的关键贡献,
以及她在科学界所发挥的积极领导作用。

　　关于贝尔未能获诺贝尔奖的争议对诺贝尔奖评审委员会后来的工作也有推
进作用。1993年的诺贝尔物理学奖颁发给研究生赫尔斯和老师泰勒,是因为他们
共同发现脉冲星的双星系统并间接验证了引力波的存在,研究生的贡献得到了承
认。在给赫尔斯和泰勒颁奖时,诺贝尔奖委员会邀请贝尔参加了颁奖仪式,算是
一种补偿吧!

　　在这场争论中,休伊什也遭受不少不实之词的攻击,至今网上的一些文章还
有一些不确切的说法。也应该给休伊什说句公道话,休伊什的获奖是当之无愧
的。我们可以设想,如果没有休伊什领导研制的行星际闪烁望远镜,没有休伊什

的行星际闪烁研究课题,没有休伊什制定的严格的观测步骤和每天必须检查观测资料排除干扰的规定,这个"可疑信号"是不能被发现的。更重要的是,他对这个"可疑信号"进行多方面严谨的考证和检验。虽然,贝尔和休伊什一起参加了望远镜的制作、可疑信号的一系列考证,但毕竟是休伊什起着主导作用。

6. 脉冲星后续研究

脉冲星发现50多年来一直是天文学的热点研究领域。已经有两项共三位天文学家获得诺贝尔物理学奖。最重要的成果是确认了脉冲星是高速自转的磁中子星和得到公认的辐射磁极冠模型。随着观测设备不断地完善,观测能力不断地提高,天文学家发现了更多品种的脉冲星,充分认识到脉冲星这个理想的空间物理实验室的重要性,并开始加以应用。

1) 五大射电望远镜主导20世纪脉冲星的观测

剑桥大学行星际闪烁射电望远镜之所以能首先发现脉冲星,主要要归功于它的高时间分辨率,这是当时其他大型射电望远镜所没有的。当时射电望远镜的观测通常采用几秒甚至更长的时间分辨率,脉冲信号都被平滑掉了。脉冲星发现后,各个大型射电望远镜很快都配备上高时间分辨率的设备,成为脉冲星观测的主力。它们是:1954年建成的澳大利亚莫朗格洛十字形射电干涉仪,1958年建成的英国焦德尔班克76 m射电望远镜,1961年建成的澳大利亚64 m帕克斯射电望远镜,1962年建成的美国格林班克92 m射电望远镜,1963年建成的美国305 m阿雷西博射电望远镜。

50多年来,共发现约3000颗射电脉冲星,其中口径中等的帕克斯射电望远镜的巡天发现占了2/3以上。澳大利亚的曼彻斯特和英国的莱恩(Andrew Lyne)领导的课题组依托这台望远镜,坚持不懈地改进观测设备,实施一个又一个巡天观测计划。其中最大的亮点是多波束巡天,一举发现约1000颗脉冲星,创造了一个奇迹,中等大小的射电望远镜唱了主角。

到了21世纪,又有几台大型射电望远镜问世,使脉冲星观测能力有很大的提高。我国上海天文台65 m口径天马射电望远镜和意大利64 m口径的撒丁岛射电望远镜相继建成,成为脉冲星观测的新军。口径100 m的美国格林班克射电望远镜,在灵敏度、频率覆盖范围等方面都超过20世纪建成的德国100 m口径埃费尔斯贝格射电望远镜。格林班克射电望远镜最大的亮点是发现周期最短仅为1.4 ms的脉冲星和在球状星团Terzan 5中发现30颗脉冲星,使之成为银河系中脉冲星数目最多的球状星团。我国贵州500 m口径球面射电望远镜(FAST)到2020年已经发现240颗新脉冲星,使脉冲星观测研究更上一层楼。

2)脉冲星是高速自转的磁中子星

休伊什等人以及当时的天文学家都倾向认为,脉冲辐射来源于白矮星或中子星的径向震荡。随后的研究证明,径向震荡的看法是不对的。

天体的周期性现象是常见的,如双星的轨道运动、恒星的径向脉动和天体的自转。但是,脉冲星如此短而准确的周期现象,科学家们还是第一次遇到。脉冲星最重要的观测特性是周期很短和非常稳定。在3种周期现象中,只有自转才能获得很稳定的周期,而要得到比秒更短的自转周期,只能是半径仅为10 km的中子星。

1968年戈尔德(Thomas Gold)的理论模型(图4-12)提出,中子星具有非常强的磁场和快速自转。在磁极冠区,带电粒子在磁场中运动发出曲率辐射,形成一个方向性很强的辐射锥,就像灯塔发出的两束光一样。当这两束或其中的一束辐射因中子星自转而扫过望远镜时,就接收到一系列的脉冲。这个磁极冠模型很快就被公认。自此,脉冲星被证认为高速自转的磁中子星。

1975年由鲁德尔曼(Michael Ruderman)和萨瑟兰(Peter Sutherland)提出的脉冲星辐射模型(简称RS模型)是第一个比较完善和严谨的理论模型,最重要的是论证了在磁极冠区表面附近存在一个常常处于真空状态的带电粒子加速区,可以一批一批地产生高能电子。高能电子沿弯曲的开放磁力线向外运动,产生曲率辐射。目前已经提出很多脉冲星辐射的理论模型,国内国外的都有,其中我国乔国俊等提出的逆康普顿散射模型比较完善。现今所有的脉冲星辐射理论模型都建立在脉冲星是高速自转的磁中子星的基础上。

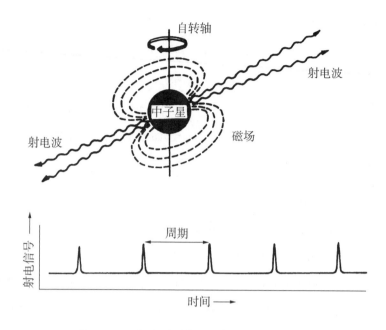

图4-12 脉冲星磁极冠模型示意图①

3）脉冲星观测发现新品种

1967年休伊什和贝尔发现的脉冲星属于单星，也即孤立的中子星。1974年泰勒和赫尔斯发现第一个射电脉冲双星系统，由一个脉冲星和一个中子星伴星组成。通常情况下，伴星可能是中子星或白矮星，也可能是主序星。

1982年巴克尔（Don Backer）和库尔卡尼（Shrinivas Kulkarni）发现毫秒脉冲星，轰动了科学界。令人吃惊的是所发现的脉冲星的周期仅为1.6 ms。天文学家把周期短于30 ms的称为毫秒脉冲星，其他的称为正常脉冲星。毫秒脉冲星与正常脉冲星的特性很不同。正常脉冲星是周期越短，磁场越强，年龄越小。可是毫秒脉冲星的周期非常短，磁场却比正常脉冲星低4—5个数量级，年龄则比正常脉冲星老几个数量级。其原因是毫秒脉冲星现在或历史上属于双星系统中的一员，脉冲星吸积伴星的物质导致自转越来越快，周期逐渐缩短到毫秒量级。这个过程经历很长时间，所以年龄都很老了，磁场也都衰减了。

1992年沃尔兹森（Aleksander Wolszczan）和弗雷尔（Dale Frail）发现毫秒脉冲星PSR B1257+12有两颗行星，成为天文学史上第一例太阳系之外的行星系统。

1994年,天文学家又发现这个系统存在第3颗行星。3颗行星的情况分别为:A星,公转周期25.262天,2个月球质量;B星,公转周期66.5天,4.3个地球质量;C星,公转周期98.2天,3.9个地球质量。

21世纪,观测发现两种新类型的脉冲星。一种是旋转射电暂现源(RRATs),是由帕克斯射电望远镜最先发现的,目前已经发现100多个。这种源的信号呈短时标的脉冲爆发,其脉冲持续时间约为2—3 ms,脉冲之间的平均间隔为4分钟到3小时,一天之中只有非常短暂的时间有辐射。已经测量出其中大部分源的周期和少部分源的周期变化率,因此确认是来自中子星的辐射。另一种是间歇脉冲星,它们的辐射处在"开"和"闭"两种状态。这种辐射停止的现象目前在理论上还没有很好的解释。

天文学家一直认为脉冲星的辐射是靠自转能的减少来提供的。这是因为观测发现脉冲星的周期是越来越长的,自转越来越慢,自转能就越来越小。计算可知所有射电脉冲星的辐射总光度都比自转能损率小很多,由自转能提供是富富有余的。但实际上还有其他给脉冲星的辐射提供能量的方式。

卫星的空间观测发现,还有一类辐射主要在X射线波段的脉冲星,称为X射线脉冲星。它们一般属于双星系统,其脉冲现象与射电脉冲星有很大不同,表现为还存在周期变短的现象。这类天体可以不断地吸积伴星的物质而获得能量,伴星的物质不断下落到中子星表面的过程中,势能转变为动能,加热磁极区,形成热斑,产生X射线辐射,故也称之为吸积供能脉冲星。当吸积的速率足够快时,还能产生辐射γ射线的脉冲星。

还有一类特殊的X射线脉冲星,它们不属于双星系统,但X射线辐射功率大于自转能损率,所以既不是吸积供能也不是转动供能。天文学家把它们称为反常X射线脉冲星。由于它们的磁场出奇地高,它们的辐射被认为是由磁能转换来的。

在已发现的近3000颗脉冲星中,绝大多数属于单星,双星约有200个。毫秒脉冲星有200多个,其中大多数处于双星系统中。双星系统中的X射线脉冲星有100多颗,γ射线脉冲星有100多颗,反常X射线脉冲星数目不多,仅有10多颗。

此外,随着费米卫星的上天,发现了一批辐射γ射线的单个脉冲星,甚至还有只辐射γ射线的脉冲星出现,对它们辐射机制的解释推动了对中子星磁层的深入研究。

4)脉冲星是理想的空间实验室

脉冲星是宇宙中一种具有超高密、超高压、超强引力和超强磁场的特殊天体,成为宇宙空间中最理想的、最全面的物理实验室。在地球上的实验室中,科学家总是不断地追求用人工方法实现种种极端物理条件,然而所得的结果比脉冲星实验室的情况要差得多。

脉冲星是宇宙中体积最小、密度最大的恒星,半径 10 km,密度为 10^8 t/cm³。白矮星是密度第二大的恒星,其密度为 1t/cm³。虽然黑洞的密度更大,但只是理论上的推测和估计。超高的密度伴随着超高的内部压强,脉冲星成为致密物理最好的研究对象。

脉冲星是自转最快和最稳定的天体,周期在 1.4 ms 到 23.5 s 之间。自转最快的脉冲星每秒自转 700 多次。周期虽然在不断缓慢地增加,但变化极慢,最慢的每十万年才增加 1 s。毫秒脉冲星的自转非常稳定,周期的长期稳定性优于原子钟,有着重要的应用。例如,通过对一组毫秒脉冲星的长期监测,可以给出"脉冲星时"和"脉冲星钟";航天器携带 X 射线望远镜观测 4 颗毫秒脉冲星,可以获得航天器当时的位置和行进路径的信息,因此可以实现自主导航;通过对一批毫秒脉冲星的长期监测,可以从观测数据中检测出引力波的信息。脉冲星还是很好的星际介质的探针,通过对脉冲星色散、法拉第旋转和闪烁的观测,可以得到星际介质的电子密度、磁场和电子密度分布不规则性的尺度等信息。

脉冲星是自行最快的恒星,速度可达到几千千米每秒,而其他恒星的空间运动速度也就是几十千米每秒。脉冲星的自行速度为什么这样快? 这是因为超新星爆发中产生的中子星受力不均,好像被狠狠地踢了一脚,从而获得很高的速度。脉冲星以这样的高速在星际介质中运行,将产生激波振荡,是研究磁流体动力学的很好案例。

脉冲星的磁场是天体中最强的,达到万亿高斯,是地磁场的万亿倍。其中,磁星的磁场更是高达百万亿高斯。地球上的实验室可获得的最高瞬时磁场为 1000

万高斯。要想在更强的磁场条件下做物理实验,只能靠研究脉冲星来获得有关实验的可能结果了。

　　脉冲星拥有一个包含了极端相对论性带电粒子、超强等离子体波和极强磁场的奇异磁层,这些条件是其他天体所不具备的,为等离子体物理研究提供了一个特殊的空间实验室。磁层就是中子星的大气层。由于脉冲星有非常强的引力,中性气体被引力拉向脉冲星表面。但是脉冲星周围空间极强的电场把带电粒子从星体表面拉出来,在脉冲星周围形成一个充满了带电粒子的磁层。磁层中的正负电荷是分离的,正电荷和负电荷分别处在不同的地方。观测到的脉冲星射电、光学、X射线和γ射线辐射都是在磁层中发生的。通过研究脉冲星的辐射特性可以得到有关磁层的信息。

三、赫尔斯和泰勒发现射电脉冲双星

1993年赫尔斯和泰勒因发现射电脉冲双星共同获得该年度诺贝尔物理学奖,引起了全世界的轰动。他们发现的脉冲双星系统之所以重要,不仅因为它是第一个脉冲双星系统,还因为它是轨道椭率很大的双中子星系统,成为理想的引力实验室。更重要的是,对这个脉冲双星20年的观测,间接地验证了引力波的存在。泰勒曾经仗义执言,为贝尔被挡在诺贝尔奖大门之外打抱不平,这回是他和学生一起走上诺贝尔奖的领奖台。

1. 始终站在脉冲星研究前沿的泰勒

1967年,泰勒正在哈佛大学攻读博士,他的课题是月掩射电源的观测研究,以获得高分辨率的观测结果。当他得知发现脉冲星的惊人消息后,立马下定决心要研究脉冲星。在繁忙地撰写博士论文的过程中,他挤出时间参加老师们的脉冲星观测研究,利用美国国立射电天文台的92 m口径射电望远镜寻找脉冲星。继剑桥大学发现4颗脉冲星之后,他们发现了第5颗脉冲星。1968

年8月,《自然》发表了他们的这一发现,泰勒作为第二作者。泰勒于1968年获得博士学位后,立即转向脉冲星的研究。在1969年3月,泰勒作为第一作者在《自然》发表论文宣布两颗新脉冲星的发现。同年,他和麻省理工学院的同事一起研制了一台大型但造价比较便宜的射电望远镜,用于脉冲星的观测。1969年,年仅28岁的泰勒发表了8篇关于脉冲星的论文,已经成为研究成果丰硕的前沿脉冲星学者了。

由于世界各国的大型射电望远镜都转向脉冲星的观测发现,到1969年4月发现的脉冲星数目已达37颗,平均每11天发现1颗脉冲星。应该说,早期发现的脉冲星绝大多数都是离我们比较近、辐射比较强和周期比较长的,流量密度达到几百到几千毫央斯基(mJy, $1\ mJy=10^{-29}\ W \cdot m^{-2} \cdot Hz^{-1}$),比较容易发现。但是,随着发现的脉冲星越来越多,发现脉冲星的难度越来越大。因为离我们近的强脉冲星数量很少。

科学研究是不断向前进的,就是要做前人没有做过的或前人不能做的课题。泰勒有一句名言:"有可能产生重大意义的研究,再困难也得试一试。"泰勒想超越前人,希望发现一批周期比较短、距离比较远、流量密度比较弱的脉冲星,于是策划了一次高灵敏度的脉冲星巡天。

他首先在提高射电望远镜的灵敏度上下功夫。灵敏度不仅取决于天线口径的大小,还与接收机的品质有很大的关系。天线口径越大,收集到的能量越多;接收机的噪声越低,灵敏度越高;观测时间越长,积累的能量越多;频带越宽,截取的能量越多。除了选用世界上口径最大的阿雷西博305 m口径射电望远镜,在接收机方面也尽量挖潜。

泰勒决定研制一套消色散接收机系统。我们知道,接收机的频带越宽,截取的能量越多,灵敏度越高。但是,接收机的频带宽度受到星际介质色散效应的限制。脉冲星辐射在传播过程中受到星际介质中自由电子的影响,传播速度不仅大小发生变化,还随频率而变化,一个脉冲的高频成分比低频成分要提前到达地球。这样一来,来自脉冲星的窄脉冲就被展宽了,甚至被平滑掉,因此不得不采用比较窄的频带宽度。对于远距离的脉冲星,这种效应就更严重。

　　为了克服这一困难,泰勒研制了具有32个频率通道的接收机。每个通道仅有250 kHz的窄带宽,保证了脉冲不被展宽。这32个通道的中心频率依次降低,每个通道的频带一个挨着一个,总共覆盖8 MHz的频带宽度。各个通道的频率不同导致的时间延迟,在资料处理时加以修正。32通道接收系统既解决了脉冲被展宽的难题,又保证了较宽的频带,灵敏度比单频率通道情况提高了5倍多,相当于天线面积大了5倍多。消色散接收机系统带来的困难是观测数据量增大为32倍。他们应用当时最好的电子计算机技术成功地解决了这个难题。

　　为了发现周期比较短的脉冲星,观测的时间分辨率必须提高,也就是观测数据的采样时间必须缩短,他的采样时间为10 ms,也就是说1 s中要采100个数据。观测10分钟就是6万个数据。一次巡天,累积的观测时间很长,海量数据的处理压力实在太大,但泰勒还是决定这样做。这样的数据量对今天的计算机水平来说却是小事一桩,当今的脉冲星巡天的采样时间已经短至0.1 ms甚至0.05 ms,数据处理也能轻松应对。

　　在泰勒策划新的巡天的时候,世界各国发现的脉冲星约100颗,它们都是单星。在恒星世界,双星系统很多,大概占了一半。然而,在脉冲星的世界里,双星系统却很少,这是因为双星系统中的一颗大质量恒星发生超新星爆发后,双星系统可能会瓦解,成为孤苦伶仃的单个脉冲星。越少越宝贵,越激发天文学家去寻找。泰勒当时已意识到发现脉冲星双星的意义,在向美国国家科学基金委申请购置计算机的报告中明确写道,“即使我们只发现一个脉冲星双星系统,也将是十分有意义的,因为至少可以由此估计出脉冲星的质量”。但是究竟怎样去发现脉冲双星系统,人们都没有经验,只能摸索前进。

　　时至今日,我们知道脉冲星双星系统所占比例不到10%。它们的脉冲周期都比较短,其中毫秒脉冲星占大多数。泰勒的巡天计划所采用的技术是为了发现周期短、距离远的脉冲星,而射电脉冲双星正具有这样的特点。期望这次巡天有所发现绝不过分,但是泰勒做梦也没有想到,这次巡天发现的双星系统将使他们荣获诺贝尔物理学奖。

2. 射电脉冲双星的发现

1973年在马萨诸塞大学学习的赫尔斯(图4-13右)是泰勒(图4-13左)的研究生。他以极大的兴趣和热情,把泰勒提出的脉冲星巡天计划当作博士论文的题目。赫尔斯回忆说,当时他毫不犹豫地接受了这个极富挑战性的博士论文题目,因为这个课题体现了射电天文学、物理学和电子计算机科学三个学科完美的结合。

赫尔斯于1950年出生在纽约。中学时期他曾经是一名狂热的射电天文爱好者,自己在家中组装了一台业余射电望远镜的天线和接收机。他把这台射电望远镜放置在住房的房顶上。虽然,最终他也没有让这台望远镜工作起来,但留下了一个梦想。1966年赫尔斯考上了库珀联盟大学的物理系,1970年成为泰勒的研究生,选择了自己最喜爱的射电天文研究课题。他不仅见到了当时世界上口径最大的阿雷西博射电望远镜(图4-14),还亲自操纵这台庞然大物进行一次前所未有的脉冲星巡天。

图4-13 1993年诺贝尔物理学奖获得者泰勒(左①)和赫尔斯(右⑩)

1973年12月,赫尔斯告别了他的导师赶赴远离美国本土的阿雷西博。他知道这次巡天意义重大、任务艰巨。巡天观测是要发现新脉冲星,其位置、周期、色散量,还有脉冲宽度均是未知数。在430 MHz波段上,阿雷西博射电望远镜的方向性很强,主瓣是一个很窄的铅笔束,一次观测只能覆盖0.06平方度的天区。计划要对140平方度天区进行巡查,需要一小块一小块地观测2000多次。消色散技术要求知道色散量,而待发现的脉冲星的色散量又是未知数,只能在处理资料时一点一点地试探。各个脉冲星的色散量差别很大,要试探非常多次。同时,数据处理中需要采用周期折叠的方法,把长时间的观测数据累积起来以提高灵敏度,这要求知道周期。脉冲星在未发现时,周期当然也是未知数。这又要一点一点地去试探。当时知道的脉冲星周期从33 ms到5 s,相差两个数量级,要试探的次数比色散量还要多,数据量和计算量之大十分惊人。通常,在巡天时对每一天线的铅笔束所覆盖天区要观测5分钟,32个频率通道的输出,10 ms采一个数据,整个140平方度的观测将有20多亿个数据。如果观测到脉冲星,在处理资料时只有当试探的周期值和色散量都非常接近真实的值时,才能获得最高的灵敏度。这需要把每一处观测数据进行50万次组合。总的巡天资料的处理要进行的组合次数高达10亿次。当时的计算机水平不高,资料的分析处理要耗费大量的时间和精力。

申请阿雷西博射电望远镜的观测课题很多,竞争很激烈,巡天观测则需要非常多的时间,更难获得批准。1973年,阿雷西博射电望远镜正在升级改造,许多观测项目都停止了,唯独脉冲星巡天的观测被允许在望远镜改造的空隙进行。赫尔斯是幸运的,他甚至获得了比申请的多得多的观测时间。他从1973年12月到

图4-14　发现射电脉冲双星的阿雷西博305米口径射电望远镜①

1975年1月基本上都待在那里,只有在望远镜改造工程繁忙时才返回大学一段时间。

赫尔斯以惊人的毅力和工作热情顺利完成了140平方度天区的观测和资料处理。这个天区以前也有人巡查过,曾发现10颗脉冲星,而他们这次巡天又发现40颗新脉冲星,可以说取得了空前的好成果。

在新发现的40颗脉冲星中,有一个周期仅0.059 s的脉冲星 PSR B1913＋16很奇怪,它的周期飘忽不定,总是在变化。发现脉冲星的关键判据是该射电源的辐射具有准确的周期性。虽然脉冲星的周期慢慢地变化着,但周期变化率在10^{-12} s/s 至10^{-20} s/s 之间,几天之内不可能察觉它们的周期变化。赫尔斯多次测量 PSR B1913+16的周期,发现这颗星相隔两天的周期值的差别竟达27 μs之多。他在不停地思考着:"究竟什么地方出了错?"两天后,再观测一遍,得到的结果"更坏"。他决心要把这里面的原因弄个水落石出,无论如何要把这颗脉冲星的准确周期测出来。他猜想,可能是观测系统的某一环节出了问题,也可能是资料分析方法不当,也可能是10 ms的采样时间对这颗短周期脉冲星而言太长了。为此,他改用1 ms的采样时间重新进行观测。原以为一切将会烟消云散,得到的观测结果却是疑云更重。

赫尔斯终于在重新观测的资料中查出了一些征兆:脉冲周期的变化存在着一些规律性,把两天观测的周期变化曲线放在一起,如果移动45分钟的话,两条曲线可以很好地相衔接。他终于悟出了其中的奥妙:脉冲周期的规则变化可能是源于双星的轨道运动。他没有立刻向他的导师报告这一重要的进展,而是去做更多、更严格的求证。当时他提出一个严格的判据,即如果 PSR B1913+16是一个脉冲双星系统的话,所测得的周期中就应包含双星轨道运动的因素,在脉冲星绕伴星运动离地球越来越远的那段时间里,观测到的周期应该越来越长,而在脉冲星绕伴星运动离地球越来越近的那段时间里,观测到的周期应越来越短。双星运动必然使周期变化存在这种由下降趋势达到极小然后转而呈增加趋势的时刻。为此他又整整观测了两个星期,终于在9月18日证实了脉冲周期的这种变化规律。第一个脉冲双星系统被证实了。赫尔斯当即写信和打电报给他的导师泰勒,报告发现了一个轨道周期大约为8小时的脉冲双星系统的惊人消息。

其实,光学天文学家早就熟知双星系统的这种多普勒效应引起的现象。光学双星中有一类分光双星,两颗子星间的距离很近,绕转周期也很短(大部分小于10天),通过肉眼或用望远镜都不能分辨出来。根据多普勒效应,恒星接近我们运动时,其谱线便移向紫端,恒星远离我们运动时,谱线便移向红端。随着两颗子星的绕转,恒星光谱的谱线便发生有规律的移动,据此,可以发现双星。射电脉冲双星周期的变化也是一种多普勒效应,脉冲星靠近我们周期变短,远离我们周期变长。赫尔斯无师自通,难能可贵。

1975年赫尔斯毕业获得博士学位,在美国国立射电天文台做了3年博士后继续其脉冲星研究以后,最终选择了普林斯顿大学等离子体物理实验室的一个职位,从此离开了天文界,没有能为验证引力波的存在继续做出贡献。

3. 引力波的间接验证

探测爱因斯坦广义相对论所预言的引力波是一项为物理学家和天文学家所牵肠挂肚的重大课题。科学家不断尝试建造高灵敏度的引力波天线以进行直接探测,但毫无成果。而1974年泰勒和赫尔斯发现的射电脉冲双星却率先给人们带来了引力波的信息。

按照广义相对论,任何具有质量的物体做加速运动就会产生引力波,其强度由质量和加速度决定。当然,质量越大、加速度越大的天体或演变过程,形成的引力波越强。地球上任何物体包括地球本身做加速运动所产生的引力波都不可能被检测到。但是,宇宙中许多天体或天体过程都同时具有大质量、高加速度的特征,因此它们都是可能的引力波源。泰勒和赫尔斯发现的脉冲双星系统就是这样一个引力波源。

PSR B1913+16由一颗脉冲星和一颗看不见的伴星形成(图4-15)。分析观测资料可以获得两个成员的质量分别是1.44 $M_\odot$和1.38 $M_\odot$,因此判断是双中子星系统。虽然有些星风,但两颗中子星之间基本上没有物质交流。脉冲星的自转周期为59 ms,距离为21 000 ly,离我们很远,年龄为3×10^8年,比较老了。双星的轨道周期很短,仅7.75小时,两颗子星相距很近,轨道椭率很大,达到0.617。在近星点,脉冲星到质量中心的距离是$1.1\ R_\odot$,在远星点,脉冲星到质量中心的距离是$4.8R_\odot$。最大轨道速度达到400 km/s,被称为相对论性双星。这一双中子星系统发现以后,学术界公认它是检验广义相对论理想的实验室。

根据广义相对论理论推算可知,这个双星系统的引力辐射很强,导致双星系统不断地损失能量,由此引起轨道周期不断缩短。理论计算出的轨道周期变化率是每秒减小2.4×10^{-12} s。泰勒决定对这个双星系统进行长期的观测,考察它的轨道周期变化是否与广义相对论理论计算的结果一致。如果一致,就可以间接地验证引力辐射(引力波)的存在。

对脉冲星的周期、周期变化率、双星的轨道周期都不是直接的测量。脉冲星的观测主要有两种:一种是观测脉冲辐射的强度以研究辐射特性;另一种是观测脉冲到达时间以研究周期特性。脉冲到达时间的观测就是把一个个脉冲记录下来,打上到达时间的标记。我们知道,脉冲星的周期极其准确和稳定,一般都可以达千万分之一的精度。如果我们查看原始记录,量出各个脉冲之间的长度,就会

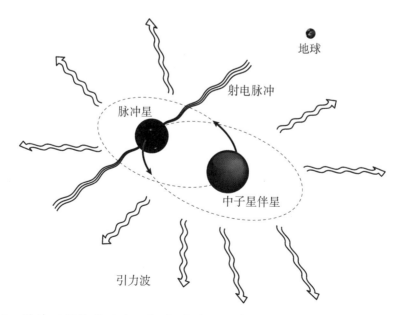

图4-15 脉冲双星轨道运动示意图:脉冲星和看不见的伴星都围绕它们的质量中心旋转,每7.75小时转一圈Ⓝ

发现其间距并不相等,只能估计出一个很粗略的周期或平均周期值。那么,脉冲星的周期能准确到亿分之一、亿亿分之一,又何从谈起呢?

脉冲到达望远镜的时间主要受三部分因素的影响:一是太阳系内天体的弱引力场偏转;二是在星际传递过程中,受到星际介质的色散影响;三是脉冲星自身的运动状况,如双星系统中的轨道运动、脉冲星自身的引力场等的影响。天文学家运用数学方法,计算分离出这些影响脉冲到达时间的因素,就可以得到脉冲星自身的信息,包括其轨道信息。天文学中确定双星的轨道需要5个开普勒参数,即轨道周期、过近星点的时刻、椭率、近星点经度和轨道半长轴在视线方向投影长度。这对射电望远镜的测量精度要求很高,因为如果观测数据精度不高,这5个参数计算不出来,或者误差特别大。而在广义相对论作用下,双星的轨道周期会越来越短、进星点会有比较大的进动,而脉冲星的谱线也会发生引力红移和脉冲延迟的现象。其中轨道周期变化和近星点进动最为重要。

1974年以后,泰勒和他的同事们开始使用阿雷西博射电望远镜测量这个射电双星的轨道周期等多个参数。1974年的脉冲到达时间测量精度为300 μs,误差太大了! 这不是重复观测能够解决的问题,需要对接收机进行改进,对观测程序和资料处理方法进行改进,里面的艰辛难以言状。1978年11月,测得轨道周期的变化率为-3.2×10^{-12} s/s,与理论值约差20%,当然还不理想。继续改进观测设备和分析数据的方法,到了1981年测量精度达到了15 μs,提高了20倍。到1993年,观测值和广义相对论理论预期值的误差仅为0.4%。他们前后经历了20年的不懈努力,进行上千次的观测,终于实现最初的梦想,以无可争辩的观测事实,间接地验证了引力辐射的存在。

泰勒等的观测证实了广义相对论关于射电脉冲双星轨道周期变化率的预测与观测结果完全一致(图4-16)。同时表明PSR B1913+16双星系统的两颗中子星之间的距离越来越小,相互绕转的速度越来越快,其最终的结果是在3亿年后两颗中子星发生碰撞,并合为一颗中子星。这是一幅极其精彩的画面。我们可以期望在有生之年,看到双中子星碰撞并合的事件,因为宇宙中有各种各样年龄的双中子星系统,一定会有一些接近"碰撞并合"的时刻。果然,2017年科学家探测到两

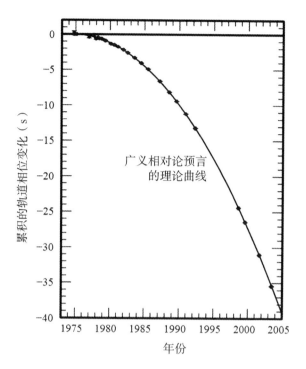

图4-16 通过观测,获得PSR B1913+16轨道周期变化的数据(圆点),与广义相对论预言的理论值符合得很好,间接地验证了引力波存在⑫

颗中子星并合发出的引力波。

广义相对论理论还给出PSR B1913+16双星系统的近星点进动的数值为4.22°/年,观测结果与之吻合。此外,对PSR B1913+16的观测还发现时间膨胀和引力红移现象。

4. 双脉冲星系统的发现和广义相对论的进一步验证

在射电脉冲星中,双星系统所占比例不到10%,双中子星系统更是稀少。1974年泰勒和赫尔斯发现第一例以后,至今只确认有9个双中子星系统。天文学家最盼望发现的双脉冲星系统终于在2004年被帕克斯射电望远镜观测发现,当年就被评选为世界十大科技突破之一。在已经发现的约3000颗脉冲星中,双脉冲星是独苗。发现它为什么这么难?

从演化的角度来说,产生双中子星系统的几率比较小,双脉冲星系统更少。

要形成双中子星系统,两颗恒星的质量都要求大于8 $M_\odot$,因为只有质量大于8 $M_\odot$的恒星发生超新星爆发才可能留下一颗中子星。在第二颗恒星演化到超新星爆发时,往往在产生第二颗中子星的同时使这个双星系统瓦解,只有少数能够形成双中子星系统。双中子星系统只有当两颗中子星的辐射束都能扫过地球时,才能形成双脉冲星系统。这次发现的双脉冲星系统的名字为PSR J0737 – 3039A/B,由一个周期22 ms的毫秒脉冲星(A星)和一个周期2.77 s的正常脉冲星(B星)组成。A星先形成,经过自转再加速过程,周期变短,大约经过了10^9年,伴星才经超新星爆发演变为第二个中子星B星。因此B星是年轻并具有极强磁场的正常脉冲星,而A星是年龄老、磁场弱的毫秒脉冲星。已经测量出它们的质量,A星为1.337 $M_\odot$,B星为1.251 $M_\odot$。

PSR J0737 – 3039A/B成为验证广义相对论最好的实验室,还成为罕见的等离子体物理实验室。这个双脉冲星系统好就好在它的轨道周期最短,仅为2.4小时,两个脉冲星彼此距离更近,平均速度高达0.1%光速,所有的广义相对论效应都比PSR B1913+16强。就引力辐射引起的轨道周期变化而言,只需一年的观测就能看到明显的变化。它将会比较快地提供检验引力波理论所需要的观测资料。不必像泰勒那样花了20年的时间才获得让科学界信服的结果。三年的观测资料的分析结果得知这个双脉冲星系统的近星点进动达到17°/年,同时对引力场引起的时间延迟效应进行测量计算,与广义相对论理论预期的误差在0.05%以内。这是目前为止对广义相对论最精确的检验。

广义相对论理论认为,旋转物体的自转轴会在空间产生相对论性进动。理论估计,PSR J0737–3039A/B双星的自转轴进动周期分别为75年和71年,每年旋转约5°。而PSR B1913+16的自转轴进动周期为300年,每年转动1.2°。双脉冲星的自转轴进动明显得多。

天文学家立刻想到,自转轴的进动将会引起脉冲星平均脉冲轮廓形状的变化和辐射流量密度的变化。脉冲星的平均脉冲轮廓形状各异,粗略地可分为单峰、双峰和三峰等。辐射束绕自转轴旋转,每扫过观测者就形成一个脉冲,把旋转多次所获得的脉冲平均,便获得平均脉冲轮廓。每个脉冲星的平均脉冲星轮廓几乎

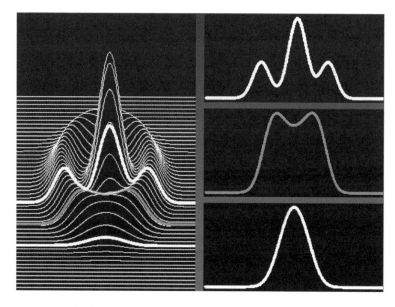

图 4-17　辐射束的强度分布和不同形状平均脉冲轮廓形成示意图：左图是
辐射束的强度分布和视线扫过辐射束的部位；右图是观测者的视线从辐射
束不同部位扫过时形成不同形状的脉冲轮廓⓪

没有重样的，但都能维持形状不变。这意味着辐射束的强度分布不变，视线扫过
辐射束的部位不变。图4-17是辐射束的强度分布和不同形状平均脉冲轮廓形成
示意图。

　　双脉冲星的自转轴进动很明显，表明视线扫过辐射束的部位将会发生变化，
可以期望脉冲星的流量密度和平均脉冲轮廓形状会逐渐发生变化。这当然是检
验广义相对论理论很好的一个机会。不少天文学家都在进行这个课题的观测研究。
这里仅给出佩雷拉(B. B. P. Perera)2010年的论文结果：对PSR J0737−3039A/B的 B
星进行五年的观测，发现脉冲轮廓从单峰演变为双峰，双峰的间距逐年加大，分离
率为2.6°/年；射电流量密度逐年减小，每年减少0.177 mJy。

　　由于引力辐射，双星系统中的两颗中子星将逐渐接近，最后并合，可能形成一
个新的中子星或黑洞。双脉冲星系统的轨道周期短，并合时间要比 PSR B1913 +
16短很多，大约需要8500万年。中子星并合事件会产生非常强烈的引力波，有可
能被地球上最灵敏的引力波探测器发现。

　　为什么说双脉冲星是罕见的等离子体物理实验室呢？以往，我们只能从接收

到的辐射信息中分析发生在磁层中的物理过程。双脉冲星系统的发现,获得了对脉冲星磁层直接探测的手段,开创了研究脉冲星磁层的新局面。

磁层究竟有多大? 它由"光速圆柱"半径来决定。因为磁层和中子星共转,磁层中各处的角速度均相同,线速度则是离中子星表面越远越大,最后可以达到光速,形成一个光速圆柱。我们只能研究光速圆柱边界以内的物理过程。光速圆柱半径和自转周期成正比,A星和B星的光速圆柱半径约为1000 km和100 000 km。A星的辐射和星风有可能通过B星的磁层,成为研究B星磁层的探针。图4-18是A星的星风通过B星磁层的示意图,由于轨道倾角为87°,我们处在双脉冲星的轨道的一端,正好可以观测这一现象。

观测发现,B星在2.4小时的轨道周期中仅仅有20分钟时间露面。很显然,这是A星对B星施加的影响。脉冲星在发出射电波段的辐射的同时,还有大量高能带电粒子外流,形成星风。A星的高能带电粒子到达B星的磁层以后,必然与B星磁层中的带电粒子发生作用,导致辐射停止。当然,关于A星对B星的影响,如何使B星停止辐射等问题,还远远没有弄清楚,是一个有待进一步研究的课题。

在已确认的9个双中子星系统中,有6颗属于特别密近的双星,轨道周期很短,在2.4—10小时(h)范围。它们的广义相对论效应都很明显,当然也都进行了长期的观测。表4-1给出6个密近双中子星系统的部分参数。

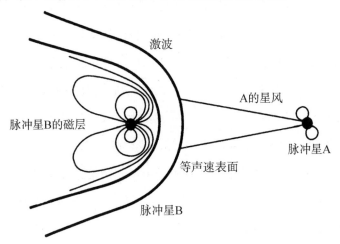

图4-18   PSR J0737-3039A/B双星系统中A星的星风通过B星磁层的示意图①

表4-1　6个密近双中子星系统的部分参数

双中子星系统 PSR	轨道周期 (h)	轨道椭率	近星点进动 (°/年)	m_1 ($M_\odot$)	m_1 ($M_\odot$)	并合时间 (千万年)
J0737-3039A/B	2.45	0.088	16.96	1.34	1.25	8.5
B1534+12	10.1	0.274	1.76	1.33	1.34	270
J1756-2251	7.67	0.181	2.58	1.34	1.23	169
J1906+0746	3.98	0.085	7.58	1.29	1.32	30
B1913+16	7.75	0.617	4.22	1.44	1.39	30
B2127+11C	8	0.681	4.46	1.36	1.35	9.7

这6个双中子星系统,轨道周期都比较短,因此广义相对论效应都比较明显,尤其是近星点进动,每年变化量为1.76°—16.9°,都很容易进行观测检验。表中虽然没有给出轨道周期变化率的数据,但从并合时间的数据可以看出轨道周期的变化。并合时间最短的是双脉冲星系统 PSR J0737-3039A/B,约为8500万年,而 PSR B1913+16 和 PSR J1906+0746 的并合时间约为3亿多年。

这6个双中子星系统中,PSR J0737-3039A/B 的广义相对论效应最为明显,PSR J1906+0746 紧追其后,在轨道周期、椭率、近星点进动、磁场、两颗中子星的质量等方面都比较接近。2006年,PSR J1906+0746 被阿雷西博射电望远镜观测发现以后,多个大型射电望远镜都对它进行了长时间的观测,观测资料很丰富,获得了精度很高的广义相对论效应的参数。PSR B1534+12 也很有特点,它超越 PSR B1913+16 的地方是脉冲信号强,脉冲宽度窄。对于脉冲到达时间的观测来说,观测精度会提高很多。自1999年5月开始,应用阿雷西博射电望远镜对它进行了8年的观测,发现其主脉冲宽度和峰值都随时间在改变,这可能是自转轴进动造成的。

四、引力波的直接探测

科学家们并不满足间接地验证,而是要追求直接探测到引力波。经过半个多世纪的努力,经历了一次次的挫折,不断改进探测器,终于获得成功。2015年直接探测到双黑洞并合产生的引力波,3位主要功臣很快就获得了2017年诺贝尔物理学奖,这是全世界科学家的共识。获奖后不到3个月,又直接探测到双中子星并合产生的引力波及其电磁辐射。引力波的探测发现不仅证实了爱因斯坦的预言,更重要的是打开了探测宇宙的另一个窗口。时空本身的颤动也给我们不断传来重要的宇宙信息!

1. 引力波是什么

广义相对论可以概括为这样一句名言:"时空告诉物质怎么运动,物质让时空怎么弯曲。"宇宙是四维时空,即三维空间加上一维时间,时间和空间是一个不可分的整体。只要有物质存在,时空就会弯曲。弯曲程度、怎么弯曲,取决于物质质量大小以及分布。有质量的物质如何在它的时空里运动,取决于它所处的时空性质。与牛顿力学不同,广义相对论认为万有引力不是一般的力,而是时空弯曲的表现。牛顿力学认为地球绕太阳运转是因为地球受到太阳引力的吸引,而广义相对论则认为是太阳的质量扭曲了附近的时空,地球在弯曲的时空里以最自然的方式运行,走出了一条绕太阳运转的曲线。就如火车沿铁轨运行一样,当铁轨变弯曲后,火车自然沿弯曲的铁轨运行。

如果太阳突然消失,地球和行星将会怎样运动?按照牛顿万有引力定律,太阳的引力顿时消失,地球和行星将同时沿着原来运行的轨道的切线方向行进。因为牛顿的引力是超距作用,引力的传播是瞬时的。但是,爱因斯坦的广义相对论却认为,太阳突然消失了,它所造成的空间弯曲会恢复原来的状态,但是这种改变传播到地球和行星需要一定的时间,比如说,传播到地球需要8分钟。所以,当太阳突然消失,离它最近的水星最先获得时空改变的信息,率先沿它的轨道的切线方向跑离,然后依次是金星、地球和火星。海王星离太阳最远,有30.13 AU(天文单位,为地球到太阳的距离),这意味着如果太阳突然消失,时空变化的信息大约需要240分钟才能传到海王星。在此之前,它依然会沿着原来绕太阳运行的轨道悠然自得地运行4个小时。

爱因斯坦认为,只要有弯曲的时空就必然会产生引力波。他把复杂的引力场方程进行简化,得到了引力波方程,在数学形式上类似麦克斯韦的电磁波方程,而且引力波传递的速度也是光速。据此,爱因斯坦于1916年预言了引力波的存在。

为了理解引力波的产生,不少学者做过很多比喻。其中之一就是用蹦床和放在它上面的重球来比喻宇宙四维时空的弯曲。当把一个重球放在一张弹性很好、完全平直的蹦床上,蹦床的面就不再是平面了,中间凹下去了。然后再放一个球,这个球就往原来那个重球那边运动。这是因为时空弯曲了,后面那个球必须沿着弯曲的面走,所以这两个球只有撞在一起的命运。如果我们给这个球一个合适的切线方向的初始速度,这个球就会绕着中心的重球绕圈。如果这两个球都很重,两个球相互绕转,就好像天文学上的双星系统。由于每一个球都使得它周围的空间弯曲了,这样当两个球相互绕转的时候,就会使得弯曲的时空向外传递,形成时空的涟漪。这就是引力波。双星的质量越大,运动越剧烈,对时空的扰动就越大,引力波就越强。不要把引力波理解成引力的波,引力波的本质是时空的涟漪,是时空的波动!

引力波分为连续式引力波、爆发式引力波、背景引力波和原初引力波四种形式。

连续式引力波主要是由相互旋绕的致密双星产生(图4-19),如双中子星系统、中子星-白矮星系统、双白矮星系统和中子星-黑洞系统等,特点是频率稳定,但强度小。事实上就单个致密天体而言,只要它不是完全球对称,快速的旋转会不断地产生引力波,它的信号强度会随着非对称程度的增加而增加,随着自转频率的增加而增加。中子星是宇宙中自转最快的天体,自然成为产生引力波最好的候选体。如果它是一个理想的球体,那就不会有任何引力波发射。如果中子星上有几毫米尺度的崇山峻岭,或者变成了椭球,那么高速自转的中子星会发射引力波,当然是极小部分质量的贡献。实际上,中子星均具有一定的椭率。科学家已经提出了几种机制来产生或维持这种不对称,但是不对称的程度很难确定。

爆发式引力波可以由超新星爆发、恒星坍缩、黑洞的形成、密近双星的碰撞并合过程等产生,其特点是强度大、频带宽,但时间短暂。直接探测这些天体的引力波,将获得它们最直接且最内部的信息。超大质量黑洞(几百万个太阳质量)的并合,也可以产生强大的引力波。引力波的频率与双星轨道运动的频率有关。恒星

图4-19 双中子星相互绕转产生引力波示意图①

级双黑洞的引力波频率远远高于超大质量双黑洞的引力波频率,前者为百赫兹量级,后者则为毫赫兹量级。

引力波背景辐射是指众多双星系统产生的引力波的叠加。各种双星系统的质量、轨道半径和轨道周期很不相同,所产生的引力波的强度和频率差别很大。银河系中的双星系统非常之多,占恒星总数的一半左右,也就是说有千亿个,它们产生的引力波连续不断地重叠在一个很宽的频带内,形成了引力波的背景,这是一个随机信号。在波长大于 10^{14} m 的长波段,可能是围绕星系中心超大质量黑洞的双星所贡献的。波长在 10^{11} — 10^{13} m 范围的引力波可能是银河系中双白矮星系统的贡献。银河系外有大量的超大质量黑洞,对引力波背景辐射也有贡献。

原初引力波是宇宙开端的大爆炸时产生的。大爆炸最初的瞬间,宇宙中充满稠密的物质,以致粒子间碰撞产生的引力波立即就被另一些粒子吸收了。在宇宙迅速扩张的暴胀阶段,宇宙的密度突然下降,而释放出的引力波不再被吸收。从那时起,那些原始的引力波就一直在向四周传播,称为宇宙早期的引力波背景辐射,也称为原初引力波。它们的频段非常宽,最低频率可达到 10^{-18}—10^{-15} Hz,并延伸到 10—10^3 Hz 的高频段。

引力波是时空的涟漪,当引力波到达我们所在的地方时,这个地方的时空就产生了扭动,任何物体为了在扭动的空间里保持静止,只好相对于远处的观测者扭动起来,扭动的幅度和频率就是引力波的振幅和频率,如果想办法测量到物体的扭动,那就测量到了引力波。引力波振幅的定义是:空间扭曲的尺度除以空间本身的尺度。它与引力波源的质量、加速度和距离有关。质量越大,振幅越大;加速度越大,振幅越大;距离越近,振幅越大。要探测引力波首先要弄清楚:引力波的频率是多少? 究竟有多强?

有自转运动的天体或相互绕转的双星系统都可能发射引力波,引力波的频率是自转频率或轨道频率的 2 倍,即 $f = 2/T$,T 为自转周期或轨道周期。以中子星为例,中子星是重要的引力波源之一,其质量约为 $1.4\,M_\odot$。中子星的一部分为射电脉冲星,周期范围为 1.4 ms—23.5 s,在已发现的约 3000 颗脉冲星中,周期短于 0.2 s 的占大多数。中子星发射的引力波的频率范围大于 10 Hz,最高达到 1500 Hz。

发射的引力波的振幅公式为：

$$h_0 = 40\, GIf^2\, e/(c^4 D). \qquad\qquad (\text{式}4.1)$$

式中 G 为万有引力常数，I 为转动惯量，f 为频率，e 为椭率，c 为光速，D 为距离。转动惯量主要由物体的质量、形状决定，中子星的转动惯量很大，约为 $10^{38}\ \mathrm{kg\cdot m^2}$。取中子星的自转频率为 1000 Hz，椭率为 10^{-6}，距离为 1000 ly，计算得到引力波振幅为 10^{-22}，相当于 1 km 的长度上有了 10^{-19} m 的变化！我们知道氢原子的半径为 10^{-10} m，它的原子核半径为 10^{-15} m。这表明，要检测到在 1000 ly 处的中子星产生的引力波，我们需要在 1 km 的长度上找到那小到氢原子核半径万分之一的空间变化。

中子星的引力辐射仅是其非球对称部分质量的贡献，是很小的。而双中子星系统，整个中子星的质量都在发射引力波，但两个中子星绕转的频率比中子星自转频率要低得多。综合起来，双中子星的引力波振幅比单个中子星的要大一些。双中子星并合阶段的绕转频率急剧增大，成为非常强的引力波源，正是天文学家等待的最好的探测时机。

2. 早期探测器

第一个站出来直接探测引力波的是韦伯（Joseph Weber）。他于 1919 年出生，1940 年毕业于美国海军学院，专业是工程学。第二次世界大战期间服役于海军，1948 年退役后被马里兰大学聘为电子工程学教授。20 世纪 50 年代中后期，他受著名广义相对论专家惠勒（John Wheeler）等人的影响，对引力波理论产生了兴趣。韦伯在海军服役期间曾操作雷达及负责导航，实质上就是对电磁波的探测。从探测电磁波到探测引力波的变化也很自然，韦伯说："如果你能建造电磁天线来接收电磁波，你或许也能建造引力波天线来接收引力波。"

从 1957 年到 1959 年，韦伯全力投入引力波探测器的设计和研制。当时已经知道有两种方法可以探测引力波，即干涉仪和共振质量探测器。限于当时的技术水准及他自己在申请项目等方面的能力，韦伯最终选择实施的是尺度比较小的共振质量探测器。探测器的主体是一根铝合金"大棒"，形状是圆柱，长度 1.53 m，直径 0.66 m，质量约为 1.4 t。铝合金棒的共振频率为 1660 Hz，带宽仅几赫兹。有意思的是,1660 Hz这一频率被选定后不久,就发现了高速自转的毫秒脉冲星,自转最快的脉冲星发射的引力波的频率就能达到上千赫兹。

为了探测"大棒"的振动,在"大棒"的"腰"部绑上了一些压电晶体,并且利用放大电路对压电晶体产生的电流进行了放大,因此韦伯共振棒具有双重放大的能力。据他自己估计,韦伯棒能探测到10^{-16} m的变化,也就是比原子核的线度小一个数量级。

为了解决干扰问题,韦伯团队采取了多种措施:把韦伯棒置于真空容器内以消除空气扰动;在相距2 km左右的地方放置两个韦伯棒,以甄别干扰。韦伯棒很窄的频带,对抑制频谱很宽的热噪音很有好处。

虽然韦伯等曾经发表5篇论文,多次宣布检测到引力波,但几乎没有人相信,而且还找到其论文中的不少问题。按今天的认识来评判,以当时韦伯棒的灵敏度是不可能探测到引力波的。韦伯虽然没有能找到引力波,但是他开创了引力波实验科学的先河,对引力波的探测起到了推动作用。他考虑的排除干扰的有关看法和措施,对后来的激光干涉探测器的研制提供了有用的参考。

在韦伯之后,用韦伯棒探测引力波的实验曾风靡世界,美国路易斯安那州立大学、西澳大利亚大学、欧洲核子中心、意大利国家核物理研究院、中国广州中山大学和中国科学院等都研制了共振质量探测器,都没有探测到引力波。当今的"共振棒"有了很大的改进,如美国莱顿大学的共振探测器是一个球形探测器,因此对所有方向都敏感。球的直径为68 cm,重1300 kg,共振频率为3000 Hz,带宽为230 Hz。整个装置在液氦温度工作,所以探测引力波强度的灵敏度有很大的提升,可以达到10^{-19} m。

3. 激光干涉引力波探测器的发明

在韦伯设计建造共振棒进行探测的时候,已经有人在探讨研制激光干涉仪的可能性。1972年,美国麻省理工学院的韦斯提出正式报告,建议建造长度为几千米的激光干涉仪。1983年,他和加州理工学院的德雷弗(Ronald Drever)及索恩联合,共同提出建造激光干涉仪引力波天文台(LIGO,图4-20)的计划和方案,1990

年获得美国自然科学基金委的支持和批准。经过10年的建设,建成了两台分别位于美国路易斯安那州利文斯顿和华盛顿州汉福德的臂长为4 km的干涉仪(L1和H1),两个台址相距3000 km。1997年,LIGO临近建成,LIGO实验室迅速地组建了研究团队,包含1000多名来自世界83个国家和地区的科学家。从1983年开始到2015年接收到双黑洞并合发出的引力波,整整奋斗了32年。

图4-20   引力波激光干涉探测器LIGO①

LIGO激光干涉的原理如图4-21所示,一束单色、频率稳定的激光从激光器发出,在分束镜(或称分光镜)上被分为强度相等的两束,一束经分束镜反射进入干涉仪的一臂,另一束透过分束镜进入与其垂直的另一臂。两臂中的光在经历了一定的路程后,返回到分束镜处相遇,进行相加。如果它们所经过的路径长短完全相同或者相差半波长的偶数倍,那么就是同相相加,强度增加一倍。如果相差半个波长的奇数倍,就是反相相加,相加的结果为零,没有输出。干涉的结果由一个灵敏的探测器进行检测(测量的是干涉光的光强),调节干涉仪两臂的长度差,探测器的输出可以在零(干涉极小值)和某个最大值(干涉极大值)之间变化。这个变动所需要的长度变化只是激光的半个波长(通常是微米)。在探测引力波之前要把探测器调整到零输出状态,即反相相加的状态。当引力波来到引起两个干涉臂长度的变化,干涉仪偏离反相相加的状态,就会有输出。只要引力波能够引起干涉仪的长度的变化达到激光波长的量级,干涉仪都可以发现,并记录下它的波形。

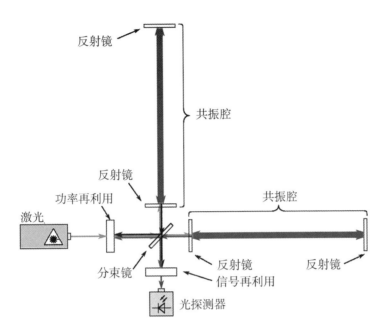

图 4-21 LIGO 激光干涉仪原理图:由两个相互成直角的干涉臂组成,每个臂配备了一对反射镜。详见文中介绍ⓦ

然而,引力波十分微弱,不可能引起干涉臂微米量级的拉伸。为了提高灵敏度,LIGO 的每臂上都添加了一个光学共振腔,即每个臂用两面反射镜,使得激光能够在其中反射几百次,使光的行程超过 1000 km,在多次往返中累积微小的变化。再把整个干涉仪(除了激光器)放到另一个光学共振腔里。因为 LIGO 在光探测器处接近于完全相消干涉,几乎所有的光最终都返回到入射方向,LIGO 把返回的光重新反射回到系统里循环再利用,从而使得 20 W 的激光功率增大到每条干涉臂上的 100 kW(包括光学共振腔的贡献),从而提高了高频区信噪比,也相当于大大地增加了每条臂的长度。LIGO 采用信号再利用技术和功率再利用技术,大大地提高了灵敏度。

在 LIGO 能探测的高频区（150—7000 Hz），噪声来源主要是光子数的量子涨落。而在低频区，150 Hz 以下，振动、热胀冷缩、光压起伏都是噪声的来源。LIGO 两个臂的 4 个反射镜的稳定性非常关键。升级改造中，把它们由原来的 11 kg 换成了 40 kg，从而减少了热胀冷缩和光压起伏造成的噪声。这些镜子都挂在四级悬摆隔振系统上，进一步提高了隔振效果。目前，LIGO 的可观测的频段为 10—10 000Hz。在 100—300 Hz，灵敏度提高 3—5 倍，在低频提高更多，如在 60 Hz，提高了数十倍。在可观测的频段内，可根据需要调整噪声曲线的状况，使某些频率上噪声降低，有利于特殊的引力波源的观测。2015 年 9 月，升级后的 LIGO 的探测精度进一步提高到了 10^{-23} m 量级。

为什么要在相距 3000 km 的两地设置两台一模一样的 LIGO 呢？这是因为 LIGO 太灵敏了，容易受到干扰。假如有一辆卡车从探测器旁开过，怎么能知道我们测到的是真实的引力波信号还是卡车带来的噪声呢？最有效的解决方案就是在不同的地方放置两台一模一样的 LIGO。当引力波经过地球的时候，对所有探测器都有影响。而卡车经过，或是海浪，或是某人在边上放了个爆竹，只会在一个探测器上产生噪声。引力波探测至少需要两台探测器都接收到信号，才能排除信号来自干扰的可能性。多台探测器同时观测还有一个好处是，可以更精确地测定引力波天体源的位置，分析引力波天体源的结构和性质。

LIGO 是一个在激光、干涉仪、超高真空、减振、数据处理等诸多技术领域齐头并进的集大成之作，每个方面都是采用当时最先进的技术。当然，LIGO 的各项技术都有自己的最佳工作范围，决定了 LIGO 本身的最佳探测范围：10—10 000 Hz。如此宽的探测频率范围有着极大的优越性。

类似的比较大型的探测器还有：2003 年完成的位于意大利的 VIRGO，每个臂长 3000 m；澳大利亚的 NIOBE 和计划中的 AIGO，臂长 5000 m；印度计划的 INDI-GO，臂长 4 km；日本臂长 300 m 的 TAMA 和臂长为 3 km 的 KAGRA；德国的臂长 600 m 的 GEO 共振棒。部分引力波探测器的分布示于图 4-22。

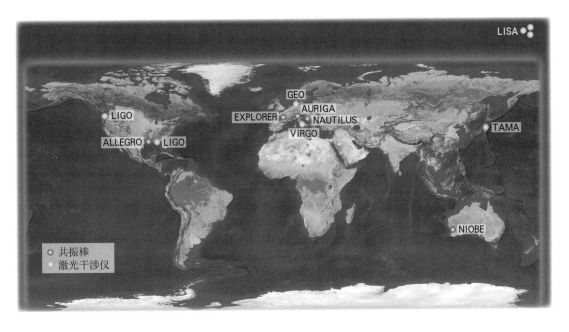

图 4-22　引力波探测器分布图①

4. 震惊世界的引力波事件

　　LIGO探测10年,没有接收到任何引力波信息,但是科学家们已经知道症结所在,2010年开始对LIGO进行升级改造,主要是在减振、光源、数据处理等几个方面。到2015年完成第一阶段的任务,LIGO已经可以探测到那4 km臂长里面小于万分之一原子核尺度的变化,决定启用。

　　2004年发现轨道周期仅为2.4小时双脉冲星系统 PSR J0737 − 3039A/B,使LI-GO的科学家信心倍增。因为观测和理论计算得知,这个双星系统的两颗中子星将在8500多万年后发生碰撞并合。这个时间比宇宙年龄小很多,表明宇宙中已发生或即将发生并合的双中子星系统不会太少。中子星的碰撞并合将发射很强的引力波。当然还有黑洞并合、超新星爆发等都是可以期待的。在LIGO还没有升级改造的时候,高层主管秘密地输入了一个约6000万光年之外的两颗中子星碰撞并合的模拟信号,数据分析科学家从观测数据中分析找到了这个事件。虽然是空欢喜一场,但这种考核结果表明,在LIGO升级之前,引力波信号波形的分析技术已经成熟。

从2015年9月12日到2016年1月19日期间,两台升级改造后的LIGO启动观测,共进行了49天的同步观测。意想不到的是,在开机观测的第3天,即9月14日就探测到双黑洞(BBH)并合发出的引力波,成为人类直接探测到的第一例引力波事件,可以说是开门大吉,运气非常好。

2015年9月14日当地时间早晨5点51分,LIGO列文斯顿观测站记录到一个明显的引力波信号(GW150914),7 ms以后,相距3000 km的LIGO汉福德观测站也记录到这个信号。信号频率从35 Hz逐步增加到250 Hz,其幅度达到最大值,随后幅度迅速衰减,表明是两个密度非常大的物体螺旋式地奔向对方,最终合二为一。终于探测到引力波了!LIGO的科学家们如释重负,激动地流下了热泪。

信号频率及频率随时间变化的情况表明这是双星碰撞并合事件所发出的引力波。计算出双星系统的总质量比两个中子星的质量大得多。一个黑洞和一个中子星的双星系统的质量虽然可以很大,但引力波频率要低得多。所以最后确认是两个恒星级黑洞的并合。如图4-23,在两个黑洞相互接近绕转的过程中,会不断向外辐射引力波,导致轨道半径不断减小,两黑洞越来越靠近。这个过程称为旋近阶段。随着两个黑洞的距离逐渐变小,相互绕转的频率越来越高,所辐射的引力波的振幅也越来越大,最后两个黑洞相互碰撞,进而并合成一体,这个过程称为并合阶段。并合过程的引力辐射是剧烈的、爆发性的。当两个黑洞并合成高速旋转的黑洞时,其发射的引力波幅度逐渐衰减,类似于摇铃后铃声逐渐变小直至消失的情况,称为铃宕阶段。

LIGO团队进行了几个月的计算和分析研究得出结论:这个引力波事件源于两个黑洞相撞。它们并合前的质量分别为29 $M_\odot$和36 $M_\odot$,并合的残骸是一个62 $M_\odot$的黑洞,大约有3 $M_\odot$转变成了引力波能量。所释放的能量实在是太大了,威力惊人,整个空间都在颤动。不过,波源离我们极其遥远,距离约为13亿光年,传到地球也就很微弱了。

经过反复的检查,科学家们确认,LIGO探测器记录的引力波信号与广义相对论的预言毫无偏差,完全遵循爱因斯坦所描述的黑洞碰撞理论。可以说,广义相对论的并合预言经受住"所有"检验:双黑洞轨道的衰减,剧烈碰撞以及异常快速

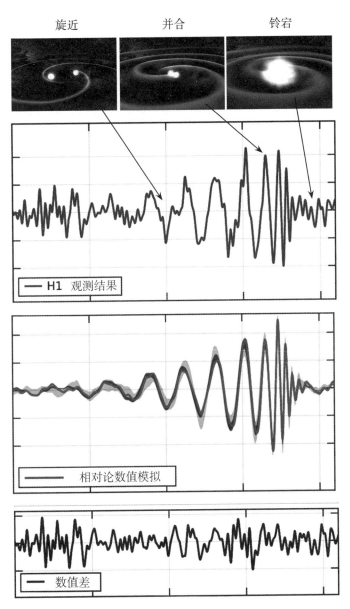

图4-23 LIGO汉福德探测器(H1)记录的信号跟数值相对论(NR)最佳拟合波形的对比。波形显示GW150914事件的旋近、并合和铃宕三个阶段 &LIGO

地过渡为一个稳态旋转黑洞,引力波在宇宙中的传播。最终这些波转变成LIGO探测器记录到的持续时间短暂得不到一秒的一声欢叫。

LIGO改造全面完成后,灵敏度还会提高三倍。因此我们预期在今后还会观测到不少类似的事件,信号最强的事件信噪比可达100。届时人们将有机会更好地洞察极端引力的性质!

在探测到第一起引力波事件以后,科学家又陆续探测到了3次新的引力波信号,编号分别是GW151226、GW170104以及GW170814。从编号上,可以很清楚地看到信号被接收到的日期。其中最后的一次,也就是GW170814是欧洲的引力波探测设施VIRGO首次探测到引力波信号,也是LIGO和VIRGO首次共同探测到的引力波事件。VIRGO探测器位于意大利比萨,项目组由20个欧洲研究团队的280多名物理学家和工程师组成。相隔万里的探测器首次共同探测到引力波,这对旨在破解宇宙奥秘的国际科学探索来说,是一个"令人激动的里程碑"。

瑞典皇家科学院宣布,将2017年诺贝尔物理学奖授予美国科学家雷纳·韦斯、巴里·巴里什和基普·索恩,以表彰他们为"激光干涉引力波天文台"(LIGO)项目和发现引力波所做出的贡献(图4-24)。韦斯获得奖金中一半,巴里什和索恩共享另一半。LIGO项目集纳了全球各地1000多名科学家的努力,而这三名获奖者发挥了至关重要的作用。

韦斯和索恩是LIGO项目的创始人,他们的获奖是众望所归。只是另一位创始人德雷弗于当年3月去世,未能见证这一荣誉。

韦斯从30多岁到80多岁为引力波的探测奋斗了半个世纪,克服重重困难,终于修成正果。他不仅提出LIGO项目,而且给出科学的设计,全面地考虑了可能会干扰引力波测量的背景噪音,在设计中加以克服。他的生日是9月29日,对于刚过完85岁生日的他来说,诺贝尔奖是最好的生日礼物。他表示"我认为这是对背后千名科研人员的认可""我会用90%的奖金帮助研究生,我并不是一个英雄"。

索恩是美国加州理工学院理论物理学教授,是LIGO创始人之一,1940年6月1日出生。他30岁时成为加州理工学院历史上最年轻的教授,其研究涉及物理学多个分支领域。他推动了引力波探测研究合作,帮助搭建了整个研究的理论框架,促成了这一研究领域的发展。他擅长科普写作,语言表达能力极强,是美国引力波探测项目公认的"代言人"。

巴里什是后来加入LIGO研究团队的,来自加州理工学院,曾主持过国际直线对撞机项目(ILC),因优异的科研管理经验而担当LIGO项目主任。他把早期"各

图4-24 2017年诺贝尔物理学奖的三位获得者：韦斯（左）、索恩（中）和巴里什（右）ⓦ

自为政"的几个研究小组，成功转化为有1000多名科学家参与的高效的国际大科学合作工程。他虽然没有发明LIGO，但是他让LIGO高效运行，形成强大的研究能力。他说，是科学目标和不断的技术挑战激励着他坚持走下去。

"2017年诺贝尔奖为百年现代物理学做了个了断！"这是中科院高能物理研究所张双南教授的独特解读。现代物理学建立的标志是相对论和量子力学，尤其是广义相对论的建立是人类理性思维和科学发展的一个高峰！在所有颁发的诺贝尔物理学奖奖项中，与量子力学以及基于量子力学的粒子物理标准模型的相关研究成果占了很大的比例。这说明量子力学走向了成熟。但是，爱因斯坦并没有因为建立广义相对论和狭义相对论而获得诺贝尔物理学奖，不能不说是诺贝尔奖历史上的一个很大的遗憾。

尽管如此，还是有几次诺贝尔物理学奖不但和爱因斯坦的相对论有密切的关系，而且可以看作是2017年诺贝尔物理学奖的前奏。如1983年钱德拉塞卡获奖，他的白矮星质量上限理论奠定了中子星和黑洞形成的理论基础。他的恒星演化理论就是建立在相对论和量子力学的基础上。1974年休伊什因发现脉冲星而获得诺贝尔物理学奖。很显然，脉冲星的存在证实了钱德拉塞卡以及后来很多物理学家应用相对论和量子力学研究天体演化理论的正确性。1993年赫尔斯和泰勒获诺贝尔物理学奖是因为射电脉冲双星的发现和引力波的间接验证，这是与广义相对论关系最为密切的一项诺贝尔物理学奖。2011年佩尔穆特、施密特和里斯获得的诺贝尔物理学奖,是因为通过观测超新星发现宇宙的加速膨胀。对这个发现的"主流"解释是以广义相对论为基础的。上述这几项诺贝尔物理学奖都与爱因斯坦的广义相对论或狭义相对论有关,但并不能说是广义相对论得了诺贝尔物理学奖。2017年的诺贝尔物理学奖授予了LIGO直接探测引力波实验的主要贡献者,不但是众望所归,而且也是对广义相对论的一个承认!

5. 双中子星并合事件

天文学家曾经预测,将在LIGO完成全部技术改造的2020年探测到双中子星并合的引力波,但2017年就提前发现了来自双中子星并合的信号。

LIGO第二次观测在2016年11月30日至2017年8月25日期间,进行了117天的同步观测,意大利的VIRGO于2017年8月1日加入进行联合观测。8月17日,3台探测器都探测到双中子星并合的引力波信号,被称为GW170817。这个引力波信号是迄今为止观测到的最清晰的信号,信噪比达32.438。在探测器灵敏的频段,从24 Hz开始起算,持续100 s。在这之后的1.7 s,美国国家航空航天局(NASA)的费米卫星探测到了一个γ射线暴,取名为GRB170817A。在之后不到11个小时之内,位于智利的Swope望远镜在星系NGC 4993中观测到明亮的光学源。在接下来的几个星期里,无数望远镜将目光对准这片天区,记录下这一事件发生之前100 s至之后几个星期的信号。图4-25是两台LIGO和VIRGO探测到的引力波的记录。在LIGO的记录中,引力波的信号非常明显,引力波的频率从40 Hz逐步提高到最后大于300 Hz。这说明两颗相互绕转的中子星的轨道频率不断地增加,两颗中子星之间的距离不断地减小,最后碰撞和并合。经过对观测数据的分析,确认探测到双中子星并合过程产生的引力波。

根据探测记录,科学家描述了这次引力波事件的全过程:在距离地球1.3亿光年的长蛇座星系NGC 4993中,两颗中子星互相绕转。在并合前约100 s时,它们相距400 km,每秒钟互相绕转12圈,并向外辐射引力波。它们越转越快、越转越近,直至最终碰撞在一起,形成新的天体,并发出电磁辐射。通过波形的拟合,科

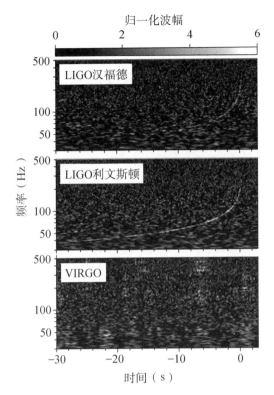

图 4-25　GW170817 时间频率图。时间零点是 2017 年 8 月 17 日 12 时 41 分 4 秒(世界标准时间)。两台 LIGO 记录的引力波相互非常清晰,而 VIRGO 的数据噪声大,仅用于天空定位和对源属性的估计①

学家们确定了两个中子星的质量分别大约是 1.15 $M_\odot$ 和 1.6 $M_\odot$,合并后的天体质量约为 2.74 $M_\odot$,抛射出去 0.01 $M_\odot$。

更使科学家高兴的是发现了这次引力波事件的 γ 射线暴。与双黑洞并合不同,双中子星并合过程不仅向外辐射引力波,还会在多个波段发出电磁辐射。那些在发现引力波同时被望远镜观测到的天体被称为引力波的电磁对应体。由于引力波信号十分微弱,信号源的定位误差非常大,仅仅利用引力波探测无法精确确认信号来自哪里。电磁波段是目前发展最完善、理论研究最透彻的观测窗口,也是现有探测手段与探测仪器最丰富的窗口。只有实现了引力波与电磁波的联合探测,才可以证认引力波源的天体物理起源,并对其性质开展进一步的研究。

在太空遨游的美国费米卫星对 γ 射线暴信号的探测使得此次 LIGO 探测大放光彩。尽管引力波信号先于 γ 射线信号产生,但有趣的是,费米卫星发送探测到这个 γ 射线暴信号的信息要早于 LIGO 团队。这是因为费米卫星的 γ 射线暴监视器有自动报警系统,而 LIGO 的自动数据分析需要花费 6 min 的时间,LIGO-Virgo 快速响应团队随后手动检查数据,确认探测到引力波,才向合作单位发布警报,提供探测到的引力波的有关数据。后来,在欧洲国际 γ 射线天体物理实验卫星(INTE-GRAL)的观测数据中也找到了这个 γ 射线暴信号的存在。图 4-26 是"费米"两个

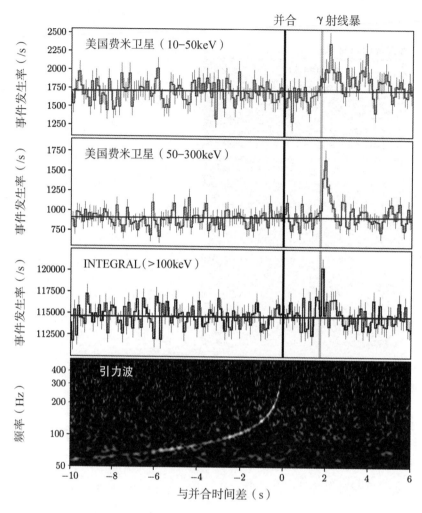

图4-26　LIGO引力波和γ射线暴的观测记录的比对:引力波结束后约1.7 s发生γ射线暴①

能段(10—50 keV 和50—300 keV)及 INTERGRAL(>100 keV)的观测记录,配以LI-GO的引力波探测记录。γ射线暴发生在双中子星并合之后约1.7 s。

　　更加使科学家兴高采烈的是发现了这个双中子星碰撞并合后形成的千新星(或称巨新星)。1998年,普林斯顿大学的李立新(现在是北京大学教授)与已故天文学家帕钦斯基(Bohdan Paczyński)发表一篇研究双中子星并合后抛出的中子星碎块辐射性质的论文,首先提出千新星的概念。如图4-27,他们认为,当两颗中子星在相互旋近和并合时,有大约千分之一到百分之一太阳质量的物质会被高速抛

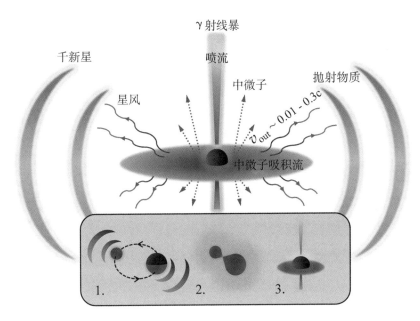

图 4-27 双中子星并合产生引力波、γ 射线暴、千新星的示意图。并合后不管是形成大质量中子星还是黑洞,都会形成两束喷流和由并合时抛射物质形成的千新星①

射出来,近似于各向同性。这些富中子化的抛射物质将能够通过快中子俘获过程(r 过程)有效合成大量重元素(质量数 A>130),是宇宙中合成超重元素的大熔炉。这些重元素的衰变进而加热抛射物使其发出明亮的可见光及近红外辐射。由两颗中子星相撞后抛出的物质形成的千新星亮度大约是太阳亮度的几千万倍,比一般新星亮千倍。

在双中子星并合引力波事件发生后,全世界各地的望远镜很快就把望远镜对准发生引力波事件的方位。在不到 11 个小时之内,位于智利的 Swope 超新星巡天望远镜(SSS)首先在星系 NGC 4993 中观测到了明亮的光学源(SSS17a),继而哈勃空间望远镜也观测到这颗千新星。在此之后,许多团队分别独立探测到了该光学源。我国的南极光学巡天望远镜(AST3)进行了 10 天的观测,得到了目标天体的光变曲线,与千新星理论预测高度吻合。

6. 低频引力波的探测

地面的引力波探测器只能用于探测频率高于 1 Hz 的引力波,这是受重力梯度、地表振动等噪声干扰的限制,无法克服。宇宙中各种引力波源发射的频率覆盖非常广的范围,周期从几毫秒、几分钟、几小时到几年、几十年甚至几十亿年的都有,跨越约10个量级。为探测低频引力波,只能把探测器放到太空去探测。

1) 引力波空间探测器

早在20世纪90年代,欧洲太空总署(ESA)和美国NASA曾合作启动激光干涉太空天线(LISA)项目。预定2011年发射升空,计划发射3个卫星探测器上天,组成如图4-28所示的等边三角形,边长为250万千米。它们在地球后面以20°的夹角一起绕太阳运行。3个探测器之间用激光测量距离。如果有引力波传来,它会使3个探测器之间的距离发生微小的变化。灵敏的激光测距可测出一个原子直径大小的位移。由于它们所占的地域比地球上的探测器大得多,因而可能探测到更弱的引力波源。敏感频率下降到3×10^{-5}—10^{-1} Hz,适合检测像PSR B1913+16这样的双中子星系统发出的引力波。

2011年,美方因预算问题退出该任务。2013年ESA将LISA改名为"发展的激

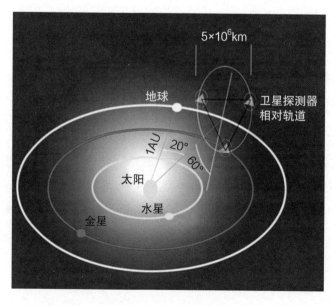

图4-28 激光干涉太空天线(LISA)探测引力波示意图⑮

光干涉太空天线"(eLISA)。探测器之间的距离做了调整,由250万千米改为100万千米。作为先导项目,由两颗测试卫星组成的"LISA探路者"已经于2015年12月3日发射上天,卫星内部带有两个质量为2 kg的金铂合金立方体。科学家可通过激光望远镜观测这两个独立放置的物体在运动中的相对位置变化,以证明引力波的存在。

在LIGO多次探测到引力波,以及LISA探路者成功发射并完成第一阶段科学任务的激励下,NASA有意出资任务总额的20%重回LISA。在此背景下,ESA正式决定,将LISA纳入大型任务"花名册"。如果进展顺利,LISA将在2034年开始从太空中探测引力波。

2) 脉冲星计时阵探测引力波

通过观测引力波对电磁波在空间传播过程的影响也可以用来探测引力波。引力波经过地球和脉冲星时会对脉冲星脉冲到达时间产生影响,留下了引力波的信息。脉冲星计时引力波探测器就是根据这个原理提出来的。由多颗毫秒脉冲星组成的计时阵,如4-29所示。对没有引力波影响时的平直空间而言,脉冲到达地球的时间是稳定的。当受到引力波影响时,脉冲星与地球之间的长度会发生变化,不同方向的脉冲星变化不同,通过脉冲到达时间的测量,可以观测到这种变化,从而测出引力波。计时阵的灵敏度与LISA的多个空间探测器相当,但臂长增加了好几个数量级,探测的敏感频率下降到10^{-7}-10^{-9} Hz的频率范围。在这个频率范围内,引力波源是大质量双黑洞系统贡献的引力波背景。

当然,我们要选择自转频率最稳定的毫秒脉冲星,还要用灵敏度非常高的射电望远镜进行长期的观测,使脉冲到达时间的测量达到极高的精度,如误差小于100 ns。这样才能从脉冲星的观测数据中把引力波的影响提取出来。

目前,最有名的毫秒脉冲星计时阵有三个。第一个是欧洲的EPTA,有多台大型射电望远镜参加,如德国埃费尔斯贝格射电望远镜、英国洛弗尔射电望远镜、荷兰的综合口径射电望远镜(等效口径为94 m)、法国南赛的分米波射电望远镜(等效口径为93 m)和意大利撒丁岛射电望远镜。各个望远镜可单独执行观测任务,有时也组成一个多望远镜系统进行观测。对15颗毫秒脉冲星进行了连续5年的

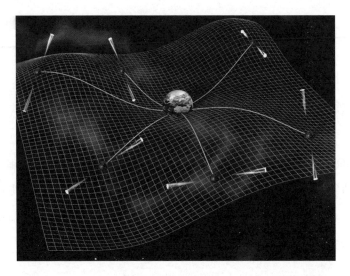

图4-29　由多颗毫秒脉冲星组成的引力波探测器①

规律性观测。第二个是北美的毫秒脉冲星计时阵NANOGrav,由阿雷西博射电望远镜和100 m口径格林班克射电望远镜组成,选择了18颗脉冲星进行检测。第三个是使用澳大利亚帕克斯射电望远镜的脉冲星计时阵PPTA,选择20颗毫秒脉冲星进行多频观测。

图4-30为引力波的频谱和三种探测器的探测对象及灵敏度。其中,地面引力

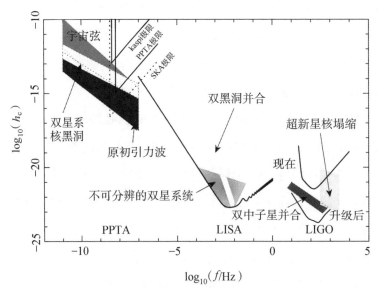

图4-30　三种引力波探测器的敏感频段和能探测的引力波源。横坐标为频率,纵坐标为灵敏度,h_c为可检测的引力波幅度①

波探测器 LIGO 的探测频段最高,属于高频($10—10^4$ Hz),监测的引力波源是超新星的核心坍缩、双中子星并合、双恒星级黑洞并合产生的引力波。空间探测器 LISA 检测频段为 $3×10^{-5}—10^{-1}$ Hz,适合检测双超大质量黑洞的并合以及银河系中未能分辨的双星系统累加产生的背景引力波;澳大利亚 PPTA 的检测频段最低,为 $10^{-9}—10^{-7}$ Hz,能够检测宇宙中的原初引力波、宇宙弦、星系中的超大质量双黑洞。LIGO 的探测器率先发现引力波,对各种引力波探测器、探测方法的改进和发展产生了强有力的推动。

五、黑洞的理论研究

黑洞是一种极为特殊的天体,是由于自身奇大无比的引力使星体坍缩而形成的,它会吞噬一切进入它视界内的物体,绝不允许视界内的任何物质,包括光逃离。1967年美国理论物理学家惠勒正式以黑洞的名字描述这一奇特天体,至此黑洞正式面世,被人们熟知。黑洞中的物质都集中在中心的一个几何尺度为零、物质密度为无穷大的奇点上。这也成为科学家对黑洞是否真实存在产生某些犹疑和争论的原因。黑洞是真实世界的一部分吗?彭罗斯(Roger Penrose)使用巧妙的数学方法证明黑洞是爱因斯坦广义相对论的直接结果,证明黑洞确实可以形成,并对其进行了详细论述。他的开创性论文被认为是爱因斯坦之后对广义相对论最重要的贡献。彭罗斯因此获得2020年诺贝尔物理学奖奖金的一半。

1. "暗黑天体"的提出

早在1796年,拉普拉斯(Pierre-Simon Laplace)首先提出黑洞的想法。他的这种猜测建立在牛顿万有引力理论和光的微粒说上。我们看见的光究竟是什么？根据牛顿的微粒说,光是一种很小的粒子,其性质类似于非常小的弹子球,也称光粒子。拉普拉斯认为,质量特大的恒星具有非常强的引力,可以拉住这些光粒子,不让它们离开恒星的表面。由于恒星辐射出的光粒子不能离开恒星表面,人们就看不见这样的恒星了。他把这种质量极大的天体称为"暗黑天体",并认为宇宙中有非常多的"暗黑天体"。

如果恒星辐射的可见光是一连串的微粒,什么样的恒星的引力才能拉住这些微粒,不让它们逃离恒星呢?我们知道宇宙飞船要飞离地球必须具有非常高的速度,根据牛顿力学原理,任何物体要从地球引力下逃逸的条件是它的动能大于它在地球表面处的引力势能,或者说,它的离心力要大于引力。逃逸速度公式是:

$$v > \sqrt{\frac{2GM}{R}}. \qquad \text{(式4.2)}$$

其中G为引力常数,M和R分别为天体的质量和半径,v为逃逸速度。计算可得,逃离地球的速度要超过11.2 km/s,称为第二宇宙速度。目前只有航天使用的火箭能使卫星或飞船达到或超过这个逃逸速度。逃离太阳系则需要达到16.7 km/s的速度,称为第三宇宙速度。目前人造探测器已经飞到水星、金星、火星、木星、土星、天王星、海王星,以及其他小天体,或登陆或绕行,"旅行者号"甚至已离开了太阳系。如果一个天体的逃逸速度大于光速,那么光粒子也就无法逃离这个天体。

逃逸速度的大小取决于天体的质量和半径的比值。质量与半径之比值越大,逃逸速度亦越大。计算表明,与地球质量相当的天体的引力半径为8.9 mm,也就是说地球要压缩到豌豆般大小,其逃逸速度才能大于光速。太阳的半径约为70万千米,如果半径缩小到2.96 km的话,就会成为"暗黑天体",我们就看不见它的光辉了。拉普拉斯以及后来的研究者虽然相信"暗黑天体"的存在,但是并没有给出这种密度极端大的天体的形成机理,也不知道如何寻找它们。"暗黑天体"变成了一个谜。

实际上,我们不能用牛顿引力理论来描述"暗黑天体",即使是非常粗略的描述也不行。这是因为牛顿引力理论只适用引力很微弱和速度很低的情况,而"暗黑天体"是极端致密的天体。再说,牛顿的微粒说也不正确。

2. 广义相对论与施瓦西黑洞、克尔黑洞

根据广义相对论,所有有质量的物体的引力场将使时空弯曲,弯曲程度与物体的质量和体积有关。处在主序星阶段的恒星,它的引力场对时空几乎没什么影响,从恒星表面上某一点发出的光可以朝任何方向沿直线射出。而当恒星的半径变得很小时,它对周围时空的弯曲作用就变得很大,而且半径越小,作用越大,半径小到一定程度后,朝某些角度发出的光就将沿弯曲空间返回恒星表面,这时的恒星就变成了黑洞,如图4-31所示。

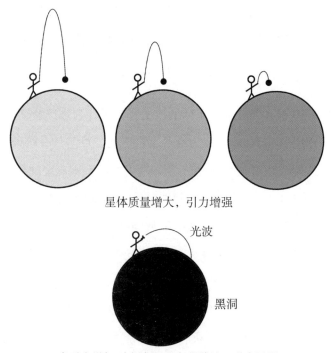

星体质量增大,引力增强

当引力增加到光波也无法逃脱时,形成黑洞

图4-31　恒星不断收缩,它发出的光的弯曲越来越厉害,当缩小到施瓦西半径后,恒星发出的光全部折返回恒星,形成看不见的、只有视界和奇点的黑洞①

爱因斯坦提出广义相对论之后仅几个月的时间,德国物理学家施瓦西就给出了真空条件下球状物体周围引力场的精确解。施瓦西解适用于任何恒星,因为它只需质量这一个参数。施瓦西解的一个重要的结论是存在一个临界距离,被称为施瓦西半径。在此半径处的时空出现了奇异行为,就连垂直于表面发射的光都被捕获了。施瓦西半径的表达式为

$$R_s = 2GM / c^2. \qquad\qquad (式4.3)$$

式中的 M 是黑洞的质量, G 是引力常数, c 是光速。这和由牛顿力学推导出的公式所给出的估计是一致的。但牛顿引力理论虽然可以给出半径,但无法给出"黑洞"的性质。

　　施瓦西黑洞(如图4-32)是最简单的黑洞,它不旋转、不带电,也称球形黑洞。施瓦西黑洞有一个边界,称为"事件视界",就是以施瓦西半径为径向坐标的球面。

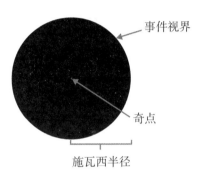

如图4-33所示,事件视界外面的任何物体可以朝向或离开视界而运动,也可以绕着黑洞做轨道运动。但是,物质(包括光)一旦落入事件视界之内,就再也不能逃出。我们接收不到黑洞视界里面的任何信息。黑洞是黑的,是看不见的。在黑洞视界以内,物体受巨大引力的作用以极快的速度落到黑洞中心,除中心有物质外,其他地方完全是空无一物。而中心则是一个几何尺度为零,物质密度、引力和起潮力都是无穷大的奇点。在

图4-32　黑洞示意图:施瓦西半径由质量唯一决定Ⓦ

奇点附近,一切物理定律都不适用了,广义相对论也不再正确了。这成为黑洞理论的一个难题。

　　与拉普拉斯一样,施瓦西也不知道宇宙中是否有这样的天体存在。谁也不知道,恒星为什么会收缩到如此小的施瓦西半径。到1939年,奥本海默(Julius Robert Oppenheimer)和他的学生斯奈德(Hartland Sweet Snyder)共同证明,一颗冷却的、质量非常大的恒星必然要无限坍缩而变为一个黑洞,并且推导出黑洞的质量下限为3.2 $M_⊙$左右。

　　所有恒星都在自转,没有理由认为黑洞没有自转。自转将造成黑

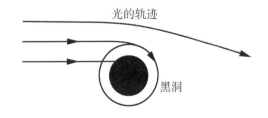

图4-33　黑洞对外界光线的影响:光线进入黑洞将永远出不来;在事件视界之外的光线可以绕黑洞行进,也可能仅发生偏折Ⓘ

洞偏离球形而成为椭球体。施瓦西黑洞只是球形物体的引力场,与真实的由恒星坍缩而成的黑洞的情况有偏离。1964年,新西兰物理学家克尔(Roy Patrick Kerr)得出旋转黑洞的引力场的解,因此也称旋转黑洞为克尔黑洞。

克尔黑洞的特性和施瓦西黑洞很不相同,施瓦西黑洞只有一个质量参量,而克尔黑洞有两个参量:质量和角动量。我们知道,中子星的自转非常快,这是根据观测得到的。我们观测不到黑洞,更无法测量克尔黑洞的自转究竟有多快。但是,按照角动量守恒的原理,旋转的恒星坍缩为黑洞,其自转必然加快了很多。像中子星一样,克尔黑洞的自转也是刚性的,事件视界上的所有点都以同样的角速度转动。

旋动黑洞的周围就像宇宙中的一个引力大旋涡,旋涡中心是黑洞,在旋涡附近的物体都会吸向旋涡中心。施瓦西黑洞只有一个视界,而克尔黑洞(图4-34)则有内、外两个视界。内视界为黑洞奇异性的界限,而外视界则为不可逃脱的界限。这意味着,一旦你落入外视界,你不会立即被黑洞的种种奇异性摧毁,但你不可能

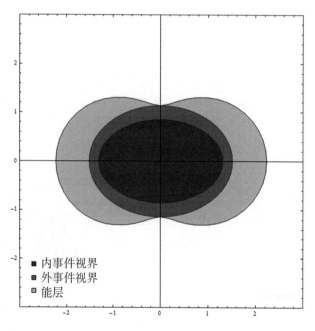

图4-34　克尔黑洞示意图,最外层浅色为能层,中间两层分别为内外事件视界,图中黑洞处于高转速状态Ⓦ

逃离,并不可避免地落入内视界。克尔黑洞在外视界的外围有一个称之为能层的区域,它是由黑洞旋转时拖动着周围的时空一起转动而形成的。能层中有引力势能和转动动能。能层的外边界为静界,即时空的"旋转速度"等于光速的地方。进入能层后的飞船仍然可以自由飞行,可以逃离黑洞的魔掌。

除了黑洞,广义相对论还预言一种性质正好与黑洞相反的特殊天体,也就是白洞。白洞是宇宙中的喷射源,可以向外部区域提供物质和能量,但不能吸收外部区域的任何物质和辐射,与黑洞只进不出的性质正好相反。白洞目前还仅是一种理论模型,尚未被观测所证实。

3. 黑洞的奇点难题

研究黑洞的历史很长,最难理解、争论最多的是它的质量完全集中在一个体积无限小、物质密度无限大的奇点上。大家都想知道,这样的黑洞理论是否正确?这样的奇点是否存在? 彭罗斯在1965年的一篇论文中率先解决了这个问题,公认是对广义相对论的重要贡献,由此获2020年诺贝尔物理学奖。

彭罗斯1931年出生于英国埃塞克斯州。他生活的家庭环境对他的成长有很大的影响。祖父是著名画家、艺术家,外祖父是生理学家,父亲是英国知名遗传学家、精神病学家、数学家,哥哥是物理学家,弟弟是国际象棋大师、心理学家,妹妹是遗传学家。彭罗斯小时候在数学上没有展现出什么天赋,在数学上反应比他哥哥差很多,考试成绩也不好。但是,在家人尤其是哥哥的帮助下,他的进步很快,并由此喜欢上了数学。在伦敦大学学院学习期间,选择专攻数学。后来进入剑桥大学学习数学并在1957年获博士学位。1973年,彭罗斯开始在牛津大学任教,直至1999年退休。彭罗斯是一位著名的数学家,因为研究广义相对论而成为数学物理学家,又因为研究黑洞而成为著名的天文学家。他对物理和天文的最大贡献都和数学相关。在获得2020年诺贝尔物理学奖之前,他已经拿到很多重要奖项,如丹尼·海涅曼数学物理奖、阿尔伯特·爱因斯坦奖、亚当斯奖和沃尔夫物理学奖等。

爱因斯坦的广义相对论认为引力实质上是物质对时空的扭曲。我们熟悉的平面几何和立体几何属于欧几里得几何,无法描述复杂的曲面问题。爱因斯坦在广义相对论中使用了专门描述曲面的黎曼几何。黎曼几何比较复杂,当时的很多物理学家都不熟悉,最初认为爱因斯坦是在玩弄数学游戏,广义相对论没有任何科学意义。后续的观测研究才逐渐证明广义相对论的正确性。

作为数学家的彭罗斯认为,爱因斯坦使用黎曼几何是正确的,但他使用的并不是完善的黎曼几何。彭罗斯应用完善的黎曼几何进一步研究爱因斯坦的引力理论,得到的结果更为可信。

无论是施瓦西黑洞还是克尔黑洞模型,都认为黑洞的中心存在一个奇点。不少科学家质疑奇点的存在。有人认为,计算出来的奇点可能是理想中的情况,是在一个高度对称情况下的结果。但是在真实情况中,恒星坍缩很有可能不是高度对称的,恒星可能是奇形怪状的,每个地方坍缩的速度不一样,所以最终有可能不是坍缩成一个点。

在1965年1月,即爱因斯坦去世十年后,彭罗斯发表论文《引力坍塌和时空奇点》(Gravitational Collapse and Space-Time Singularities)证明:对于施瓦西黑洞,不管恒星原来是不是高度对称,或者可能长得奇形怪状,都没关系,最终都会坍缩成一个点,就是一个密度无限大的奇点。所有的坍缩物质在这个点之后就终止了,不再有路径了。用几何的语言来说,这是几何上的奇点。而在普通人看来,这是毁灭之点,因为越是靠近这个点,引力产生的拉扯力越大,最终归于毁灭。从物理学的角度来看,在这个点上,所有的物理学定律不再适用。

彭罗斯(图4-35右)在引力和几何领域都有很大的影响。在他之后还有一位名气更大的物理学家霍金(Stephen William Hawking,图4-35左)也做出卓越的成就。彭罗斯长霍金11岁,他在发表《引力坍塌和时空奇点》这篇开创性的论文时,霍金才23岁,正在撰写博士论文。彭罗斯首先给出黑洞奇点定理,霍金在博士论文中把彭罗斯的证明进行了推广,彭罗斯和霍金的研究交织在一起了。自1969年开始,他们成为紧密的合作者,共同研究黑洞奇点理论,提出了彭罗斯-霍金奇点定理,这是广义相对论研究的一项重要成果,把奇点的存在性证明推广到更加一般的情况。正是这个奇点定理保证了奇点的存在,这个点在物理上的理解就是时间结束的地方,所有物质只进不出,物质到了奇点就终止了。

图 4-35 彭罗斯(右)和霍金(左)在一起 ❶

彭罗斯和霍金证实了黑洞是广义相对论的直接结果。他们在1970年将黑洞的数学运用到了整个宇宙,发现在遥远的过去不可避免存在一个奇点,一个无限弯曲的时空区域,那是宇宙大爆炸的起点。应该说是彭罗斯和霍金共同证明了奇点定理,共同创立了现代宇宙论的数学结构理论。霍金于1942年1月8日出生,2018年3月14日逝世,享年76岁。如果霍金还活着,想必他也会分享诺贝尔奖的荣誉。

4. 霍金的黑洞辐射理论

1974年霍金发表了论文《黑洞会爆发吗?》(Black Hole Explosions?)以后,黑洞理论有了突破性的进展。他证明,黑洞的边界不再是密不可透,黑洞能辐射能量,并且损失质量。霍金黑洞理论允许粒子逃离黑洞,这是爱因斯坦的广义相对论不能允许的,黑洞的"霍金辐射"被认为是划时代的贡献。

霍金依照的仍然是广义相对论原理,但是他同时考虑了量子论的影响。根据量子力学,空间中充满了成双结对的粒子和反粒子。在黑洞附近,如果一个粒子或反粒子掉到黑洞里面,留下它的伴侣在黑洞外面,那么就相当于是黑洞发射的辐射。与普通炽热物体一样,黑洞的辐射也表现为热谱形式。如果黑洞的质量与太阳相当,其温度只有绝对温度的千万分之几开。它辐射的热能是微不足道的,相当于一种蒸发过程,称为"霍金蒸发"。这种微弱的"蒸发"很容易被宇宙背景辐射全部淹没。所以,大质量的黑洞仍旧是一种看不见的暗天体。质量特别小的黑洞,如一个质量只有10亿吨的小黑洞会具有1200多亿开的高温。在这样的高温下,发射强度很大,类似一种爆发。霍金指出,在宇宙大爆炸发生之际,在温度极高和密度极大的条件下,有可能形成质量很小的黑洞。然而,目前并没有观测到这种小质量黑洞的辐射或爆发。

当前,理论物理科学家正努力构建一套新的量子引力理论,把相对论与量子力学结合起来。他们认为,黑洞的内部必然是两大理论共同作用的结果。

5.黑洞的观测和发现

由于黑洞不发光,我们不可能直接观测到它的存在,但是它与外部世界的联系并没有完全切断,黑洞可以通过引力作用于其他物体上。受黑洞作用的体系有可能表现出一些新的特征,根据这些特征,我们就可以间接地寻找到黑洞。天文学家致力于在双星系统中发现黑洞就是这个缘故。黑洞这一名词的创造者惠勒曾形象地比喻说:"舞台上穿着黑色衣服的男孩拉着穿白色衣裙的女孩跳舞。当灯光变暗时,你只能看见这些女孩,而看不见男孩。女孩代表正常恒星,而男孩则代表黑洞。你看不到男孩,但女孩的环绕使你坚信,有种力量维持她在轨道上运转。由此你就能推测出一定有个男孩拉着她。"

判断双星系统中看不见的伴星的质量很关键。到2007年已经发现9个双中子星系统。其中只有一个双星系统的两颗中子星都有脉冲辐射,也就是两颗中子星都能看见。其他8个双中子星系统只能看见一颗。为什么认为另一颗看不见的是中子星呢? 原来双星系统的两颗星的质量是可以根据观测资料的分析获得的。这8个双星系统的伴星的质量都小于 $2\,M_\odot$,小于中子星的质量上限,因此判断为中子星。天文学家有个共识,凡是双星系统中不可见伴星的质量超过中子星质量上限(或者说黑洞质量下限),也即 $3.2\,M_\odot$ 的,就可认为是黑洞的候选者。

除了质量判据以外,还可以从伴星周围物质的辐射情况加以判断。因为黑洞具有极强的引力,会将周围的所有物质都拉过来,通常会有一个吸积盘围绕着它。靠近黑洞的吸积盘物质会源源不断地流入黑洞,从而产生引力辐射及各种波段的电磁辐射,如红外、射电和X射线。因此观测和研究双星系统的X射线源、射电源或红外源辐射情况成为寻找黑洞候选者的一种有效方法。

1965年,天鹅座X-1因其强X射线辐射成为第一颗被发现的黑洞候选体。在X射线源附近有一颗明亮的、质量大约为25—40 $M_\odot$的蓝巨星,组成一对密近双星。双星的轨道周期为5.6天,可以计算出天鹅座X-1的质量约为7 $M_\odot$,大大超出了中子星的质量上限,因此被认为是一个黑洞,这也是第一个公认的黑洞候选者。类似天鹅座X-1的黑洞候选者还有一些,如大麦哲伦云中的X射线源LM-CX-3,质量在7—14 $M_\odot$之间。哥白尼卫星发现的天蝎座V861是一个双星系统,其中包含的X射线源的质量约为12—14 $M_\odot$,也成为黑洞的候选者。

黑洞理论和观测的突破,使得黑洞研究领域迎来了它的黄金时代。在接下来的二三十年,一大批天文学家、物理学家投身于这个领域。现在人们所知道的有关黑洞的知识基本上都是在这段时间内得到的。

黑洞的形成一般有两种方式,一是发生在超新星爆发或者宇宙早期的引力坍缩,一种是高能物质的碰撞。前者是我们现在对所观测到的黑洞的解释,后者是一种还未得到实验证实的猜想。黑洞还可以通过吸积外部的物质成长。北京大学吴学兵教授研究团组和中科院国家天文台刘继峰研究员为首的国际合作团组分别于2015年和2019年在国际著名期刊《自然》上发表论文,吴学兵等宣布发现了一个年龄仅9亿年的超大质量黑洞,刘继峰小组则公布发现最大质量的恒星级黑洞,具体的研究信息将在后面的章节进行介绍。这两个黑洞的发现对当今的黑洞演化模型提出了挑战,将促进宇宙早期发展和恒星演化理论的研究。

2015年LIGO探测到双黑洞并合事件发出的引力波,增加了一个特殊的探测黑洞的手段。目前已经探测到多例双恒星级黑洞的并合事件。本章第四节已给出比较详细的介绍。

引力波之外,射电天文技术的发展让我们有望一览黑洞的真面目。2012年,为筹组观测黑洞的"事件视界望远镜"(EHT),天文学家在美国亚利桑那州开会,组成由30多个来自12个国家的大学、天文观测站等研究单位和政府机构参与的国际合作组织,我国是成员国之一。这是一次大型国际合作项目,全球200多位科学家中来自中国大陆的学者有16人,分别为上海天文台8人、云南天文台1人、高能物理研究所1人、南京大学2人、北京大学2人、中国科学技术大学1人、华中科技大学1人,还有几位我国台湾地区的学者。

EHT使用VLBI技术,可以给出射电源的图像,就像光学望远镜给出的照片一样。经过多年的努力,终于把位于南极、智利、墨西哥、美国、西班牙的8台亚毫米波射电望远镜组成了阵列,观测波长为1.3 mm。2017年4月首次进行为期10天的全球连线对M87和银河中心黑洞进行观测。这两个黑洞的视界对地球的张角最大,有利于观测。8台望远镜中,位于智利的ALMA由众多天线组成,接收面积非常大,它的加入使EHT的灵敏度提高了10倍。10天的观测,观测数据非常多,分析处理难度大,好在天文学家已有丰富的经验,只是要有比较大的研究队伍和花费比较长的时间。2019年4月公布了人类历史上第一张黑洞的照片——M87黑洞的射电图像,2021年3月公布了M87的偏振光图像(图4-36)。

图4-36   事件视界望远镜拍摄的M87超大质量黑洞偏振光下的照片,显示黑洞周围磁场的分布情况①

黑洞自身是不发光的,我们看到的光环来自黑洞视界外面的物质,并不来自黑洞本身,但黑洞的存在会在照片上留下"阴影"。由于黑洞超强引力的相对论效应,如光线弯曲、引力红移等,会导致黑洞周围物质发光的不对称和扭曲。黑洞外吸积盘的尘埃、气体、磁场、喷流等因素都会对事件视界外物质的发光产生影响。通过科学家的不断深入研究,未来我们对黑洞的了解将更加深入。

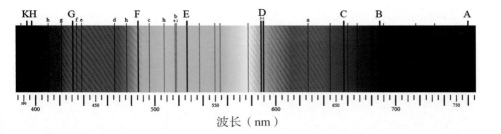

彩图 1 太阳的可见光光谱,图中暗线是夫琅禾费观测到的吸收线,代表太阳大气中不同的物质Ⓟ

彩图 2 2002年1月,SOHO拍摄的剧烈日冕爆发中的太阳Ⓝ

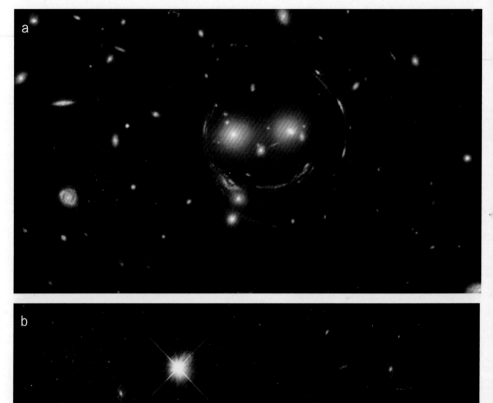

彩图3 引力透镜现象,哈勃空间望远镜拍下了各式各样的爱因斯坦环,a:笑脸 SDSS J1038+4849(2015),b:马蹄 LRG 3-757(2011)。在中心透镜天体的周围有一圈圆弧,这是透镜天体后方的辐射受透镜天体的引力场扭曲而形成的⑩⑥

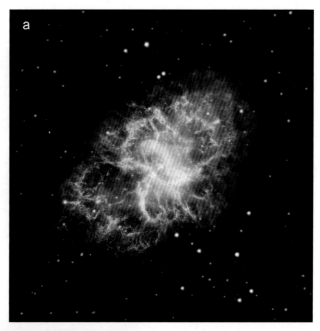

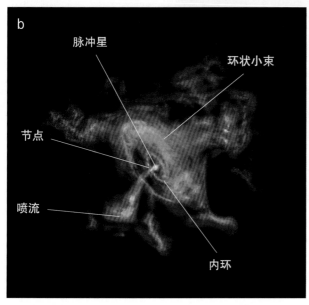

脉冲星

环状小束

节点

喷流

内环

彩图 4 a图为蟹状星云在各个波段下的综合图像,分别来自:甚大阵的射电观测(红色),斯皮策空间望远镜的红外线观测(黄色),哈勃空间望远镜的光学观测(绿色),XMM-牛顿的紫外线观测(蓝色),钱德拉 X 射线天文台的 X 射线观测(紫色)。b图为X 射线下的蟹状星云,揭示了脉冲星风云的结构,能清晰地看出有节点、环、喷流和环状小束等结构Ⓝ

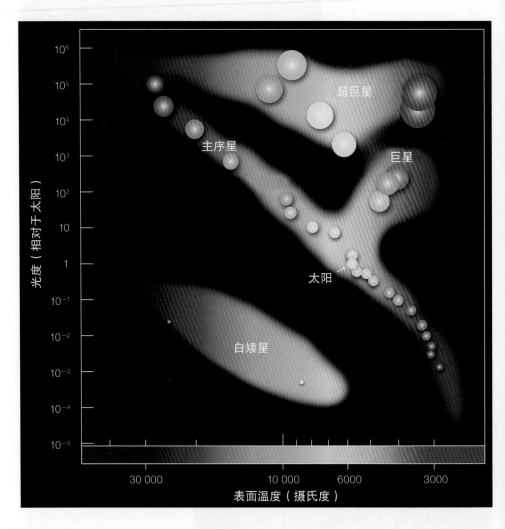

彩图 5 现代赫罗图,有白矮星、主序星、巨星、超巨星等区块,恒星的颜色和温度相对应◎

彩图 6 SN 1987A爆发后的超新星遗迹,有两个外环与珠链状内环结构Ⓝ

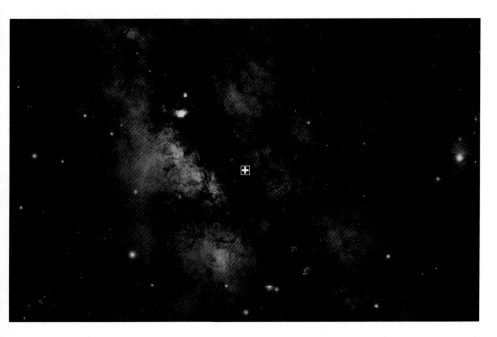

彩图 7 银河系光学图像,图中的十字标注银河系中心Sgr A*的位置,它处在一片漆黑中Ⓞ

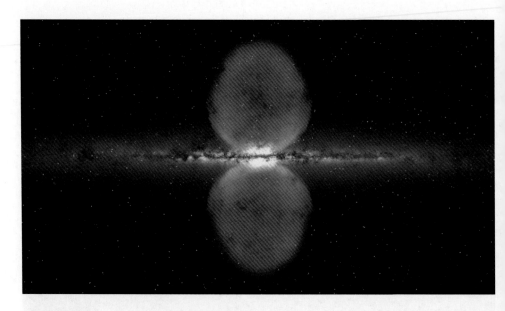

彩图 8 费米卫星在γ射线波段发现银河中心的费米气泡(艺术家概念图)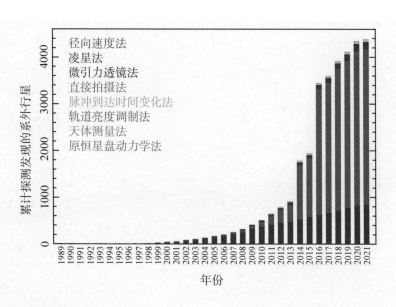

彩图 9 各年份累计发现的系外行星数量,不同颜色标注不同的方法,凌星法是目前发现系外行星最有效的方法

彩图 10 仙女座大星云(M31)的可见光和Hα谱线观测的合成图片Ⓦ

彩图 11 风车星系M101,是典型的漩涡星系,旋臂上的亮点不是恒星,而是一个个电离氢云Ⓝ

彩图 12 威尔金森宇宙微波背景辐射探测器9年的探测结果,不同颜色代表宇宙微波背景辐射的涨落

彩图 13 子弹星系团多波段合成图,粉色是钱德拉空间望远镜观测的 X 射线图像,整体背景是哈勃空间望远镜和巨麦哲伦望远镜的光学观测结果,而蓝色部分是根据引力透镜效应推测的物质分布,可以发现暗物质与可探测物质分离了

第五章

来自太空的"幽灵"

宇宙线和中微子

除了电磁辐射之外,天体还每时每刻都在发射宇宙高能粒子,如宇宙线和中微子。这二者带来新的天体信息,对它们的研究在 20 世纪形成重要的宇宙线天文学和中微子天文学。宇宙线和中微子还与粒子物理和核物理密切相关,观测宇宙线发现新粒子曾多次获得诺贝尔物理学奖,中微子天文学的研究则推动了粒子标准模型的完善和天体核反应的研究。这章将介绍三个诺贝尔物理学奖天文项目:赫斯发现宇宙线于 1936 年获奖;戴维斯和小柴昌俊分别发现太阳中微子和超新星中微子共同获得 2002 年奖项;梶田隆章和麦克唐纳分别发现大气中微子振荡和太阳中微子振荡共获 2015 年奖项。

一、赫斯发现宇宙线

1912年,奥地利物理学家赫斯发现了宇宙线。宇宙线来自地球之外,带来天体的信息,所以这个发现本质上是天文学的发现;宇宙线主要是高能粒子,又属于粒子物理学和核物理学研究的内容。发现宇宙线的时代是缺少粒子加速器的年代,宇宙线为粒子物理与核物理研究提供了当时唯一的高能粒子源,是当时研究高能微观粒子与物质相互作用规律的唯一工具。1932年,美国27岁的安德森在观测宇宙线实验中发现正电子。这是一项划时代的成就,人类找到了第一种反粒子。1936年,赫斯和安德森分享了当年的诺贝尔物理学奖。

20世纪60年代人造卫星上天以后,可以在外太空直接测量初级宇宙线的成分和能谱。此外,可以在高山观测站观测宇宙线与地球大气作用产生的次级粒子、高能X射线、γ射线,科学家们根据观测结果可以判断宇宙线进入地球大气时的方向和能量。宇宙线与高能天体物理及宇宙学之间关系密切,一直吸引着科学家们的关注。

1. 空气漏电之谜与宇宙线的发现

1785 年,法国物理学家库仑(Charles Coulomb)通过实验建立了"库仑定律",为电学理论奠定了基础。在实验过程中他发现,一个独自放在空气中的带电金属球会逐渐失去电荷。当时,人们已经知道空气是良好的绝缘体,是不导电的。那么,带电体上的电荷为什么会丢失呢? 这个现象被称为空气漏电,在此后一个多世纪里始终是物理学界的一个谜。

著名的物理学家卢瑟福也被这个问题所吸引。他在 1903 年发现,用无放射性金属屏蔽验电器后,漏电现象会变弱,因而空气漏电至少有一部分是某种穿透性很强的辐射导致的。他认为,这种辐射来自地壳中的放射性物质,应该随高度增加而减少。武尔夫(Theodor Wulf)在 1909 年带着验电器到了 300 m 高的埃菲尔铁塔塔顶,测量的大气电离率,只比地面略小一些,因此排除"辐射来自地壳中的放射性物质"这种可能性。

在 1909—1911 年期间,瑞士物理学家格克尔(Albert Geckle)携带一个武尔夫型验电器做了 3 次气球飞行。在一次飞行期间,格克尔在 4500 m 的海拔高度上观测到电离随高度上升而下降,但远比预期的小。在做了气压修正后,反而显示电离随海拔高度的提高有一些不明显的增加,而不是预期的减小! 他因此把相当一部分的大气电离归因于大气中放射性物质产生的 γ 射线。

1911 年,年仅 28 岁,刚获得博士学位不久的赫斯(图 5-1)对"空气漏电之谜"倍感兴趣,一心想解决这个难题。赫斯出生在奥地利,父亲是林业工人。他于 1910 年在格拉茨大学获得博士学位,之后在维也纳的物理研究所工作了一段时间,从事放射性领域的研究工作。他知道前人在这个课题上已经做了很多尝试和实验,他必须做得更加深入、细致和精确。首先,要判断究竟是不是地面放射性物质在作祟,他选用镭作为辐射源,让镭发射源与屏蔽的验电器之间的距离不断增加,漏电现象随之逐步减小,但是要彻底消除镭的影响,必须远离镭 500 m 以上。而前人在埃菲尔铁塔做实验,塔高才 300 m,所以不能排除地面放射性物质的影响。他决定要乘气球去高空探测,好在他是一位气球飞行运动的爱好者,轻车熟路。为了追根求源,他乘气球一直追踪到 5350 m 的高空,有很大的冒险性。

为了避免外部空气密度和湿度变化带来的影响,赫斯把实验放在密闭的电离室中进行。电离室是一种测量电磁辐射、粒子流强度或带电粒子能量的设备。荷电粒子或电磁辐射进入电离室后,便在气体中引起电离现象。在外壳和中心电极之间加有适当的电压,用来收集所产生的离子或电子。

赫斯一共制作了10只侦察气球,每只都装载有2—3台能同时工作的电离室。1911年,他乘坐携带高压电离室的气球到高空进行探测,气球升至1070 m高时,所测得的辐射与海平面差不多。1912年,他又进行了7次高空探测,测量发现在1400—2500 m之间,辐射明显超过海平面的值,到了海拔5000 m的高空,辐射强度竟然是地面的好几倍。

为了弄清楚这种辐射的起源是否与太阳有关,赫斯选择发生日全食的4月12日那天乘坐气球升空,在2—3 km的高度进行了测量,发现在日食期间所测得的电离度并没有减少,而且白天和夜间的测量结果也基本相同,因此赫斯断定这种辐射不是来源于太阳,而是来自太阳系外的宇宙空间。

赫斯的探测结果引起同行的高度重视。德国物理学家柯尔霍斯特(Werner Kolhörster)于1913年和1914年乘坐气球到高空去探测,他携带了性能更好的验电器,做了5次气球升空探测。最后一次升到了9300 m的海拔高度,在这个高度上测到的

图5-1 奥地利物理学家赫斯Ⓦ

电离比地面大了6倍,清楚地验证了赫斯的结果。图5-2左图是赫斯1912年的结果,右图则是柯尔霍斯特于1913年和1914年测得的结果。柯尔霍斯特的观测结果很重要,两年的探测结果很一致,完全可以用一条理论曲线来拟合。更重要的是,他的探测结果与赫斯的结果也比较一致。柯尔霍斯特的探测范围更广,结果更精确和可信,足以证明赫斯的探测结果是正确的。 人们把赫斯发现的辐射称为"赫斯辐射",后来密立根(Robert Millikan)把它命名为"宇宙射线",意即来自宇宙空间的高能粒子流,简称宇宙线。

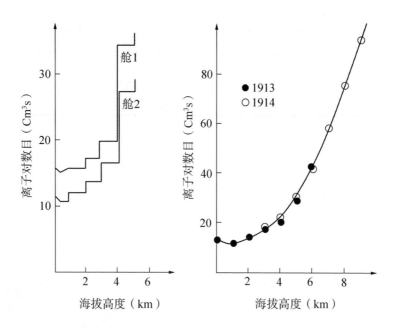

图5-2　气球探测得到的大气电离率随海拔高度的变化关系:左图是赫斯于1912年8月7日测得;右图是柯尔霍斯特于1913年和1914年测得Ⓦ

2.什么是宇宙线

　　宇宙线究竟是什么呢？有人猜测是频率极高的电磁波,有人认为是高能带电粒子,分歧很大。当时多数学者认为是频率极高的电磁波,代表人物是获得1923年诺贝尔物理学奖的密立根。他做了很多测量,如利用气球在16 000m以上的高空进行测量,还特意到加利福尼亚州群山中的缪尔湖和慈菇湖的不同深处做实验。这两个湖的水源都是雪水,可以避免放射性污染,而且它们相距较远,高度相差很小,仅2 m左右,既便于比较,又可以避免相互干扰。他得到的结论是:这些射线来自宇宙深处,是一种高频电磁辐射,频率远高于X射线,穿透力比最硬的γ射线还强许多;宇宙线来自四面八方,不受太阳和银河系磁场的影响,也不受大气层或地磁纬度的影响,所以宇宙线不是由带电粒子组成的。

　　认为宇宙线是带电粒子的代表人物是获得1927年诺贝尔物理学奖的康普顿(Arthur Compton)。他在1932年组织了6个远征队,到世界各地的高山、赤道附近低纬度区等进行宇宙线强度等方面的测量。康普顿本人主持了美国中西部的落基山脉以及欧洲南部的阿尔卑斯山脉、澳大利亚、新西兰、秘鲁和加拿大等地的两个远征队。综合各地的测量结果,他们发现,不同纬度处宇宙线强度有明显不同,纬度高的地方宇宙线比较强,明显存在纬度效应,说明宇宙线受到地球磁场的影响,因此确认宇宙线具有带电粒子的特征。

1932年12月底,美国物理学会召开会议,密立根和康普顿就宇宙线的本质问题分别讲述自己的观点,进行了激烈的争论。由于双方都宣称自己有实验为证,无法统一思想,但会议后大多数物理学家已经开始承认康普顿的观点。实际上,早在1927年,斯科别利岑(Dimitr Skobeltsyn)利用云雾室摄得宇宙线的径迹,发现其有微小偏转,已经证明宇宙线是带电粒子。

现在我们已经确认宇宙线是来自太空的高能粒子,进入地球大气前的称为初级宇宙线,而与地球大气反应产生的是次级宇宙线。初级宇宙线包括在源区产生的粒子流以及其在空间传播过程中的次级产物,携带着有关产生它们的天体、银河系和日地空间的物质特征和物理过程的信息,这些信息对天体物理学、高能物理学乃至环境科学等都很重要。要研究初级宇宙线的能谱、成分、丰度和来源,只能通过空间设备进行探测。次级宇宙线则可被地面设备探测,来用于反推出其源头的高能初级宇宙线。

目前已探测到的宇宙线能量从 10^6 eV 至 10^{20} eV,跨越了14个数量级。粒子流强跨越了30个数量级。图5-3是初级宇宙线全粒子能谱,从 10^{13} eV 到 10^{20} eV 的能谱曲线遵从幂律形式,随着能量的增加,粒子数迅速减小。这个能谱有几个拐点:在 10^{15} eV 左右,谱指数由-2.7变为-3.0,发生拐折,变得更陡,就像人的膝盖一样,取名为"膝区";在 10^{17} eV 左右又再次变陡,由-3.0变为-3.3,称为"第二膝";在 $10^{18.5}$ eV 以上的能区,谱指数由-3.3变回-2.6,能谱变平,称为"踝区"。在大约 10^{20} eV 时,超高能宇宙线会损失能量,形成截断。能谱的膝区、踝区和截断是天文学家和物理学家观测和理论研究的热点。

宇宙线中低能粒子很多,能量为 10^9 eV 时,每平方米每秒的粒子数高达 10^4 个;当粒子能量为 10^{12} eV 时,每平方米每秒的粒子数减少到只有1个;能量为 10^{16} eV 时,每年在 1 m² 面积上才能接收到几个粒子;当粒子能量为 $1×10^{20}$ eV 时,则需要100年才能在 1 km² 面积上检测到1个粒子。因此对极高能宇宙线粒子的探测非常

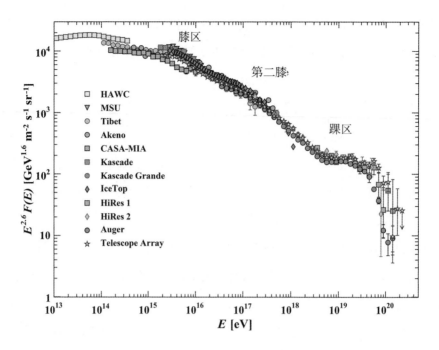

图5-3 宇宙线全粒子能谱❶

困难。对宇宙线有特殊意义的膝区、踝区和截断区无法进行空间观测,只能依靠地面高海拔观测站的间接探测。

空间探测已在 10^9 eV 和 10^{12} eV 能段精确地测量了由氢到镍的所有元素的丰度。图5-4展示初级宇宙线元素丰度分布。结果表明宇宙线的元素丰度与宇宙丰度的分布基本相似,都以氢和氦为主要成分。但在两个局部有显著的差异,第一个差异是宇宙线中的锂、铍、硼的丰度比宇宙丰度约大 10^6 倍,这是因为宇宙线中的重核与星际物质(碳、氮、氧)相互碰撞产生了次级产物;第二个差异是 Z=21—26 的元素丰度比宇宙丰度约大 10—100 倍,这可能是加速过程导致的。在较高的能区,宇宙线中的重核丰度有增加的趋势。在超高能区,主要依靠广延大气簇射的观测间接提供信息,研究结果不太统一,但氢原子核仍然占着相当大的比例。

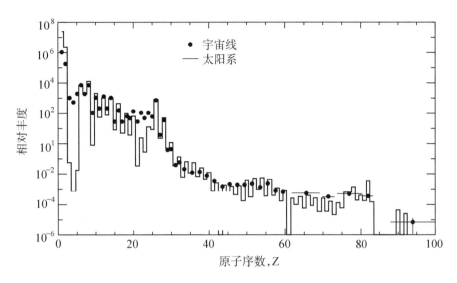

图 5-4　初级宇宙线各种成分的丰度（原子序数所对应的元素可查看门捷列夫元素周期表）①

3. 宇宙线的来源

宇宙线发现已经逾百年，但是宇宙线来自哪里的问题并没有弄清楚。宇宙线中绝大部分是带电粒子，由于星际磁场的存在，它们到达地球附近时已经失去了原先的方向，无法考察其生成的源区。宇宙线中有极少数的高能γ光子和中微子，它们不受星际磁场的影响，有可能追寻到产生它们的源区。总的来说，除了太阳外，宇宙线起源之谜一直没有解开。

如图 5-5 所示，科学家倾向于认为，宇宙线很可能起源于太阳、银河系和银河系外的各种高能天体或天体高能过程：能量小于 10^9 eV 的宇宙线可能起源于太阳和其他恒星表面的高能活动，流量最大，但能量最小；能量小于 10^{15} eV 的宇宙线可能起源于银河系中的超新星爆发、脉冲星、磁星、银心或黑洞有关的更剧烈的天体物理过程；更高能的宇宙线应起源于银河系外的，诸如类星体和活动星系核等天体的高能活动，流量非常小，但能量特别高。由于河外星系的空间密度很低，河外区域必须存在比银河系强大得多的宇宙线粒子源，才能解释观测到的极高能宇宙线粒子流。

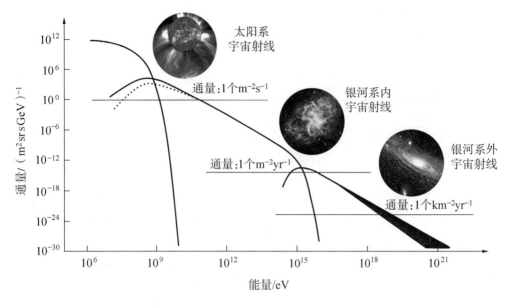

图 5-5　宇宙射线全粒子能谱图①

1）太阳是最先被确认的宇宙线来源天体

观测证实壮年的太阳是一个实实在在的宇宙线源。不过,太阳只有在其耀斑爆发和日冕物质抛射驱动的激波里才能把带电粒子加速到 10^6 eV 以上的高能,是个很弱且间歇式的低能宇宙线源。在太阳活动 11 年周期的极大年份,爆发日珥、耀斑、冕洞和日冕物质抛射这四种剧烈的太阳活动出现得比较频繁,它们都会向外抛射大量的带电粒子,形成太阳风暴。其射流速度可以达到 1000—2000 km/s,成分主要是质子、氦原子核和电子,有时也有中子,每立方厘米可含几十个质子。

太阳风暴会对地球产生比较明显的干扰。在太阳活动宁静的年份,日冕区会源源不断地喷发出粒子流,到达地球附近时速度约为 450 km/s,每立方厘米含质子数通常不超过 10 个,被称为宁静太阳风。由于粒子流中质子占大多数,天文学家称它们为太阳质子事件。太阳宇宙线中能量高于 $5×10^8$ eV 的质子能进入地球大气层,产生的次级粒子可以到达地面,发生的次数很少。粒子中能量低于 $5×10^8$ eV 的太阳质子称为低能太阳宇宙线。能量更低的事件只能通过卫星上的仪器观测,称为"卫星敏感事件"。目前记录到的太阳质子的最低能量约为 $3×10^5$ eV。几乎所有的太阳质子事件都同时记录到太阳电子,因此这类事件也被称为太阳电子–质子事件,也有不伴随质子的纯粹电子事件。

太阳风对地球磁场的挤压,导致在朝太阳方向的地球磁场形成一个包层。太阳风不能突破这个包层,只能绕它而过,形成了一个被太阳风包围的彗星状的区域,这就是地球磁层(图5-6)。朝着太阳一面的磁层顶离地心约8—11个地球半径,当太阳活动激烈时,则会被压缩到5—7个地球半径。背着太阳的一面,因太阳风不能对地磁场施以任何有效的压力,磁层在空间可以延伸到几百个甚至上千个地球半径以外,形成一个磁尾。

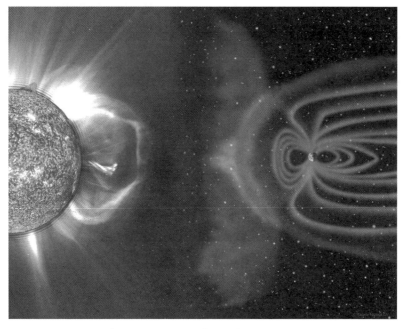

图5-6 太阳宇宙线与地磁场相互作用形成地球磁层Ⓝ&Ⓕ

20世纪90年代以来,太阳的空间观测有很大的发展。有两个卫星探测特别值得关注。1995年发射上天的美欧合作的"太阳和太阳风层探测器"(SOHO),可以对太阳进行每天24小时不间断的监测,重点观测对象是日冕物质抛射和耀斑事件。2006年发射上天的"日地关系观测台"(STEREO),由两颗携带相同观测设备的卫星组成,处在不同的位置,可以同时从不同侧面观测太阳,首次为人类展示太阳爆发现象的三维全景图像。

2）高能宇宙线可能来自超新星以及超新星遗迹

超新星爆发是银河系内最猛烈的高能现象。蟹状星云等超新星遗迹发射强烈的高度偏振的非热射电辐射，被认为是高能电子在磁场中的同步辐射。著名物理学家费米最先提出超新星是宇宙线的来源，他做了一个初步的估算，按银河系中每一百年产生一个超新星来估计，假定每个超新星爆发的能量有一部分以宇宙线的形式存在下来，这足以解释目前观测到的宇宙线流强。

宇宙线的观测发现，宇宙线中氢和氦的相对丰度较太阳系或银河系平均丰度小，表明宇宙线原子核可能来自恒星演化过程的晚期。宇宙线中重元素(Z>60)较多，它们可能产生于超新星爆发条件下的快中子过程（使质量数比较小的元素的原子核中的中子不断增加，成为丰中子同位素）。目前已经找到几个与丰中子同位素宇宙线相关联的超新星遗迹。

银河系宇宙线起源于超新星、中子星、黑洞或其他天体，看起来是合情合理的。但是，如何使不同的源发射的宇宙线结合成统一的幂律谱却是一个困难。费米在1949年首先提出的"宇宙线弥散源说"可以避开这个困难，他认为带电粒子通过与具有磁场的星际气体的随机碰撞可以得到加速。这种学说可以很好地解释银河系宇宙线的幂律谱，但是，费米机制要求粒子有初始加速过程，还要求有足够的能量供给星际介质中磁场的运动，这两个条件并不容易满足。对重原子核的加速来说，费米机制也不太有效，难以解释观测到的宇宙线丰度分布。后来的研究则倾向于把超新星爆发和费米机制结合起来，即超新星爆发遗迹的湍流和激波对粒子进行费米加速。X射线观测发现，超新星遗迹中至少在10^4年内有着强烈的激波。由超新星爆发等高能活动引起的较强烈的激波在星际空间高温稀薄气体中可能传播足够长的路程，因此可以有效地加速宇宙线粒子，而且可以产生幂律能谱。

4. 宇宙线的观测

初级宇宙线只能由地球大气之外的卫星、空间站和高空气球携带探测器进行探测。宇宙线中低能粒子很多，高能粒子很少。要探测数量非常少的高能粒子，仪器探测器的面积需要特别大,空间探测器无法携带大面积的探测器,因此对于超高能宇宙线($E \geqslant 10^{14}$ eV)的探测无能为力。好在地面探测设备可以间接获得超高能宇宙线的信息。

1) 气球、卫星和空间站进行直接探测

现代的科学气球比赫斯发现宇宙线时所用的气球有相当大的发展,已经成为开展多种科学探测的平台。气球飞得高,可达大气的顶层,接近外空;载重量大,最大达到3.6 t;飞行时间长,最长的纪录是41天22小时。科学气球探测宇宙线的项目不断推出,其中1997年美国的"宇宙线能谱和质量探测气球实验项目"(CREAM)最具有代表性。气球升到南极同温层上空,所携带的探测器能探测到能量为10^{12}—10^{15} eV范围的宇宙线,获得宇宙线粒子的能量、种类和计数。其中最重要的仪器是量能器,由钨板和闪烁体组成,共20层。为了提高灵敏度,在量能器上方放置两块厚度为9.5 cm的石墨靶,使得宇宙线粒子进入石墨靶后产生许多次级粒子,探测成果丰硕。

我国1977年开始筹划发展平流层高空气球和球载高能天文观测,到80年代研究建成"万立方米级高空气球技术系统",成为国际上少数几个能独立研制和发放高空科学气球的国家之一。至今,我国成功发放的气球最大体积已达40万立方米,最大负载约为1.5 t,最高升限为42 km,最长飞行时间为18小时。

1957年人造卫星的成功发射为日地空间宇宙线现象的研究开创了新纪元。不仅宇宙线探测专用卫星陆续上天,而且,天体物理项目的γ射线卫星或X射线卫星也都配备了宇宙线探测器。国际空间站(ISS)被科学家们誉为"超级飞行实验室",是人类历史上前所未有的最优越、最宽敞的空间实验室,已有多项宇宙线探测设备在这里安家落户,探测项目包括宇宙线的成分、丰度和能谱。

宇宙线中还含有少部分的反物质(如正电子和反质子)以及电子宇宙线,对它们的研究可能可以揭示宇宙中暗物质(将在第七章中进行详细介绍)的存在。

宇宙微波背景辐射的观测和理论研究表明,宇宙中存在比可观测的物质多得多的暗物质。它们很暗,人们根本看不到暗物质发射的辐射,亦看不到它们辐射其他粒子。实验和理论都证明,正反粒子相互碰撞,将会湮灭,转变为正负电子。

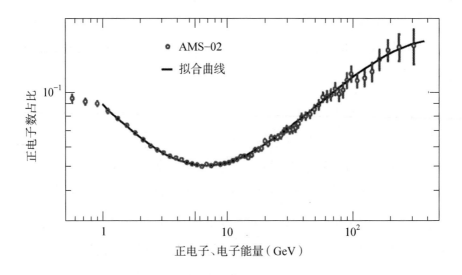

图 5-7   正电子占正负电子总数的比值随正电子能量的变化曲线①

而暗物质粒子的反粒子就是它们本身。因此暗物质粒子的碰撞会发生湮灭,产生正负电子,所以探测电子宇宙线变得非常重要。

2006 年上天的"反物质探测和轻核天体物理载荷探测器"(PAMELA)携带了人类第一个空间磁谱仪探测器,主要目标是寻找暗物质和宇宙线粒子。由华裔诺贝尔物理学奖获得者丁肇中领导研制的阿尔法磁谱仪(AMS-02),耗资近 20 亿美元,主要任务是为了寻找反物质、暗物质和宇宙线的来源。这台磁谱仪 2011 年由"奋进号"航天飞机送到了国际空间站。在 2011 年 5 月至 2012 年 12 月期间,从观测数据中分析出 250 亿个初级宇宙线事件,其中有 680 万个是电子和正电子(图5-7)。正电子超过 40 万个,既是反物质,又可能成为暗物质存在的证据。另外还发现了弱相互作用大质量粒子(WIMP)存在的证据,WIMP 就是一种暗物质的候选体。

我国紫金山天文台与美国的南极长周期气球项目"ATIC"合作进行宇宙线中电子成分的探测。发现了"电子超"现象。2015 年 12 月我国发射"暗物质粒子探测卫星"(DAMPE)上天,继续探测"电子超"现象,获得重要结果。

2) 宇宙线地面观测

物理学的理论和实验告诉我们,高能 γ 光子可以产生正负电子对,正负电子对的湮灭可以产生高能光子。所以一个原初粒子可以产生许多下一代粒子和光子，只要次级粒子的能量足够高，就会继续上述过程，直到放出的电子、正电子及光子能量低到被物质吸收为止。如图5-8，地球大气就像一个高效的高能带电粒子和γ光子数目的放大器，初级宇宙线与大气碰撞后可以产生许许多多次级粒子和光子，形成簇射，就像引发一场粒子和光子的阵雨，这就是广延大气簇射现象。初级宇宙线能量越高，簇射产生的次级粒子越多、辐射越强。一个能量为 10^{17} eV 的粒子，可以转换为一亿个能量为 10^9 eV 的次级粒子。它们从天而降，散落在几十米到几千米区域的地面上。广延大气簇射所产生的各种粒子（μ子、质子、中子和π介子等强作用粒子，以及中微子、电子和正电子），其分布随离地面的高度而变化，17 km 以上的大气层中是核子，高度为 5—17 km 的大气层中是正、负电子和光子，5 km 以下是次级粒子衰变过程所产生的高能 μ 子。科学家可以通过对这些次级粒子进行观测，间接得到超高能宇宙线粒子和γ光子的信息。

对次级粒子的观测原理是把高能粒子的能量转换为可记录的电信号或者光信号，常用的设备有闪烁计数器、正比计数器、火花室、电离室等。值得一提的是，由于宇宙线产生的很多次级粒子速度极快，往往会超过光在大气中的相速度，在

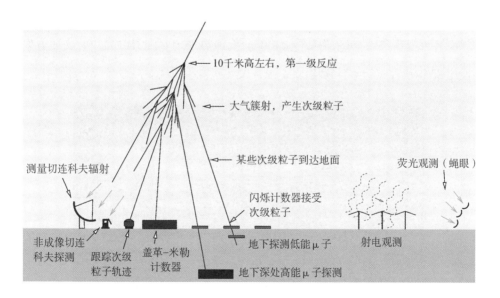

图5-8 由宇宙线粒子或γ射线光子引起的广延大气簇射及高山观测站的接收设备示意图①

行进的方向上发射大量蓝色的切连科夫辐射光子。通过这个原理设计的切连科夫望远镜成为宇宙线地面观测的常用设备。高速行进的粒子还会激发大气中的原子发出各向同性的荧光,也可以用于宇宙线地面观测。对于不同能量的宇宙线的探测,要求阵列所覆盖的面积很不相同。宇宙线粒子的能量越高,数目就越少,所需要的探测面积就越大。

世界上最大的宇宙线天文台是1995年组建的大型国际合作项目皮埃尔·俄歇天文台(PAO),以最先发现广延大气簇射现象的法国物理学家俄歇(Pierre Auger)的名字命名,总占地3000 km²。这是因为,其重点是探测能量超过 10^{19} eV的宇宙线粒子。对于这种非常罕见的宇宙线粒子,只有"编织"一张巨大的"网"才可能捕捉到。

一个设备齐全的宇宙线观测站都会配备大量的粒子探测器、多台切连科夫望远镜和接收荧光的望远镜。为了探测到达高山观测站的次级宇宙线,需要组成多点取样的或地毯式的探测阵列,以测定簇射的到达方向、粒子密度分布、粒子总数和原初能量。下面再介绍几个比较有特色的宇宙线地面观测站。

① 中国西藏羊八井和四川拉索宇宙线观测站

目前世界上的宇宙线观测站很多,我国西藏羊八井宇宙线观测站便是其中之一。这里的观测条件很好,海拔达4300 m,但地势平坦宽阔,气候温和,交通方便。20世纪80年代和90年代分别建立了中日大气簇射宇宙线观测设备(ASγ)和中意合

图5-9　我国羊八井观测站鸟瞰图:正面是ASγ,右侧大厅是ARGO①

作宇宙线观测设备(ARGO)。图5-9中像"蜂箱"一样的排列整齐的探测器阵列是ASγ,共有779个0.5 m²的闪烁体探测器,分布在4万平方米的土地上。图的右上部的"大厂房"里是ARGO,由紧密排列的1848个面积4.3 m²的高阻平板室组成探测宇宙线簇射的阵列,探测器总面积6700 m²。把传统的多点取样发展为全覆盖地毯式安装结构,不仅大大提高探测灵敏度,还能把簇射粒子"一网打尽"。羊八井宇宙线观测站的观测成果很多,观测到很多宇宙线簇射事件,其中有最先观测到最高能的γ光子。观测设备曾进行了一次升级。由于规模不太大,被其他国家后建的宇宙线观测站超越,未能起到领头羊的作用。

面对21世纪的国际竞争,我国已在海拔4410 m的四川稻城海子山的"拉索"建造一座高海拔宇宙线观测站(LHAASO,图5-10)。这是中国第三代高海拔宇宙线实验室,观测设备先进、庞大、齐全,已于2017年开始建设,2021年全部建成后拥有四大探测器阵列:由5195个探测器组成的电磁粒子探测器阵列(ED);1171个探测器组成的μ子探测器阵列(MD);3000个探测器单元组成的水切连科夫探测器阵列(WCDA);12台广角切连科夫望远镜阵列(WFCTA)。前三个阵列主要用于

图5-10 LHAASO 效果图及其三个阵列①

探测能量稍高的宇宙线、甚高能 γ 射线,后者将开展宇宙线能谱的高精度测量。通过这四种探测器阵列互相配合、优势互补的复合测量,将在超高能 γ 射线探测灵敏度、甚高能 γ 射线巡天普查灵敏度、宇宙线能谱覆盖范围和宇宙线成分识别的精确度等方面均达到国际领先水平,可以在 γ 射线暴高能辐射探测、银河系外耀变源探测与观测、银河系内 γ 射线源的深度观测等方面与国际同类实验展开合作研究。LHAASO 具有低阈能、大探测面积、大视场和全天候等优势,全面建成后将是国际上宇宙线能谱和各向异性测量方面最灵敏的装置。

2020 年,用部分已经建成的设备进行观测就有重大发现。在 11 个月的观测数据中发现了能量为 1.4×10^{15} eV 的 γ 光子,来自天鹅座内非常活跃的恒星形成区。还发现 12 个稳定 γ 射线源,它们能量一直延伸到 10^{15} eV 附近,测到的 γ 光子信号高于周围背景 7 倍标准偏差以上,表明观测结果可信,源的位置测量精度优于 $0.3°$。这次观测积累的数据还很有限,但所有能被 LHAASO 观测到的源,它们都具有能量 10^{14} eV 以上的 γ 射线辐射,也叫"超高能 γ 辐射"。这表明银河系内到处都有能把高能粒子加速到 10^{15} eV 的加速器。流行的理论认为银河系中的 γ 光子存在能量极限,因此人们相信 γ 射线能谱在 10^{14} eV 以上会有"截断"现象。但是 LHAASO 的观测完全突破了这个"极限",没有发现截断。这一观测发现将开启"超高能 γ 天文学"的新时代。这一重大发现已在英国《自然》上公布。

② H.E.S.S. II

世界上有很多探测切连科夫辐射的望远镜和阵列,最有名的是以宇宙线发现者赫斯名字命名的切连科夫望远镜阵列(H.E.S.S. II,图 5-11),这个当今最强大的高能立体望远镜阵列,位于纳米比亚首都温得和克西南 100 km 海拔 1800 m 的地方。H.E.S.S. II 由 4 架口径为 12 m 的反射镜和一架口径 28 m 的碟形天线组成,排列在 120 m 见方的地面上,成像视场为 5°,配有高速相机用于记录切连科夫辐射光子。能量范围为 10^{11}—10^{14} eV,角分辨率可达几角分。通过几台反射镜以略微不同的角度观测同一事件,获得的数据可以提供大气簇射的多重立体影像,并可以通过一定的理论模型推算出入射宇宙射线的能量和方向。

图5-11 高能立体望远镜系统Ⅱ（H.E.S.S.Ⅱ）ⓦ

③ 蝇眼

美国1976年在犹他州建成接收大气荧光的设备蝇眼，由67个反射镜单元组成，在每个反射镜的焦平面上安装着一个由12只或者14只光电倍增管组成的组件。每个光电倍增管像苍蝇的一个单眼，整个探测器便成为一个复眼，因此取名蝇眼。因为用两个类似的复眼观测便可以立体成像，后来又给这个系统增添了第二只眼，称为蝇眼Ⅱ，由36个反射镜单元构成，只覆盖半个夜空。当簇射发生时，蝇眼能够探测大气中氮分子所发出的荧光。镜面会把紫外荧光聚焦到光电倍增管，从而记录下在大气中快速运动的簇射形式，抵达时间的探测精度达$5×10^{-8}$s。蝇眼能给出宇宙线的到达方向、簇射能量，以及簇射极大时的位置。1991年10月15日，一个超高能粒子引发的荧光在黑暗的夜空中画出一道光芒，山头上的蝇眼记录下了这个不寻常的事件，这个超高能宇宙射线粒子的能量达到令人吃惊的$3×10^{20}$ eV，极其罕见，令科学家欢欣鼓舞。

蝇眼于1992年拆除改建，升级为高分辨率蝇眼（HiRes），新的方案仍然坚持蝇眼Ⅰ和蝇眼Ⅱ立体观测的成功技术，但探测器的收集面积增加了很多，能捕获到更远的簇射发出的微弱荧光。两个站址的距离从原来的3 km增加到12.6 km，因此灵敏度和分辨率都提高了。

　　宇宙线的发现是人类科学史上的一大里程碑,既把人们的视界扩到了粒子层次的微观世界,又把无限大的宇观世界与非常微小的粒子世界联系起来。自20世纪30年代起的20多年间,物理学家使用威尔逊云雾室、电子灵敏核乳胶和GM计数器探测宇宙线,连续发现了正电子、μ子、π介子、K介子、Λ超子、Σ超子等基本粒子,开创了粒子物理学,也促进了更强大的粒子加速器的发展。粒子物理的发展也大大促进了天文学的发展,大爆炸宇宙学、元素合成、恒星演化等研究都离不开粒子物理学。天文学家观测宇宙线,追踪宇宙线的来源和传播路径,以及探究产生宇宙线的天体和天体物理过程,使宇宙线成为天体物理学研究的重点课题之一。

二、发现来自地球外的中微子

太阳、恒星、星系以及宇宙诞生时的大爆炸都会产生大量中微子,成为破译宇宙起源与演化密码最重要的"钥匙"。科学家们最先探测到来自太阳和超新星的中微子,开创了中微子天文学。主要发现者戴维斯和小柴昌俊荣获了2002年诺贝尔物理学奖。微波背景辐射只能让我们看到宇宙大爆炸后38万年的情形,而中微子天文学则能让我们一窥宇宙诞生后数秒时的奇妙景象。人类已经认识了中微子的许多性质,包括其运动、变化规律,但是仍有许多谜团尚未解开。中微子仍然是天体物理、粒子物理和核物理学界共同关注的热点研究课题。

1. 中微子的预言

世间的一切物质都是由原子组成,原子是由原子核和核外电子组成,原子核是由质子和中子组成的,这些知识已经非常普及了,但真实世界远没有这么简单。除了电子、质子和中子这3种微观粒子外,后来又发现了种类繁多的粒子,中微子就是其中一种重要的微观粒子。

19世纪末,科学家发现,放射性元素铀、钍和镭会发射α、β、γ三种射线。把实验装置放在电场中(图5-12),这三种射线中γ射线不偏转,确认是波长比X射线还要短的高能γ光子。α射线和β射线偏转,但方向相反,分别被确认为带正电的氦原子核和带负电的电子。后来,人们把相应的发出这三种射线的衰变过程命名为α衰变、β衰变和γ衰变。β衰变有两种,一种是质子放出正电子变为中子,称正β衰变(β^+);另一种是中子放出电子变为质子,称逆β衰变(β^-)。根据物理定律,无论初始反应物的总能量和动量是多少,最终产物的总能量和动量应保持不变,也就是遵从能量守恒和动量守恒定律。α衰变和γ衰变一直都遵循这个定律,但β衰变中的能量总是明显地少了一些。

这对物理学是一个很大的冲击,能量守恒和动量守恒定律究竟是不是普适定律? 1922年诺贝尔物理学奖得主、著名物理学家玻尔动摇了,他在1930年的一次演说中谈道:"无论如何,在原子理论的现阶段,我们可以说,不论在经验上或理论上,可以迫使我们放弃能量守恒的绝对观念。"这也代表了部分物理学家的看法。

年仅30岁的奥地利物理学家泡利不同意玻尔的看法。在当时的物理学界,泡利是最有名的天才之一,18岁成了当时屈指可数的广义相对论专家,21岁获得了慕尼黑大学的博士学位,25岁提出著名的"泡利不相容原理",并因此在20年后的1945年获得诺贝尔物理学奖。但是面对玻尔这样的大权威,泡利还只是小字辈。他没敢写出论文去发表,而是采取了一个巧妙的办法低调地公布自己的看法。1930年12月4日,在德国图宾根市有一个物理学术会议。泡利没有去参加,但让朋

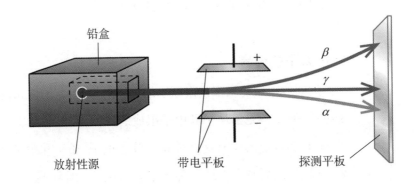

图5-12 放射性物质衰变实验①

友在会上宣读他的一封信,信中说,"β衰变过程中的能量丢失可以用一个新的粒子来解释"。也就是说,中子衰变后,除了质子和电子,还有第三个粒子被制造出来(图5-13)。这种新粒子就是后来被费米取名并加进了他的β衰变理论里的"中微子"。

泡利预言的中微子很神奇:中微子不带电,质量几乎为零。中微子既没有电

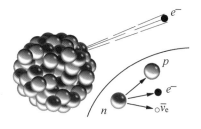

图5-13 逆β衰变(β⁻)图解:中子(n)衰变为质子(p)的同时放出一个电子(e⁻)和一个反电中微子($\bar{\nu}_e$)⑩

磁相互作用,也没有像质子和中子那样的强相互作用,所以中微子几乎不与其他物质相互作用,以近乎光速飞行,可以穿过它所遇到的一切物体。中微子如幽灵一般,不但神秘而且孤僻,不可探测。中微子成为一个谜,它是否真的存在?它能不能被探测到?有几种中微子?它有没有质量?众多的谜题无法回答。泡利曾自嘲地说:"我犯了一个物理学家所能犯下的最愚蠢的错误,竟然预言了一种实验室里永远也探测不到的粒子。"

2. 中微子的探测和发现

泡利预言中微子的存在以后,虽然很快得到学界认可,但普遍认为中微子与物质的相互作用极其微弱,无法通过实验对中微子进行观测。如何探测这种不带电、能量极高、质量极其微小的中微子成为一个大难题。理论计算表明中微子与物质相互作用截面特别小,仅为10^{-34} cm²,大约100亿个中微子才能发生一次与物质作用,因此极难探测。科学家花了26年的时间,直到1956年才探测到它的真实存在。在这之后的60多年中微子研究有很大的进展,但是似乎每到一个重要关头,都要花很长的时间来设计并建造新的实验设备,才能有新的发现。

1)间接探测中微子

我国物理学家王淦昌1942年在美国《物理评论》(*Physical Review*)期刊发表《关于探测中微子的一个建议》(A Suggestion on the Detection of Neutrino)的论文,提出一个间接检测中微子方法。按照核反应理论,铍的同位素核$^7_4$Be俘获一个最内层电子后,原子核中的一个质子变为中子而变成锂($^7_3$Li),这时放出一个中微子,也

就是核内的质子发生了β衰变。对生成物$_3^7$Li的反冲动量和能量进行测量,就可以判断是否产生了中微子。当时,国内没有条件做这样的实验,美国物理学家艾伦(James Allen)用王淦昌的方法做了实验,获得成功,间接地证实了中微子的存在。艾伦的论文也发表在《物理评论》上,题目是"一个中微子存在的实验证据",引言中明确说明是按照王淦昌的论文所提出的建议完成这一实验的。1952年戴维斯用这个方法再次实验,同样证实了中微子的存在。艾伦和戴维斯间接地证明中微子的存在,在物理学界引起很大的反响。

2) 中微子的探测发现

20世纪50年代初期,核物理学家莱因斯(Frederick Reines)正领导在太平洋测试核武器的项目,他很想同时研究一些基本的物理学问题。他知道,中微子和其他粒子发生作用的概率为百亿分之一,微乎其微,非常难探测。但是,核爆或者核反应堆都可以产生数目极大的反中微子,还是有可能探测到的。莱因斯和同事考恩(Clyde Cowan)合作,精心设计了一个捕捉中微子与质子发生相互作用的装置——由光电倍增管采集中微子与质子相碰后发出的闪光。

1953年,他们把含有300 L液体的中微子探测器安置在华盛顿州汉福德的大型裂变反应堆厂房附近,很快就探测到反应堆发出的反电中微子,但是混杂其中的噪声非常大。尽管探测器的防护层可以屏蔽来自反应堆的中子及γ射线,但是它却不能阻挡来自太空的宇宙线。过了一年,他们研制了一台新的具有三层堆叠式结构的探测器,可以清晰地区分中微子信号与宇宙射线背景信号。1955年末,这个新研制的探测器被安置在南卡罗来纳州萨凡纳河核电厂的强大裂变反应堆附近。经过5个月的探测和数据分析,1956年6月,终于获得反电中微子的确切信号。他们立即给预言中微子存在的泡利拍了一份电报,告诉他,已经确定无疑地探测到了中微子。

根据基本粒子标准模型,除电中微子之外,还应存在μ中微子和τ中微子,分别与μ子和τ子对应。电子、μ子和τ子都属于轻子,但质量和寿命有很大的不同。μ子的质量为电子的206.77倍,平均寿命是2.197 μs。τ子的质量是质子的1.8倍,寿命极其短暂,半衰期为2.9×10^{-13} s。而电子是稳定不衰变的。

1962年,美国物理学家莱德曼(Leon Lederman)、施瓦茨(Melvin Schwartz)和施泰因贝格尔(Jack Steinberger)用加速器产生的高能质子轰击铍靶,在后续反应中发现产生了μ中微子。1997年,以日本名古屋大学丹羽公雄教授为中心的日、美、韩、希等国的54人组成国际科研小组,利用美国费米实验室的加速器和"τ中微子直接观测器",经过3年的合作研究,终于在600多万个粒子轨迹中鉴定出四个τ子存在和衰变的痕迹,发现了τ中微子。

至此,物理学家理论研究认为可能有的三种类型的中微子都找到了,粒子物理的标准模型算是有了比较满意的结果。中微子的研究开创了中微子物理学,从预言到发现都是物理学家的贡献。但是,这场粒子物理学的革命很快就燃烧到天文学领域,中微子天文学的创立和发展成为必然。

3. 太阳中微子天文学的兴起

宇宙中有很多强大的中微子源,无时无刻不在发射中微子,太阳就是一个巨大的中微子源,但是探测太阳中微子却不容易。戴维斯数十年坚持不懈,观测到来自太阳的中微子,成为太阳中微子天文学的开端。

1) 太阳是巨大的中微子源

太阳和恒星的能量来源于氢聚变为氦的核反应,而质子-质子反应和碳氮氧循环都是由四个质子和两个电子聚变为氦核的反应,会在发出能量的同时发射两个中微子。因此太阳在辐射电磁波的同时,也不断地发射中微子。计算可知,太阳每秒钟要消耗5.6亿吨氢,释放1.8×10^{38}个中微子,也就是每秒要释放180万亿亿亿亿亿个中微子。大量的中微子从太阳内部产生以后就浩浩荡荡、畅行无阻地射向四面八方。地球表面每平方厘米的面积上,每秒钟就会遭受到几百亿个太阳中微子的轰击。长期以来,人们只能根据观测太阳表层的电磁辐射来推测太阳内部的状况。中微子给人们带来了有关太阳内部状况的宝贵信息。探测太阳中微子成为科学家们梦寐以求的研究目标,是检验太阳辐射理论模型的重要研究课题。

一种微观粒子是否容易探测,取决于它与探测器发生相互作用的难易程度。

质子带正电,电子带负电,都能与探测器发生电磁相互作用,所以很容易探测。中子不带电,就很难探测。好在中子的质量较大,可以用中子轰击原子核,通过研究核反应的生成物间接地判断中子的存在。中微子就不一样了。它不仅不带电,自身质量也几乎为零,轰不动原子核,很难与物质发生反应。几百亿个中微子穿过我们的身体,而我们却一无所知,也没有造成伤害,这就是其中的原因。虽然我们一生都处在中微子洪流中,却可能连一个中微子也没有和我们的身体中的原子核发生作用。中微子既然能够穿透整个太阳,穿透地球,穿透整整一光年厚的铅,当然也会很容易穿透我们的探测器。来到地球的太阳中微子虽然极多,但是却很难探测,这需要全面改进我们的实验技术。

对于小概率事件的探测,唯一可行的办法是尽可能研制大尺度的探测器,如果探测器中有几万亿个探测物质的原子核,那么总是有极少数能与中微子发生作用的。用于探测的物质最好与中微子反应后的生成物是放射性元素,这样便于探测到生成物,以确认探测到中微子。再就是探测物质的用量非常之大,因此价格必须比较便宜,研究经费才能承受。

意大利物理学家庞蒂科夫(Bruno Pontecorvo)作为中微子物理学领域教父级的人物,推荐了几种探测物质,其中最重要的是一种氯的同位素^{37}Cl,它与电中微子反应后会生成氩的同位素^{37}Ar,同时放出一个电子:

$$\nu_e + {}^{37}\text{Cl} \xrightarrow{\text{捕获}} {}^{37}\text{Ar} + e^-. \tag{式5.1}$$

^{37}Ar是放射性元素,半衰期约为35天。科学家可以观测产生的氩来窥见是否有中微子参与反应。

2) 戴维斯探测太阳中微子

美国科学家戴维斯(图5-14)是20世纪50年代唯一敢于探测太阳中微子的科学家。戴维斯1914年出生在华盛顿特区,1938年获得马里兰大学化学学士学位,该学位隶属于马里兰大学计算机、数学和自然科学学院。1942年,他获得了耶鲁大学物理化学硕士学位和博士学位。二战期间,他大部分时间都在犹他州的杜格威试验场观察化学武器试验的结果,并在大盐湖盆地寻找其前身邦纳维尔湖的证据。1946年退伍后,戴维斯前往位于俄亥俄州迈阿密斯堡的孟山都公司土丘实验室工作,从事美国原子能委员会感兴趣的应用放射化学研究。1948年,他加入致力于和平利用核能的布鲁克海文国家实验室,成为著名的化学家和物理学家。后来由于从事探测太阳中微子的研究,领导了1960—1980年霍姆斯特克中微子探测实验,成为中微子天文学的开山鼻祖。

　　然而,戴维斯进行的人类历史上第一次探测太阳中微子实验就遭遇失败。他研制了一台中微子探测器,用3800 L常温常压下是液体的四氯化碳(CCl$_4$)作为探测物质,放置在地下5 m左右的地方。结果很不理想,只能给出太阳中微子数目的一个上限值。这个上限值比理论预期值高出几个数量级。据此写出的论文遭到审稿人的拒绝,并给出尖刻的评论:"像这样的精度差几个数量级的估计,毫无意义。就好比站在山顶上,用自己的手去碰月球,然后得出结论说,月球比自己的手能碰到的地方更高。"虽然受到羞辱般的评语,戴维斯没有后退,而是下定更大的决心。他客观地总结出自己失败的两点原因:一是探测器的探测物质太少;二是探测器离离地面太近,干扰太大。

　　戴维斯做了改进:一是把实验装置放在南达科他州一个将近1500 m深的地下废弃金矿中,远离地面,避免干扰;二是把探测器做得非常大,特制了一个很大的钢罐子,里面装着615 t四氯乙烯(C$_2$Cl$_4$)液体,探测物质较上次增加了100倍以上。他认为,只有大量增加探测器物质和进行足够长时间的探测,才有可能探测到太阳中微子。用化学提纯的方法把生成物氩^{37}Ar提取出来,从而得知有多少中微子参加反应。

　　要从615 t液体中提取如此少的氩原子,真好比在大海里捞针,困难得很,但只要细心总是能做到的。在漫长的岁月中,他和合作者就在地下1500 m深的矿井中工作,守候着大量太阳中微子中的个别幸运者,等待它们与探测器的氯原子核反应生成可以作为太阳中微子象征的放射性氩元素,小心翼翼地把

图5-14　美国天文学家戴维斯❶

它们提取出来。就这样日复一日地默默工作了30年,戴维斯终于取得了成功,总共探测到大约2000多个太阳中微子,平均每个月才探测到几个。科学家不仅要有高超的学问和尖端的技术,还要耐得住平凡的检测工作和静静等待的寂寞。戴维斯的团组成功了,宣告了太阳中微子天文学的诞生。

2002年,戴维斯因为率先开拓宇宙中微子的探测成就,与探测到超新星SN 1987A发射的中微子的日本科学家小柴昌俊分享了该年度的诺贝尔物理学奖,这时他已经88岁高龄,是当时历史上最年长的获奖者。

4. 小柴昌俊发现来自超新星的中微子

日本著名物理学家和天文学家小柴昌俊(图5-15)1926年出生,1951年毕业于东京大学,1955年在纽约罗切斯特大学获得物理学博士学位。1963年3月在东京大学任物理系副教授,1970年3月升任教授,1987年成为终身荣誉教授。

1) 质子衰变与神冈探测器

20世纪80年代,物理学的大统一理论的研究很红火。大统一理论认为强、弱、电磁三种相互作用在非常高的能量下会成为同一种相互作用。同时预言,质子有可能衰变,但寿命非常长,可以长达10^{30}年以上。还预言,质子衰变最可能产生一个正电子及一个电中性的π介子,或者衰变成正电子、中微子以及光子。产生的正电子与π介子都具有相对较高的能量,并且

图5-15　日本天文学家小柴昌俊Ⓦ

它们在产生后朝相反的方向飞出。这个衰变方式可以在实验中产生一个较易辨认的信号。

大统一理论给出的质子寿命长达10^{30}年以上,而宇宙的年龄也不过10^{10}年,我们怎么能够探测到质子的衰变?实际上,质子的寿命指的是其半衰期,意思是样品中所有的质子衰变掉一半所需的时间,而非所有质子在10^{30}年时同时衰变。因

此，如果我们监测的物质有10^{30}个质子，那么在一年中就可能探测到一个质子衰变。1 L的水含有超过10^{25}个水分子，其中每个水分子包含两个氢原子，氢原子中一个质子被一个电子围绕。有足够量的水，就有可能探测到质子衰变。

根据这个原理，小柴昌俊和我国物理学家唐孝威提出中日合作共建大型水切连科夫探测装置探测质子衰变的合作方案。中方负责在中国找山洞或深洞做实验室，及提供3000 t至5000 t纯水；日本负责提供用于切连科夫探测装置的1000个光电倍增管及相关的电子设备，在中国开展实验。可是，这一合作计划没有获得上级部门批准，遗憾作罢。小柴昌俊回国后，只能自己干。

日本没有高山，他只好在神冈町找了一个废弃的砷矿井作为实验室，环境非常差，污染严重。小柴昌俊研制了一台水切连科夫探测器，于1982年建成，最初名为神冈质子衰变探测器（简称神冈探测器）。探测器主体是一个很大的水池，其中注入2140 t纯水，在水池中安置了948只光电倍增管，以便把切连科夫蓝光记录下来。神冈探测器的水池中大约有10^{33}个质子，足够多了。如果有质子衰变，产生的正电子和中性π介子都具有非常高的速度，是能够被发现并记录下来的。

为了监测质子的衰变，还需要尽量排除其他背景信号的干扰。在千米深的矿井中，完全可以避免各种宇宙线粒子对测量带来干扰。但是，μ子有可能到达很深的地下，还有中微子几乎不可能屏蔽。虽然无法避免中微子的干扰，但是还是可以将它们产生的信号与质子衰变的信号区分开来，从而将其剔除掉。其他的干扰主要来自无法彻底屏蔽的天然放射性现象。不过，来自放射性原子核的辐射一般比较容易辨别，因为它们产生的能量往往不到质子衰变所释放能量的百分之一。

神冈探测器建成后，小柴昌俊把研究重点放在探测质子衰变上。但在神冈探测器运行期间，一个质子衰变事件都没发现。这个零结果意味着，质子的寿命比大统一理论中最流行的模型所估计的10^{30}年要长得多，其下限为1.7×10^{32}年。2017年，升级后的超级神冈探测器已经将质子衰变的寿命下限提高到1.6×10^{34}年。在这之前，其他类型的大统一理论也相继被提出，其中有一个给出长达10^{35}年的质子寿命，比实验给出下限值长很多。新的理论模型仍需实验的进一步检验。

2) 超新星SN 1987A中微子的探测

神冈探测器的最初科学目标是探测质子衰变,中微子探测只能说是它的"副产品"。当中微子进入探测器的水中,有极少数会与氢原子核或者电子发生碰撞,即发生散射。中微子与电子反应的生成物仍然是中微子和电子,但是中微子的能量传递给电子,电子的能量增大,速度变快。由于光在水中的传播速度仅为在真空中传播速度的75%,所以高能电子的速度比较容易超过光在水中的速度而成为切连科夫光子,发出蓝色的光,被光电倍增管接收到。神冈探测器不仅能发现中微子,还能辨别中微子的入射方向。

1987年,近邻星系大麦哲伦云爆发了一颗超新星。经过与老照片对比,确认是一颗视星等为12等的蓝超巨星爆发,变成了一颗肉眼可见的6等的亮星(图5-16)。在之后的几个月内,它释放了100万倍于太阳的能量。因为是1987年发现的第一颗超新星,故取名为SN 1987A(彩图6)。SN 1987A爆发后流量密度直线上升,到达峰值后很快下降,一段时间之后开始缓慢减弱,300多天后才变得非常暗淡。

天文学家等待了约400年才等到了一颗肉眼可见的超新星。全世界的天文学家全情灌注,倾万千的爱于它一身。他们停下手头上的观测课题,动用所有波段的观测手段记录这颗超新星和它后来的演变过程,包括光学、红外、紫外、射电、X

图5-16   SN 1987A爆发前(左箭头所指)爆发后(右亮斑)对比①

射线、γ射线等各个波段以及引力波的观测设备。此时的神冈探测器已经完成扩建,更新为神冈核子衰变实验II期,灵敏度有所提高,SN 1987A正是它所等待的绝好的探测机会。

正像理论预言的那样,SN 1987A发射了大量中微子。1987年2月23日上午标准世界时7时35分35秒,神冈探测器记录下来自这颗17万光年远的超新星的11个中微子,到达时间早于光学波段信号22小时(图5-17)。主流的理论认为,超新星爆发需要中微子助力才能发生,伴随超新星爆发会产生极其多的中微子,这次观测给出了充分的证据。这是人类首次探测到太阳系外的中微子,开创了宇宙中微子天文学的新纪元。

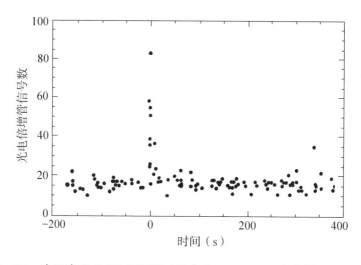

图5-17 神冈中微子探测器探测到来自SN 1987A的中微子的记录①

5. 中微子天文学的探测对象

天体是最重要的中微子发射源。我们最先探测到的是太阳中微子,其通量比较大,能量比较低。再就是SN 1987A的中微子,通量稍小一些,能量稍高一些。总体而言,这两种中微子能量都比较低,都属于低能中微子。

图5-18展示各种来源的中微子的通量和能量的关系,从左上角到右下角分别是宇宙中微子、太阳中微子、超新星SN 1987A中微子、地球反中微子、核反应堆反中微子、历史超新星中微子背景、大气中微子、活动星系核中微子、宇宙线中微

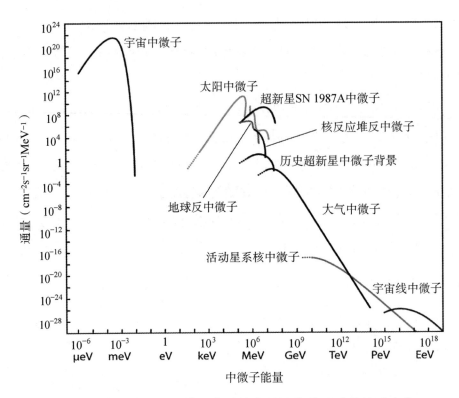

图5-18 宇宙中微子和其他来源的中微子能量及通量的对比①

子。能量最高的宇宙线中微子和能量最低的宇宙中微子,它们的能量可以差20多
个数量级。从中微子通量来说,宇宙中微子最大,比宇宙线中微子大30—40个数
量级。

宇宙中微子是指宇宙诞生早期产生的中微子。在宇宙大爆炸发生后的0.01 s
以内,整个宇宙像一碗超级热汤,质子、中子、电子、中微子等各种粒子不停地产生和
泯灭。当宇宙迅速膨胀,温度和粒子密度骤然下降后,大约在大爆炸发生后的1 s,
中微子再也撞不上质子和中子这样的有电磁力或强力的粒子了,从此中微子就在
宇宙中自由飘荡,形成宇宙中微子背景辐射。这些来自宇宙初期的中微子数目非
常之多,无处不在地填满了宇宙的各个角落,你的一杯水中就有几千个宇宙中微
子。它们携带了宇宙早期的信息。可惜的是,我们无法像探测太阳中微子一样探
测这些宇宙中微子,因为它们的能量实在太弱了,比1 eV还要小很多,只有太阳中
微子能量的几十亿分之一,根本就无法"撞"动我们探测器中的原子核。不过,已

经有科学家在尝试探测宇宙中微子。

地球反中微子是地球内部的放射性元素发生衰变时所释放的反中微子。当地球形成的时候,放射性元素钍和铀等分布于地幔(位于地表之下33 km,厚度约2850 km,占地球总体积的82.3%)中。放射性元素衰变释放的热量是驱动地幔物质运动的动力,进而也造成了地球各大板块的运动,导致地震的发生。如果想知道放射性元素衰变产生了多少热量,唯一的方法就是测定由此产生的中微子数量。地球反中微子和核反应堆产生的反中微子是相同的,探测时会同时接收到。但可以通过测定反中微子的能量水平,来区别其来源。地球反中微子的能量比核反应堆反中微子的能量要低很多。

大气中微子是宇宙线粒子与地球大气作用产生的中微子。将在下节大气中微子振荡时介绍。

活动星系核中微子和宇宙线中微子的能量非常高,达到10^{10}—10^{20} eV,又称高能中微子。实际上,高能宇宙线也来自活动星系核。科学家们对探测能量超过10^{18} eV的超高能宇宙线中微子特别感兴趣,因为宇宙线观测已经发现能量超过10^{20} eV的粒子了。活动天体肯定会产生超高能中微子,但至今没有探测到。由三位科学家提出的宇宙线粒子能量的GZK极限为$5×10^{19}$ eV,这是因为来自银河系以外、到达地球的宇宙线,在行进途中不可避免地与随处可见的微波背景辐射光子碰撞而不断地损失能量,因此存在一个能量上限。目前探测到的宇宙线的最高能量要高于这个值。超高能中微子的能量甚至可能超过GZK极限很多,因为它们不会与微波背景辐射光子碰撞而损失能量。

科学家坚信,一些高能天体,如γ射线暴、耀变体、类星体、活动星系核、黑洞喷流等所发生的异常剧烈的高能过程都会产生高能中微子以及高能质子、原子核和电子等,构成了宇宙线粒子。其中的高能中微子由于不带电,保留了发射天体的方位的信息,而带电粒子(质子、原子核、电子)会受到银河系、太阳和地球的磁场作用而使得路线弯折,无法确认发射它们的天体的方位。因此,探测高能中微子可以探知宇宙线的天体来源。追根求源是天文学研究的最高境界,高能中微子探测因此成为中微子天文学最热门的课题。

三、破解中微子丢失之谜

20 15年诺贝尔物理学奖颁发给发现中微子振荡的两位科学家。他们是发现大气中微子振荡的梶田隆章和发现太阳中微子振荡的麦克唐纳。这是中微子天文学第二次获得诺贝尔物理学奖。中微子振荡现象证实中微子有质量，成为微观世界又一个全新的规律，对粒子物理学具有里程碑式的意义，对宇宙和天体的起源与演化研究都有重大影响。中微子是宇宙中除光子外数目最多的粒子，中微子的质量虽然微小，但不能忽略不计，估计与宇宙中可见的所有恒星的质量总和相当，构成暗物质的一部分。中微子振荡的发现促使科学家发展和修改粒子模型，去探讨和测定中微子的质量，去发现宇宙大爆炸时产生的中微子和活动天体发射的高能中微子。总之，大大促进了中微子天文学和粒子物理学的发展。

1. 太阳中微子丢失之谜

戴维斯探测太阳中微子取得巨大的成功，但是所探测到的中微子数目比理论预期的要少很多，仅为理论值的1/3，另外2/3的太阳中微子不见了,这就是著名的太阳中微子丢失之谜。

天文学家并不看重这件事,因为天文研究太复杂了,天体离我们很远,这种观测数据与理论预测比较接近的结果,就算很成功的了。但物理学家却认为,这样大的差别是不允许的,地球上物理实验的结果都是精准的。中微子是否丢失,涉及三大问题:探测结果是否准确,误差大不大? 粒子标准模型是否对? 标准太阳辐射模型是否存在瑕疵?

1) 太阳中微子探测的误差是否太大?

首先考察中微子观测实验。先分析戴维斯的探测,太阳中微子在探测器中每4天产生一个氩原子。氩同位素的半衰期约为35天,要及时地捞出来,一个月一次的话,一次能捞出的不到10个。相对于615 t液体来说,这好比是大海里捞针,要想把它们捞干净,实在太困难了。是不是可能没有全捞出来? 这种怀疑迫使戴维斯日复一日地重复着这个实验,仔细再仔细,最后确认不存在"漏网之鱼"。

实际上,戴维斯探测中微子的方法存在瑕疵。在太阳核心所产生的能量中,质子–质子反应的贡献占了85%左右,碳氮氧循环反应约占15%。毫无疑问,质子–质子反应是太阳能量和太阳中微子的最大来源。但质子–质子反应产生的中微子的能量偏低,最大能量只有0.423 MeV,平均能量为0.267 MeV,而戴维斯的实验所能探测到的中微子的最低能量是0.814 MeV,大大高于质子–质子反应所产生的中微子能量。这意味着戴维斯的实验,没有探测到来自太阳的大部分能量低的中微子。虽然在进行实验与理论对比时,可以消除这个影响,但是,观测到的数目太少,无疑是一个重大的缺陷。

其实,早在1966年,俄国物理学家库兹明(Vadim Kuzmin)就提出了一种新的探测方法,利用镓的同位素^{71}Ga作为探测物质。^{71}Ga与中微子反应后会生成半衰期约为11天的锗同位素^{71}Ge。其优点是所探测的中微子能量要宽广得多。利用这种方法的优点还在于,在理论上,科学家对质子–质子反应的研究比其他核反应要彻底得多,可以提供更可靠的理论数据。但是,当时的技术条件难以使用这种探测方法,直到20世纪80年代后期才开始由两个研究小组实现。第一个是由苏联和美国合作的"苏美镓实验"(SAGE),地点在苏联高加索山区一条4 km深的隧道内,等效水深约为 4700 m;第二个是由美国、德国、法国、波兰、意大利、以色列等国合作的"镓实验"(GALLEX),地点位于意大利阿布鲁佐大区一个等效水深约 3200 m 的地下实验室内。SAGE 采用的实验物质是 30 t 液态镓,1991 年增加到 57 t。GALLEX 则使用 101 t 三氯化镓溶液。这两个实验测量到的中微子数目是理论值的 60%。

1987 年,日本的神冈探测器在成功探测到 SN 1987A 的中微子后,开始探测太阳中微子。神冈探测器的优势是可以确定中微子与电子反应的时间、位置、入射方向、入射能量等细节,缺点是要求入射中微子的最低能量必须达到 7.2 MeV,只有极少数太阳中微子具有这样高的能量。从 1987 年到 1990 年,神冈探测器探测到理论预计的太阳中微子流量的 46%。1995 年,积累了 2079 天的数据,结果被修正为 55%。1996 年,升级为超级神冈,探测物质增加到 5000 t 高度纯净的水,灵敏度大大提高,能量阈值降到 5.5 MeV。1998 年以后探测的结果,修正为 47%。20 世纪中的太阳中微子研究,各家的结果不同,但共同点是,探测到的太阳中微子的数目都明显少于理论预期值。

2) 太阳辐射标准模型是否需要修改?

太阳中微子的缺失问题,启发人们思考:理论模型对不对? 这涉及两个理论模型:一个是标准太阳模型,另一个是标准粒子模型。起初,多数物理学家认为,问题可能出在标准太阳模型。只要使核心的温度下降几个百分点,中微子数目就会下降十几个百分点,从而使中微子的理论值与探测值相符合。然而,要想调低太阳核心部位的温度,必须同时调节太阳内部重元素的比例等参数,牵一发而动全身。即使对太阳中微子来说,降低太阳核心的温度,太阳中微子的能谱也会改变,无法解释观测得到的中微子能谱。而且,标准太阳模型能够很好地解释太阳振荡的现象。太阳像一颗巨大的跳动着的心脏,一张一缩地在脉动,大约每隔 5 分钟振荡一次,后来还发现 52 分钟、160 分钟的长周期振荡。产生太阳振荡现象的根源在太阳内部,日震学的研究证明标准太阳模型是对的,不能做任何修改。一番研究以后,科学家认为,标准太阳模型是对的,进行调整不仅解决不了太阳中微子问题,还会使矛盾增多。

3) 庞蒂科夫提出中微子振荡猜想

早在1957年,庞蒂科夫就提出中微子振荡的猜想。他认为,电中微子、μ中微子和τ中微子在传播过程中会彼此转换,这种转变可以循环往复,所以称之为振荡。太阳内部产生的中微子全部是电中微子,而戴维斯的探测器只能探测电中微子。如果太阳中微子在传播过程中有部分电中微子转变为μ中微子或τ中微子的话,那么探测器检测到的中微子数目就少了。但是,发生中微子振荡的前提是中微子具有静止质量。这对粒子标准模型是极大的挑战。

粒子标准模型是物理学家引以为豪的理论模型,自20世纪60年代以来,经过许许多多实验的检验,例如预言的新粒子及其参数并得到证实。这个模型给出三种中微子:电中微子、μ中微子和τ中微子,但认为它们是没有静止质量的,因此彼此之间不能转换。中微子振荡理论与粒子标准模型完全针锋相对,谁是谁非只能由实验和观测来决定。

2. 梶田隆章发现大气中微子振荡

科学家寄希望于发现中微子振荡来解决太阳中微子丢失的难题,但最先发现中微子振荡的,却是大气中微子。日本科学家户冢洋二和梶田隆章利用超级神冈探测器,于1998年确认发现了大气中微子的丢失并找到丢失的原因,率先发现中微子振荡,证明中微子具有质量。梶田隆章为此和2001年发现太阳中微子振荡的麦克唐纳一起共享2015年诺贝尔物理学奖。户冢洋二因为2008年去世,无缘这一奖项。

小柴昌俊应用神冈探测器探测"质子衰变",必须要把各种假信号识别出来,加以清除。他们认为最大的假信号就是大气中微子,即宇宙线进入地球大气层后产生的中微子。1983年,年轻的梶田隆章在获得博士学位以后,进入到小柴昌俊和户冢洋二的研究团组,利用神冈探测器进行这一课题的研究。1988年,他们对探测资料的分析发现测到的大气中微子比预期要少,把这个现象称为"大气中微子反常"。美国俄亥俄州的IBM探测器也发现类似的现象。但是,所谓的"大气中微子反常"并没有被学界认可,因为当时日本和美国的实验数据不够精确,特别是法国和意大利的两个实验室并没有发现大气中微子减少了。究竟是否存在"大气中微子反常"需要有更精密的探测设备进行观测才能做出判断。

神冈探测器发现超新星的中微子,气派已经不凡。然而要解决"大气中微子反常"之谜或进行质子衰变的探测,仍然能力不足。日本政府拨巨款一亿美元,建造超级神冈探测器,1991年开始建造,于1996年完成。超级神冈在地下1000 m处,与神冈探测器相比,探测物质为50 000 t高度纯净的水,增加了17倍,光电倍增管为11 000多个,增加了约10倍。中微子探测的灵敏度与探测器中水的质量成正比,水越多灵敏度越高。总灵敏度提高了一个数量级以上。超级神冈探测器的科学目标包括太阳中微子、大气中微子、质子衰变等,还用作加速器中微子实验的远端探测器,是国际地下中微子探测器中的巨无霸。宇宙线来自四面八方,大气中微子能穿越地球,所以大气中微子可以从地球的各个方向到达探测器。科学家特别重视两个方向上大气中微子的探测,即探测器的上方和探测器下方进来的大气中微子。超级神冈探测大气中微子的示意图如图5-19所示。

绝大多数大气中微子会直接穿透探测器的水箱,只有极少数大气中微子与水中原子核发生核反应,若是电中微子会产生高能电子,若是μ中微子会产生高能μ子。高能电子和高能μ子在水中都能产生切连科夫光子,在其前进方向上形成一个光环,被光电倍增管探测到。由于电子和μ子所形成的光环形状不同,可以判别接收到的是哪一种中微子。

超级神冈运行的头两年,记录到约5000个大气中微子信号,这比之前的实验所记录到的数目多得多。超级神冈能够捕捉来自正上方大气层的μ中微子,还有从另一个方向来的穿透地球的μ中微子。地球对于中微子来说是透明的,算不上什么障碍。两个方向的μ中微子的数量应该一样多。但是来自上方的中微子数目却比来自下方的数目要多出一半。户冢洋二和梶田隆章认为,其原因是来自下方的中微子穿越地球飞行时间长一些,在这多走的一段路期间,μ中微子转换为别的中微子了,而从上方来的μ中微子则来不及转换。

探测结果显示,中微子消失的比例与传播距离和能量有关。图5-20显示了观测到的μ中微子数目上下方向的不对称。阴影表示无振荡的预期值,虚线表示

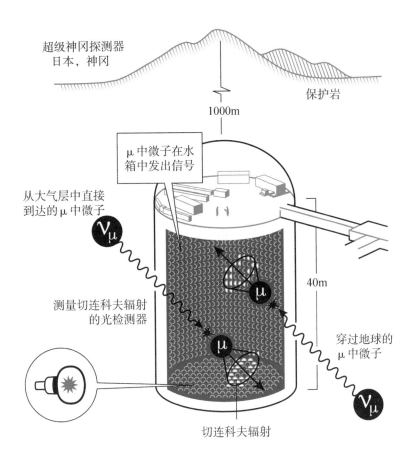

图 5-19 超级神冈探测器探测大气中微子示意图①

中微子振荡的理论预期值,实验值与理论预期值符合得很好。大气中微子振荡的证据终于找到了。

1998年,户冢洋二和梶田隆章公布超级神冈发现大气中微子振荡的探测结果。梶田隆章在"中微子物理学·宇宙物理学"国际会议上报告这个结果,引起了轰动。这样大气中微子振荡的发现就被国际同行确认了。2002年小柴昌俊、户冢洋二和梶田隆章三人同获潘诺夫斯基实验粒子物理学奖。

由于这一成果意义重大,人们纷纷猜测它会得到诺贝尔物理学奖的青睐,并预测户冢洋二最有可能获此殊荣。2000年,户冢洋二患上了大肠癌,他并没有放弃科研事业。但一年后,实验设施又发生事故大量损毁,近一半光电倍增管突然

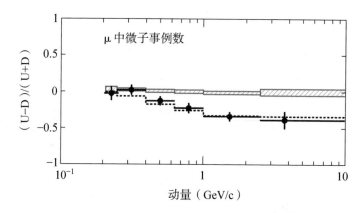

图 5-20　超级神冈实验 1998 年公布的结果：纵坐标的 U-D 是上方来的中微子数目与下方来的数目之差值，0 值表示上下方向来的中微子数相同①

爆炸。他没有退缩，依然战斗在恢复工作的第一线，把剩下的完好的光电倍增管增加保护层，重新连接线路，使超级神冈恢复工作。可惜他的身体越来越差，最终于 2008 年 7 月 10 日轰然倒下，享年 66 岁。

户冢洋二的科研成果是被世界承认的，他获得过朝日奖、欧洲物理学会特别奖、本杰明·富兰克林奖章，这些奖项都号称是诺贝尔奖的前奏。可惜天不假年，户冢洋二逝世 7 年后，2015 年诺贝尔奖物理学被颁发给梶田隆章和麦克唐纳。户冢洋二曾在自传中写下这样一段话："在中微子研究上，我只是个接力手，跑好自己的一段路程，然后顺利地交接到下一棒，至于鲜花和掌声不属于我，而属于我的学生，这又有什么关系呢？"梶田隆章每每提及恩师户冢洋二，常常泣不成声。他曾动情地说："没有恩师户冢洋二的关照，就没有我今天的荣誉和成就！在他毫无私欲的羽翼下，我只是拾捡了一枚珍珠的那个幸运的赶海人。""虽然我的名字最终上了获奖者的名单，但这不是仅凭我个人力量能够完成的研究。我老师的功绩更大。"小柴昌俊撰文追悼户冢洋二，称"若户冢再多活 18 个月，必能获得诺贝尔奖"。为纪念已故门生，小柴昌俊于 2010 年出资设立"户冢洋二奖"，奖励对于研究做出杰出贡献的人。

梶田隆章（图 5-21）于 1959 年出生在日本埼玉县，1981 年从埼玉大学理学部物理学科毕业,1986年获得东京大学理学博士学位。之后师从小柴昌俊和户冢洋二,开始质子衰变和中微子的探测研究,成为研究团队的一位敢想、敢干的有生力量,勤奋又聪明,深得老师的信任,迅速地成长为最重要的骨干,承担的研究任务越来越多。1992年成为副教授,1999年升为教授并任东京大学宇宙射线研究所所长。

图5-21 梶田隆章Ⓦ

3. 麦克唐纳发现太阳中微子振荡

大气中微子的研究发现了中微子振荡现象,而太阳中微子丢失的谜题仍然悬而未决。谁能解决这个难题? 首先站出来的是美籍华人科学家陈华森(Herbert Hwa-sen Chen),他提出一种探测中微子的新方法,使研究太阳中微子振荡成为可能。陈华森英年早逝,继任者麦克唐纳出色地完成探测任务,发现太阳中微子振荡。

1) 陈华森提出探测太阳中微子的新方案

1985年,美国加州大学欧文分校的华人物理学家陈华森(图5-22)提出了探测中微子的一个新实验方案——用重水替代纯水。这是一个了不起的方案,是导致2015年诺贝尔物理学奖项目的关键。陈华森1942年生于重庆,幼年时来到美国,靠打工为生,靠个人的聪明勤奋和奖学金接受良好的教育。1964年毕业于加州理工学院物理系,1968年获得普林斯顿大学理论物理博士学位。之后,他在加州大学欧文分校工作,进入1995年诺贝尔物学奖获得者莱因斯的研究小组。陈华森加入莱因斯的小组后转行实验物理,长期专注中微子与弱相互作用的实验研究。

1984年陈华森提出,中微子与重水作用可以同时探测电中微子、μ中微子和τ中微子的方案,获得国际同行的认可和好评。随后成立了由16位科学家合作的萨德伯里中微子观测项目(SNO),采用陈华森的方法探测中微子。陈华森成为这个项目的核心人物。SNO由美国和加拿大合作,探测器准备放置在加拿大萨德伯里的一个镍矿中。陈华森的探测方法与日本的水切连科夫探测器的方法类似,唯一的不同是用重水替代纯水。此举非常重要,使中微子探测发生质的变化。其实,用重水探测中微子最早是莱因斯提出来的,他是想用来探测反应堆发出的反中微子。陈华森则将它用来探测太阳中微子。

图 5-22 美籍华人科学家陈华森Ⓦ

中微子有三种,即电中微子、μ中微子和τ中微子。电中微子释放出的电子与原子相互作用,其能量能在一瞬间释放出来,并照亮一个近似球形的区域;μ中微子释放的μ子能在冰中穿行至少1 km而产生一个光锥,但基本不与原子发生相互作用;τ中微子释放出的τ子能够迅速衰变,它在出现和消失时会产生两个被称为"双爆"的光球。

当时的科学家们相信,太阳发射的全是电中微子,在行进到地球的路上,因为中微子振荡,部分电中微子转变为μ中微子或τ中微子了。由于戴维斯的探测器只能探测电中微子,这样就显得探测到的中微子数目少了很多,发生中微子丢失的现象。如果探测器能同时探测三种中微子,那么中微子是否丢失的问题,就会找到答案。

纯水和重水的区别在于水是两个氢原子和一个氧原子结合的分子,而重水则是由两个氢的同位素氘与氧原子结合而成的分子。氢原子核只有一个质子,而氘原子核有一个质子和一个中子。在自然界中,重水的含量很少,要专门制造,非常昂贵。改用重水是因为中微子与重水中的氘有三种不同的相互作用,其中一种只对电中微子敏感,而另外两种则对电中微子、μ中微子和τ中微子都敏感,虽然敏感的程度有所不同。上述探测原理不依赖于标准太阳模型的诸多不确定性,因此最终的探测结果将是模型无关、令人信服的。

要想实现这个探测太阳中微子的新方法,关键在于拥有足够多的重水,这是一种非常昂贵的军用物资,即使有钱也不容易得到。由于加拿大的商用核电站是唯一采用重水堆技术路线的,储备了大量重水,陈华森托人去联系,希望能借用它们的重水。结果非常顺利,免费获得价值三亿美元的1000 t重水。

1984年,SNO国际合作组召开了第一次会议,陈华森被任命为美方负责人,与加拿大女王大学的尤安(George Ewan)一起领导这个项目。不幸的是,陈华森1987年因白血病英年早逝,年仅45岁。只参与了创建,而没有享受到收获的喜悦,特别是无缘诺贝尔奖的荣光。

2) 发现太阳中微子振荡

陈华森逝世后,SNO选出的新领导人是著名物理学家麦克唐纳(图5-23)。他为了更好地领导这个项目,于1990年放弃了世界顶级名校普林斯顿大学的教授职位,回到祖国,成了加拿大女王大学的教授。麦克唐纳1943年出生于加拿大新斯科舍省悉尼,在故乡的达尔豪西大学完成本科和研究生学业,于1969年在美国加州理工学院获得了博士学位。机缘巧合,麦克唐纳攻读博士学位期间,研究太阳中微子问题的大师级先驱戴维斯也在那里工作。当时他们并不相识,甚至麦克唐纳也不知道戴维斯的科研工作,但后来他却找到了戴维斯发现但没有解决的"中微子丢失之谜"的谜底,登上科学研究的高峰,像戴维斯一样荣获诺贝尔物理学奖。

图5-23 2015年诺贝尔物理学奖得主之一的麦克唐纳Ⓦ

麦克唐纳善于与人和睦相处,不仅尊重每一位学术界的同仁,对实验室的清洁工都彬彬有礼。他把团队多达273位成员紧密团结在自己的周围,齐心合力,分工协作,克服一个又一个困难,完成了独树一帜的重水探测器的研制,并成功地探测到三种中微子,解决了太阳中微子丢失之谜。在获得诺贝尔奖之后,麦克唐纳总是谦和地说,这是团队所有人努力的结果。

SNO实验装置选址在萨德伯里郊区一个2100 m深的地下矿井中。1990年1月4日,SNO项目正式启动,建造中微子探测器和实验场地。麦克唐纳总是亲临现场,指挥执行任务的科学家和工程师,往往需要把他们的想法和意见完美地统一起来,既保证工程质量,又完成工程进度。当地居民对应用重水做实验不放心,怕污染。为此,项目组进行大规模的科普宣传,说明重水并不是放射性物质,实验是安全的。讲解人员在水杯里兑上少许重水,当场喝了下去,以示是无毒的。

此后的10多年间,麦克唐纳干脆住在了萨德伯里市。为了与家人团聚,他几乎每个周末都从萨德伯里飞到金斯敦,周一再飞回去。这条航线要在多伦多转机,所以麦克唐纳常去多伦多机场里的一家快餐店吃饭。由于去的次数太多了,有人甚至误以为他就在快餐店工作。

图5-24是中微子重水探测器。探测器的主要部分是一个直径12 m的球形容器,里面装有1000 t重水,容器壁用丙烯酸树脂制成,厚度为5 cm。容器的周围安

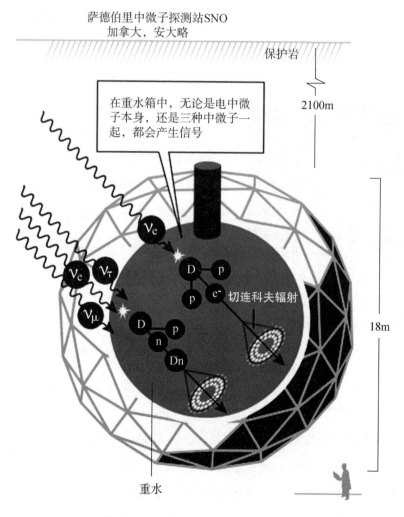

图5-24   萨德伯里中微子探测站探测太阳中微子①

装了9600个光电倍增管,用于探测切连科夫辐射的光子。整个探测器浸泡在30 m高的装满普通水的圆柱形容器中。实验装置从1990年开始动工建设,1999年5月建成开始运行。到2001年,已探测到了足够多的太阳中微子,探测到3种中微子。2002年,SNO测得了全部3种中微子的流强,发现总流强与理论预期一致,给出了中微子转换的确凿证据,同时证明了标准太阳模型的正确。所发表的两篇论文公布了详细的探测结果,标志着困扰了科学家几十年的"太阳中微子丢失之谜"得以破解。

4. 第3种中微子振荡几率的精确测定

太阳只发射电中微子,但在传播过程中有一部分转变为μ中微子和τ中微子了。大气中微子有μ中微子和电中微子,探测发现μ中微子转变为τ中微子。地球上众多的核反应堆不断地产生反电中微子,它们的能量量级与太阳中微子相当。很自然,核反应堆中微子会不会发生振荡成为科学家们关注的问题。

2002年,日、美、中科学家在12月6日分别在各自国家、在相约定的时间同时宣布发现了核反应堆中产生的反电中微子消失的现象,被认为是中微子的第3种振荡。但是并没有测出有关参数,特别是表征振荡几率的参数混合角θ_{13}。如果振荡几率太小,就无法探测到振荡。

2003年,中国科学院高能物理所与国际科学界合作在大亚湾核电站附近的地下,开始建造中微子探测实验室,其目的在于利用大亚湾核电站产生的大量中微子来探测中微子的第3种振荡。中国科学家设计了总体方案及实验细则。此方案得到国际科学界认可,并被确定为国际上进行中微子振荡探测的3大实验室之一。大亚湾中微子实验有得天独厚的优势,如图5-25所示,实验室位于深圳市区以东约50 km的大亚湾核电站群附近的山洞内。大亚湾核电基地有6台功率为百万千瓦的核电机组,是世界上最大的核反应堆群之一,为实验提供了较为丰富的中微子源。邻近有数百米高的排牙山,在此建立地下实验室,靠天然岩石覆盖即可屏蔽绝大部分的宇宙线干扰,省时省力又安全。5个实验厅位于山腹内,由3000 m长的水平隧道相连,分别位于远近两个实验厅里的中微子探测器静静"坐"在深蓝色的超纯水中,睁大"眼睛"紧紧盯着来自核反应堆的中微子。该项目2006年立项,2011年12月远近两个探测器同时投入运行。

在2003年前后,各国科学家共提出8个实验方案来测量第3种中微子振荡的θ_{13}参数,其中美国、日本、欧洲几个国家的科学家很有经验,但我们中国却在激烈竞争中脱颖而出。2012年3月8日下午2点,大亚湾中微子实验国际合作组发言人王贻芳宣布:大亚湾中微子实验首次发现了反电中微子的消失,这是一种新的中微子振荡,其振荡几率为9.2%,误差为1.7%。测量精度比较高,很可信。实际上,在2011年,日本T2K实验、美国的MINOS实验和法国的Double Chooz实验相继发布测量成果,给出第3种中微子振荡的几率,但是测量精度很差,只能说看到了迹象。

大亚湾中微子实验的这一成果得到世界物理学界的普遍关注和赞誉,纷纷发来贺电,称赞这是物理学上具有重要基础意义的一项重大成就,是对物质世界基

图5-25　大亚湾中微子实验的整体布局,目前启动的是大亚湾近点和远点实验厅的探测器①

本规律的一个新的认识,对中微子物理未来发展方向起到了决定性作用,并将有助于破解宇宙中的"反物质消失之谜"*。这是中国诞生的一项重大物理成果,被称为中微子物理研究的一个里程碑。

这一成果被美国权威杂志《科学》评选为2012年度十大科学突破之一。中国科学院高能物理研究所研究员、大亚湾中微子实验首席科学家王贻芳接连不断地获得国际有关奖项:2014年获得潘诺夫斯基实验粒子物理学奖,2015年日经亚洲奖,2016年基础物理学突破奖,2017年又获以"中微子教父"庞蒂科夫命名的布鲁诺·庞蒂科夫奖等。其中多项是与多位国际知名中微子研究专家一起获得的。

5. 探测高能中微子

中微子能量越高,通量越小。所以高能中微子数目非常稀少,探测极其困难。从21世纪开始,掀起了探测高能中微子的热潮,利用冰川、大海和湖泊的水或冰为探测物质,陆续建造了一些体积约 1 km³ 的中微子望远镜或探测器。此外还有利用山体或者月球作为靶体,探测高能中微子的实验。

1) 南极冰立方中微子望远镜

根据计算,采用水切连科夫方法探测高能中微子,必须要有10亿吨纯净水。南极冰川保有深达数千米的纯净冰层,成为建造立方千米级大型中微子探测器的理想之地。21世纪初,以美国为首的多国合作,经过10年的努力,于2010年12月建成冰立方中微子望远镜。

冰立方中微子望远镜具有约 1 km³ 的容积,探测灵敏度比超级神冈高了5个多数量级。具体结构是在厚达2820 m的冰层上开出86眼深井,井间距离为125 m,每眼深度达2500 m。为了屏蔽来自地球表面的干扰,探测中微子产生信号的光学探测器在距冰表面1450 m处向下安置,每个井中安置60个数字光学探测器。图5-26是冰立方中微子望远镜结构示意图。上端冰表面上的点是用于校准大气簇射的探测器。下垂的点线代表深井中众多的数字光学传感器。圆柱体表示的是

---

*宇宙中的物质多于反物质,才形成了我们生存的物质世界。但为何会出现这种差异仍是个谜。

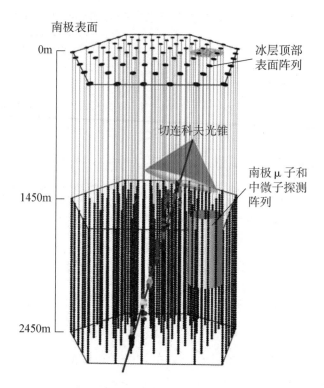

南极表面

0m

冰层顶部
表面阵列

切连科夫光锥

1450m

南极 μ 子和
中微子探测
阵列

2450m

图 5-26　冰立方中微子望远镜示意图①

由 677 个传感器组成的中微子探测器阵（AMANDA）的所在位置。它是"冰立方"
的试验装置，对"冰立方"的关键技术进行了试验，后来成为望远镜的一个组成部
分。图中显示了由能量为 10^{13} eV 的 μ 子引发的切连科夫光锥。南极冰立方中微
子望远镜主要探测来自北天星系的高能中微子，它们穿过地球，从冰立方的底部
进入。

　　来自宇宙深处的高能 μ 中微子中的极少数可能与冰或基岩中的质子发生碰
撞，产生一个高能的 μ 子。高能 μ 子产生的切连科夫光子会被那些镶嵌在冰中的
光子探测器先后接收到，可以准确地记录下高能 μ 子到达的时刻，因此可以反演
高能 μ 子来袭的入射方向、路径、能量和传播速度。

　　2012 年，"冰立方"探测到来自外太空的中微子，发现了 28 个高能中微子，其
能量都超过 $3×10^{13}$ eV。这是 1987 年以后，科学家们首次捕获到来自太阳系外的中
微子。2017 年 9 月 22 日，"冰立方"又探测到了一次能量约为 $2.9×10^{14}$ eV 的极高能

中微子事件,比太阳中微子的平均能量高10亿倍。消息发布后,全球多项天文设备跟进观测,其中专门探测高能γ射线的费米卫星发现高能中微子所来的方向上有一个已知的耀变体存在。从2017年4月开始,这个源就已经开始变亮了。而在本次中微子事件前后两周的时间内,它更是比"正常"亮度要亮了6倍。因此"冰立方"观测到的高能中微子很可能来自这个名为TXS 0506+056的耀变体,距离我们有40多亿光年。

天文学家已经查明:耀变体与活动星系核中大质量黑洞的喷流有关。如果黑洞喷流与观测者视线的交角比较大,我们看到的就是类星体。如果喷流方向接近观察者视线的话,观测到的辐射将被加强,变为耀变体。喷流和地球观察者的视线的夹角越小,亮度增加越大,可能超百倍。因此耀变体非常明亮,而且变化多端。在接近光速的喷流中,裹挟着无数接近光速的质子等粒子。其中少许高能质子在前进中与光子发生碰撞,产生π介子,继而衰变成μ子和μ中微子。耀变体成为高能μ中微子源。"冰立方"成功地探测到来自遥远耀变体的中微子,使中微子天文学进入了一个新的时代。

使用水或冰作为中微子探测物质的还有欧洲地中海海底的立方千米中微子探测器和俄罗斯贝加尔湖湖底的大型中微子望远镜,都是世界上有名的大型中微子探测实验,将在未来带给我们更多中微子的信息。

2) 利用山体探测高能τ中微子

中微子有三种,均在实验室中被观测到。天文学家最先观测到来自太阳和超新星SN 1987A的电中微子,然后是观测到来自遥远耀变体的μ中微子,唯独没有探测到来自地球之外的τ中微子。在这3种中微子中,τ中微子的相互作用截面最小,最难探测,必须有比"冰立方"更大的靶体才有可能探测到,因此科学家想到了高山。τ中微子与岩石作用可以产生τ子,τ子会很快衰变为高能电子或者π介子。τ子的寿命十分短暂,只有10^{-13} s,因此只有那些刚好逃逸出山体的τ子衰变后的电子和次级粒子才能被观测到。山体的厚度要适当,山体太厚的话,山体中产生的τ子跑不出来,而太薄的话又不足以引起τ中微子的反应。理论计算表明大约20 km的山体比较适合。

电中微子和 μ 中微子也会和山体发生相互作用,但产生的电子会很快发生级联簇射后被山体吸收,而 μ 子由于寿命比较长,达到 10^{-6} s,跑出山体后,还来不及衰变就已经跑离探测器了。因此,利用高山作为靶体,只能探测 τ 中微子。

跑出山体的 τ 子迅速衰变,产生的高能电子在地球磁场的作用下,会产生频率在 20—100 MHz 范围的低频射电辐射,表现为一个纳秒级射电脉冲。可以用射电望远镜来探测。2006 年,我国在新疆天山乌斯台建成的第一缕曙光射电天线阵,观测波长在 50 – 200 MHz 范围,天线阵规模宏大,灵敏度非常高,而且还具有很高的时间分辨率,有利于探测纳秒级的低频射电爆发。该天线阵位于海拔 2700 m 的天山深处,方圆几十千米被海拔 3000 m 以上、由坚实岩石组成的天山山脉环绕,仅南方山脉就构成大于 20000 km³ 的天然靶体,为中微子提供了有效的作用截面。2008 年,中科院国家天文台等国内研究单位和法国 6 个研究机构进行合作,开始建设"低频射电高能宇宙射线和中微子探测望远镜"(TREND)。这台中微子探测望远镜只是在第一缕曙光射电天线阵的基础上增加新的功能,而不是从头开始,进展非常迅速,成为我国第一台以低频射电方式探测宇宙 τ 中微子的望远镜。2010 年,TREND 成功探测到大量宇宙线事例,重建了宇宙线径迹,并由闪烁体粒子探测器予以证实。

第二个探测 τ 中微子的项目是由中科院高能所领衔,西南交通大学、云南大学、台湾联合大学等单位参加合作的"宇宙线 τ 中微子望远镜"(CRTNT)。观测站设在新疆的巴里坤山。CRTNT 是探测 τ 子的次级粒子所发出的切连科夫光子。计划中的 CRTNT 由一组 16 个切连科夫球面反射镜和光电倍增管阵组成。球面反射镜的口径是 2.3 m,每一个反射面配置 16 个光电倍增管以接收信号。之所以要选用 16 个小望远镜,是为了获得切连科夫辐射的方向,按照接收到信号的先后顺序可以定出簇射的径迹。CRTNT 测的是散射切连科夫光,而不是方向性强的光束,因此对角分辨要求不高。

目前 CRTNT 已经有两台样机研制成功,在西藏羊八井调试运行。2007 年 5 月,用 CRTNT 进行宇宙线的探测来验证其功能,取得了一批宇宙线事例。表明 CRTNT 是可以用来探测 τ 中微子的。

3) 以月球为靶体探测高能中微子的巨型探测器

中微子的能量越高,通量越小。探测超高能中微子极其困难,要求探测器非常非常之大,远不是立方千米这样量级的探测器可以探测到的。科学家想到了月球。科学家发现,当超高能中微子以超过光的相速度在密集的介质中运动,如盐、冰或月球风化层,所产生的次级粒子会产生一种微波辐射,称为阿斯卡莱恩辐射,辐射频谱在射电波段。也就是说,当超高能中微子进入月球的土壤,会产生短暂的射电辐射,低频段的射电辐射容易穿出月壤,被射电望远镜观测到。因此,月球是一个比较理想的探测超高能中微子的靶体。

2009年初,荷兰天文学家首先进行名为NuMoon的观测实验,他们应用韦斯特博克射电望远镜,选用100—200 MHz频段进行观测。不久后,一个美国科学家小组使用美国甚大阵(VLA)的27面25 m口径射电望远镜进行了50个小时的观测。接着,澳大利亚帕克斯射电望远镜以及美国格林班克天文台的25 m射电望远镜等都对准月球进行超高能中微子的观测。他们认为,用强大的射电望远镜瞄准月球边缘兴许可能观测到这些短暂的射电爆发。上述观测并没有成功,由于大型射电望远镜的观测课题非常多,不可能有太多的观测时间用于检测高能中微子。即使观测到月球短暂的射电爆发,也很难确认就是观测到超高能中微子。

第六章

踏上迢迢"牛奶路"

银河系和银河系天体

18 世纪天文学家赫歇尔发现银河系,成为人类认识宇宙新的里程碑。但是,他给出的银河系模型只能说奠定了银河系概念的基础,离真实的情况相距甚远。银河系的中心在哪里?究竟有多大尺度?有什么样的形状和结构?如何演变?这一切还都是谜。20 世纪初,沙普利发现银河系中心,修正了赫歇尔的模型;奥尔特发现了旋臂和银晕,确认银河系自转,科学的银河系概念才最终确立。本章首先介绍沙普利发现银河系中心和奥尔特创建的现代银河系结构,然后介绍银河系天体研究的 3 项重大成就:汤斯预言星际分子的存在和后续的观测发现促使分子天文学诞生,成为 20 世纪最重要的天文事件之一;根策尔和盖兹发现银河系中心超大质量黑洞,获得 2020 年诺贝尔物理学奖;马约尔和奎洛兹发现首例太阳系外行星,掀起了探索系外行星和地外生命的高潮,获得 2019 年诺贝尔物理学奖。

一、沙普利发现银河系中心

$17$76年,赫歇尔发现银河系,但是他却错误地认为太阳是银河系的中心。这之后卡普坦(Jacobus Kapteyn)沿用赫歇尔的方法研究银河系,奋斗40余年,虽然在银河系的尺度方面有改进,但仍然认为太阳处在银河系中心。年轻的沙普利改变研究方法,仅用几年的时间,找到了银河系的中心所在,把太阳从银河系中心请了出去。其意义可以与哥白尼的日心说相提并论,哥白尼否定了地球中心说,而沙普利则进一步否定了太阳中心说。这一论断经受了后来各种观测的考验,已为世人所公认。这一伟大的发现使人类对宇宙的认识又上了一个台阶,其重要性决不在诺贝尔物理学奖获奖项目之下。

1. 赫歇尔和卡普坦关于银河系的研究

1755年,德国哲学家康德(Immanuel Kant)提出,银河与天上的全部恒星以及我们的太阳共同组成了一个非常庞大的天体系统,其形状像一个磨盘,我们的太阳也在其中。但是,康德并没有用观测数据证明自己的论断。1776年,英国天文学家赫歇尔应用恒星计数的方法研究银河和银河之外的满天星斗。经过连续十来年的辛勤观测，一共获得117 600颗恒星的视星等、位置等数据，研究这些恒星的分布情况，发现了银河系的大尺度结构。

赫歇尔认为，银河系是一个呈扁平形状的恒星系统，由满天的恒星和银河共同组成。它的长度和厚度比例大约是6:1，好像一块边缘不那么整齐的大烧饼，太阳处在这个大烧饼的正中心。虽然赫歇尔给出的银河系结构很粗略，尺度太小，认为太阳在银河系中心更是错误的判断。但是，他使天文学家的研究从小小的太阳系转向浩瀚无比的银河系，让人类对宇宙的认识向前迈进了一大步。

到了19世纪80年代末，荷兰天文学家卡普坦又开始研究银河系的结构。他于1896—1900年陆续刊布了载有454 875颗星的星表，称为《好望角照相巡天星表》。1906年卡普坦提出"选区计划"，建议详细观测均匀分布在天球上的206个区域（称为卡普坦选区），由世界各天文台分工合作，测定选区内恒星的视星等、光谱型、自行和视向速度。当时的卡普坦很有名气，有很强的号召力，很多天文台都积极响应，参加这一全球性的合作。卡普坦根据观测结果给出一个新的银河系模型：银河系呈透镜状，直径为55 000 ly，厚11 000 ly，包含了474亿颗恒星。应该说，卡普坦的银河系模型比赫歇尔的模型有很大改进，他得到的银河系尺度仅比真实尺度小一半左右（赫歇尔模型的尺度小了18倍），比较接近当今的银河系研究的结果。然而，他对银河系中心却做出错误的判断，认为"太阳处在银心附近"，距离银心2000 ly，把赫歇尔的错误保留了下来。天文界并不看好这个模型，给予冷落和批评。

2. 球状星团与造父变星测距

在卡普坦之后，沙普利提出一种基于球状星团的分布来确定银河系大尺度结构的方法。球状星团呈球形，由大量的恒星组成，越往中心，恒星的密度越大。球状星团在星系中很常见，银河系中已知的大约有150个。1677年，天文学家哈雷发现全天最亮的球状星团——半人马座ω（NGC 5139，图6-1）。但是哈雷误认为它是一颗恒星，肉眼虽然能够直接看到，却不能分辨出其内部团聚的恒星。直到

图6-1　银河系最亮的球状星团半人马座ω(NGC 5139)Ⓦ

1830年,赫歇尔才确认它是一个球状星团。它的密度大得惊人,几百万颗恒星聚集在只有数十光年直径的范围内,中心部分的恒星彼此相距平均只有0.1 ly。而太阳系附近的恒星特别稀疏,离太阳最近的恒星在4 ly之外。

在球状星团的发现过程中,梅西耶(Charles Messier)做出了突出的贡献。他是18世纪的法国天文学家,一生热衷于搜寻彗星,过程中发现了许多类似但又不是彗星的天体,主要是一些星云、星团及星系,称为梅西耶天体。1780年他把110个梅西耶天体归纳在一个星表中,称为梅西耶星表。其中银河系天体有70个,球状星团是29个。这些球状星团视星等在9.4—5.1之间,其中M4、M5、M13、M15、M22肉眼勉强可见。梅西耶天体多年来一直受到大型光学望远镜的青睐,留下了许多惊世的照片。同时由于使用小望远镜就能观测,梅西耶天体也成为广大天文爱好者追捧的观测对象。

1782年,赫歇尔进行巡天观测,对当时已知的33个球状星团进行观测,能够看到球状星团中的一些恒星,还发现了37个新的球状星团。到1915年,天文学家观测到83个球状星团,1930年是93个,1947年是97个。目前,银河系内发现的球状星团已超过150个。

　　测量球状星团中恒星与我们的距离是沙普利成功的关键。这里,我们不得不提到美国天文学家莱维特(Henrietta Swan Leavitt)的贡献。莱维特是一位两耳失聪的女天文学家,专注于变星的观测研究,在1907到1921年间发现了约2400颗变星,闻名于世。1912年,勒维特在小麦哲伦星云中发现了25颗造父变星,视星等为12.5等到15.5等,光变周期为2天到120天。质量大约在3—20 $M_\odot$之间,演化到晚期,其体积周期性地膨胀和收缩,导致亮度发生变化。最典型的是仙王座δ星,中文名为"造父一",因此把这类变星称之为造父变星。勒维特发现造父变星周期和光度之间存在确定的关系,如图6-2中上面那条曲线所示。造父变星的光变周期越长,它的绝对星等越大,这就是著名的周光关系。一年后,赫茨普龙确定了银河系中部分造父变星的距离。1915年,沙普利成功解决了造父变星的零点标定问题,结合莱维特发现的周光关系,测出造父变星的光变周期便可以估计出它的光

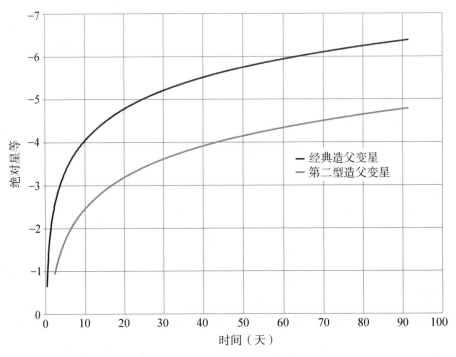

图6-2　造父变星的周光关系Ⓦ

度或绝对星等。造父变星成为天文学第一种标准烛光,可以用于测量天体距离,
对建立银河系的尺度和银河系中心的确定有着举足轻重的作用,莱维特因而被誉
为"发现如何测量宇宙的女人"。

在莱维特去世时,她的头衔只是哈佛大学天文台的一个小小"助理",拿着几
乎最低的工资,是天文界的一位小人物。但是,她对天文学的贡献是巨大的。沙
普利发现银河系中心和哈勃发现河外星系都离不开造父变星测距法。1925年,瑞
典数学家米塔–列夫勒(Gösta Mittag-Leffler)曾为提名莱维特为1926年诺贝尔物
理学奖获奖人选而奔走,后来才知道莱维特已离世多年。

3. 沙普利发现银河系中心

沙普利(图6-3)于1885年出生在美国密苏里州中西部纳什维尔的一个农民
家庭,幼年家境贫寒,没有受过系统的教育,16岁就参加了工作。但他没有放弃学
业,经由短训班、预科班,最终进入大学学习。1914年获得博士学位后,沙普利前
往威尔逊山天文台工作,一直到1921年。

沙普利认为,球状星团是研究银河系结构最好的样本。球状星团很亮,总光
度比单颗恒星高出数十万倍,因而很容易观测,即使是处在银河系边缘的球状星
团也能看清楚。球状星团的数目很少,也就百个左右,只要观测球状星团中几颗
造父变星就可以确定球状星团的距离。这样,要观测的恒星也就是几百颗,与赫
歇尔的十几万颗和卡普坦的40多万颗的工作量相比真是九牛一毛,可谓是一种又
快又好的办法。

梅西耶和赫歇尔发现的球状星团都比较亮,自然会成为沙普利的观测样本。
当时,威尔逊山天文台拥有当时世界上口径第二大的1.5 m口径光学望远镜,1917
年又建成口径更大的2.54 m口径胡克望远镜。得天独厚的观测条件,使他进行球
状星团的观测如虎添翼。

从1914年初开始,沙普利对80多个球状星团进行观测研究,发表了约40篇科
学论文。沙普利很快就在80多个球状星团中找到了造父变星,借助莱维特等人确
立的周光关系,测定各球状星团的距离。他发现,有1/3的球状星团分布在人马座

图6-3　把太阳请出银河系中心的沙普利①

内,90％以上的球状星团位于以人马座为中心的半个天球上(图6-4)。沙普利坚信,球状星团应该均匀分布在天空各处,相对于银河系中心应该是球对称的。沙普利大胆地断定银河中心在人马座方向,而太阳则处于这个由球状星团构成的庞大系统的边缘,离银河中心5万光年的地方,给出银河系的尺度为30万光年。后来人们称之为沙普利的"大银河系模型"。

沙普利关于银河系中心在人马座方向的论断很快得到天文学界的认可,从而纠正了赫歇尔和卡普坦关于太阳在银河系中心的错误。太阳在银河系中的地位发生了变化,从居于银河系中心的特殊恒星,降为银河系中一颗毫无特殊地位可言的普通恒星,地球在宇宙中的地位也就更无特殊性可言了。从此,人类对宇宙的认识又进入了一个新的境界。

图6-4　银河系中球状星团的分布,图中的小黑色圆斑是球状星团①

赫歇尔和卡普坦为什么会错误地认为太阳处在银河系中心？这是因为没有考虑星际消光的影响。星际消光是指恒星之间的气体和尘埃对可见光的吸收作用。这个问题直到20世纪30年代才弄清楚。由于银心方向的星际消光特别厉害,光学望远镜几乎看不到银心方向的恒星。在夏季,地球在夜晚面对的是银河系的主要部分,因为星际消光严重,只能观测到很少一部分。在冬季夜晚,地球面对银河系边缘分布稀疏的恒星,因为星际消光不太严重,观测到的恒星数目并不比夏季观测的恒星少多少。因此赫歇尔和卡普坦观测到的恒星的空间分布相对于太阳来说大致是对称的,他们也就错把太阳当成银河系的中心。

沙普利的成功并不是由于对星际消光有了认识,而是采用球状星团的分布来寻找银河系的中心。他估计的银河系尺度为30万光年(现结果为10万—18万光年),估计太阳到银河系中心的距离为5万光年(正确的是2.6万光年),都比实际大很多,其原因正是没有进行星际消光的改正。由于星际尘埃的存在,我们观测到的球状星团的光变得暗淡一些,就如同星团离我们更远一些。因此沙普利给出的球状星团的距离普遍偏远,特别是对靠近银道面和处在银河系边缘的星团距离的估计偏差更大。例如,NGC 7006处在银河系边缘,沙普利当时计算得到的距离是22.5万光年,而正确的距离应该是13.5万光年。尽管沙普利给出的银河系结构尺度不对,但他发现银河系中心的功绩被公认为天文学历史上的一个重要发现。

沙普利除研究银河系外,还研究银河系邻近的星系,特别是麦哲伦云,并由此发现星系有成团趋势,他称之为总星系。后来他成为哈佛大学天文学教授,曾任哈佛大学天文台台长(1921—1952)。他还是美国科学院院士,曾任美国艺术与科学院院长,1943—1946年任美国天文学会会长。沙普利是20世纪科学史上最杰出的人物之一。

二、奥尔特发现银河系旋臂、 银晕和较差自转

在沙普利之后,研究银河系的学者很多,其中奥尔特最为突出。他是著名天文学家卡普坦的学生,1926年以题为"高速恒星的特性"的论文获得博士学位,继续老师的事业,研究银河系。他发现了银河系较差自转、银晕和银河系旋臂结构,建立了银河系自转学说,由此确立了科学的银河系概念和结构。

1. 走进银河系研究的前沿

　　银河系自转是一个古老的研究课题。早在1887年,俄国天文学家斯特鲁韦(Otto Struve)就发现了银河系的自转。1926年,瑞典天文学家林德布拉德(Bertil Lindblad)用银河系自转来解释银河系中恒星速度分布的不对称性——高于一定速度的恒星基本上只沿一个方向运动,并认为银河系属于较差自转,即许多子系统以不同的角速度绕银河中心转动。

　　1927年,奥尔特(图6-5)通过恒星视向速度的分析研究,证

明了银盘上所有的恒星都沿着一个近乎圆形的
轨道绕银河系中心旋转,证实了银河系自转的
存在,而且属于较差自转类型。他随即建立了
根据恒星视向速度和自行确定银河系自转的公
式,即奥尔特公式,公式中的两个常数后来被称
为奥尔特常数。这些结果发表后,很快就获得
天文学界的关注和支持,他也一举成名,成为银
河系研究者中的佼佼者。

1930年,奥尔特考虑星际尘埃云对光学观
测所产生的消光作用,把沙普利的大银河系的
尺度缩小了。他计算得出太阳到银心的距离为
3万光年,而不是沙普利的5万光年。他还证

图6-5　荷兰天文学家奥尔特

明,太阳大约2.25亿年绕银心转一周,并认为银河系的质量大约等于1000亿倍太
阳质量。他还发现在银盘之外的一些恒星也围绕银河系旋转,从而发现了银晕。
他通过研究推测,银河系中存在数量非常大的暗物质。

奥尔特在天文学领域声名鹊起,很快成为国际知名的天文学家。他陆续收到
了哈佛大学和哥伦比亚大学的工作邀请,但他选择留在荷兰。1933年他成为国际
天文学联合会(IAU)的秘书长,一直到1948年。

虽然取得了如此辉煌的成就,奥尔特仍然保持清醒的头脑,深知他的研究很
初步、很粗略,观测样本很不完全,缺少离太阳系较远的恒星的资料。他当机立断
转向射电天文学,寻求新的观测手段以解决光学望远镜所遇到的星际消光问题。

2. 银河系旋臂的发现

奥尔特是少数几个率先认识到雷达和无线电技术在天文学上有重要作用的
科学家之一。他是欧洲射电天文发展的重要推手,是世界射电天文学领域的先驱
之一。他深知射电波能够穿越星际气体和尘埃的阻碍,提供银河系结构的全新图
像,于是他让自己的学生、课题组成员范德胡斯特(Hendrik van de Hulst)从理论上

寻找可供观测的射电谱线。

范德胡斯特把研究目标选定为宇宙中最丰富、无处不在的氢元素。氢元素以分子、原子和离子三种形式存在，分别形成氢分子云、中性氢云和电离氢云。形成条件与星云的温度有关，一般情况下，星云的温度为 10—20 K（即零下 263—零下 253 ℃），氢以分子的形式存在，形成氢分子云。对于比较致密的气体星云，附近如果有恒星存在，星云外部因吸收恒星的紫外辐射，温度可以升到 100—150 K，这时氢分子就会分解为原子，形成中性氢云。当星云附近有年轻的高温恒星（O 型或 B 型星）时，恒星辐射的短紫外线照射星云，星云的温度会升到 10 000 K，这将使氢原子电离，形成电离氢云。在银盘中有许许多多的氢分子云、中性氢云和电离氢云。

范德胡斯特发现，氢原子在两个特殊能级之间跃迁能产生波长为 21 cm 的谱线，属于射电波段。虽然跃迁概率极低，但由于氢原子非常多，它们产生的 21 cm 谱线仍然能够被观测到。奥尔特于 1945 年向荷兰科学院提出建议，希望建造一台 25 m 口径的射电望远镜来探测 21 cm 谱线。这个建议没有被采纳，他就自己领导了一个小组，将从德军缴获的口径不到 10 m 的雷达天线改造为射电望远镜。1951 年，奥尔特用这台望远镜成功观测到来自银河系的 21cm 谱线的信号，获得银河系一些天区的中性氢云的信息。这一年，同时有 3 个研究团组观测到银河系 21cm 谱线，美国同行早于奥尔特 3 个月，澳大利亚同行则迟了几个月。3 家的观测结果同时发表，在世界科学界引起了巨大轰动。中性氢云 21 cm 谱线的成功观测在射电天文学上具有里程碑式的意义。

奥尔特深知 21 cm 谱线的观测在研究银河系结构方面的潜力，大力发展射电望远镜势在必行。由于他的积极游说，1956 年荷兰在德温厄洛建成了口径 25 m 的射电望远镜，一度成为当时世界上最大的射电望远镜。在奥尔特的推动下，荷兰还积极研制综合孔径射电望远镜。在英国 1964 年启用基线 1.6 km 的综合孔径望远镜时，荷兰天文学家开始就动工，于 1970 年 7 月建成韦斯特博克综合孔径望远镜。

奥尔特认为，中性氢云的观测研究可以获得银河系自转的重要信息。如果银河系是较差自转,即银河系在自转时不同部位的角速度互不相同,那么银河系中其他天体相对于太阳就有相应的运动。这样的话,21 cm谱线就会产生多普勒位移,也就是谱线的波长会发生变化,测出这个变化就能估计出中性氢云的视向速度。再通过天体测量测定其自行和距离,最终能确定中性氢云绕银心的旋转速度。把射电望远镜对准不同的银经进行21 cm谱线观测,可以得到一系列离银河系中心不同径向距离处的各个切点的旋转速度。奥尔特按照这个思路进行观测研究,得到了银河系自转的观测结果。

1958年奥尔特领导的射电天文小组以及澳大利亚联邦科学与工业研究组织的射电天文小组,将南北半球的观测结果做了综合,绘制出了第一幅银河系中性氢云分布图。受观测条件限制,这幅图并不全面,但从中已经可以清楚地看到银河系具有旋涡结构。该图发布在奥尔特、克尔(Frank Kerr)和韦斯特奥特(Gart Westerhout)联合发表的论文《作为一个旋涡星云的银河系》(The Galactic System as A Spiral Nebula)中。人类终于通过射电望远镜,避开星际消光物质的阻碍,利用中性氢云的分布探索出了银河系的真实图像。

观测发现中性氢原子在银河系中沿银道面形成一个以银心为中心的薄盘,并呈现出旋臂结构,从而证实银河系是一个旋涡星系。具体的旋臂结构如图6-6所示,其中英仙臂、猎户臂和人马臂3条旋臂是由21 cm谱线的观测首先发现的。我们生活的太阳系在猎户座旋臂内,位于人马座旋臂和英仙座旋臂之间,但更靠近英仙座旋臂。在21 cm谱线中观测到了塞曼谱线分裂现象,根据两条谱线分裂程度可以计算出银河系星际空间的磁场,约为$5×10^{-6}$ G。之后,天文学家还通过观测一氧化碳分子云的分布发现了名为"三千秒差距"的第4条旋臂。银河系旋臂是星际气体和尘埃,以及年轻恒星集中的地方。年轻恒星特别多,表明这里是恒星诞生的地方。

银河系存在旋臂是观测事实,但旋臂如何形成却是一个难解之谜。由于银河系是较差自转,离银心越远的地方转得越慢,这样旋臂应该越缠越紧,只需转几圈,就能破坏掉所有的旋臂,银河系和其他旋涡星系的旋臂都不可能存在。但是,银河系已经自转了20多圈,旋臂依旧;太空中众多的旋涡星系风采不减当年。这

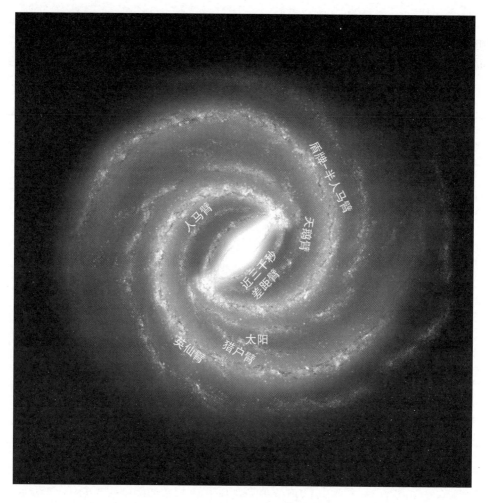

图 6-6   银河系 4 条旋臂示意图 Ⓦ

就是"旋臂缠卷"难题。1942年,天文学家提出一种"密度波"理论,解决了这个难题,其中美籍华裔科学家林家翘的贡献最为突出。密度波理论认为,星系的旋涡结构是一种波动图案,是由银河系的引力势决定的,引力势的波谷是物质密度最高的地方。引力势引起的漩涡图案绕银心作刚体式转动,各处的角速度都是相同的。星系旋臂绕银心转动,就像地球上的公路随地球一起自转一样,位置变化但形状不变。旋臂上的恒星、气体和尘埃并不是固定在旋臂上的,而是像公路上的汽车、自行车等交通工具一样有进有出。旋臂就像公路上最容易形成堵塞的地方,每一辆进入拥堵区的车辆都必须减速,进而影响它后面紧跟着的车辆减速。

拥堵好像是一列波,从前向后传,持续很久。物质有进有出,川流不息,而这条公路式的旋臂图案却保持不变,旋臂不会缠卷起来。

3. 银河系全貌

几十年来,科学家努力探查银河系,试图弄清楚它的结构、尺度以及天体在银河系中的分布。2015年3月,科学家发现银河系体积比之前认为的要大50%,数据在不断更新中。

如图6-7所示,银河系呈扁球体,具有巨大的盘面结构,由明亮密集的核心和4条旋臂组成。太阳位于银河系一个支臂猎户臂上,至银河中心的距离大约是2.6万光年。银盘的边缘到中心大约6.5万光年,银盘只是银河系的一部分,还有银晕和银冕。

银河系有数千亿颗恒星,它们彼此差别很大,主要栖息在银盘和旋臂之中。中央区域多数为老年恒星,外围区域多数为新生的和年轻的恒星。银河系里还有气体和尘埃,含量约占银河系总质量的10%。其分布不均匀,有的聚集为星云。星云世界多姿多彩,有可见光波段可见的发射星云、反射星云和暗星云,还有射电波段可观测的中性氢云、氢分子云(这是恒星形成的主要场所)。

银河系中心在人马座方向,由于太阳系与银心之间充斥着大量的星际尘埃,所以难以在可见光波段看到银心。通过可以透过星际尘埃的射电波段和红外波段观测,发现银心处有一个很强的射电源人马座A*(Sgr A*)。银心处天体特别拥挤,仅银心周围一光年的范围内就有几百万颗各种颜色的恒星。1990年以来,已经给出银心区在射电和红外波段的详细图像。在银心一光年的区域内有三大天体:第一个是射电源Sgr A*,它是银河系真正的中心,尺度不大于木星绕太阳公转的轨道,已确认是一个超大质量的黑洞;第二个是名为GCIRS 16的由蓝色恒星组成的星团;第三个是名为GCIRS 7的红超巨星,它在GCIRS 16抛射物的轰击下,长出了一条彗星式的尾巴。

星系中心的凸出部分称为核球,是一个直径约2万光年、厚约1万光年的亮球。这个区域聚集了约100亿颗老年恒星。由于气体和尘埃远比其他地方稠密,星际消光作用使得恒星非常暗淡,加上恒星密度非常高,距离又遥远,很难观测。即使看到了,也难以测量各个恒星的颜色、亮度和光谱。尽管很困难,还是有不少天文学家尝试观测研究核球。1945年开始寻找银河系核球内的恒星,发现几十颗可以用来估计距离的天琴RR型星,1980年又观测到21颗橙色巨星。

银河系不仅巨大,而且有自转,运行一周需要2.3亿年。生活在地球上的人类,不仅具有由于地球自转产生的464 m/s的速度——比声音的速度还快,还具有地球绕太阳运行的约30 km/s的速度——比火箭还快,特别还具有高达220 km/s的绕银河系中心运动的速度。银河系还带着我们以211 km/s的速度向麒麟座飞奔。然而,我们一点也感觉不到我们在宇宙中的飞驰。这是因为万有引力的存在让人类附着在地球表面,当我们还是受精卵细胞时就具备了地球所具有的各种速度,我们与地球一起正在绕着太阳、银心转动,对于我们的身体而言习以为常,也就感觉不到在宇宙中的飞驰了。

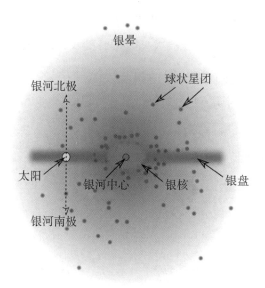

图6-7   目前国际公认的银河系模型(侧视图)Ⓦ

三、星际分子的预言和发现

星际空间的元素除了以中性原子、带电离子的形式存在,还可能相互反应形成分子。这些分子都有特殊的谱线系列,成为星际分子云最好的标志。1954年,汤斯从理论上预言星际分子的存在,1963—1970年天文学家陆续发现羟基分子、氨分子、水分子、甲醛分子和一氧化碳分子,分子天文学这门新兴的学科已经初具规模。

1. 汤斯预言星际分子的存在

最早提出宇宙空间可能存在星际分子的科学家是苏联的什克洛夫斯基(1953年)和美国的汤斯(1954年)。汤斯不仅从理论上计算出17种星际分子谱线的波长、在实验室测出了某些分子谱线的波长,还亲自策划观测发现了星际氨分子和水分子,对星际分子研究做出全面的贡献,被誉为分子天文学的开创者。

汤斯(图6-8)1915年7月28日生于美国南卡罗来纳州格林维尔,1939年在加州理工学院获得博士学位。在二战以及战后的几年中,他在贝尔实验室工作,1948年转到哥伦比亚大学物理系

图6-8　天文学家汤斯Ⓦ

工作。在这期间,汤斯承担了一项军方委托的研究任务,要求把雷达工作波长缩短到短厘米波波段,主要目的是要减小雷达的体积。研究课题进行得很不顺利,传统的理论和经验不再适用,必须寻找新的原理、新的方法。

1951年春天,毫无头绪之际,汤斯离开大学去华盛顿参加一个工作会议,暂时脱离令他屡遭失败、几乎陷入困境的工作。一天早晨,当他在华盛顿市一个公园停留时,脑子里突然闪现出一个崭新的、有可能解决困境的想法。他激动不已,立刻在一个信封背面记了下来。这个想法是利用分子受激发射的方式代替传统的电子线路放大。氨分子(NH_3)具有波长为1.25 cm的能级跃迁,只要把处于基态的氨分子激发到"激发态",就可能发射波长为1.25 cm的微波。1953年12月,汤斯和他的学生按照这个原理制成了波长为1.25cm的氨分子振荡器,也称为脉泽。

汤斯由地球上的"脉泽"联想到太空中的分子。如果太空中有氨分子存在的话,通过分子之间或分子与原子的偶然碰撞,有可能改变其能级,形成激发态,发射1.25 cm波长的谱线。1954年,汤斯预言星际分子的存在,一气呵成地计算出包括羟基(OH)和一氧化碳(CO)在内的处在射电波段的17种星际分子谱线频率,并在实验室测量了多种分子谱线的波长。

2. 羟基分子的发现

1956年,年轻的博士后巴雷特(Alan H. Barrett)根据汤斯计算出的羟基谱线的波长对仙后座A进行搜索,然而没有观测到羟基的辐射。1963年,汤斯在实验室里再次精确测定羟基的两条射电频段的谱线,证明先前的计算是对的。没有观测到羟基谱线的原因只能是射电望远镜的灵敏度不够高。巴雷特积极准备再次尝试,系主任却规劝他就此摆手,失败一次已经耽误了好几年,若再失败,对他的前途都会有影响。但这样的劝告并没有使巴雷特放弃。

1963年,巴雷特与魏因雷布(Steven Weinreb)等人合作,再次对准仙后座A搜索羟基谱线,获得成功。这次观测选用的25 m口径射电望远镜比巴雷特1956年使用的射电望远镜口径要大,特别是合作者魏因雷布专门为这次搜寻设计研制的数字式多通道自相关频谱仪大大提高了灵敏度。

对仙后座A进行10天的观测得到如下结果:明显观测到羟基分子处于基态时的两条发射线(1667 MHz和1665 MHz),进行了频率和强度比的检测,与理论预计非常符合;观测到羟基的这两条谱线的吸收线以及中性氢的吸收线,显示出一致性;调整天线,当天线指向偏离仙后座A方位角和仰角各1°时,吸收线消失。根据上述的观测结果和理论的比对,确信无疑发现羟基的存在。这一发现于1963年在英国《自然》期刊上发表,论文的署名是魏因雷布、巴雷特、米克斯(Marion Littleton Meeks)和亨利(John C. Henry)。羟基分子谱线的发现轰动科学界,也宣告了一门新兴学科的诞生。

1964年,汤斯因为在脉泽、激光及量子电子学基础理论方面的工作与另两位科学家共同分享了当年的诺贝尔物理学奖。有的学者认为,星际分子的预言和发现已经获得诺贝尔物理学奖。这种说法是不对的。诺贝尔奖委员会的公告中丝毫没有提及汤斯对星际分子研究的贡献。汤斯预言星际分子的事虽然比较早,但天文学家首次观测发现是1963年,评委们即使知道也很难做出判断。后来,不仅汤斯预言的星际分子全都发现,而且还发现非常多的其他星际分子,意义重大,显然是一项诺贝尔奖级别的成就。但是,主要贡献者汤斯刚获奖不久,再次获奖很难很难。

3. 星际分子的谱线和观测

分子是独立存在而保持物质化学性质的最小粒子。分子由原子组成,除了个别的单原子分子外,其他的分子都由两个或更多的原子通过一定的作用力,以一定的次序和排列方式组成,如我们熟悉的氢分子(H_2)、氧分子(O_2)、一氧化碳分子(CO)和水分子(H_2O)。

分子的运动状态比原子复杂得多。多原子分子有三种运动状态:原子核外电子的运动、分子的转动和分子内原子的振动。这三种运动的能量都只能是某些固定的值,物理学家称之为量子化的能级。不同能级之间的跃迁可以产生谱线。分子可能存在的能级非常多,分子谱线就比原子谱线多得多,复杂得多。美国格林班克射电望远镜发现的太空中的冷糖分子的结构如图6-9所示,由氧、碳和氢组成。这种分子能够反应合成DNA或RNA的基本组分核糖,预示着在太空中可能为生命的出现做好了前期准备。

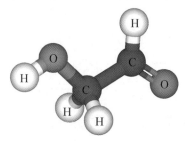

图6-9　美国格林班克100 m射电望远镜在极低温的银河中心分子云中发现的冷糖(羟乙醛)分子结构Ⓦ

从计算和实验得知:各种分子的电子能级跃迁产生的谱线位于紫外和可见光区,振动能级跃迁所产生的谱线在近红外和中红外区,转动能级跃迁产生的谱线在亚毫米波、毫米波和厘米波区。

炽热的太阳和恒星大气是以完全或部分等离子体的形式存在着,不可能有分子存在。分子只能存在于温度很低的星际空间。在低温条件下,处于基态的分子需要从外界获得足够的能量激发到高能级,然后从激发态回到基态,发出发射线。由于分子的转动能级跃迁所需的能量最小,容易实现,因此星际分子谱线主要在亚毫米波、毫米波和厘米波波段。

在汤斯预言的17种星际分子谱线中,羟基谱线的波长最长,是18 cm。其他的谱线波长都很短,如一氧化碳谱线的波长是2.6 mm和1.3 mm。20世纪60年代的射电望远镜已经相当发达,但仍处在厘米波段。天文学家自然选择羟基谱线作为发现星际分子的突破口。

由于星际分子谱线主要处在毫米波和亚毫米波波段,发展毫米波和亚毫米波射电望远镜势在必行。由于天体的毫米波和亚毫米波辐射会被大气中水汽吸收,所以需要选择干燥、寒冷、天气条件稳定和远离城市的地方放置射电望远镜。

早期的毫米波射电望远镜口径都很小,最小的要数日本东京大学60 cm口径的毫米波射电望远镜。中等的是一批口径为13.7 m的毫米波射电望远镜,先后在美国、中国、韩国、西班牙、巴西等国落户。大型毫米波射电望远镜的口径达到20—45 m。1982年建成的日本野边山45 m口径射电望远镜,工作波长1 mm—1 cm。主反射面由600块面板拼成,每块面板的加工精度达到60 μm,每块面板可以由遥控方法来调整,整个天线表面与理想抛物面相差约为90 μm。

亚毫米波的波长更短,技术困难更大。目前世界上最大的亚毫米波射电望远镜的口径也只有15 m,1987年完成,放置在美国夏威夷冒纳凯阿火山天文台。抛物面天线由276块可以调整的面板组成,面板表面精度优于50 μm。

单天线射电望远镜的分辨率不高。世界上第一台亚毫米波阵(SMA)于2003年建成使用,由8面可移动的口径6 m的天线组成,放置在冒纳凯阿火山天文台。这8面天线可以在方圆约500 m的24个基座上移动,相当于一台口径为500 m的望远镜的空间分辨率。天文学家于2013年建成一台巨型毫米波综合孔径望远镜——ALMA,由66面直径12 m的可移动天线组成。天线间的最远距离达14 km,最近仅150 m。在1 mm波长上的空间分辨率为10 mas,比哈勃空间望远镜的分辨率高10倍。

毫米波和亚毫米波射电望远镜的发展是由分子天文学研究所推动,也必将大大推动分子天文学的飞速发展。

4. 星际分子搜寻大丰收

汤斯对星际氨分子的搜寻情有独钟。他亲自推动并参与了星际氨分子以及水分子的观测。氨分子和水分子谱线的波长分别为1.3 cm和1.4 cm,短厘米波的观测比18 cm羟基谱线的观测难度大得多。1968年他们在Sgr A观测到氨分子谱线,1969年他们又成功地在Sgr B2、猎户座A和W49找到水分子。虽然这两篇论文的第一作者不是汤斯,但成功以后最高兴的还是他。1969年,斯奈德(Lewis Snyder)等观测到甲醛分子谱线(波长为6.2 cm)。甲醛是观测发现的第一种有机分子,预示着地球之外可能有生命存在。

汤斯计算得到的一氧化碳谱线在毫米波波段,只有应用毫米波望远镜才能进行搜索。1970年,美国天文学家用口径11 m的毫米波望远镜在猎户座、人马座等9个源首次观测到了一氧化碳的2.6 mm谱线。后来,又观测到一氧化碳的1.3 mm谱线。观测表明,一氧化碳大量存在于银河系的暗星云、星周物质、电离氢区和银核之中(图6-10)。一氧化碳的射电谱线是通过与氢分子的碰撞激发的。因此,一氧化碳分子和氢分子是共生的。虽然氢分子比一氧化碳分子多得多,但氢分子谱线在紫外线波段强度很弱,很难观测;而一氧化碳谱线强度很高、分布很广、很稳定,很容易观测,因此天文学家通过对一氧化碳射电谱线的观测来推演出氢分子的分布。一氧化碳成为最重要的星际分子之一,是探索星际致密冷尘埃云的有力手段。

表6-1 1963年—1970年期间发现的8种星际分子

分子式	中文名	发现年代	波长
OH	羟基	1963	18 cm
NH_3	氨	1968	1.3 cm
H_2O	水	1968	1.4 cm
H_2CO	甲醛	1969	6.2 cm
CO	一氧化碳	1970	(1.3/2.6) mm
CN	氰基	1970	2.7 mm
HCN	氰化氢	1970	3.4 mm

表6-1展示了1963—1970年期间发现的星际分子。到1979年底,已经认证出的星际分子超过50种,到2004年则已经超过了130种。目前,世界上有几十架射电望远镜和天线阵可以用于探测星际分子,观测能力空前强大,已观测到180余种星际分子,而且在邻近的河外星系中也陆续找到了许多种分子。星际分子的种类繁多,有简单的分子,也有复杂的分子;有无机分子,也有有机分子;有地球上已认知的分子,还有在地球上没有找到或是不稳定的分子。每种分子往往有几个至上

百个源,这些分子源分布在星际空间中物理条件不同的各个区域,如银心、电离氢云、中性氢云、星周物质、暗星云、超新星遗迹等。有些分子(如一氧化碳)分布很广,可用来研究银河系和其他星系的旋臂结构;但也有一些分子只有在非常致密的星云中才能找到。位于电离氢区的猎户座大星云(M42)是被研究得最详细的分子源之一,从中发现多种分子。在银心方向的 Sgr A 和 Sgr B2 星云是更丰富的分子源,从中几乎能找到所有已发现

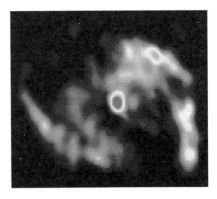

图6-10 涡状星系 M51 的一氧化碳谱线观测,显示气体、尘埃和恒星形成区◎

的星际分子。有意思的是乙醇分子的观测,银河系分子云中的酒精比地球的海水还要多百万倍。不过,分子云中的水更多,约为酒精的 10 万倍,所以这种"分子云酒"的酒精含量极低,只有 0.001%,爱喝酒的人恐怕是过不了瘾的。

巨型分子云是银河系中最大的天体,也是恒星诞生的摇篮。它们的数目比星团多。星际分子的发现导致分子天体物理学的诞生,使天文学进入一个新的阶段。天文学家可以从分子着手来研究宇宙中发生的各种现象。在这之前,大部分天体物理学的内容是依照原子物理、原子光谱的理论来研究。星际分子的发现打开了一个新的、内容丰富广阔的研究领域——分子天体物理学和分子天体化学。

星际有机分子的观测对探索其他星球上是否存在生命物质的问题提供了科学的线索和依据。观测星际分子对于研究恒星形成、恒星演化晚期和银河系结构都有重要意义,是观测低温度、低密度的星际云、恒星形成区、恒星包层等的重要手段。

四、发现银河系中心超大质量黑洞

沙普利发现银河系中心在人马座方向,把太阳从银河系中心请了出去,这一伟大的发现使人类对银河系这个物质世界的认识又进了一步。但是,银河系中心情况究竟怎么样,并不清楚。当时的天文观测仅依靠光学望远镜,主要是可见光波段的观测,根本看不清星际尘埃笼罩下的银河系中心的面貌。随着射电、红外和X射线观测技术的发展,对银河系中心的多波段观测才逐步把中心区域的天体情况展示出来,特别是发现银河系中心有一个质量硕大的天体。天文学家花费数十年确认这是一个超大质量黑洞,根策尔和盖兹因此获得2020年诺贝尔物理学奖。

1. 银河系中心超大质量黑洞的猜想

银河系中心是恒星密集、尘埃稠密的区域,并且越靠近中心就越密集。由于星际消光作用在银心方向特别严重,天文学家无法用光学望远镜对银心进行观测。用可见光观测银心得到的照片如图6-11(彩图7)所示,图中小方框为银心所在位置,漆黑一片,根本看不到任何天体。

图6-11 光学望远镜拍摄的银河系中心方向的照片,小方框标注银心位置◎

银河系中心究竟有什么? 长期以来一直是个谜。幸运的是,射电波段、红外和X射线波段的辐射都可以穿透尘埃屏障,有效地对银心进行观测,逐步把银心的秘密一个一个地展现给我们(图6-12)。

1971年,英国天文学家提出,银河系的中心应该是一个质量比较大的黑洞,在黑洞周围会形成一个环状的吸积盘,发出强大的射电波和红外线。1974年,人们果然在银河系中心方向发现一个强射电源Sgr A。这是迄今人们所知道的银河系内最大、最强的射电源。Sgr A分别有东西两个源,西边的射电源又称Sgr A*,被认为是银河系的中心。但它是不是个大质量黑洞呢? 没有确切的证据。

20世纪90年代开始就有天文学家在近红外波段观测以Sgr A*为中心的区域,看到了许多恒星。其中有11颗在绕着Sgr A*运行,按照离Sgr A*的距离分别命名为S2、S3、S4……美国和德国的两个研究组特别关注恒星S2,想尽各种办法不断提高观测的精度,30年如一日,其目的就是判断S2所围绕的Sgr A*是不是一个超大质量黑洞。

德国小组由天文学家根策尔(图6-13左)领衔。根策尔是德国马克斯·普朗克科学促进学会院士、美国国家科学院院士,现任慕尼黑马克斯·普朗克地外物理研

图6-12　由"钱德拉"卫星拍摄的银河系中心的X射线图像ⓃN

究所所长、美国加州大学伯克利分校物理学教授、慕尼黑大学荣誉教授。

美国小组由天文学家盖兹(图6-13右)领导。盖兹是美国加州大学洛杉矶分校教授,美国国家科学院院士、美国艺术与科学院院士。小组成员来自加州理工

图6-13　2020年诺贝尔物理学奖得主根策尔(左Ⓦ)和盖兹(右Ⓞ)

学院和夏威夷大学凯克天文台。

　20世纪90年代初,世界上口径最大的光学望远镜是海尔望远镜,口径5.08 m,独霸天下40年。光学望远镜的进一步发展遇到了两大技术难题:一是大孔径光学玻璃难以制造,巨大自重和温度变化还会带来镜面变形;二是大气抖动会引起天体辐射波前扭曲,从而导致图像模糊。为解决这些难题引发了一场技术革命,创造了三大新技术,即镜面拼接技术、主动光学技术、自适应光学技术。镜面拼接技术是使用口径较小的镜面组合成大口径的反射镜。主动光学技术是为了消除重力和风力导致的镜面形变,使用促动器主动支撑和调整镜面,使镜面保持理想状态。自适应光学用于消除大气湍流带来的成像形变,其技术原理将在后文详细介绍。

　随着技术革命的进展,口径8—10 m的大型光学望远镜陆续问世。美国夏威夷的凯克望远镜(图6-14)口径10 m,共2台,分别于1991年和1996年建成投入使用。每台望远镜有8层楼高,非常雄伟。镜面由36块口径为1.8 m的六边形小镜片组成,厚度仅为10 cm,通过主动光学支撑系统,使口径10 m的镜面一直保持理想状态。盖兹小组的观测一开始就应用凯克望远镜,观测条件非常好。

图6-14　凯克望远镜由两台口径10 m的望远镜组成,位于太平洋夏威夷岛上海拔4200多米的冒纳凯阿火山上Ⓦ

欧洲南方天文台口径3.6 m的新技术望远镜(NTT)于1976年11月建成启用,性能并不比海尔望远镜逊色。德国根策尔小组最初就是用这台望远镜观测银河系中心的恒星S2。欧洲南方天文台的甚大望远镜(VLT,图6-15)是由4台口径8.2 m的光学望远镜组成的,第一台望远镜于1999年4月交付使用,2012年全部建成,观测能力当然比NTT好很多。VLT的4台望远镜既可以单独使用,也可以组成光学干涉仪进行高分辨率观测。作为干涉仪工作时,VLT具有相当于16 m口径望远镜的聚光能力和130 m口径望远镜的角分辨本领,观测能力堪称世界地基光学望远镜中最强的了。后来根策尔小组完全改用VLT进行观测研究。

20世纪90年代,这两个研究小组的观测已经给出恒星S2和S3围绕射电源Sgr A*运行的轨道,S2的轨道周期为16年,如图6-16所示。初步确认S2和S3是围绕一个质量约为400万太阳质量的黑洞运行,猜想这个黑洞就是射电源Sgr A*。

为了确认Sgr A*是不是银河系中心的一颗超大质量黑洞,需要更精确的观测和理论研究,当务之急是要提高观测能力并进行16年甚至更长时间的监测。当然,对Sgr A*进行高空间分辨率的射电观测也是必需的。既然怀疑Sgr A*的射电辐射来自超大质量黑洞的吸积盘,那么它的尺度只能比黑洞视界大一些,确认Sgr A*的

图6-15   甚大望远镜(VLT)由4台口径都是8.2 m的大型望远镜组成,位于智利的帕瑞纳山,海拔2632 m⑩

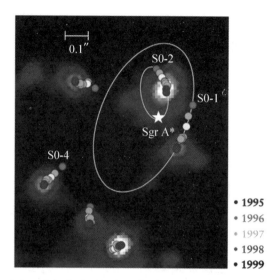

图6-16　20世纪90年代由观测给出的S2及S3环绕Sgr A*运行的轨道,观测数据比较少,没有覆盖整个轨道周期。纵坐标和横坐标分别是恒星在赤纬和赤经方向上离Sgr A*的距离(角秒)。图中的S0-2是盖兹小组对这颗恒星的命名,而根策尔小组则用S2命名这颗恒星。在正文中采用S2这个名字①

尺度是射电观测首要的任务。

2. 根策尔和盖兹努力改善观测技术

　　为了确认Sgr A*是不是一个超大质量黑洞,需要对围绕Sgr A*运行的恒星S2进行长时间、高精度的观测。准确地测定它的位置以获得其轨道;测量它的光谱在运行中的变化,以确认恒星速度及其变化;在S2最接近Sgr A*时检测是否发生了引力红移,以确认黑洞的质量。这些观测要求非常精确,绝非一般的光学/红外望远镜能够胜任。甚至可以说,最先进的凯克望远镜和VLT也不能完全胜任。

　　两个小组都采用近红外观测,选取的中心波长为2.2 μm,星际消光的影响比可见光波段小得多。但是,要观测远在2.6万光年处的恒星S2,困难还是很大,动用大型光学/红外望远镜是绝对必要的。

　　然而,地面大型光学/红外望远镜有一个致命的弱点,那就是容易受地球大气湍流的影响。遥远恒星发出的光经过地球大气到达望远镜反射面。在地球大气湍流的作用下,到达望远镜的光波波前发生了变化,不能聚焦到焦点,所成的像发生了畸变,导致空间分辨率降低。

按理论计算,美国 10 m 口径的凯克望远镜在波长 2.2 μm 处的空间分辨率为 0.05″,这是望远镜的衍射极限所决定的最高分辨率。凯克望远镜的实际分辨率远达不到这样的程度,那是因为地球大气的湍流引起的大气抖动远远大于 0.05″,这与观测站的环境有关。视宁度是表征大气抖动尺度的参数。应该说欧南台和夏威夷两个天文台的台址视宁度是世界上最好的,但是平均视宁度也达不到 0.5″,也就是比由衍射极限决定的空间分辨率差了一个数量级。如何提高空间分辨率成为这一研究课题的拦路虎。

其实地面的大型光学/红外望远镜的空间分辨率远不如口径较小的哈勃空间望远镜。但由于 S2 的轨道周期是 16 年,至少要持续不断地进行 16 年甚至 32 年的监测,不可能应用空间望远镜进行这样长时间的监测。

20 世纪 90 年代,两个团队开发并使用了近红外散斑成像技术,用一个非常敏感的探测器,采用非常短的曝光时间,以获得高分辨率的恒星图像。由于曝光时间仅仅为 0.1 s,可以极大地避免大气湍流的影响,但也导致观测灵敏度很低,只能观测极少数非常亮的恒星。好在自适应光学已经发展起来了,这是一项能减小甚至消除大气湍流对望远镜影响的技术。

自适应光学技术的概念是 1953 年提出的,目前已经发展得比较完善了。其原理是,先测出大气湍流导致的光的波前变化,然后用一块曲面反射镜去补偿波前所发生的变化,恢复其本来的面貌。自适应光学系统是一种具有自动调节功能的装置,由波前探测器、波前控制器和波前校正器组成(图 6-17)。波前探测器主要是探测目标物近旁的人造星体的波前畸变,通常是把一个明亮的钠原子激光参考源放置在地球大气层之上。然后,波前探测器把探测到的人造星体的光的波前变化记录下来并输送给波前控制器。波前控制器的功能是将探测得到的波前数据,经过计算求得波前相位,然后反馈给波前校正器,用以改变二次曲面反射镜的形状。改变形状后的反射镜可以补偿畸变波阵面,消除大气湍流的影响,提高图像精度。自适应光学系统也因此简称为变形镜。自适应光学系统获取的图像几乎

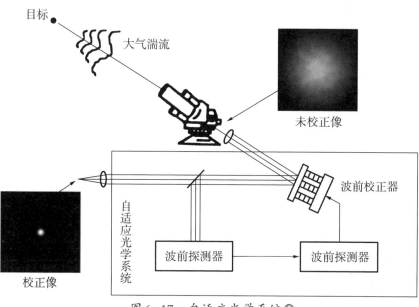

图6-17 自适应光学系统①

与空间望远镜拍摄的一样清晰(图6-18),由于地面望远镜的口径可以做得很大,聚光本领和分辨率都可以超过空间望远镜。

2000年,盖兹小组在凯克望远镜上实现了自适应光学技术的应用。根策尔小组稍后于2003年也在VLT上应用了自适应光学技术。这一技术革命还允许使用摄谱仪来研究恒星,可以研究恒星的成分,可以获得恒星的投影速度、径向速度,以及引力红移。目前新一代自适应光学系统还在研发中,包括同时使用多个激光

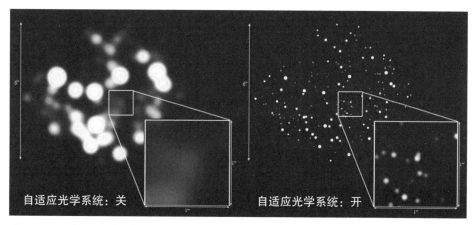

图6-18 自适应光学系统的效果示意图,右边和左边分别是有无自适应光学系统的银河系中心成像效果对比①

导星以及高级自适应光学设备等。

3. 确认银河系中心黑洞存在

2010年,两个小组已经积累了18年的银河系中心恒星观测资料。他们进行了一次总结,与20世纪90年代的观测结果相比有了非常大的改进。观测数据来自凯克望远镜(美国小组)、VLT和NTT(德国小组)。两个小组的观测结果相当一致,给出恒星S2在太空的位置、运行轨道、16年的轨道周期和S2在轨道上不同位置上的径向速度。他们还多次观测到黑洞吸积物质时发出的强烈耀斑辐射。根据这些观测数据,他们得到的结论是:恒星S2是在围绕一个400万太阳质量的黑洞运行,银河系中心确实存在一个超大质量黑洞。

观测研究还在继续进行,到2018年又达到新的高峰,获得恒星S2更加精确的位置和径向速度。使用1992年到2018年期间共26年的观测数据,再次发表了恒星S2的运行轨道图和径向速度变化图。结果与2010年的研究一致,但更加精确,更加令人信服。特别是增加了观测恒星S2的引力红移项目,又增加一个强有力的证据。观测能力也有很大的提高,根策尔小组把VLT的4台望远镜组成干涉仪,取名GRAVITY,其聚光能力比单台望远镜提高了4倍,空间分辨率则提高了约16倍,看得更清楚,定位更精准。

图6-19是德国小组在2018年发表的银河系中心的恒星S2围绕Sgr A*运行的轨道图。其中SHARP是在NTT上应用近红外散斑成像技术获得的数据,NACO是VLT采用自适应光学技术得到的观测数据,GRAVITY则是4台VLT组成的干涉仪获得的数据。对恒星S2的位置数据进行最佳拟合,包括进行狭义相对论和广义相对论效应的修正,得到椭率为0.88的椭圆轨道,几乎所有数据点都落在拟合的椭圆曲线上,达到近乎完美的程度。

恒星S2绕银河系中心运转一周是16年,如果它的绕行速度依赖于中心天体的质量,恒星距离中心r处的速度应与$r^{-0.5}$成正比,速度随距离的减小而增加。就像太阳周围的行星那样,水星离太阳最近,它的绕行速度最快。如果质量并不是集中在Sgr A*,而是分散的话,恒星的绕转速度与距离的关系就会变化,很可能是

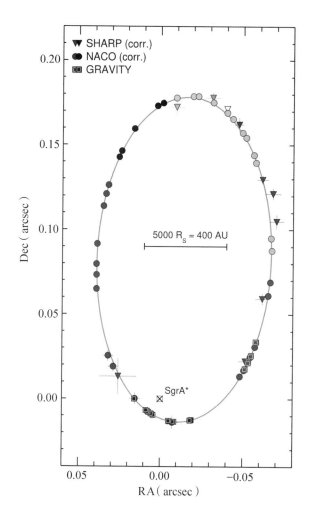

图 6-19　恒星 S2 围绕 Sgr A* 的运行轨道,椭圆曲线是轨道的最佳拟合结果。纵坐标为赤纬方向偏离中心天体 Sgr A* 的距离(角秒),横坐标为赤经方向偏离 Sgr A* 的距离(角秒),图中间的标尺相当于 400 AU,或者是 400 万太阳质量黑洞施瓦西半径的 5000 倍①

随着距离的增加而增加。因此,对恒星 S2 速度的观测对于探索银河中心黑洞至关重要。由于恒星 S2 是在围绕一个质量很大的黑洞运行,它必须以非常快的速度行进,否则就会掉入黑洞。结果表明在恒星 S2 在最接近 Sgr A* 时,速度达到光速的 2.55%。图 6-20 展示恒星 S2 的径向速度随时间的变化曲线。由于恒星 S2 绕 Sgr A* 运行,因此有一段时间是朝向观测者运动,然后转为离观测者而去,所以径向速度方向会发生变化。

　　观测恒星 S2 的引力红移可以提供新证据来判断中心天体情况。如果 Sgr A* 真是一个大质量黑洞,那么它的引力场就会使绕它运行的恒星 S2 的辐射产生引力红移,在恒星 S2 离 Sgr A* 最近时的引力红移现象最为明显。2002 年有一次机会,

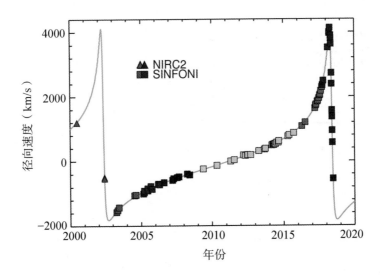

图6-20　恒星S2的径向速度随时间的变化,方块是VLT的观测结果;三角形是凯克望远镜的观测结果①

但当时的观测技术远不能满足要求,无法探测。2018年5月19日恒星S2再次到达离Sgr A*最近的位置,距离约为200亿千米(≈120AU),这时的轨道速度达到了7650 km/s(约为光速的2.55%)。两个小组分别使用凯克望远镜和VLT对恒星S2进行了追踪观测,并且都启用了自适应光学系统。德国小组技高一筹,使用GRAVITY干涉仪进行观测。他们不仅希望观测到广义相对论预言的引力红移,还想探测到狭义相对论预言的相对论性横向多普勒效应产生的红移。最终,根策尔小组看到了两种相对论效应的联合作用,Sgr A*的引力将恒星S2的径向速度红移了200 km/s,与相对论理论预测相吻合,支持Sgr A*确实是一个质量为400万太阳质量的黑洞。

4. Sgr A*的高分辨率射电观测

尽管学术界比较认同大多数星系的中心都有一个超大质量黑洞,但是能确认的并不多。在诸多超大质量黑洞的候选体中,银河系中心黑洞(Sgr A*)离我们最近,角径最大,流量密度最高,是最容易观测的超大质量黑洞候选体。第二好的候选体就是椭圆星系M87中心的黑洞,其质量比银河系中心黑洞大得多,由于离我们太远,它的角径比Sgr A*要小些。天文学家把银河系中心的黑洞列为研究的首选目标。如果Sgr A*是一个黑洞,按照400万太阳质量计算,它的施瓦西半径仅仅只有地球到太阳距离的8.6%。由于广义相对论效应导致黑洞存在一个5倍于施瓦西半径的阴影区。对我们来说,阴影区约为50 μas(微角秒)。要想证明射电源Sgr A*是黑洞,必须证明它的角径与黑洞的阴影区相差不多。这需要极高的空间分辨率,对射电观测是一个严峻的挑战。

目前基线最长的射电望远镜是欧洲甚长基线干涉网(EVN),因为他们邀请了中国、南非和美国的射电望远镜加入。但是,EVN的观测波长比较长,空间分辨率并不是最高的。我国天文学家沈志强的团队看上了美国的甚长基线阵VLBA。VLBA由10台25 m口径射电望远镜组成,跨度从美国东部的维尔京群岛到西部的夏威夷,基线长达8600 km,最短基线200 km。10台射电望远镜的天线和接收机系统一模一样。这是世界上最大的VLBI观测专用设备,也是唯一的观测波长能达到3.5 mm的VLBI设备。

1997年,沈志强等成功申请到VLBA的观测时间,在5个波段上对Sgr A*进行观测。所得图像的尺度随波长的减少而变小。在最短的观测波长7 mm处观测得到的尺度最小,约2倍于地球到太阳的距离,即2 AU。

尽管取得了空前好的观测结果,但还可以再上一层楼。2001年1月,沈志强团队申请3.5 mm波段的VLBA观测。毫米波观测对天气条件的要求非常苛刻,有雨或有云的天气都不能进行观测。VLBA的10台射电望远镜所在地的自然环境很不相同,一年中10个台站同时处在适合毫米波观测天气条件的时候非常少。VLBA设立了动态观测时间的申请,在10台射电望远镜台站同时具备观测条件的时间分配给那些特殊的观测课题。沈志强团队等待20个月,直到2002年11月3日才如愿以偿,获得第一张波长为3.5 mm的高分辨率VLBI图像,首次揭示其椭圆状视结构,推测出Sgr A*沿东西方向的固有大小在1 AU以内,只比这个黑洞的施瓦西半径大13倍,比这个黑洞的阴影大2.6倍。这为Sgr A*是银河系中心超大质量黑洞提供了有力的证据。2005年英国《自然》期刊发表了这一重大成果,并专门配发了评论。图6-21显示VLBA在1.4 cm、7 mm和3.5 mm三个波段上得到的Sgr A*

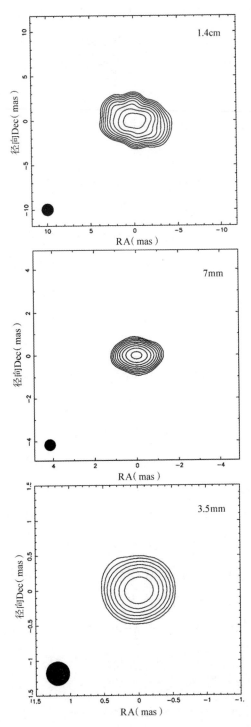

图 6-21   在 3 个波长上 VLBA 观测得到的 SgrA*的图像,从上至下分别对应波长

1.4 cm、7 mm、3.5 mm①

的图像。

对银河系中心黑洞的进一步观测有待 VLBI 观测波长的进一步缩短。2006 年就有天文学家策划,使用由 3 台射电望远镜组成的 VLBI,在比 3.5 mm 更短的波段进行观测实验。2012 年,天文学家组建观测黑洞的事件视界望远镜,已经于 2019 年公布 M87 中心黑洞照片,Sgr A* 的观测情况将在未来公布。

5. 银河系中心的多波段观测

银河系中心的观测并不局限于射电源 Sgr A* 和围绕它运行的几颗恒星。哈勃空间望远镜的近红外波段和斯皮策红外空间望远镜对银河系中心进行了长期的观测。"斯皮策"的一张照片显示,在人马座星云中相当于 3 个满月大小的区域,尘埃云中挤满了成千上万的老年恒星,还有灼热发光的细丝和向外飘逸的物质,以及手指状的尘埃柱。一些被尘埃包裹起来的新生恒星破茧而出。还有密度特别高、红外线也无法穿透的黑色云雾。一张由哈勃望远镜拍摄的银河系中心的假彩色合成图片显示出新的大质量恒星群,年龄只有几百万年。银心的星空灿烂无比。

在美国天文学会年会上有报告称,银河系中心是生机勃勃的恒星诞生地。通过分析哈勃望远镜近 9 年的观测资料,看到了成千上万颗恒星,年轻恒星数量是古老恒星的两倍。2017 年 12 月,美国科学家发表研究报告指出,银河中心 Sgr A* 黑洞周围出现大量新的恒星。这些年轻恒星诞生仅 6000 年,而以前观测到的年轻星体年龄至少有 600 万年。

一个由日本、南非和意大利的天文学家组成的国际小组在红外波段开展银心附近造父变星的搜寻工作,搜寻到的造父变星年龄一般都不超过 3 亿年,相比大约 45 亿岁的太阳要年轻得多。在搜寻过程中,他们注意到一个意外的情况,在银河系中心区域大约 150 ly 的半径范围内发现许多造父变星。但在这一区域之外存在着一个巨大的造父变星缺失区域,该区域范围一直向外,延伸到大致距离银河系中心 8000 ly 的区域,令人费解。

几十年前,有一种理论提出,Sgr A* 附近应该存在大量恒星级黑洞,而且数量不断增长。但是,天文学家在红外波段的搜寻,几乎一无所获。后来改用空间X射线望远镜观测,发现银心的X射线天空却是光辉灿烂的。哥伦比亚大学的学者在钱德拉X射线空间望远镜的数据里,找到了许多X射线双星(图6-22)。这些双星都毗邻Sgr A*。天文学家认为,双星中的X射线源是因为吸积伴星的物质而产生的,双星观测可以推算出X射线源的质量,如果质量大于3.2 $M_\odot$的话,超过了中子星的质量上限,就判断为黑洞。他们发现,在Sgr A*附近大约3 ly的范围内,存在着14个X射线双星,分别对应着5—30 $M_\odot$的黑洞。实际上钱德拉X射线空间望远镜只能观测到比较强的X射线源,只是很少的一部分。Sgr A*附近实际存在的包含黑洞的X射线双星数量要多得多,至少是几百,多的话甚至成千上万。

最近10年,银河系中心的观测又有惊人的发现。2010年在银心附近发现两个γ射线大气泡(彩图8),分别处在银道面南北。如图6-23所示,两个气泡尺度共达5万光年,为银河系直径的一半。由于是费米空间望远镜发现,因此称为费米气泡。气泡的γ射线辐射来自气泡中的高能电子与低能光子碰撞,低能光子获得能量变为γ射线光子,这个过程称为逆康普顿散射。许多星系也都呈现出双泡状物

图6-22　钱德拉X射线望远镜观测的银河系中心的图像,圆圈代表X射线源,其中有很多X射线双星,Sgr A*位于正中间Ⓝ

质喷流现象,但是,如此硕大、完美对称、近似圆形的双泡,宇宙中仅发现此一例。

2012年在费米气泡中发现南北两个γ射线喷流系统,从银河系的核心出发,一直向银盘上下两个相反方向延伸达2.7万光年。这是首次观测到此类γ射线喷流,也是距离我们最近的宇宙喷流。气泡和喷流都是两两出现在银河系中心的Sgr A*的两旁,预示着它们与超大质量黑洞有关。

喷流与费米气泡在形态和成因上都有所不同。喷流是等离子流从银河中心喷涌而出时形成的,并且在此期间受到一个螺旋形磁场的制约,从而能够保持高度聚焦的形态。两个费米气泡则可能是由一股高温物质"风"从银心超大质量黑洞吸积盘向外吹出来的。因此,相比喷流结构而言,巨泡结构的延伸要宽阔得多。此外,费米气泡的两个巨泡的延伸方向是和银盘方向相垂直的,而喷流系统延伸方向与银道面成75°,这或许反映了当时围绕银河中心超大质量黑洞的吸积盘具有一定的倾角。

2018年,欧洲XMM-牛顿空间望远镜观测绘制银河系核心地区的X射线图(图6-24),发现银河系中心长出两个长约500 ly的烟囱状的突出物,被称为"烟

图6-23　费米空间望远镜发现银河系中心的巨大"费米气泡"和喷流①

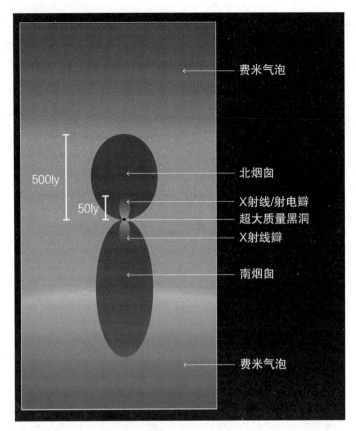

费米气泡

北烟囱

X射线/射电瓣

超大质量黑洞

X射线瓣

南烟囱

费米气泡

500ly

50ly

图6-24   银河系中心的X射线烟囱:中心黑点是400万太阳质量的黑洞 Sgr A*Ⓔ

囱"。钱德拉X射线望远镜的观测也证实这个烟囱的存在。南北烟囱都延伸到费米气泡的底部。离银心越近,烟囱的温度和密度就越高。科学家认为烟囱是连接银河系中心活动和费米气泡的排气管,为费米气泡提供物质。

目前银河系中的超大质量黑洞Sgr A*非常安静,没有任何证据表明目前有任何物质喷发活动。澳大利亚和美国合作的研究小组利用哈勃空间望远镜的观测资料计算得出,大约350万年前,银河系中心曾发生一场爆炸,从中心往两个相反方向发射了锥形辐射,称为赛弗特耀斑。银道面上下两个方向各延伸20万光年,就像两个巨大的灯塔光束。费米气泡、喷流和烟囱就是这次爆发的遗留物。也有天文学家认为,大约在500万年前,有一对强大的喷流从Sgr A*超大质量黑洞发出,持续了100万年,留下了费米气泡、喷流和烟囱。银河系不是活动星系,但是历史上曾也有很不平静的时段。银河系还存在很多秘密等待天文学家去挖掘。

五、太阳系外行星的搜寻和发现

寻找太阳系外的行星系统,已成为当今最热门的天文课题之一。受寻找"地外生命"的激励和驱使,科学家首先在太阳系内大规模地进行搜寻,继而把重点转到寻找太阳系外的行星系统以及地外生命的迹象。20世纪50年代天文学家开始用光学望远镜搜寻太阳系周围17 ly以内的系外行星,没有找到。1995年,瑞典天文学家马约尔和奎洛兹发现恒星"飞马座51"的行星,掀起了系外行星探索的热潮。他们因此获得2019年诺贝尔物理学奖。随着各种观测技术的突飞猛进,陆续发现银河系中的4000多颗系外行星。系外行星研究领域进展迅速,成果极其丰富。

1. 太阳系内地外生命的搜索

　　地球是目前已知的唯一的生命乐园。地球上生机勃勃是因为它具有以下的条件:拥有大气层,不仅阻挡太阳的紫外线及高能粒子的侵害,还含有足够满足动植物需要的氧气和二氧化碳;温度远低于100 ℃,广大地区高于0 ℃;拥有极其丰富的液态水;拥有构造生命的各种元素。其中,液态水的存在对生命至关重要。因此,在行星系统当中,以是否能存在液态水(温度在0—100℃)作为依据,划出"宜居带",即生命的"适合居住区"。

图6-25是太阳系及比太阳质量小的恒星的宜居带。太阳系中地球和火星处在宜居带,而金星则处在宜居带的边缘。比太阳质量小的恒星光度也小,所以宜居带离恒星要近些。为什么不讨论大质量恒星的宜居带? 这是因为恒星质量越大,燃烧越快,寿命越短。太阳的寿命约为百亿年,年龄约为50亿年,地球的年龄为46亿年,在地球诞生大约12亿年后才出现简单生命,经过30亿年才出现复杂生命,所以要想孕育出生命,恒星的寿命必须足够长。很显然,质量很大的恒星,它们的行星即使处在宜居带,也不会出现生命。质量比太阳小的恒星,寿命比太阳还要长,如果有处在宜居带的类地球行星,就可能有生命存在。地球附近的月球、金星和火星都处在宜居带之中,它们成为科学家研究、观测和探测的重中之重。

已经查明,大部分行星上的自然环境相当恶劣,不利于生命存在。但科学家在地球上自然环境极端恶劣的地方进行考察,有很多出乎意料的发现:在格陵兰冰川下3 km处发现体积最小的微生物;在深海火山口发现能够承受高压和高温的

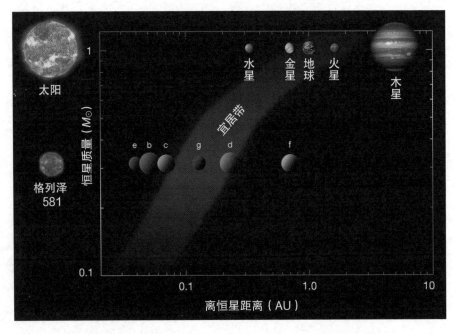

图6-25 太阳和比太阳质量小的恒星的宜居带 Ⓦ

细菌;在阿塔卡马沙漠的土壤中发现能够经受住寒冷、真空、干旱和辐射考验的强悍细菌;在红海附近盐滩发现耐盐的细菌;在美国加利福尼亚州金矿的毒液中发现耐酸细菌;在南非矿井中发现能够从周围岩石和空气中获取所需营养物质的微生物;在特立尼达和多巴哥的沥青湖中发现每克含有100万—1000万个不同种类的微生物。科学家还在海洋深处的热液喷口的基部发现了生机勃勃的有机生物群,其中有长管虫、蠕虫、蛤类、贻贝类,还有蟹类、水母、藤壶等特殊的生物群落(图6-26)。喷口处的温度在110—350 ℃之间,周围环境的水温接近或等于冰点,没有一丝光线,压力极高。在地球上极端恶劣的条件下发现生物,令人惊奇。由此推论,自然环境极端恶劣的行星或它们的卫星上,是有可能存在生命现象的,还需要进一步查找。

科学家一开始把寻找地外生命的眼光放在太阳系内。根据一定的生存条件划定宜居带,把处在宜居带中的月球、火星、金星作为重点探测对象,后来又增加了木星和土星的几个卫星。由于木星和土星的几个卫星有大气和湖泊存在,如土卫六、木卫二等,也引起科学家格外的注意。虽然至今没有探测到生命的迹象,但并没有完全绝望,仍在努力探索之中。

图6-26　海底热液喷口附近的管虫Ⓦ

1) 规模宏大的月球空间探测

1835年,《纽约太阳报》刊登英国作家洛克(Richard Adams Locke)的文章,制造了轰动一时的"月亮骗局"。洛克编造说英国天文学家约翰·赫歇尔(John William Herschel)发现"月亮上有鲜花、树木、湖泊和人形动物",并称赫歇尔的望远镜能够分辨月面上45 cm的东西。报纸的销售量顿时变为美国第一。

即使是当代最大口径的光学望远镜也绝不可能分辨月面上45 cm的物体。科学家为了探测月球,把宇航员和月球车送上月面,才一目了然。在过去的半个多世纪里,各国总共发射了100多个月球探测器,约一半是环绕月球的探测器,另一半在月表着陆。我国嫦娥二号环绕月球飞行,在离月面100 km的轨道上对月面进行拍摄,获得世界上最全面、最清晰、最高分辨率的全月图,分辨率达到了7 m。固定在月面上的着陆器携带天文望远镜,观测星空,而月球车则可以巡查多个地方。2019年由嫦娥四号送到月球背面的玉兔二号月球车(图6-27)携带了全景相机、测月雷达、红外成像光谱仪、粒子激发X射线谱仪等科学探测仪器。虽然美国、苏联已有多辆月球车着陆,但玉兔二号是世界探月史上唯一的一台在月球背面考察的月球车。

2020年11月嫦娥五号奔向月球,实现了在月面着陆、自动采集土壤样品后返回地球的壮举。这次成功是我国航天事业发展中里程碑式的新跨越,标志着我国具备了地月往返能力,实现了"绕、落、回"三步走规划完美收官,为我国未来月球与行星探测奠定了坚实基础。

最宏伟、最激动人心的月球探测当然属于美国阿波罗登月计划,从1969年到1972年,12名宇航员先后6次登上月球,累计月面停留时间302小时20分钟,月面探测80小时,行程90.6 km。宇航员在月球上,举目远眺,万籁俱寂,一片荒凉,没有任何生物,连一棵草、一只昆虫、一个细菌都没有。虽然6次登陆的地点不同,考察的地方很有限,只能说,看了几个景点。然而,他们看到的与后来环绕月球的探测器和着陆器的探测结果是一致的,没有发现任何生命现象。

早期的探测一直没有在月球上发现水的存在。1998年美国"月球勘探者号"发现月球两极存在大量冰态水,其储量约0.1亿—3亿吨,这是探月以来最激动人

图6-27 我国玉兔二号月球车在月面背后探测,这是自有月
球空间探测以来唯一在月背登陆的月球车①

心的进展。虽然有水不一定就有生命存在,但对于月球的开发利用来说,却是特
大的喜事,因为可以在月球上就地解决生命所必需的水、氧气以及燃料的问题。

在月球上建设基地已经提到日程上了。月球基地是指在月球上建立生活与
工作区域,开展各种科学研究,如建立天文台开展天文观测、开发月球各种矿物资
源和建设宇宙飞船发射场等。不过,目前还处在一般性探讨阶段,参加过月球探
测的美国、欧盟、俄罗斯、中国、日本等都在考虑方案。2021年3月9日,中俄两国
签署了合作建设国际月球科研站谅解备忘录。

2)希望渺茫的金星空间探测

金星的大气特别浓密(图6-28),地球上的光学望远镜根本看不到它的表面,
这促使科学家优先对金星进行空间探测。苏联和美国是对金星进行空间探测的
主力,从1961年1月苏联发射了第一颗金星探测器"巨人号"到2015年日本的"拂
晓号"入轨探测,几十年间,共计发射了31颗金星探测器。有近1/3的探测器进入
金星大气后失联,成功进入轨道或登陆的探测器工作时间都不长。这是因为金星
大气特别浓密,腐蚀性非常强,而且表面温度特别高,导致测量仪器很快就不能正
常工作甚至毁坏。

探测成果把金星从"可能的绿洲"变成了"人间地狱"。金星大气的主要成分
是二氧化碳,占大气总量的96%以上。在离金星表面30—45 km的地方,有一层

图6-28 美国先驱者金星轨道飞行器在紫外线波段拍摄的被浓密大气
包裹着的金星照片 Ⓝ

25 km厚的云层,主要是由腐蚀性很强、像雾一样的硫酸组成。浓密的大气层导致
金星表面大气压力比地球表面的大气压高出90倍。金星大气中的二氧化碳只让
太阳光自由地穿过,却不允许表面的热量再散发出去,这样的温室效应使金星成
了太阳系中最热的行星。金星表面温度出奇地高,不分白天黑夜,不分赤道两极,
到处都是高达480 ℃以上的高温。在40多亿年前金星刚刚形成时,金星上很可能
有水,而且地表可能还有广阔的海洋。不过处于当前的状况,生命显然是没有办
法生存的。

3) 空前活跃的火星空间探测

火星离地球有时远、有时近,每26个月一个轮回。最近时称为火星冲日,距离
我们不足6000万千米,是发射火星探测器的最好时机,因此人类的火星探测活动
通常也会每隔26个月出现一次高潮。到目前为止,火星是人类了解最多的行星,

已经有超过30枚探测器到达过火星,进行了详细的考察。人类对火星的关注度比对月球还高,因为科学家认为火星是人类移居的第一选择地点。

早期的空间探测表明,火星上寒冷、干燥、贫瘠、荒芜,到处是沙漠,没有水,没有任何生命现象。美国是火星探测的主力军,发射了许多火星探测器。其重大成就可归为三点:其一是"环球勘测者"绕火星运行10年,绘制了火星的三维图像,发现了火星北极的冰帽;其二是"奥德赛"探测器探测到火星表面历史上曾存在水的证据,发现火星表面和近地表层中可能有丰富的冰冻水,还发现火星南极有大量氢分子存在;其三是陆续登陆的四辆火星车"索杰纳号""勇气号""机遇号"和"凤凰号",它们都以寻找水和探索火星生命为首要任务,找到了与水共生的泥浆状物质、富含赤铁矿的岩石和富含硫酸盐的岩石。另外,2003年欧洲航天局(ESA)的"火星快车号"又发现火星南极的冰帽——由冰冻水和干冰组成。这表明火星南极和北极有相当多的水资源。

火星处在宜居带的冷端,与地球上最恶劣的自然条件相当,比其他行星的条件要好。科学家已经提出多种改造火星的策划和想法,要使火星的自然环境逐步变得与地球相像。

目前,人类探索太阳系并未发现地外生命的迹象,但是探索依然在不停地进行着,毕竟以往的搜索范围和手段很有限。同时,科学家把目光投向广袤的银河系,去寻找类太阳恒星的类地球行星以及可能的生命现象。人类对地外生命的寻找从未止步,而是力度越来越大。

2. 发现系外行星

早在16世纪,意大利天文学家布鲁诺(Giordano Bruno)在《论无限的宇宙和世界》中就预言了系外行星的存在。他认为天空中的恒星像我们的太阳一样,会有行星环绕,而这些行星上也可以孕育生命。17世纪时,牛顿在他的旷世名作《自然哲学的数学原理》一书中提到了与布鲁诺一样的看法。但直到20世纪90年代初,人类对太阳系外的行星系统依然一无所知。

1）寻找太阳系外行星的起航

　　行星本身不会发光,只能反射恒星的光芒。行星非常小,反射的光与恒星的光芒相比微不足道,我们能看到太阳系里的行星是因为在夜晚地球本身遮蔽了来自太阳的大部分辐射。太阳系外的恒星离我们最近的也有 4.3 ly,地球上的望远镜要想看到明亮恒星旁边的行星所反射的极其微弱的光是不可能的。系外行星肯定会被笼罩在它所环绕的恒星的光芒之中。

　　20世纪50年代,光学望远镜已经有较大的发展,涌现出一批口径大小不等的光学望远镜。天文学家开始探索太阳系外的行星系统,把目标对准太阳系周围17 ly范围内的恒星,采用天体测量法来搜索它们的行星。这个方法就是监测恒星的位置变化。我们常说,地球绕太阳运行,月球绕地球运行。其实这种说法并不确切,如图6-29所示的地月系统来说,地球和月球都绕地月系统的质量中心运行,而这个质量中心在距离地球中心0.73倍地球半径的地方。如果恒星有行星的话,恒星和行星的质量中心肯定在恒星内部,离恒星中心不远的地方。因此恒星在运动时位置会发生晃动般的变化。事实上,这个方法早就被用于发现双星系统,恒星和行星其实也构成另一种双星结构,只不过质量相差较大而已。

　　20世纪五六十年代,天文学家利用已有的观测资料分析了49颗恒星的位置

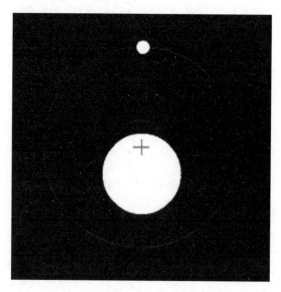

图 6-29　地月系示意图,十字位置为质量中心 Ⓟ

变化情况。1963年,有学者曾根据巴纳德星(一颗小质量红矮星,位于蛇夫座,距太阳约6 ly)的自行运动存在一些扰动的观测资料推论它可能有一颗木星大小的行星,后来又被否认。类似的声称发现又被否认的例子不下10例。遭到否定的原因是观测精度不够高,难以分辨恒星极微小的移动。

人们始料未及的是,最先成功发现太阳系外行星系统的是射电脉冲星的观测研究。1992年,沃尔兹森和弗雷尔发现毫秒脉冲星 PSR B1257 + 12 的两颗行星,质量分别为地球的4.3倍和3.9倍。这一行星系统是通过脉冲到达时间法发现的。脉冲星如果有行星的话,它们将使脉冲星的位置发生周期性变化,导致脉冲达到望远镜的时间发生变化,从而使脉冲周期发生非常微小的扰动。一般情况下,这种扰动比脉冲星固有的周期噪声小,我们不可能检测出来。毫秒脉冲星是一个特殊的品种,它们的自转极端稳定,周期噪声非常小,因此行星系统引起的周期扰动超过周期噪声,也就有可能被检测出来了。图6-30是脉冲星 PSR B1257+12 脉冲到达时间的观测结果和理论拟合曲线,显示脉冲周期因为行星的存在而发生变化,当假设有两颗以上具有不同质量和轨道运动周期的行星存在时所获得的理论拟合曲线与观测一致。

脉冲星来自超新星爆发,如果爆发前有行星系统,超新星爆发会把行星系统

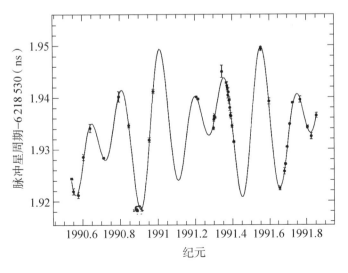

图6-30　脉冲星 PSR B1257+12 脉冲到达时间的观测结果和理论拟合曲线,这是一个至少有两颗行星的系统①

摧毁。这颗毫秒脉冲星很可能属于由中子星和小质量白矮星组成的双星系统,中子星演变为射电脉冲星后,脉冲星强劲的辐射和高能粒子流不断地把白矮星的物质剥蚀掉,使之瓦解为碎块,形成行星。很显然,在这样的行星上不可能有生命存在。

2)"飞马座51b"行星的发现

1995年,马约尔和奎洛兹(图6-31)发现系外行星"飞马座51b",他们因此获得2019年诺贝尔物理学奖。这是人类发现的第一颗绕主序星旋转的系外行星,它的发现宣告了系外行星探索时代的到来。

马约尔1942年出生于瑞士洛桑,从小就对自然科学很感兴趣,因为喜欢数学而开始学习理论物理,在博士阶段转向了天体物理学,研究旋涡星系。他于1971年获得瑞士日内瓦大学天文学博士,曾在英国剑桥大学天文台、欧洲南方天文台和夏威夷大学天文研究所进行研究,后来成为瑞士日内瓦大学天文学教授。奎洛兹1966年2月23日生于瑞士,大学期间学习物理,硕士阶段才在马约尔的说服下转向天文领域。

图6-31 2019年诺贝尔物理学奖得主马约尔(右)和奎洛兹(左)ⓦ

在那时,马约尔一直醉心于搜索褐矮星。褐矮星在当时是理论上认为可能存在的天体,质量小于$0.08\,M_\odot$,为木星的20—70倍,表面温度不超过3000℃,核心区域温度不高,不能引发氢聚变为氦的热核反应,被认为是"失败的恒星"。由于褐矮星"又冷又小",很难被光学望远镜观测到,这个难题与搜索太阳系外行星的困难是相同的。在搜索褐矮星的过程中,他们利用法国上普罗旺斯天文台一台2 m口径的光学望远镜和它所携带的光谱分析设备,偶然发现飞马座51的谱线存在红移-蓝移-红移的周期性变化,推断该恒星拥有一颗行星,并估计出行星的质量及其离母恒星的距离,这种方法被称作径向速度法。

图6-32是径向速度法的图解说明。图中把恒星离质量中心的半径画得非常夸大,目的是看得比较清晰。恒星要绕质量中心运行,导致恒星有时逐步向地球上的观测者靠近,谱线的波长变短,发生蓝移。当母恒星向远离观测者方向运动时,谱线的波长变长,发生红移。因此,当恒星拥有行星系时,会发生谱线红移-蓝移-红移的周期性的变化。这种现象称为多普勒频移。频移的大小反映恒星相对地球径向运行速度的快慢,故称为径向速度法。测量出谱线波长微小变化的幅度,就可以计算出母恒星晃动的尺度。行星质量越大、离母恒星越近,母恒星的晃动幅度就越大。

飞马座51是一颗类似太阳的恒星,距离太阳系约47.9 ly。它的行星飞马座51b公转周期为4.2天,距离恒星700万千米,表面温度达到1284 K,质量约木星的一半,被称为热木星,也是气态行星。飞马座51虽然与太阳相似,可是它的行星却与太阳系的行星有着巨大的差别,令天文学家感到不可思议。当奎洛兹和马约尔

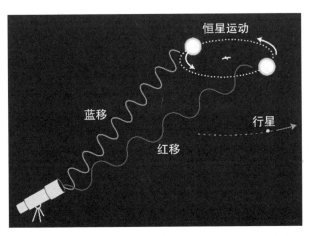

图6-32 径向速度法搜索系外行星的原理图①

投出他们的论文时,曾得到责难,因为他们发现的行星的性质太过奇特,现存的行星形成理论都不能解释。

幸运的是,他们及时得到天文学家马西(Geoffrey Marcy)与巴特勒(Paul Butler)的支持。马西和巴特勒早在两年前就开始研究系外行星,正在用望远镜搜索系外行星,得知消息后立即把望远镜对准飞马座51,很快就证实了这一发现。马西和巴特勒仅仅用了几天的时间就让天文学家从反对和犹疑变为承认和欢呼,这也是很大的贡献。虽然没有拔得头筹,但马西曾一度是发现系外行星最多的人。人类发现的前100颗系外行星当中,他的团队发现超过70%,其中第2颗和第3颗的发现就是他们的功劳。马西的声望非常高,仅排在马约尔之后,他们二人获得了许多荣誉。2005年,有着"东方诺贝尔奖"之称的邵逸夫奖将天文学奖颁给了马西和马约尔。

早已退休的马约尔教授,依然继续着对系外行星的探索,他所领导的著名系外行星搜寻项目HARPS所研制的光谱仪可以探测到约10个地球质量的系外行星,比以前的探测设备有很大的提高。当然要想探测到地球一般大小的系外行星,还需要改进。奎洛兹已经成为剑桥大学的教授,并且活跃在系外行星前沿研究领域,领导着多个欧洲的地面和空间系外行星探测计划。

3. 系外行星大搜索

要想回答系外生命是否存在,第一步要弄清楚究竟有多少系外行星,然后再查有没有生命存在,因此必须进行系外行星大搜索。地面大中型望远镜率先行动,空间望远镜随后跟上,发现了几百颗系外行星。专门为搜索系外行星研制的开普勒空间望远镜上天以后,立马成为主力军,大大加快了寻找系外行星的进程。从1995年第一颗类太阳恒星的行星开始,至今已发现4000余颗,硕果累累,开辟了一个广阔的新兴天文学研究领域。

1) 银河系中系外行星知多少?

在太阳系中,人类是孤单的。不过,太阳系仅是银河系汪洋大海中的一叶扁舟,而银河系也仅仅是宇宙中的一个小岛。银河系中有约2000亿颗恒星,有单星、双星、三星,以及更多恒星组成的天体系统。太阳系是单恒星系统,围绕太阳运行的小天体的轨道十分稳定,温度等也不会发生剧烈的变化,有利于生物的生存。聚星系统中的行星,由于受多个恒星的影响,轨道多半不稳定,自然条件也就捉摸不定了。从地球上的生命发生、发展的过程来看,从孕育生命到发展成文明社会需要几十亿年的时间。大质量恒星,如 $10\,M_\odot$ 的恒星寿命只有3000多万年,还没有等到行星上的生命萌芽,恒星就寿终正寝了。因此搜索行星的重点是寿命很长的低质量恒星。

恒星按光谱型分为 M、K、G、F、A、B、O 几类,对应温度从低到高,寿命由长至短。天文学家认为,只有 F、G、K 型单星(温度3500—7500 K),才可能有适合生物生存的行星。由于 F、G、K 型单星的情况与太阳相近,因此统称类太阳恒星。在银河系中,大约有5%的恒星属于类太阳恒星,数量在百亿以上。

智慧生命和文明社会存在的条件更为苛刻。年轻的类地行星不会有文明社会存在,老年类地行星也可能因为类似"恐龙灭绝"的灾难出现而导致文明社会的毁灭。即使地球上的文明社会一直顺利地存在下去,大约50亿年以后,当太阳演化为红巨星的时候,地球上的文明社会可能遭到摧毁,那时的人类能不能迁移到其他适合智慧生物生存发展的类地行星上去,谁也回答不了。大多数天文学家认为,银河系中类地行星肯定不少。尽管出现生命的机会很少,以非常非常小的概率来计算,那也会有适合生命诞生、生存和发展的行星存在。当然,只有观测才能最终回答这些问题。

2) 多种搜寻方法各显其能

搜寻系外行星的方法主要有6种,分别是天体测量法、脉冲到达时间法、径向速度测量法、凌星法、直接拍摄法和微引力透镜法。前三种方法上文已经介绍过了。早期使用天体测量法探测系外行星,即观测恒星位置的变化来确认是否有行星系存在,观测精度不够,没有成功。但是,2010年发现的 HD 176051b 成为天体测量法成功探测到系外行星的典型例子。人类发现的首例系外行星属于脉冲星行星系统,这是采用观测脉冲星特有的脉冲到达时间法发现的。由于脉冲星是超新星爆发产生的,行星上不可能有生命存在。飞马座51b行星的发现是应用径向速度法,这个方法是通过对恒星光谱进行监测,寻找谱线周期性的多普勒频移以确认是否有行星存在。

凌星法是目前最成功的一种方法。天文爱好者热衷观测金星和水星凌日现象,每当水星或金星运行到日地之间,金星或水星遮挡在太阳圆面上形成一个小黑点,造成太阳视亮度微小的下降。类似地,当系外行星从母恒星前面经过时,因行星遮挡而导致恒星视亮度有微小的变化,称为凌星现象。高灵敏度的探测器记录下光变曲线,可以从中分析出行星的存在。图6-33是系外行星凌星测量的光变曲线,通过推算出行星的遮挡面积,可以估计行星的大小、离恒星的距离以及行星的轨道周期,但不能给出行星的质量。

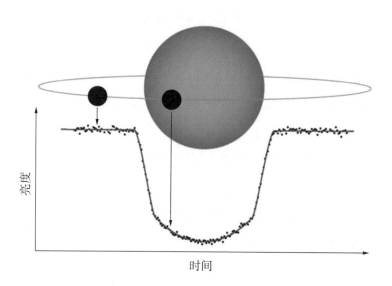

图6-33　凌星法搜索系外行星示意图:上图为恒星和它的行星,下图是行星绕恒星运动时记录下的亮度变化⑭

2009年3月6日美国发射开普勒太空望远镜,专门用凌星法搜索系外行星。它携带的相机拥有9500万像素的感光耦合元件(CCD),有效光圈达到95 cm,前所未有。像地球一样大小的行星从恒星前面经过时造成的亮度变化极其微小,相当于一只很小的跳蚤飞过汽车大灯时造成的影响。"开普勒"所携带的探测器特别灵敏,可以把这种微小的亮度变化检测出来。这种亮度变化实在是太微小了,以致任何一点外界干扰和探测器产生的噪声都会大大超过这个变化。对此"开普勒"

采取了一系列措施来降低影响。

"开普勒"落脚日地空间的第二拉格朗日点(L2)上绕太阳运行,远离地球,避免来自地球的干扰。它保持背向太阳的方位进行观测,从而可以有效地避免太阳光的直接照射,保持仪器设备的环境温度非常低,探测器的噪声几乎为零。这是红外天文观测求之不得的条件,也是"开普勒"取得成功的关键所在。

"开普勒"的灵敏度达到了空前的高度。观测的目标锁定银河系中的天鹅座和天琴座一带(图6-34),远离黄道面,避免太阳光的干扰。这一区域的恒星很多,是理想的搜寻系外行星的目标区域。开普勒太空望远镜在轨工作9.6年,观测的恒星总数超过50万颗,确认发现2662颗系外行星,还有大批的候选者,为系外行星的寻找做出了突出的贡献。

如果能够用大型望远镜拍摄系外行星的图像,那是天文学家梦寐以求的事。6种发现系外行星的方法中,有5种方法都是间接方法,就好像我们到丛林中去找大象,从听到某种声音、看到某种足迹或被撞倒的树来判断大象的存在。直接拍摄法则能够直接看到"大象"的轮廓,很直观,很可靠,但也非常困难。行星只是反射其母恒星的光,在可见光波段行星比它的母恒星大约要暗100亿倍,难以直接拍

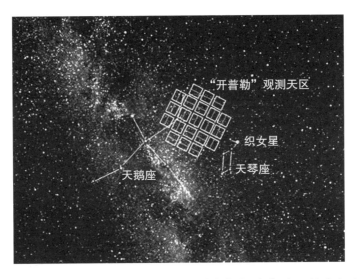

图6-34 开普勒太空望远镜的观测目标锁定银河系中的天鹅座和天琴座一带,图中的小方框为望远镜的视场Ⓝ

摄。但是,美国天文学家于2004和2006年利用哈勃空间望远镜在可见光波段成功拍摄到距离地球约25 ly的北落师门星的行星,2008年发表合成照片。该行星质量约为木星的3倍,轨道周期为872年。

有些比较年轻的行星的红外辐射比较强,而它们的母恒星的红外辐射又相对弱一些,所以行星与母恒星在红外波段的辐射强度之比就不像可见光波段那么悬殊。2008年天文学家利用夏威夷凯克望远镜和北双子座望远镜进行观测,在红外波段拍摄到3颗系外行星的图像。这3颗气态行星b、c和d环绕一颗距离地球约130 ly的恒星HR 8799运行(图6-35),质量分别为木星的7、10和10倍,轨道周期分别为460年、190年和100年。

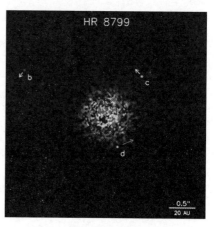

图6-35　天文学家拍摄到恒星HR 8799的3颗行星的红外光照片Ⓝ

2018年,直接拍摄法获得重大进展。天文学家在银河系一颗名为PDS 70的恒星的周围,发现了三颗行星,而且获得其中一颗行星PDS 70b的图像。天文学家用VLT以及北双子座望远镜,采取特殊的"光谱偏振测定高对比度探测法"。这个方法类似日冕仪观测日冕的方法。日冕仪是用遮挡盘把太阳圆面遮挡,然后再拍摄极其微弱的日冕。而拍摄系外行星时用来遮盖恒星光芒的不是遮挡圆盘,而是通过一种物理学的方法模拟去除母恒星的辐射。图6-36中黑色小圆面就是被遮挡的母恒星所在处。PDS 70是一颗年轻的类太阳恒星,质量是太阳的82%,位于半人马座天区,距离我们370 ly。PDS 70b属于类木行星,体积是木星的两三倍,表面温度高达1000 ℃,离母恒星足够远,约为30亿千米,相当于天王星到太阳的距离,所以围绕母恒星转一圈足足要120年。

爱因斯坦预言的引力透镜现象已经得到证实,成为研究遥远天体和宇宙学的重要工具。常见的引力透镜天体是质量非常大的河外天体,诸如类星体、星系和星系团。银河系内的质量较小的天体也会有引力透镜现象,称为微引力透镜。由于透镜天体质量很小,光的偏转要小得多,通常情况下难以直接观测到微引力透

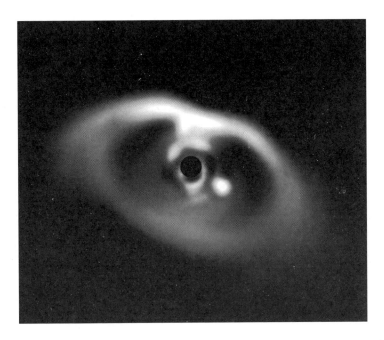

图6-36 天文学家拍摄到的系外行星PDS 70b的图像,母恒星被遮挡
呈黑色,行星图像清晰①

镜所成的像,而只能观察到光度瞬间增强的现象。由此发展出一种探索系外行星
的微引力透镜法。这种方法适合发现质量比较小的行星系统。如图6-37所示,微
引力透镜天体是距离比较近的恒星,称为透镜恒星,当透镜天体遮挡背景恒星(图
上称源恒星)时,背景恒星的亮度会发生突然的增强。如果透镜恒星带有一个或
者多个行星的话,除了透镜恒星能引起背景恒星增亮,它的行星绕到母恒星前面
的时候也能引起背景恒星亮度的一些微小的增加。通过观测背景天体的光度变
化,可以估计透镜恒星的行星的质量等参数。

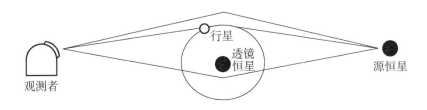

图6-37 微引力透镜法原理⑩

2005年7月11日,欧洲天文学家首先用微引力透镜法发现了南半球人马座区域一颗遥远恒星的行星,取名为GLE-2005-BLG-390Lb。质量为地球的3—10倍,它围绕一颗褐矮星运行,离母恒星约2.6 AU,表面温度大约为-220℃。微引力透镜方法虽然有效,但是形成微引力透镜的机会实在太少,而且不能重复观测,只是偶尔能碰上几例。

天文学家至今已发现4000多颗可能存在于太阳系外的行星,绝大多数是间接测量方法所获得,其中凌星法发现的系外行星占绝大多数。

3) 系外行星大搜索硕果累累

21世纪系外行星的探测快马加鞭、风起云涌,研究成果迅速上升,至今已经确认发现的系外行星超过4000颗。彩图9为逐年发现的系外行星数目的累加统计。从1995年的第一颗,到现在的4000多颗,体现了人类对太阳系外行星系统、地外生命和地外文明的热爱。这是天文学家用发挥到极致的创造性和数不清的不眠之夜换来的。4000多颗行星系统展现出新的规律和特点,使人类的认识发生了革命性的变化。

地面上的大型、中型,甚至小型光学/红外望远镜都参与到系外行星搜索的观测中。美国哈勃空间望远镜、斯皮策空间红外望远镜,欧洲的COROT卫星等也十分关注系外行星的搜索,经由它们发现了一大批系外行星。形形色色的行星和行星系统,应有尽有。这里再选择几个精品介绍给读者。

开普勒-90: 这是一个拥有8大行星的系统(图6-38),简直是太阳系的翻版,是目前为止被发现最多系外行星的系统。母恒星是一颗与太阳类似的黄矮星,质量约为太阳的1.13倍,半径约为太阳的1.2倍,表面温度比太阳略高。8大行星中,有3颗大小与地球类似(开普勒-90b、90c和90i),有三颗大小与海王星相似(90-d、90-e和90-f),剩下的两个(90-g和90-h)是与土星和木星大小差不多。但是这些行星与母恒星的距离都较小,都在1AU以内,因此这个系统也被称为"迷你太阳系"。像这样的多恒星系统还有很多,例如2016年由位于智利的系外行星搜寻望远镜发现的7行星系统TRAPPIST-1、发生过3颗以上行星掩凌母恒星的开普勒-11。

图 6-38　开普勒-90行星大小与太阳系行星的对比(艺术家概念图)Ⓝ

比邻星的行星：比邻星是离我们最近的恒星,距离仅4.22 ly,是一颗红矮星,质量和亮度都要比太阳小得多。从2000年开始欧南台就观测发现比邻星的晃动,在比邻星的光谱中存在11.2天一轮的周期性变化。但发现者犹豫不决,因为周期性信号的信噪比不够高,恒星本身的活动也可能造成这样的噪声。2016年1月,天文学家安格拉达-埃斯屈德(Guillem Anglada-Escudé)等提出再次观测比邻星的行星,得到许可。于是从1月19日到3月31日之间,几乎每天晚上分配给他们20分钟的观测时间。在连续观测了10个晚上之后,情况就变得明朗了。该信号在相位与振幅方面都非常清晰,肯定是一颗行星。该行星的质量至少是地球的1.3倍,公转周期是11.2天。这颗行星很有可能处于潮汐锁定状态。这将导致其半个星球陷入酷热,而另外半个星球则处于永恒的黑暗和冰冻状态。虽然处在宜居带,但很难有生命存在。离我们最近的比邻星有行星系统,令天文学家兴奋。已经有人在策划使用微型特快(20%光速)的飞船探测这颗行星。

开普勒-22：母恒星是一颗比太阳稍暗、稍冷一些的G5型恒星,位于天鹅座内,离我们600 ly。这个系统中发现了一颗行星开普勒-22b(图6-39),是处在宜居带的最优秀的候选者。它的直径是地球的2.4倍,公转周期是290个地球日,可能

图6-39 开普勒-22的行星处在宜居带的热端,与金星在太阳系中的位置相当Ⓝ

有海洋和降雨过程。这样的类似地球的系外行星还有开普勒-452b,其直径比地球大60%,绕着一颗与太阳非常相似的恒星运行,公转周期为385天。理论上可能保有液态水,处在宜居带,曾被NASA形容为地球的"孪生兄弟"。期待有一天我们能从这些类似地球的系外行星上发现生命的信号。

4. 行星大气的探测和生命迹象的搜索

天文学家曾经应用强大的雷达向宇宙空间发送介绍人类文明的电波信号,也一直在用强大的射电望远镜监听可能来自外星人的无线电信息,到目前为止既没有得到回复,也没有收到外星人发来的电报。实际上,这种与外星人联系的方法,失败的可能性极大。我们可以假定外星人已经拥有发达的无线电技术,但是距离太远,需要极强的发射功率,更需要传播极长的时间。再就是文明社会的年龄问题,人类仅有几万年的历史,拥有强大的无线电通信技术还不到百年,与46亿年的地球年龄相比,只是短短的一瞬间。太阳系外的行星也会是如此。这样,不同行星之间的智慧生物同时具有无线电通信能力的概率会比生命出现的概率低得多。天文学家想出一个办法来探寻行星上有没有生命，那就是仔细观测系外行星的大气层。

根据对太阳系的研究，我们知道一颗行星是否能够孕育出生命，与行星是否有大气层存在密切相关。大气层能够保护生命不受来自母恒星的有害辐射和高能粒子的侵害。接着就要考察大气层中是否有水、氧气和甲烷。液态水是生存的重要条件，有水蒸气（水汽）虽然不等于有液态水，但至少是有可能性。此外，还需要找到能够维持动物生存所必需的氧气，特别是因为氧气是生命对周围物质"污染"后的产物。如果没有任何生命存在，大气中的氧分子便会迅速因化学反应消失殆尽。甲烷气体通常也是由生物产生。如果存在甲烷，可能表明微生物的生命形态已经在行星上存在。当然，甲烷也可以在没有任何生物的情况下产生，并且它可能长期埋藏在地下，通过地下储层的微小裂缝逃逸到地表，然后跑到大气中。这需要进一步考察。

行星大气和大气成分那么重要，天文学家有什么办法对此进行观测呢？发现非常多系外行星的开普勒太空望远镜做不到，因为它只有光度观测。研究行星大气的成分需要进行光谱观测，地面大型光学/红外望远镜和多台空间望远镜都有比较强的光谱观测能力。我们搜索系外行星的主要方法是凌星法。当行星遮挡母恒星时，母恒星的光肯定会穿过行星的大气，然后到达望远镜。恒星的光穿过行星大气会发生什么呢？那就是产生吸收谱线，行星大气中有什么成分就会产生这些成分的吸收谱线，分析观测到的吸收谱线就可以知道行星大气的成分。这种方法被称为凌星光谱法。

2001年天文学家应用哈勃空间望远镜探测到HD 209458 b的大气，从拍摄的光谱中发现该行星的大气含有钠元素。2003年至2004年，又陆续在它的大气中发现氢、碳和氧。这是一颗类太阳恒星的行星，质量约0.7个木星，为热木星。离母恒星很近，仅0.05 AU，公转很快，周期仅3.5天，表面温度很高，向着母恒星一面约1500 ℃，而背面也有几百摄氏度。

2015年开普勒太空望远镜发现的K2-18b是一颗超级地球（质量是地球的1—

10 倍），受到天文学家高度重视，从 2016 年开始就应用哈勃空间望远镜观测研究它的大气。2019 年公布观测结果，确认该行星的大气中存在水汽，并可能存在大量的氢。这颗行星围绕着一颗温度远低于太阳的红矮星运行。行星的质量是地球的 8 倍，半径是地球的 2.5 倍，公转周期是 33 个地球日。这颗行星是目前我们所观测到的最宜居的候选行星，因为它是唯一一颗满足具有适宜的温度、拥有大气和水的系外行星。

KELT-9b 是一颗很热的热木星，体积比木星大 3 倍，但密度只有木星的一半，离母恒星非常近，公转周期只有 1.5 天。它的母恒星体积比太阳大 3.5 倍，温度高达 9897 ℃，导致 KELT-9b 的大气温度高达 4327 ℃，是迄今为止发现的最热的行星。在这样的高温下，所有元素几乎完全蒸发，分子被分解成原子，就像恒星外层的情况一样。2018 年夏天，瑞士天文学家在 KELT-96 的大气层中发现了气态铁和气态钛的"蛛丝马迹"。2019 年，他们又在其大气中检测到了气化的钠、镁、铬以及稀土金属钪和钇的痕迹。欧洲口径 10.4 m 的加那利大型反射望远镜对这颗系外行星大气层成分的测定起了很重要的作用。

目前，对系外行星大气的研究依赖地面大型光学/红外望远镜和空间光学望远镜，但因为它们不是专门设计用来观测系外行星的大气的，观测能力有限。NASA 和 ESA 正在分头研制的"类地行星搜索者"和"达尔文"空间探测器，它们将配备更精密、更灵敏的光谱仪。其探测任务就是分析类地行星的大气光谱，观察是否存在氧气、水汽等能够支撑生命生存的物质。但是，何时能够投入使用还不知道。

第七章

探索寰宇深处

星系和宇宙学

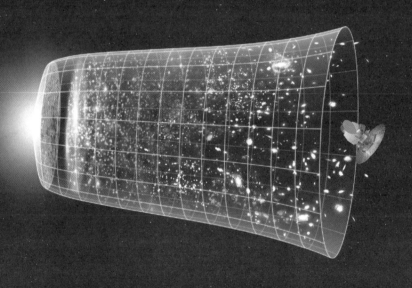

现代宇宙学的真正确立是以哈勃发现宇宙膨胀的哈勃定律为标志。在这基础上伽莫夫等人提出大爆炸宇宙学,随后不断得到观测的支持。彭齐亚斯和威尔逊发现宇宙微波背景辐射(CMB),获得 1978 年诺贝尔物理学奖。宇宙背景探测器(COBE)的观测发现宇宙微波背景辐射的黑体谱和各向异性,马瑟和斯穆特获得 2006 年诺贝尔物理学奖。佩尔穆特、布赖恩·施密特和里斯因发现宇宙在加速膨胀,获得 2011 年诺贝尔物理学奖。皮布尔斯自 1964 年开始致力于大爆炸宇宙学的研究,继承和发展了伽莫夫等人的理论,推动了宇宙微波背景辐射的空间探测,将宇宙学转变为了一门拥有精确数据的科学,为此他获得 2019 年诺贝尔物理学奖。此外,马尔滕·施密特发现类星体,为星系起源与演化研究提供样本。本章将通过这些宇宙学上的重大发现,揭开我们所知的关于宇宙的秘密。

一、河外星系和宇宙膨胀的发现

20世纪初,哈勃确认仙女座大星云(彩图10)是与银河系相当的恒星系统,开创了星系天文学,建立了大尺度宇宙的新概念。他发现星系的红移-距离关系(即哈勃定律),确认宇宙在膨胀之中,促使现代宇宙学诞生。

1. "宇宙岛"的提出和仙女座大星云本质的大讨论

天文望远镜出现以后,天文学家陆续发现太空中存在许多与恒星不同、如云似雾、形状模糊的天体,统称为"星云"。18世纪中叶,德国著名哲学家康德提出了一个猜想:"天空中那些云雾状的星云很可能是与银河系类似的天体系统。"他认为"整个宇宙中可能有无数个这样的天体系统",将它们称为"宇宙岛"。

18世纪后半叶,赫歇尔观测考察了29个星云,发现其中许多星云都能分解出一颗一颗的"恒星",他欣喜地认为这证实了康德的猜想。不过,后来的观测者指出,当时的光学望远镜分辨率不够高,不可能分解出恒星,赫歇尔当时分解开的恒星实际上是一些球状星团。后来,赫歇尔观测研究了另外一些星云,发现这些星云是由气体物质组成的。因此,赫歇尔又认为星云不可能是另外的星系。

19世纪60年代,英国天文学家哈金斯(William Huggins)希图通过测量星云的光谱来揭示其本质。恒星的光谱与气体的光谱很不相同,是连续光谱背景上叠加了许多暗的吸收线,而稀薄气体的光谱却不存在连续背景和暗线,只有一些明亮的光谱线。他观测了一批星云,发现多数星云的光谱与气体光谱一样,是明线光谱,于是得出"所有的星云都是一团发光气体"的结论。实际上,他已经发现有个别星云的光谱像恒星一样是连续的,可惜没有重视这个重要的观测结果。哈金斯虽然没能解决星云的本质问题,但是他所开创的这种研究方法被后人应用,初步弄清楚被康德称作"宇宙岛"的这些云雾状天体是两类不同的天体:一类是由气体和尘埃构成的星云;另一类却是由许多恒星密集在一起构成的恒星集团,它们往往具有旋涡状结构,因而又被称为"旋涡星云"。仙女座大星云就是一个十分典型的旋涡星云。

旋涡星云究竟是一种什么样的天体系统?它们是银河系以内的天体还是银河系以外的天体?这个问题令天文学家十分困惑。直到20世纪初期,依然存在两大派:一派认为旋涡星云都是银河系以内的天体,另一派则认为旋涡星云是银河系外的天体系统。1920年4月26日,美国国家科学院举办了一次题为"宇宙尺度"的辩论会,辩论的内容是银河系的大小和旋涡星云的真相。这两个问题是紧密相关的,如果银河系足够大,而旋涡星云比较近,那么后者就是前者的组成部分;相反,旋涡星云就是银河系之外独立的"宇宙岛"。这是科学史上非常著名的一次大辩论会,参加辩论的双方代表都是当时赫赫有名的天文学家。一方是发现银河系中心的沙普利,他坚持大银河系立场,认为旋涡星云存在银河系之中。沙普利的证据是一位荷兰天文学家范马南(Adriaan van Maanen)所提供的观测结果:旋涡星云的距离只有数千光年,都在银河系的范围以内。这一观测结果后来被证实是错误的。另一方是在测定天体距离方面颇有成就的柯蒂斯(Heber Doust Curtis),他认为旋涡星云是河外星系,他根据仙女座大星云中新星的亮度估计它的距离约为100万光年,远远大于银河系的直径。柯蒂斯说:"作为银河系以外的星系,这些旋涡星云向我们展示了一个比我们原先所想象的更为宏大的宇宙。"当时辩论双方各持己见,各有各的证据,谁也说服不了谁,旋涡星云成为举世瞩目的难解之谜。

2. 哈勃揭开旋涡星云之谜

关于旋涡星云本质的大辩论引起年轻天文学家哈勃(图7-1)的注意。从1922年起,他就全力以赴地投入了对旋涡星云的观测和研究。他认为,这场大辩论之所以难以达成共识,关键是没有找到一种令人信服的测定旋涡星云距离的方法。

哈勃和他的观测助手赫马森(Milton Humason)经常彻夜不眠地使用当时世界最大的胡克望远镜进行观测,拍摄到一批高清晰度

图7-1　发现河外星系的天文学家哈勃Ⓟ

的旋涡星云照片,照片上仙女座大星云M31的外围已被分解为恒星(图7-2)。1923年10月5日,他从这些恒星中找到了第一颗造父变星。第二年,他又从M31和三角座旋涡星云M33中辨认出一批造父变星。造父变星的绰号是"量天尺",利用"周光关系"可以推算出这些变星的距离。显然,知道了这些造父变星的距离,也就等于知道了它们所隶属的星云的距离了。

图7-2　哈勃1923年用胡克望远镜拍摄的仙女座大星云(M31)的图像Ⓕ&Ⓝ

1924年底,美国天文学会和美国科学促进会在华盛顿召开的会议上宣布了哈勃对于旋涡星云的研究结果,他的论文题目是《旋涡星云中的造父变星》。文中共列出M31中的12颗和M33中的22颗造父变星,并且说明通过这些造父变星计算出来的M31和M33的距离大约是

100万光年,而当时已知银河系的直径为10万光年。由此哈勃确认M31和M33都是远在银河系以外的独立星系。哈勃本人没有出席这次大会,论文由别人代为宣读。宣读完毕,全场掌声雷动,在场的天文学家都意识到关于旋涡星云本质问题的讨论可以画上句号了。美国科学促进会给哈勃颁发了最佳论文奖。从此,人类探索宇宙的视野从银河系扩展到了河外星系,一门崭新的天文学分支学科——星系天文学也随之诞生了。

3. 哈勃定律告诉我们宇宙在膨胀

旋涡星云之谜揭开之后,哈勃和他的助手赫马森一起利用胡克望远镜全力以赴地观测一个又一个遥远的星系。到1929年为止,他们共测出了20多个河外星系的光谱和距离。他发现所有星系的光谱线只有红移(谱线的波长变长)而没有蓝移(谱线的波长变短),红移量都比银河系中恒星的红移量大,而且河外星系的距离越远,其谱线红移也越大。谱线的红移和蓝移是由于天体运动的多普勒效应引起的,根据多普勒原理,可以由红移计算出天体退行速度。由此,他们得到$v=H_0 d$这一关系式。其中,v为速度,以km/s为单位;d为距离,以Mpc(百万秒差距)为单位;H_0是哈勃常数,其值可以由观测测定,最新的测量值是73 km/(s·Mpc)(下文提及哈勃常数不再带单位了)。这个公式称为哈勃定律。星系的速度与距离的统计结果如图7-3所示。

哈勃定律告诉我们,距离越远的星系离我们远去的速度越快,这表明宇宙处在不断膨胀之中。哈勃定律的确立使人类的宇宙观念发生了深刻的变化,成为人类认识宇宙的又一次大飞跃。以前天文学家认为宇宙在整体上是静止的,哈勃定律告诉我们,宇宙是在演化着的,以从小到大的方式,很可能是从一个点开始膨胀的。既然星系正在彼此分离,那么在这之前的星系必然是离得近一些,沿着时间上溯,很可能所有星系都收缩在一个狭窄的区域。因此宇宙在时间上可能是有起点的,也是有年龄的。这正是目前流行的大爆炸宇宙学的演化图像。

很显然,哈勃的研究成果对宇宙结构和演化的认识有着里程碑式的意义,理应获得诺贝尔奖,科学界的呼声很高,但是诺贝尔奖评审委员会却以天文学不属

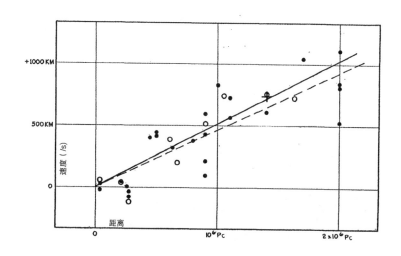

图7-3　星系距离与退行速度的关系①

于颁奖领域而加以拒绝。1953年9月28日,哈勃因为突发脑血栓而与世长辞,终年64岁。1990年美国将一架主镜口径为2.4 m的望远镜送入了太空,开辟了空间天文光学观测的新篇章。这架耗资20多亿美元的空间望远镜被命名为哈勃空间望远镜。人们赞誉哈勃是自伽利略、开普勒、牛顿时代以来最伟大的天文学家,称他为"星系天文学之父"。

4. 河外星系知多少?

自从哈勃确认仙女座大星云是银河系之外的星系以后,已经知道,在宇宙深处,我们肉眼所不能及的地方,隐藏着数不清的河外星系。现在已观测到的星系至少已有1000亿个。星系形态各异,质量、大小以及辐射特点都不尽相同。1926年,哈勃将星系按其形态分为椭圆星系、旋涡星系、棒旋星系和不规则星系四大类。如图7-4所示,其形状很像是一个音叉,因此人们称之为星系分类的音叉图。哈勃星系分类仅仅适用于正常的星系。

后来的观测研究又发现许多另类星系,它们在形态、结构和辐射特征方面与正常星系有显著不同,被归为特殊星系。它们分别为射电辐射特别强的射电星系、具有明显的激烈活动的活动星系、直径很小密度很大的致密星系、以爆发和抛

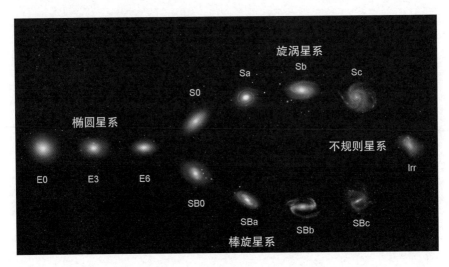

图7-4　哈勃星系分类图①

射物质著称的爆发星系和恒星诞生率非常高的星爆星系。

　　星系比恒星还喜欢群居,它们总是以多重星系、星系团乃至超星系团的形式存在,是引力把星系集团的成员联系在一起。现在估计河外星系的总数达2000亿,最远的河外星系达到了宇宙的边缘。

二、马尔滕·施密特发现类星体

类星体是宇宙这个物质世界中的一种特别的天体,其发现就像在微观世界发现一种新粒子那样重要。类星体因为看上去只是一个星点,类似恒星而得名。随之而来的"类星体能源之谜"向天文学和物理学提出了挑战。后续研究发现它是一种活动星系核,是宇宙中最遥远、最明亮、最古老的天体。

1. 类星体的发现

类星体并不具有强劲的射电辐射,但是它的发现却是射电天文观测的功劳。第二次世界大战结束后,英国剑桥大学迅速地成为世界射电天文学的中心,1959年由赖尔及其同事编制的3C星表发表了,共包含471个源。3C星表中有些射电源的角径很小,被称为射电致密源,如3C 48、3C 147、3C 196、3C 273、3C 286等。天文学家迫切想知道这些射电致密源是什么样的天体,寻找它们的光学对应体成为观测研究的热点。但是,那时的射电望远镜分辨率很低,不能确定射电源的准确位置,也就不可能确认其光学对应体。

月掩星的方法可以有效地提高射电望远镜的分辨率,进而确定射电源的位置。月亮在白道(月球轨道)上运动,有可能遮挡某些射电源。如果射电源是像恒星一样的点源,月亮遮住它时会突然切断它的射电波。只要精确地测量出月亮挡住某个射电源辐射的时刻,就能比较准确地定出它的位置,天文学家利用这个方法找到了一批射电源的光学对应体。

1960年,美国天文学家桑德奇用5 m口径的光学望远镜拍摄了3C 48的光学对应体的光谱。它的光谱与一般的天体很不一样,有一些又宽又亮的发射线,它们在光谱中的位置很奇怪,找不到对应的元素。到了1963年,美籍荷兰天文学家马尔滕·施密特(图7-5)用月掩星的方法确定了射电源3C 273的位置,找到了它的光学对应体,这是一颗视星等为13等的蓝色"星"。它的光谱也像3C 48一样,不同寻常,弄不清楚是什么元素发射的谱线。

马尔滕·施密特在撰写论文时感到特别为难,他需要解释3C 273的光谱性质,才能把论文写下去。他冥思苦想,夜不能寐,终于想到一种可能性:如果这个射电源的退行速度特别大,必然导致谱线有很大的红移,这样会把我们所知的一些元素谱线的波长改变非常多,弄得面目全非。他立即进行计算,突发的奇想变成了事实。结果表明,如果3C 273这个类星射电源以47 000 km/s的速度离开我们的

话,它的发射线光谱与我们熟知的元素,如氢、氧、氮、镁等发射的谱线一致。他再检查射电源3C 48的光谱,还是一些熟知的元素,只是退行速度更大,达到110 000 km/s。银河系中不可能有如此高速的天体,因为具有这样速度的天体早就跑离银河系了。困扰天文学界三年之久的谜被揭开了。从此天文学家知道,宇宙中存在一类红移特别大、视角径特别小、距离特别遥远、光度特别大的天

图7-5 美籍荷兰天文学家马尔滕·施密特⑭ 体,名为类星体。

类星体虽然看上去很像恒星,实际上与恒星有本质上的差别。银河系内的恒星除了射电脉冲星外,射电辐射都远远不及类星体。恒星的光谱有红移也有蓝移,这是银河系内的恒星有的趋近我们、有的远离我们的缘故。类星体的光谱是清一色的红移,而且红移值都非常大。以 3C 273 的谱线红移为例,图7-6 给出类星体 3C 273 的一组氢元素发射线的观测记录,图中箭头标出谱线移动的情况。它的红移值为0.158,按照哈勃定律计算得到的距离为31亿光年。在银河系内没有找到具有类星体特性的天体,现在公认类星体为银河系外的天体。

高红移的类星体距离地球可达100亿光年以上。类星体比星系小很多,但是释放的能量却是星系的千倍以上,这样的超常亮度使其在百亿光年以外的距离处也能被观测到。后来发现,类星体中射电辐射很强的只占少部分,大部分是紫外辐射很强而射电辐射很弱,这样的蓝色星体成为类星体的候选者。目前已经有 750 000 多个类星体被发现,红移值范围在0.042—7.54,距离在约6—131亿光年间。这里给出的距离是类星体的光行距离,即类星体的光传到观测者所走的距离。由于宇宙在不断膨胀之中,类星体的真实距离应该比光行距离要远很多。考虑宇宙膨胀后的距离称之为共动距离。红移越大,距离越远,共动距离和光行距离的差距也越大。目前观测到的类星体共动距离范围应是约6—294亿光年。

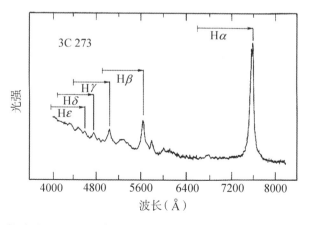

图7-6 类星体3C 273的氢发射线,图中的箭头指出谱线波长移动的情况,红移量达到16%①

2. 类星体能源之谜

类星体是非常遥远的天体,地球上的望远镜能看到它们,说明它们的光度特别高。计算表明,一个类星体的光度是整个银河系总光度的100倍,甚至是10万倍。然而,它们在大型望远镜里依然只是星状的点。有一种方法可以估计类星体的尺度,那就是测量类星体的光变。如果一个天体的光变很快,那它一定不会太大。光变时标为一个星期的类星体为数不少,可以估计出类星体的直径只有几光日到几光年,而银河系的直径有10万光年。体积如此小的类星体的亮度要超过包含约2000亿颗恒星的银河系,它的能源绝不可能是恒星那样的核聚变反应。究竟类星体的能量来自哪里? 根据类星体光学和射电辐射的特点,产能机制可以确定为同步辐射。这就要求类星体有磁场,更要求有高能电子的来源。

早期关于类星体能量的来源没有确定的说法。科学家提出的多种理论模型都属于猜测的阶段。一种模型认为在类星体中心,有非常多的恒星,空间密度极高,经常发生碰撞,从而释放能量。恒星碰撞后会黏合在一起,形成质量越来越大的恒星。大质量恒星迅速演化为超新星,释放大量的高能电子。这种恒星碰撞模型要求有很高的恒星数密度,这是它的一个缺陷。还有一种模型认为类星体是质量约为 $10^8 M_\odot$ 的大质量恒星,具有磁场,而且在不停地自转,称为磁转子。磁转子是稳定的,具有很高的光度。由于自转,磁力线会扭结,最终会导致爆发。这可用来解释类星体的光变,但是不符合类星体的光变周期性。此外还曾提出白洞、物质–反物质湮没等模型,众说纷纭,没有定论。

20世纪70年代后,随着人们对黑洞和星系的认识更加深入,有些天文学家提出"黑洞说"以解释类星体的能源之谜,成为目前流行的理论。这一假说认为,类星体中心有一个巨型黑洞,周围会形成一个吸积盘。黑洞不断吸积盘中的物质,释放引力能,使吸积盘中的物质剧烈地翻腾,所产生的摩擦会将气体加热到白热状态,释放出射电波、可见光、X射线、γ射线等辐射使类星体成为宇宙中最耀眼的天体。凭借观测到的类星体的辐射特征,可以估计黑洞的质量和吸入物质的速率。计算表明一个类星体可能包含着一个30亿太阳质量的黑洞,这个黑洞每年要吞食100个太阳系的物质。

引力透镜的发现使得关于类星体能源的困惑有所缓解。引力透镜不仅能产生多种多样的虚像,还能起到放大作用。已发现的遥远类星体中可能有多达1/3是被引力透镜放大了的,其亮度可能增加了10倍甚至100倍。因此类星体的实际亮度可能低很多。

还有一个使我们迷惑不解的是类星体的速度。如类星体SDSS 100＋0524的红移为6.28,它的速度竟达到光速的96%。类星体ULAS J1120+0641的红移达到7.085±0.003,它的速度更接近光速。一个巨大天体的运动速度为什么能有这么高? 现代宇宙学给出了答案——宇宙空间的膨胀使得类星体有如此高的退行速度,这将在本章第六节介绍。

3. 类星体就是活动星系核

河外星系中有一类性质特殊的星系被称为活动星系。除了射电星系外,其他的活动星系都是由光学望远镜观测发现的。这些活动星系都有一个处于剧烈活动状态的核。类星体与活动星系核在许多方面都极其相似:体积很小,光谱中有很强的发射线,发出从射电波段到X射线波段的非热辐射,经常有光变和爆发现象等等。类星体的射电辐射的性质与射电星系核的辐射很相似,而类星体的光学辐射则类似于塞弗特星系核的光学辐射。因此天文学家倾向认为,类星体就是活动星系核。但是,活动星系的观测不仅能看到致密而明亮的核,还能看到核的外围,看到整个星系;而类星体就只能看到非常致密的核。其原因可能是因为类星体太遥远了,只能看到明亮的核,而看不到暗淡的外围。

类星体中有一种类星射电源表现为射电双源,成为类星体是活动星系核的最好案例。图7-7所示的类星体3C 175,是由VLA于2001年观测的。两个展源加上中间的点源构成这个星系。其中的点源就是类星体,即这个射电星系的核心。可以看到,有一条长达100万光年的喷流与一个展源相连。实际上,另一个展源与中心的类星体也有一条暗弱的喷流联系着,但是没有观测出来。喷流是由接近光速运动的电子和质子构成的。

类星体对我们研究宇宙早期演化具有重要的意义。2015年,北京大学吴学兵团组在英国《自然》杂志发表论文《一个红移6.3的有120亿太阳质量黑洞的超亮类

图 7-7　著名的射电双源 3C 175，中心的点源是类星体①

星体》,宣布发现了宇宙早期最亮、中心黑洞质量最大的类星体。该杂志特为此做了题为"井喷式快速成长的年轻黑洞"的新闻发布,并邀请德国学者在同期的新闻与述评栏目撰写专文"年轻宇宙里的巨兽"介绍这一发现。这一发现入选 2015 年"中国科学十大进展"和"中国高等学校十大科技进展"。

　　吴学兵团队一直在搜寻红移大于 5 的类星体,2013 年 12 月他们应用云南天文台高美谷观测站的 2.4 m 光学望远镜进行观测,根据拍摄到的光谱,初步判定是一颗红移高于 6.2 的类星体,距离地球约 128 亿光年。这台口径仅为 2.4 m 的通用型光学望远镜发现一颗 128 亿光年远的类星体,可谓是奇迹。为了精确观测,他们请在美国工作的天文学家江林华和樊晓晖帮助,利用口径 5.5 m 的多镜面望远镜和 8.4 m 口径的大双筒望远镜观测这个类星体的光谱,确定红移为 6.3。

　　要确认这个类星体中心黑洞的质量,必须用大型红外望远镜进行红外光谱观测,但目前国内还没有,于是又通过国际合作解决这个难题。得到这个类星体的红外光谱后,他们分析谱线宽度和发光强度,计算出这颗类星体的辐射强度和质量。最后确认,这颗编号 SDSS J0100+2802 的类星体,发光强度为 430 万亿倍太阳光度,中心黑洞质量为 120 亿倍太阳质量。红移 6.3 表明距离为 128 亿光年,由于宇宙年龄是 137 亿年,这意味着这个超级黑洞是在宇宙年龄小于 9 亿年时形成的。很难想象在宇宙早期能形成如此巨大质量的黑洞,如此多的物质是从哪来的? 这个类星体黑洞的发现对宇宙早期黑洞形成与演化理论提出了挑战,无疑也会为宇宙早期演化的研究带来帮助。

三、宇宙微波背景辐射的发现

在哈勃发现河外星系和哈勃定律以后,人类才真正开始进入认识和研究宇宙的阶段。爱因斯坦的广义相对论成为研究宇宙演化的理论工具,而伽莫夫提出大爆炸宇宙模型,把宇宙的诞生和早期演化说得很清楚。根据大爆炸宇宙学,预言当今的宇宙存在温度为几开的微波背景辐射。1963年初,彭齐亚斯和威尔逊意外发现宇宙背景存在温度约为3 K的微波辐射,被公认是宇宙大爆炸时的辐射残余,成为宇宙大爆炸理论的重要观测证据。由此,他们获得了1978年的诺贝尔物理学奖。值得一提的是,迪克(Robert H. Dicke)带领的研究小组在确认发现宇宙微波背景辐射方面给予了他们无私的帮助,谱写了一曲动人的赞歌。

1. 宇宙诞生和演化的早期研究

天文学中可能没有其他主题比宇宙学更加经久不衰、争议不断、令人激动了。从天圆地方,到地心说、日心说,人类从来没有停止过对宇宙的探索与猜测。望远镜的发明提升了观测能力,天文学家的视野从太阳系开始转向望远镜所能看到的银河中多如牛毛的恒星、星云。

17世纪英国物理学家牛顿通过研究开普勒的行星运动三大定律发现了万有引力定律。虽然当时也仅是把"万有引力"用于研究太阳系内行星的运动,但他却以力学方法研究宇宙,提出了无限宇宙模型,建立了经典宇宙学。牛顿认为,只有在一个无限的宇宙中,无边界、无中心,物质受到来自各方向的引力作用相抵消,才能使天体系统停留在原地。否则,任何物质都要被质量中心吸引过去,不能保持现在所看到的稳定的状态。然而,牛顿的无限宇宙模型经不起推敲。1826年,德国天文学家奥伯斯(Wilhelm Olbers)指出无限宇宙模型与观测的矛盾——如果宇宙是均匀稳恒的,所有星体的辐射应该均匀分布,夜晚的天空应该是亮的。这被称为奥伯斯佯谬,之后就没有人相信无限宇宙模型了。

18世纪,赫歇尔发现了银河系结构,这是一个比太阳系大得多的天体系统。当时绝大多数天文学家曾坚持认为,银河系就是整个宇宙。直到1924年,哈勃发现河外星系,人们才逐步认识到,银河系也仅是宇宙中极小的一部分,可以说仅是沧海一粟。

1917年,爱因斯坦根据广义相对论导出了爱因斯坦场方程,可以适用于整个宇宙。在假定宇宙是有限和均匀各向同性的情况下,方程得到的解所描述的宇宙是变化的,或者是膨胀,或者是收缩。在那个时代,天文学家都倾向认为宇宙是稳恒的,宇宙中的物质基本上处于静止状态。爱因斯坦屈从于这种看法,在场方程中加入了一个"宇宙学常数",让宇宙"静止"下来。

1924年哈勃发现河外星系以后,观测河外星系形成了高潮,发表的观测数据越来越多。哈勃守着当时世界上口径最大的胡克望远镜,贡献颇多。比利时天文学家勒梅特(Georges Lemaitre)于1927年在比利时的一个期刊上发表了一篇关于宇宙膨胀的论文,推算出宇宙膨胀的速率。由于用的是法文,且期刊的发行量和范围不大,没有引起天文学家的关注。1928年,美国数学家和物理学家罗伯逊(Howard Robertson)在期刊上发表他推导出的宇宙膨胀公式。1929年,哈勃发现了著名的"哈勃定律",说明所有星系彼此都在分离,整个宇宙处在膨胀之中。爱因斯坦立即承认"增加宇宙学常数是他一生中所犯的最大错误"。这仅仅是一个小插曲,爱因斯坦的广义相对论仍然是现代宇宙学的理论基础,宇宙学常数也没有被抛弃,其物理含义后来变为导致宇宙加速膨胀的参数。

反演星系彼此分离的历史,可以断定,以往的星系彼此间要靠近一些,它们很可能来自同一个地方,那里体积很小、质量很大、温度很高,宇宙有一个起始点。据此,1948年伽莫夫大胆地提出,在约140亿年以前,处于极高温度、极大密度下的无限小的"原始火球"发生了一次巨大的爆炸。此后,宇宙空间不断膨胀,温度不断下降,密度不断降低,逐渐形成宇宙万物。这篇发表在《物理评论》的划时代的论文是由阿尔弗(Ralph Alpher)、贝特和伽莫夫三人署名的,主要人物成为第三作者。阿尔弗是伽莫夫指导的博士生,而贝特则是鼎鼎大名的核物理学家,后来因研究恒星能源的杰出成就而获得诺贝尔物理学奖。贝特并没有参加此项研究,伽莫夫为了拼凑出αβγ作者群而幽默了一次。

1948年,伽莫夫在《自然》上发表一篇论文,讨论宇宙微波背景辐射的存在。他的学生阿尔弗和赫尔曼(Robert Herman)告知他原稿中有一些地方需要修改。伽莫夫就让他们另写一篇论文给《自然》。就是这两篇论文,预言了宇宙微波背景的存在。根据阿尔弗和赫尔曼的计算,宇宙微波背景的温度是5 K,而伽莫夫计算得到的温度则比较高,约为50 K。

大爆炸宇宙学和宇宙微波背景辐射当时在科学界并没有学者响应。伽莫夫转行研究分子生物学了,阿尔弗和赫尔曼则脱离了科学界。一晃十几年过去,彭齐亚斯和威尔逊于1965年发现宇宙微波背景辐射,伽莫夫又回到宇宙学领域,但是没过多久于1968年病逝。

2. 彭齐亚斯和威尔逊发现"多余噪声温度"

彭齐亚斯(图7-8右)1933年4月26日出生在德国慕尼黑的一个犹太人家庭。1933年全家离开德国去英国,后又到美国定居。1954年,他从美国纽约市立学院毕业,获物理学学士学位。后来进入哥伦比亚大学当研究生,1962年获博士学位。他的导师汤斯是一位对微波激射和激光有特殊贡献的物理学家,是1964年诺贝尔物理学奖的得主,同时还是分子天文学的创始人。彭齐亚斯研制了一个微波激射放大器,目的是要观测星系际氢原子的21 cm谱线。虽然没有成功,但他和汤斯一起在射电天文研究上的尝试,使他爱上了射电天文,也积累了丰富的经验。1962年,他获得博士学位之后前往贝尔实验室工作。

威尔逊(图7-8左)1936年1月10日出生于美国的休斯敦,从小就对电子学有兴趣。1957年在赖斯大学获学士学位,1962年在加州理工学院获物理学博士学位。他的博士论文是对银河系进行射电巡查,绘出氢的分布图。他对自己的论文不甚满意,因为澳大利亚的天文学家已在这之前完成了类似的观测。但是,通过做博士课题,他结识了许多射电天文学家,立志一辈子从事射电天文研究,1963年进入贝尔实验室工作。

彭齐亚斯和威尔逊来到贝尔实验室工作,这是一个促使射电天文学诞生的地方——央斯基就是在这里发现来自银河系的射电辐射的。但是,贝尔实验室并不进行射电天文学的研究,这两位天文学博士到这里工作很难说会在什么方面创造奇迹。1960年,贝尔电话公司正在执行通信卫星的计划,建造了一架口径为6.1 m的喇叭形反射天线。该天线具有非常高的方向性,几乎不受来自地面的无线电和热辐射干扰。将这个天线和一台低噪声微波辐射计连接起来就成为一台灵敏度很高的射电望远镜,可以用来接收"回声"系列卫星上反射回来的信号。这些卫星实际上是一些比较大的金属球,能反射射电信号,当时就是用这种方法来进行世界各地的通信。由于卫星上没有放大信号的装置,反射回来的信号十分微弱,所以要求地面上有很好的天线和放大系统来捕捉微弱的射电信号。后来有了通信卫星,这台放置在克劳福德山上的射电望远镜就失去了作用。彭齐亚斯和威尔逊如获至宝,获准用它来进行射电天文研究。

1963年,彭齐亚斯和威尔逊开始用6.1 m喇叭形反射天线接收系统进行射电源射电流量密度的绝对测量,也就是绝对定标(与此相对,相对定标则是采用与已知标准源比对的方法来确定射电源的流量密度)。如果有一批经过绝对定标的射电源,那么对射电天文观测就能提供非常便利的条件。但是,这件事却并不容易。为了用射电望远镜精确测量一个地球之外的射电源的强度,必须把来自这个射电

图7-8　威尔逊(左)和彭齐亚斯(右)Ⓦ

源的信号与接收机噪声、地面噪声、地球大气噪声以及天线本身的噪声区分开来。要弄清楚望远镜系统噪声的来源,如天线、波导、脉泽放大器、转换器等等的贡献,必须非常仔细地对射电望远镜各个部分进行精确的测量和检查。

绝对定标中最关键的事是测定天线的有效接收面积,这在天线工程中也是非常困难的。相对常用的抛物面天线而言,喇叭天线却是"绝对测量"理想的天线,因为它的增益和接收面积可以精确地计算。6.1 m口径喇叭天线的接收面积虽然不大,但可以精确测量一批比较强的射电源的流量密度,从而作为射电天文观测用的标准源。除了这台射电望远镜外,还有一台发射机,可以用来做辅助的测量。

彭齐亚斯和威尔逊为了进行绝对测量,首先对喇叭天线的有效接收面积进行了精密测量。还研制一台波长为7.35 cm的低噪声脉泽放大器。他们并没有刻意要发现点什么,只是为了对几个射电源进行精密的绝对测量而精心把射电望远镜调整得尽可能好。这一决定性的步骤为他们偶然发现宇宙微波背景辐射准备了条件,这个偶然寓于必然之中。

天体射电源的辐射非常像一个热电阻产生的噪声,因此射电望远镜接收到的辐射往往用相同噪声功率的电阻温度来表示。辐射计中通常包含有由已知温度的电阻组成的校准噪声源。

1964年5月,彭齐亚斯和威尔逊开始了他们的射电天文绝对测量研究。他们所研制的辐射计装备了噪声非常低的红宝石微波激射器,因此灵敏度有了保证。在正式工作之前,精确测量了天线本身和背景的噪声,采用液氦致冷的一段波导管作参考噪声源,因此噪声温度很低。

他们发现,在对准没有射电源的天空时测得的噪声温度为7.5 K。扣除大气贡献的2.3 K和来自地面及天线四壁贡献的1 K,还剩下4.2 K的温度没有找到来源。无论天线指向什么方向,也不管是哪一天的观测,这个剩余噪声总是存在,既无周日变化,也无季节性变化。这使他们十分烦恼。因为不把原因找出来,就无法进行射电源的绝对测量。最初他们怀疑是天线和接收机系统的问题,对天线及接收机的各个部件进行了彻底的检查。他们发现有一对鸽子在喇叭口里筑了窝,并在天线上留下很多排泄物。他们把鸽子送到远处,清理了鸽子窝,还把整个喇叭口都彻彻底底地打扫了一遍。但当他们再次进行观测时,结果依然如故。这说明射电望远镜本身没有问题。

他们继续考察:是否可能是来自银晕或射电点源的贡献?或者对大气的贡献估计不足?彭齐亚斯和威尔逊用了差不多一年的时间,细心查证及实验,证明这个剩余的噪声不是来自银晕,也不是射电点源及大气的贡献。最后,他们在1965年进行了一次更为小心翼翼的测量,以确定接收到多余的噪声温度是不是来自地面的辐射。他们用喇叭天线测量放置在地面上不同地方的发射机发射来的电磁波,特别是对天线方向图(天线发射或接受辐射强度的空间分布图)的后瓣进行重点测量。结果发现天线后瓣所接收到的辐射和预期的一样低,表明地面对天线温度的贡献可以忽略不计。排除了种种可能的因素以后,只能认为剩余的噪声是来自宇宙空间中的一种辐射。最后得到的观测结果是:大气辐射温度为2.3±0.3 K,天线和波导器件损耗温度为0.8±0.14 K,后瓣温度小于0.1 K。把总的天线温度6.7±0.3 K减去上述各项噪源的温度,多余的噪声温度为3.5±1 K。这个多余的噪声温度是各向同性、无偏振和没有季节变化的。1 K并不是测量误差,它是把每项噪声来源的最大误差综合起来的结果。实际的测量误差大约为0.3 K。

彭齐亚斯和威尔逊发现了3.5 K的"多余的噪声温度",确认其是来自宇宙空间,还能肯定这种辐射具有各向同性、无偏振和没有季节变化的特点。但这个信号究竟是什么？他们一点头绪都没有，最终还是宇宙学家给出了问题的答案——宇宙微波背景辐射。

3. 确认发现宇宙微波背景辐射

自从伽莫夫预言宇宙微波背景辐射以后，这个理论在学术界遭到冷遇。直到20世纪60年代初，才出现另外一群对宇宙微波背景辐射感兴趣的人。领头人物名叫迪克。在20世纪40年代，射电望远镜的天线都比较小，接收机的噪声温度也比较高，因此灵敏度和稳定性都不太高。1945年迪克研制了一台波长为1.25 cm的射电望远镜，抛物面天线的口径很小，直径仅有45 cm。他用这台射电望远镜观测太阳和月亮的射电辐射。在这样的波段上，地球大气也有辐射，而且还比较强。为了扣除大气辐射的影响，迪克转而对大气在1.25 cm波段上的辐射进行精确的测量，却意外地发现了温度为20 K的"天空背景辐射"。他认为，这种辐射并不是来自地球大气，很可能是广泛分布在宇宙空间中的各种星系的射电辐射所构成的一个背景，他把这种辐射称为"宇宙物质辐射"。这种辐射很可能就是后来发现的微波背景辐射，只是温度高了一些。迪克所发现的"天空背景辐射"究竟是什么？我们无法论证清楚，但迪克是把射电望远镜对准天空背景进行观测的第一人确是事实。很有意思的是，迪克关于"宇宙物质辐射"的观测结果和伽莫夫关于"核合成"的一篇论文都发表在1946年《物理评论》第70卷上，两个人都是研究"宇宙微波背景辐射"的先行者。

1946年迪克回到他毕业的普林斯顿大学任教，60年代初转向研究宇宙学。他不相信伽莫夫提出的大爆炸宇宙学，他心目中的宇宙模型是永久振荡模型，即认为宇宙是反复地膨胀和收缩的，目前的宇宙正处在膨胀阶段。他猜想宇宙在"振荡"过程中会留下可观测的背景辐射。1964年，迪克让皮布尔斯计算振荡模型里宇宙温度在演化中是如何改变的。皮布尔斯是迪克的博士生，1962年获得博士学位以后仍然留在导师的课题组。这位迪克的得意门生非常杰出，很快就计算得出宇宙微波背景辐射的温度为3 K。他与迪克共同发表了这篇论文。与十几年前阿尔弗和赫尔曼的研究工作类似，但辐射温度有一些不同，再次预言了宇宙微波背景的存在。可能是年代久远,他们根本没意识到阿尔弗和赫尔曼曾经做过相同的研究,还以为他们是最先提出的。

迪克是第一个尝试探测温度只有几开的微波背景辐射的天文学家。他知道,探测辐射温度仅有 3 K 的背景辐射需要噪声非常低的天线和接收机。好在迪克本人就是这方面的专家。他在第二次世界大战期间曾服务于研制作战雷达的麻省理工学院辐射实验室,从事低噪声天线方面的研究。1964 年,他让同事罗尔(Peter Roll)和学生威尔金森(David Wilkinson)研制一台观测波长为 3.2 cm 的低噪声射电望远镜来探测微波背景辐射,所采用的降低噪声的方法是迪克在二战中发明的增强雷达灵敏度的技术。迪克申请到经费,研制射电望远镜的工作紧张地进行着。不料,一个由彭齐亚斯打来的电话打乱了迪克的计划,使他发现宇宙微波背景辐射的愿望成为泡影,因为宇宙微波背景辐射已经被彭齐亚斯和威尔逊偶然地发现了。这真是"有心栽花花不开,无心插柳柳成荫"。

彭齐亚斯和威尔逊发现了来自宇宙空间的 3.5 K 的"多余的噪声温度",也确认了它们的辐射特性,但并不知道这种辐射的真正来源。这两位射电天文学博士所遇到的问题属于他们没有涉足过的宇宙学领域。现代天文学太广博了,有非常多的研究领域和课题,他们都没有接触过,虚心请教成为他们走出困境的一种办法。彭齐亚斯给麻省理工学院射电天文学家伯克(Bernard Burke)打电话告知他们的研究情况和问题。伯克告诉他皮布尔斯曾经做过关于一种微波背景辐射的演讲,认为他们发现的"多余的噪声温度"可能与此有关,建议与迪克小组联系。就这样,两个伟大的天文学研究小组汇合在一起了。

先是彭齐亚斯与迪克通了电话,随即迪克寄来一份皮布尔斯等人关于微波背景辐射的论文预印本。迪克接到彭齐亚斯的电话后,初步判断这"多余的噪声温度"就是他们梦寐以求的宇宙背景微波辐射。复杂的心情难以言表,自己奋斗多年所追求的目标已被别人捷足先登了,非常失落。但是,宇宙演化中的一个大问题解决了,应该庆祝。自己预言存在的微波背景辐射被别人的观测所证实,也应该高兴。虽然有失落感,但没有任何嫉妒之心,迪克放下手头所有研究工作,伸出友谊之手帮助与自己竞争的胜利者。

迪克带着他的研究小组成员一起去贝尔实验室,非常详细地了解"多余的噪声温度"的实验数据。迪克小组成员一致认为,彭齐亚斯和威尔逊发现了理论预言的宇宙微波背景辐射。他们商定要在美国《天体物理学报》的同一期分别发表两篇论文:一篇是迪克小组的理论文章《宇宙黑体辐射》,介绍宇宙微波背景辐射的成因和特性,对彭齐亚斯和威尔逊的发现给予正确的解释;另一篇是彭齐亚斯与威尔逊的实验报道《在4080 MHz处天线多余温度的测量》。出于对迪克小组的尊重和感谢他们在认证发现宇宙微波背景辐射方面的贡献,后一篇论文仅仅公布了观测实验结果,至于如何解释,他们敬请读者阅读"本期迪克、皮布尔斯、罗尔和威尔金森所写的另一篇论文"。这两篇论文分别从理论与实验的不同角度表述研究成果,可谓是珠联璧合。把这两个各自独立的研究结果读完就能体会到这一观测发现的宇宙学意义。这两篇论文发表后,在国际上引起了极大的反响。彭齐亚斯和威尔逊的几百字论文让沉寂了十几年的宇宙大爆炸理论热了起来。大爆炸宇宙学登堂入室,成为了一门真正意义上的现代科学。

并不是所有人都喜欢这两篇划时代论文的,伽莫夫、阿尔弗和赫尔曼就表示了不满。因为这两篇发现和解释宇宙微波背景辐射的论文,对他们3个人开创性的研究只字不提。《宇宙黑体辐射》的主要作者是迪克的博士研究生皮布尔斯,他当时仅30岁,不知晓1948年天文界发生的事完全可以理解。迪克开始研究宇宙学比较晚,他并不赞同大爆炸宇宙模型,而是相信"永久振荡模型",他是在这个模型框架下研究宇宙微波背景辐射的,自认与伽莫夫的模型无关。但是,他们的论文没有引用和提及同一个研究领域前人的研究,至少是一个疏漏。

根据理论分析,早期宇宙极热状态下的光辐射是处于热平衡状态下的,具有各向同性的特点。彭齐亚斯和威尔逊的"多余的噪声温度"符合这个特点。但是,这种辐射还必须遵守普朗克定律等特点,应该是黑体谱。仅仅是7.35 cm波段的观测结果远远不够。为了判断这种辐射是否符合黑体谱,需要在70 cm波段到毫米波,甚至亚毫米波的广阔频段范围上进行测量。自此以后,射电天文界掀起了一场轰轰烈烈的在多个波段上搜寻微波背景辐射的观测研究浪潮。

1965年12月,迪克小组的罗尔和威尔金森完成了他们在3.2 cm波段的测量,结果是3.0±0.5 K。不久,豪厄尔(Thomas Howell)和谢克沙夫特(John Shakeshaft)在20.7 cm上测得2.8±0.6 K。随后彭齐亚斯与威尔逊在21.1 cm上测得3.2±1 K。从3 K黑体谱理论曲线分析,辐射强度峰值在波长0.1 cm附近,观测应该延伸到毫米波段和亚毫米波段,这在当时困难很大。对于毫米波和亚毫米波,大气的吸收强烈,地面上的射电望远镜很难进行精确的测量。康奈尔大学的火箭小组和麻省理工学院的气球小组分别在1972年进行了观测,证实在远红外区域背景辐射有相当于3 K的黑体辐射分布。1975年,加州大学伯克利分校伍迪(David Paul Woody)领导的气球小组给出,从0.06 cm到0.25 cm波段的背景辐射处于2.99 K的分布曲线范围内。从分米波到亚毫米波的空间观测都支持宇宙微波背景辐射大约是3 K的黑体谱。有了这些观测结果的支持,才使彭齐亚斯和威尔逊1965年发现的"多余的噪声温度"被公认是宇宙微波背景辐射。

1978年,瑞典皇家科学院把诺贝尔物理学奖授予了彭齐亚斯和威尔逊。从发现到获奖一共经历了12年的时间。这项登上科学顶峰的发现不仅有彭齐亚斯和威尔逊的杰出贡献,还包含在他们之前的诸如伽莫夫、阿尔弗、赫尔曼、迪克、皮布尔斯、罗尔和威尔金森等先行者在理论和观测上的贡献,也包括在发现"多余的噪声温度"之后一大批天文学家进行的多波段观测。

迪克和他的研究小组是世界上主动寻找宇宙微波背景辐射的先行者。迪克是中心人物,功劳巨大,但无缘诺贝尔物理学奖。他的两位博士生皮布尔斯与威尔金森一直站在国际微波背景辐射研究的最前列。皮布尔斯因宇宙学的理论研究获2019年诺贝尔物理学奖,而威尔金森则是宇宙微波背景辐射空间探测的佼佼者,领导了以他的名字命名的威尔金森微波背景各向异性探测卫星(WMAP)的研制。迪克培养出的学生有如此杰出的贡献,对老师是一个极大的安慰和回报。

迪克并不是与发现微波背景辐射擦肩而过的唯一一人。彭齐亚斯和威尔逊的同事工程师奥姆(E. A. Ohm)曾在使用贝尔实验室的6.1 m喇叭天线进行测量时发现有3.3 K的多余噪声温度,测量结果于1961年发表在杂志《贝尔系统技术》上。只是这个多余的噪声温度对通信没有妨碍,他没有追根求源地进行深入的研究,失去发现宇宙微波背景辐射的机会。

四、精确测量宇宙微波背景 辐射黑体谱和各向异性

19 65年,彭齐亚斯和威尔逊发现微波背景辐射,掀开了宇宙学研究新的一页,高潮迭起。1989年起,美国科学家马瑟和斯穆特使用宇宙背景探测器(COBE)观测宇宙微波背景辐射,所得的结果精确地与大爆炸宇宙学理论符合,宇宙学进入"精确研究"时代。马瑟和斯穆特获得2006年诺贝尔物理学奖。COBE卫星的观测成就被认为是宇宙学研究中一个亮丽的里程碑。2001年和2009年上天的WMAP卫星和普朗克卫星继续探测微波背景辐射的各向异性,取得更为精准的观测结果,锦上添花,更上一层楼。3个空间探测微波背景辐射的项目都是把毫米波和亚毫米波射电望远镜送上了太空,一个比一个先进,开启了空间射电天文观测的时代。

1. 宇宙微波背景辐射精确测量意义重大

　　20世纪60年代以后,射电天文技术在新的研究需求的推动下快速发展。射电成像观测的需求推动了综合孔径射电望远镜

的发明,脉冲星的观测使得高时间分辨率的射电望远镜出现,星际分子的研究使得观测波段扩展至毫米波段。射电天文技术的发展导致微波背景辐射的发现,而微波背景辐射的研究又推动了空间射电天文观测的发展。

应该指出,彭齐亚斯和威尔逊发现微波背景辐射的观测以及后续其他研究小组在各个波段上的观测不是很完美和充分。今日的宇宙,物质已经形成恒星、星系,宇宙整体已经不处于高度热平衡状态。天文学家把太阳和恒星的辐射看成热辐射源就仅仅是一种近似。太阳的辐射来自光球层,光球内外的气体温度与光球本身都很不一样,只能粗略地认为是热平衡状态。实际上,实测的太阳辐射谱是偏离普朗克公式的,只是粗略相似。然而根据大爆炸理论,早期宇宙是等温的火球,微波背景辐射应该是完完全全的黑体谱,应该与普朗克定律给出的理论谱线严丝合缝才行。很显然,彭齐亚斯和威尔逊以及后续的观测没有得到与普朗克定律预言的完全一致的频谱曲线。

要想把所观测到的 3 K 背景辐射确认为宇宙早期的辐射,必须要在 0.1 mm 到 70 cm 的波长范围进行精确的观测。毫米波的波长范围在 1—10 mm 之间,亚毫米波的波长范围为 0.35—1 mm。地球大气层中的氧和水汽对这个波段中某些波长辐射的吸收导致这个窗口并不是完全透明,实际上只开了一些小窗口。而且这些小窗口的透明度随地球对流层的水汽含量而异,水汽越多,透明度越差。所以毫米波天文台都设在海拔 2000 m 以上,而亚毫米波天文台则应设在海拔 4000 m 以上。即使在比较理想的观测台站进行观测也难以获得微波背景辐射在毫米波和亚毫米波段的精确结果。总之,为了精确测量微波背景辐射的谱线,必须去除地球大气的影响,到地球大气层之外进行空间探测是必由之路。

此外,按照大爆炸理论,早期宇宙是全空间的均匀火球,给出的微波背景辐射是均匀各向同性的。而后来宇宙演化为有层次的结构,即恒星、星系、星系团和超星系团。这要求早期宇宙的物质分布存在一些微小的差别,即微小的各向异性。但是,之前的观测没有发现任何各向异性。由于地面射电望远镜、火箭及高空气球观测精度不够高,无法把地球大气的微波辐射以及各种干扰剔除干净,即使宇宙微波背景辐射存在各向异性,也检测不出来。这对于大爆炸宇宙理论来说,是一个能否成立的严重问题。怎么办？只能寄希望于空间观测。

2. 宇宙背景探测器

1990年美国哈勃空间望远镜上天，彻底摆脱了地球大气的影响，实现了人类科学史上一个伟大的创举。实际上，射电望远镜上天还早于哈勃空间望远镜。1989年，以探测宇宙微波背景辐射为目的的COBE卫星上天，掀开了射电天文空间观测新的一页。这是前人没有做过的事，需要有很大的勇气、智慧、能力和机遇。令人称道的是，这个项目主要是由两位不满30岁的博士后的课题合并而成，在1976年正式立项。不负众望，两位领头人马瑟和斯穆特向世人交出了出类拔萃的成果，并由此获得2006年度的诺贝尔物理学奖。

1) COBE卫星项目学术领导人马瑟

马瑟(图7-9)1946年出生在弗吉尼亚州的罗阿诺克。虽然在农村长大，但父母经常带他去自然历史博物馆、天文馆参观，让他对神秘的星空充满好奇与喜爱。1968年，马瑟在斯沃斯莫尔学院获得物理学学士学位，1974年在加州大学伯克利分校获得物理学博士学位，1974—1976年在哥伦比亚大学戈达德空间研究所取得博士后职位。

1970年，马瑟开始读博士，他最初想从事基本粒子物理研究，但是越南战争和国内的反战活动使他放弃了这项与核武器有关的学科。咨询了很多老师，他得知理查兹(Paul Richards)正在与汤斯以及年轻的维尔纳博士(Michael Werner)合作研究微波背景辐射，很感兴趣，于是选择了这个课题。他的第一个项目是建造一台小型远红外光谱仪，其实际工作波长覆盖范围处在毫米波和亚毫米波波段。光谱仪研制很顺利，但观测却不理想，由于地球大气层的干扰，准确性很成问题。理查兹提议用高空气球携带远红外光谱仪观测微波背景辐射。于是马瑟和伍迪合作，成功地用高空气球把远红外光谱仪带上了高空，进行观测获得有用的数据。不过，结果也并不理想。1974年，马瑟需要一个博士后职位，继续他的研究工作，于是转到了戈达德太空研究所，在撒迪厄斯(Patrick Thaddeus)那里做博士后，进入了一个新的研究领域。

马瑟攻读博士学位期间,曾研制观测星际分子一氧化硅(SiO)的接收设备。SiO谱线的频率为43 GHz,波长为0.69 mm,属于亚毫米波。他认为,如果用卫星携带这台设备到太空中去探测微波背景辐射,可能会得到理想的结果。撒迪厄斯支持他的想法,建议他找空间探测方面的学术领导人探讨这种可能性,得到了正面的回应。于是马瑟与同事米尔纳(Dirk Muehlner)和西尔弗伯格(Bob Silverberg)一起构思了一个新的空间探测课题。该课题要研制四种仪器并让卫星携带上天:一种远红外分光光度计用来测量微波背景辐射频谱;两种仪器来测量微波背景辐射的各向异性;一种仪器用来寻找来自银河系的漫射红外背景。他们很快就把这个空间探测课题的方案提交给NASA。当时,他们并不抱太多的希望,因为他们都没有任何航天任务经验,而且当时大约有150个其他方案,特别是有两个分别来自喷气推进实验室和加州大学伯克利分校的方案,优中选优,竞争十分激烈。但是,出乎预料的是,NASA对他们的课题很感兴趣。关键的问题是要求他们把搭载的仪器小型化。

图7-9　COBE卫星项目学术领导人马瑟Ⓦ

1976年秋天,NASA决定把几个不同的小组提出的方案组成一个大课题,以马瑟小组的课题为主,还有加州大学伯克利分校斯穆特的课题。这个团队的主要成员包括主席韦斯和三位主要研究人员——马瑟、豪泽(Mike Hauser)和斯穆特,这就是COBE卫星项目的开始。不久后,NASA组织了一个更大的团队,由经验丰富的工程师组成,后来发展壮大,成员多达千人以上,由马瑟统领。他除了领导这个庞大的团队外,还亲自承担远红外分光光度计的研制和微波背景辐射谱的测定。

2)差分微波辐射计研制者斯穆特

斯穆特(图7-10)1945年出生于美国佛罗里达州育空堡,幼年在父母潜移默化的熏陶下,喜欢阅读各种科学书籍,痴迷科幻小说,爱动脑筋,喜欢问问题。上高中的时候,人造卫星上天,他由此对太空产生了兴趣,一心想考到麻省理工学院读书。他高中时就打工挣钱,三年中当过《哥伦布快报》的报童、修剪草坪、到乡村俱乐部当球童。在麻省理工学院读本科期间,除了父母的资助和学生贷款,还做过各种各样的工作来支付学费。他最大的困难还是课程的严格和学业负担的沉重,但终于闯关成功,获得物理和数学双学士学位。虽然被许多研究生项目录取,但斯穆特最后选择在麻省理工学院做粒子物理实验的研究,并于1970年获得博士学位。在研究生期间,他得知宇宙微波背景辐射的发现,便喜欢上了这个研究领域,认为通过观测微波背景辐射来研究宇宙的大尺度结构是一个好课题,并为此特意收集这方面的资料。

1968年诺贝尔物理学奖得主阿尔瓦雷茨(Luis Alvarez)给斯穆特提供了博士后职位。第一个研究项目是利用气球携带超导磁谱仪探测宇宙射线中的反物质。从1971年开始,在巴勒斯坦、得克萨斯、阿伯丁、南达科他州等地的偏远地区放飞气球进行探测,虽然没有发现反物质存在的证据,但他们的观测实验仍然得到科学界的重视,没有探测到也是一种合理的研究结果。1973年,美国物理学会将这一观测结果认定为年度12个杰出物理实验之一。之后他又参加"高空粒子物理实验"课题的研究,这是为了探索当时加速器无法达到的高能情况下的粒子相互作用。由于探测设备升空时在太平洋坠毁,他们需要重新选择研究方向。这时,斯穆特提出了利用卫星进行微波背景辐射探测的项目。

自1974年以来,斯穆特不断地向NASA提交提案,希望在气球和U-2侦察机实验的基础上,用一颗卫星来测量和绘制宇宙背景辐射。1976年,NASA通知斯穆特,他的提案被选中,但要与其他项目联合起来,形成"宇宙背景探测器"(COBE)。在

图7-10 COBE卫星项目"各向异性探测"团组的负责人斯穆特Ⓦ

这之前,斯穆特小组已经完成一台差分微波辐射计(DMR)的研制,可以测量两个点之间微波辐射0.001 K的温度差异,并且已经成功地利用U2侦察机在高空进行微波背景辐射各向异性的观测。DMR成为COBE卫星计划中三大设备之一。斯穆特则是这一设备研制和探测微波背景辐射各向异性研究团组的负责人。

3) COBE卫星上天

NASA最初打算用航天飞机将COBE卫星送入太空,但1986年"挑战者号"失事后,航天飞机停飞了几年,COBE卫星的发射前景渺茫。马瑟和他的同事们最终争取到一枚"德尔塔"火箭,于1989年11月18日把COBE卫星(图7-11)发射上天,运行于900 km高的上空,飞行轨道是从北极走向南极。选择900 km的高度是为了使卫星免遭地球大气的干扰,以及避免高空辐射区的质子、电子袭击。地面站可通过中继卫星系统向COBE卫星发号施令和接收返回的观测数据。COBE卫星每6个月完成一次全天的测量。

COBE卫星携带了三台仪器,可以测量1 μm到1 cm波段的所有辐射。为了防止来自太阳的干扰,所有仪器都装在一个锥形罩中,在轨道上运行的COBE一直保持观测仪器向"上"看的姿态,避免太阳光的直射。

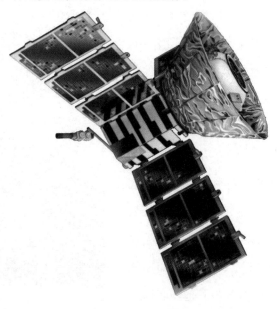

图7-11   宇宙背景探测者(COBE)Ⓝ

　　第一台设备工作在毫米波波段,名叫较差微波辐射计(DMR),由观测波长为3.3 mm、5.7 mm 和 9.6 mm 的辐射计组成。图 7-12 是 DMR 的 9.6 mm 波段接收机。与典型的射电望远镜的结构相似,每个波段的辐射计都有一对天线,分别指向相隔 60°的不同天区。由于波长很短,天线可以很小,成为一台迷你型的射电望远镜,便于安置在体积不大的卫星上,因此空间分辨率不高,约为 7°。接收机由混频器、放大器、检波器和输出解调器组成。由频率为 100 Hz 的振荡器控制开关交替地把这两个天线接收到的信号与接收机的相连,得到两个小天区流量密度的差值,经放大和检波后输出,记录下来的信号与两小天区微波背景辐射的温度差值成正比。

　　第二台观测设备称为远红外频谱仪(FIRAS),工作波长在远红外波段,实际上也属于毫米波和亚毫米波波段的 0.1—5 mm 范围。射电天文把 0.3—1 mm 波长定义为亚毫米波,光学天文把这个波段定为远红外。射电波段和红外波段的交界处并没有严格的界限,有一个很相像的特性——温度高于绝对零度的物体都有红外

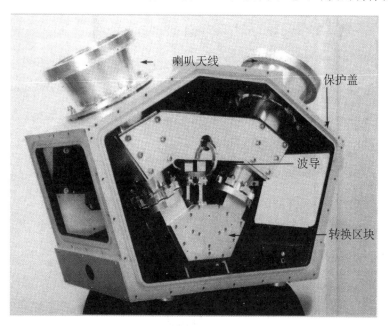

图 7-12　DMR 的 9.6 mm 接收机,用两个指向不同方向的喇叭天线同时观测不同的两个天区Ⓝ

直至亚毫米波的辐射。因此COBE使用650 L液氦保持仪器温度,以降低系统干扰。

第三台设备为红外背景探测器(DIRBE)。波长在1.25—240 μm范围,共分为1.25、2.2、3.5、4.9、12、25、60、100、140和240 μm等10个波段。其任务是观测宇宙红外背景辐射和前景天体的红外辐射。所谓宇宙红外背景辐射是指宇宙诞生的第一批恒星的红外辐射。它测量的是集体性的几百万颗星体的闪烁,而不是单个天体的光。DIRBE覆盖较宽的波段,能把均匀的亮天区与暗天区分开来。它还可在1—3 μm的波长上测定辐射的偏振特性。

3. 宇宙学进入精确测量时代

自1989年COBE发射上天后,它所携带的3台观测设备进行了为期4年的观测,所积累的资料实在太多了,仅较差微波辐射计就有3个波段、6个天线采集数据,每个天线的观测数据630亿个。即使对于超过千人的课题队伍来说,数据处理和分析任务也是相当艰巨的。

1) 微波背景辐射黑体谱的精确测量

1994年,马瑟为首的团队发表了宇宙微波背景辐射频谱的结果,如图7-13所示,在峰值及其附近的频谱就是远红外频谱仪观测的结果。观测值与黑体辐射谱的符合程度令人吃惊,严丝合缝,简直就是一模一样,观测精度达到0.03%,拟合结果给出宇宙微波背景辐射的温度是2.726 ± 0.010 K。频谱的其他部分是较差微波辐射计、地面射电望远镜和高空气球等的观测结果。

按照大爆炸理论,早期宇宙是等温的火球,因此发出的辐射应该严格遵从普朗克热辐射公式。COBE的观测得到的结果非常精确地与温度为2.726K的普朗克谱一致,无可置疑地证实了这种背景辐射来自宇宙早期均匀火球的辐射。回想伽莫夫等人提出大爆炸理论时,不仅不被看好,还曾经被当作伪科学批判。到了彭齐亚斯和威尔逊发现微波背景辐射的时代,虽然被认可,并获得诺贝尔物理学奖,但也不是无懈可击,时不时就有学者提出质疑,因为他们测到的辐射谱的精度不够,还不能斩钉截铁地说是黑体谱。COBE的观测使宇宙学的研究进入精确测量

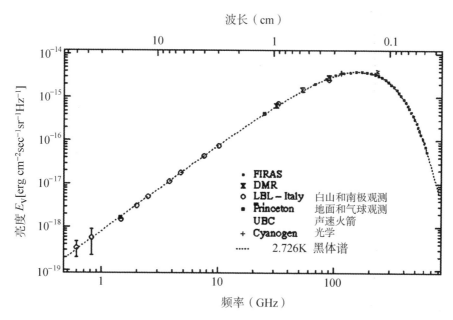

图 7-13　宇宙微波背景辐射频谱与温度为 2.726 K 的黑体辐射频谱的比较,其中远红外频谱仪获得的 0.1—5 mm 波段的频谱精度最高Ⓝ

的时代,伽莫夫的大爆炸理论到了不可怀疑的时代。

2)偶极各向异性的发现和银河系微波辐射分布的观测

在研究宇宙微波背景辐射的各向异性及频谱特性时,必须小心地分析各种可能的干扰和影响。1969 到 1971 年期间发现了"偶极各向异性"现象,这一现象并不是宇宙微波背景辐射的各向异性,而是源于一种多普勒效应。因为地球随着太阳系一起绕银河系中心运行,所以宇宙微波背景辐射在地球运动方向显示出比相反方向要热 0.1%。偶极各向异性很小,但比宇宙微波背景辐射的各向异性强千倍,必须扣除。

红外背景探测器的任务是探测宇宙红外背景和前景天体(星系、银河系和太阳系中的尘埃及其他源等)的红外辐射,目的是建立银河系辐射模型。很显然,偶极各向异性和银河系的微波辐射都不是宇宙微波辐射,但却混杂在观测到的微波背景辐射之中,必须把它们剔除掉。

COBE绘出宇宙的微波背景和红外背景。微波背景辐射被认为是原始大爆炸的残迹,它来自空间的各个方向,几乎是均匀的,其能量相当于2.726 K的温度。COBE还寻找到天文学家所预言的,但一直未发现的红外背景辐射。那是第一批恒星、星系辐射的遗迹。

3) 发现微波背景辐射微小的各向异性

1992年4月,斯穆特激动地宣布,他们已经真正探测到宇宙微波背景辐射的各向异性,变化幅度为百万分之六,表明早期宇宙物质密度有微小的扰动。所发现的微小扰动,对宇宙大尺度结构起源起到了至关重要的作用。我们知道,银河系约含有上千亿颗恒星,而宇宙中约有千亿个星系,星系的分布是不均匀的,具有成团性。在更大的尺度上,星系的分布呈现网状,形成连成一片的"星系长城"和没有星系的"空洞",如图7-14所示。今天的结构形成理论告诉我们,早期宇宙中物质分布存在微小的不均匀性,在非常均匀的背景上的小扰动,通过引力的不稳定性被放大,最后坍缩为不同尺度的结构。这些微小的扰动,必定会在微波背景

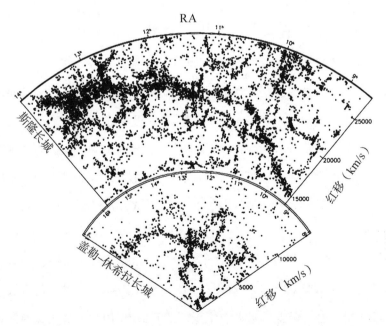

图7-14　宇宙长城:由星系组成的"长城",没有星系的是"空洞",上图是新发现的"斯隆长城",下图是1989年发现的"盖勒-休希拉长城"。扇形的顶点是我们的位置,每一点代表一个星系①

辐射场留下痕迹。而COBE探测到的微小的各向异性正是结构形成理论所需要的扰动幅度,这成为COBE最重要的贡献之一。

图7-15是根据DMR观测两年的数据资料分析得出的结果,已经删去微波背景辐射稳定的成分、偶极各向异性成分和银河系辐射成分,只剩下微波背景辐射的波动成分。不同深浅代表不同的温度,显示各向异性的温度差别,也代表着早期宇宙密度分布存在密度比较高和比较低的区域。这些"化石"般的遗迹是物质变成恒星和星系之前的记录。

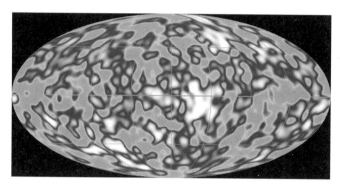

图7-15 DMR的两年资料得到的宇宙微波背景辐射各向异性图像⑭

天文学家认为:大爆炸后100万年,宇宙间主要是气态物质,气体逐渐凝聚成云。如果这些云状气体的密度分布有微小的差别或起伏,就会因引力而变成大的起伏,气体云就会逐渐分块、结团。然后才能形成恒星和星系。这些起伏就是后来形成恒星等结构的"种子"。从1970年代初开始,天文学家就想在背景辐射上找到这种起伏,但是没有观测到,只能给出背景辐射温度起伏的上限:$\delta T/T < 10^{-4}$。按照理论推算,如果宇宙中未被观测到的暗物质也是由重子(各种原子或原子核统称为重子物质)组成的话,那么宇宙背景上这么小的起伏,不可能在100亿年期间分块结团的。这样,大爆炸理论就出现了危机。理论研究进一步表明,如果未被观测到的暗物质是由非重子组成的话,那么只要不均匀度$\delta T/T > 1\times10^{-6}$,还是来得及形成恒星和星系的。COBE的观测得到$\delta T/T = 5\times10^{-6}$的结果,出奇地理想,COBE又一次帮助宇宙学渡过难关。

斯穆特在1994年出版的《时光的皱纹》（*Wrinkles in Time*）一书中指出，"在大背景下寻找如此小的信号差别，犹如在嘈杂的海滩派对时，在收音机的轰鸣声、海浪的撞击声、人们的喊叫声、狗的吠声和沙丘车的咆哮声中倾听人们轻言细语的交谈"，"关键是要从图像中去除那些干扰信息，以识别只有10万分之一微波背景辐射的波动"。在发布观测结果以前，他们用多种方法检验了数以亿计的观测数据，甚至决定奖励发现错误的人员，可以获得两张能飞往世界上任何一个地方的免费机票。1991年11月斯穆特带领一个团队去南极洲进行一个月观测，制作了一份天图，以考察COBE的观测结果。之所以选择南极洲，是因为在寒冷干燥的空气中，地球信号对宇宙微波背景辐射的干扰较小。回国后，他就COBE观测数据的质量、收集和分析等方面提出报告，认为观测数据是可靠的，分析的结果是可信的。终于确认发现了宇宙微波背景辐射的微小的各向异性，于1992年对外界公布。

4. 宇宙微波各向异性探测的新发展

在COBE卫星关于微波背景辐射各向异性探测的基础上，美国威尔金森微波背景辐射各向异性探测器（WMAP）和欧洲普朗克卫星分别于2001年和2009年进入太空，对宇宙微波背景辐射的各向异性进行更精确的观测。作为COBE的继任者，由于分辨率和灵敏度大大提高了，在更高的精度上再一次观测了微波背景辐射的各向异性，并获得宇宙组成成分比例、宇宙年龄和哈勃常数等参数的数值，可以说是青出于蓝胜于蓝。2012年格鲁伯宇宙学奖授予WMAP团队。2018年，WMAP科学团队再次收获"基础物理学突破奖"。

1) WMAP和"普朗克"

威尔金森微波背景辐射各向异性探测器是NASA在1995年举办的航天项目公开征集中的优胜者，于1997年被确认用于开发，仅在四年后即按预定进度和预算研制完成。负责研制的人是普林斯顿大学的物理学教授威尔金森。他是宇宙微波背景辐射研究先驱之一，也是COBE卫星的设计者。2002年9月，威尔金森不幸因病去世，为了纪念他，NASA将原来的名字"微波各向异性探测器"（MAP）改名为"威尔金森微波各向异性探测器"（WMAP）。

WMAP相对COBE在灵敏度和分辨率上都有很大的提高。角分辨率达到13′，比COBE的分辨率高出33倍。这是因为采用两面口径为1.4 m的抛物面天线。探测波段稍有调整，仍在毫米波和亚毫米波波段，携带5个分离波段的接收机，可以给出3.2、4.9、7.3、9.1和13 mm波段上微波背景辐射的全天辐射温度分布图。WMAP还可以获得辐射的偏振信息。

WMAP的灵敏度是COBE的45倍，一是因为天线接收面积大很多；二是因为把WMAP安置在远离地球的第二拉格朗日点(L2)，保持背向太阳和地球的方位进行观测。整个观测平台处在可展开的遮护板的阴影之中，避免太阳光的照射，使仪器设备的环境温度保持低温，还可以阻挡来自地球的干扰。这比绕地球运行的COBE具有很大的优越性。

普朗克卫星又叫"普朗克巡天者"，是ESA为更精确地探测宇宙背景辐射各向异性而设计的空间探测器。2009年5月发射上天，与WMAP一样也放置在L2附近。它以史无前例的高灵敏度和高空间分辨率来获取宇宙微波背景辐射在整个天空的各向异性图。与WMAP相比，灵敏度高10倍，角分辨率高2.6倍。"普朗克"使用口径为1.5 m的抛物面天线。接收机的波段范围0.35 mm—1 cm，与地面上的毫米波和亚毫米波射电望远镜接收机的波段范围完全相同。其中波段为3 mm—1cm的设备运行温度为20 K，强大的降温系统使波段为0.35—3 mm的设备运行温度为0.1K，成为宇宙中有史以来最"冷"的物体(WMAP的降温系统只能保持在2 K的状态)。这成为"普朗克"获得比WMAP更高灵敏度的关键。这样可以保证仪器本身的辐射远远小于要测量的微波背景辐射，因此观测精度非常高。

2) 各向异性探测结果

WMAP每天可以扫描30%的天空，每6个月可以观测全天一次。WMAP卫星经过9年的运转，完成了所有的探测任务后，NASA主动停止了探测工作。彩图12是WMAP的九年观测数据获得的微波背景辐射的分布，空间分辨率达到0.2°，温度用颜色表示，红色温度最高，蓝色温度最低。其实各处的温度差别非常微小，只在十万分之一的量级上有明显的起伏。研究发现，宇宙密度在大尺度上的变化幅度略大于小尺度上的变化幅度；确定了这些波动在天空中的分布遵循着具有相同性质的钟形曲线,并且在全天图上有相同数量的热点和冷点。

"普朗克"的视野十分广阔,可以对宇宙进行全景"扫描"。在约15个月中完成了对宇宙的4次全景"扫描"。获得最精细的微波背景辐射各向异性分布情况的图片。图7-16给出WMAP(左)和普朗克卫星(右)绘制的全天图中同一块天区的微波背景辐射各向异性分布情况。可以看出"普朗克"的探测结果比WMAP的要精细得多。两家的结果给出的结论相当一致,并无矛盾之处。

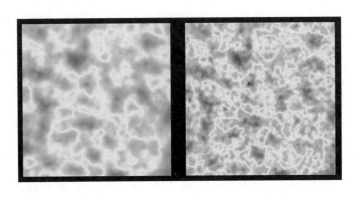

图7-16　WMAP(左)和"普朗克"(右)的微波背景辐射各向异性情况观测结果的比较Ⓕ&Ⓝ

根据宇宙学标准模型,这些起伏是由宇宙大爆炸发生后瞬间产生的量子起伏引起的。美国物理学家古思(Alan Guth)提出的"宇宙暴胀模型"指出,在宇宙大爆炸后10^{-35} s到10^{-32} s期间,宇宙在10^{-33} s的极短时间内以超光速暴胀,宇宙尺度一下子就暴胀了几十个数量级,而温度随之下降。由于宇宙暴胀,原来那么一点小小的宇宙顿时就获得极大的扩张,把原来不太平直的宇宙拉平了。"宇宙暴胀模型"要求宇宙是平直的。WMAP和普朗克卫星探测器的观测都证实了这一点。暴胀也把微小的量子起伏放大,成为微波背景辐射各向异性分布中的结构,以致后来形成硕大的星系。

3) 微波背景辐射偏振的观测结果

微波背景辐射及其各向异性并不是背景辐射场所含有的全部信息。还有一个重要信息就是偏振性。大爆炸宇宙学理论认为,微波背景辐射不仅有10^{-5}量级的各向异性,而且还有更小的10^{-6}量级的偏振成分。难能可贵的是,WMAP和"普朗克"对这两种非常微小的参数都得到定量的探测结果。图7-17是WMAP观测得到微波背景辐射偏振的全天图像。

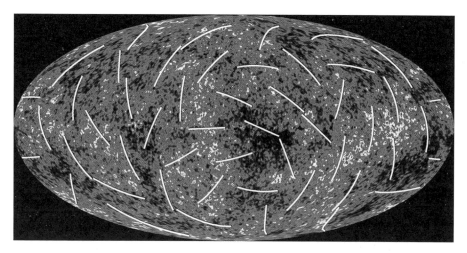

图7-17　WMAP给出的早期宇宙微波天空。白色线段代表最古老的光的偏振方向Ⓝ

　　微波背景辐射的偏振是由光子与自由电子碰撞(即散射)所造成的。在宇宙早期产生了大量的高能光子、电子、质子和中子。由于温度极高,非常高能的光子使电子和质子不能形成稳定的中性氢原子,宇宙处在电离状态。这时光子的自由程很短,也传不出去,宇宙处在黑暗时代。当温度下降到约4000 K时,光子的能量已经不能使氢原子电离,光子与电子不会发生碰撞,成为自由光子,自由自在地传播,宇宙变成透明的了。这大约发生在宇宙大爆炸的38万年之后,这些自由传播的光子就是我们观测到的微波背景辐射。但当第一颗恒星形成时,将再次发生电离,因此光子有可能与电子发生散射作用,造成一些偏振成分。WMAP和"普朗克"发现的偏振信息可以帮助天文学家研究第一颗恒星形成的时间和提供关于宇宙极早期发生的事件的新线索。通过对WMAP偏振数据的分析得知,宇宙被再电离的时间比之前认为的要早。科学家认为这对理解结构起源是一个真正的突破。

4) 宇宙年龄、组成成分比例和哈勃常数

　　大爆炸宇宙模型认定宇宙有一个起点,从大爆炸时起算,宇宙也就有了年龄。宇宙中的万物都是在宇宙诞生后形成的,因此地球、太阳、星团、星系等等一切的年龄都不会超过宇宙的年龄。估计宇宙年龄的第一个方法,就是寻找宇宙中最古老的天体。地球的年龄可以通过最古老的岩石的年龄测定来获得下限,测知约为45亿年。天文学家认为球状星团是十分古老的星体的集合,它们是在宇宙诞生后不久产生的天体,有人测得最古老的球状星团的年龄约为115亿年。2001年天文学家通过观测恒星 BPS CS31082-001 上的放射性同位素钍-232和铀-238的含量比,推算出这个星球的年龄是125亿年,但误差比较大,约为30亿年。还有学者研究白矮星、类星体等的年龄,以作为宇宙年龄的下限,也达到百亿年。由此可以得出结论,宇宙的年龄至少有100亿年。

最常用的估计宇宙年龄的方法就是测量哈勃常数。哈勃定律表明宇宙在膨胀之中,哈勃常数就是膨胀的速率。知道了哈勃常数,我们就可推算出宇宙发展到现在的样子所需要的时间,也就是宇宙的年龄。把 WMAP 和"普朗克"所获得的微波背景辐射各向异性的数据与流行的宇宙理论模型进行拟合,就能得到哈勃常数、宇宙年龄和宇宙的物质构成比例。WMAP 的拟合结果是:哈勃常数的取值为70;宇宙年龄为137.7亿年,误差范围为1.2亿年;宇宙物质中可见物质占宇宙的4.6%,暗物质为24.0%,暗能量则为71.4%。"普朗克"的观测资料拟合结果稍有不同:哈勃常数为67.3;宇宙年龄为138.2亿年;宇宙物质构成比例也有些变化,可观测物质达到4.9%,暗物质达到26.8%,暗能量则下降为68.3%。由于"普朗克"观测精度远高于 WMAP,因此把"普朗克"观测数据拟合得到的各个参数值作为标准值。

五、发现宇宙加速膨胀

天文学家相信,大爆炸推动了宇宙膨胀,由于引力的存在,膨胀速度会逐步变慢,观测宇宙膨胀的减速因子成为一项重要的研究任务。如果宇宙膨胀的速度是逐渐减小的,那么观测近距离星系和远距离星系所获得的哈勃常数应该是不一样的。哈勃常数的观测研究离不开测量天体距离方法的改进。20世纪90年代,两个不同的研究团组为了测定宇宙膨胀是如何减速的,开始观测研究遥远星系中Ⅰa型超新星来确定星系的距离,但却不约而同地发现宇宙在加速膨胀,颠覆了科学家的共识,引起科学界的轰动。佩尔穆特、布赖恩·施密特和里斯三位天体物理学家因此获得2011年度的诺贝尔物理学奖。

1. 天体距离的测定

天文学研究离不开天体距离的测定,如果没有办法测定天体的距离,那么就不会知道太阳系和银河系的规模和结构,发现不了河外星系和宇宙的规模。由于天体离我们非常遥远,测距异常困难,成了天文学家不断探索、不断犯错、不断改进的研究课题。

每当测量天体距离的方法前进一步,就会导致天文学新的重大进展。天体距离的测量由近及远发展了多种方法。

1) 周年视差方法

　　周年视差测距法的原理如图7-18所示,在地球绕太阳轨道运动的过程中,在A和B两处观测同一颗天体,天体的视位置会发生变化,AB之间的距离是地球到太阳距离的2倍,构成等腰三角形ABS的底边,由观测可以测出周年视差角 π,就可以求出三角形的高D,也就是天体到太阳的距离。

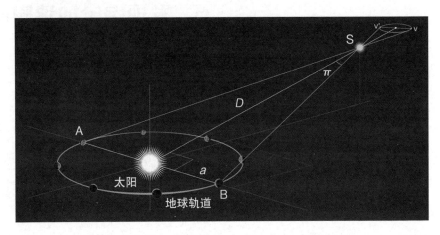

图7-18　周年视差测距:a为地球到太阳的距离,π为视差,D为天体到太阳的距离Ⓦ

　　把视差为1″时的天体距离称1 pc,约为3.26 ly。周年视差越小,距离越远。周年视差的倒数就是该天体以秒差距为单位时的距离。哥白尼在创立日心学说时曾尝试测量恒星周年视差,以证明地球围绕太阳运转,没有成功。天文学家经过了300多年的努力,才于1838年测出天鹅座61的视差为0.31″,相当于从12 km处看一分硬币所张的角! 利用视差法只能测定大约8000多颗较近的恒星的距离。绝大多数恒星离我们太遥远,它们的视差小于0.001″,无法测量。

2) 标准烛光法

　　天体的绝对星等和视星等之间可以相互转换。考虑星际消光的影响,绝对星等 M、视星等 m 及恒星距离 r 及消光因子 A 之间的关系是:

$$M = m + 5 - 5 \lg r - A.　　　　（式7.1）$$

如果我们知道天体的绝对星等或者通过测量其他参数获得绝对星等的信息，我们便可以通过观测视星等和消光因子，估计出它们的距离。这样的天体被称为标准烛光天体。烛光是物理学中的一个名词，是发光强度的单位。当时英国人以一磅的白蜡制造出一尺长的蜡烛，以它所燃放出来的光来定义烛光单位。

最典型的标准烛光天体是造父变星和天琴 RR 型变星，再远的就是星系中的电离氢区、一定条件下的行星状星云、红巨星和球状星团等。对于更遥远的星系，不可能观测到它们中的单个天体或球状星团，更不用说标准烛光天体。但是发生在星系中的超新星，其亮度可以与星系比拟，能被我们观测到。Ⅰa 型超新星光度基本恒定，可以用作标准烛光。

3）星系红移的测定和哈勃定律测距法

哈勃定律不仅指出宇宙处在膨胀之中，还提供了一种测量星系距离的新方法。因为星系的运动速度与距离成正比，测出星系的红移就知道了退行速度，进而知道了距离。对于比较遥远的星系，测量红移估计距离成为最重要的方法。当退行速度接近光速时，红移与星系退行速度的关系为

$$z=\left[\left(1+\frac{v}{c}\right)\Big/\sqrt{1-\frac{v^2}{c^2}}-1\right].\qquad\text{（式 7.2）}$$

式中 z 为红移量，v 为退行速度，c 为光速。在退行速度远小于光速的情况下，红移和退行速度的关系很简单，为 $z=v/c$。星系的退行速度都很快，达每秒几千千米、几万千米甚至接近光速。红移测距法是否能给出正确的距离，最关键的是哈勃常数的测定。哈勃最初测定的值为 560，而现在公认的值却是 73，差了 7 倍多。

2. 哈勃常数的进一步测定

哈勃常数的测量不仅关系到遥远星系距离的估计，还涉及宇宙尺度和年龄的估计，更重要的是关系到宇宙膨胀是在减速还是加速这个重大宇宙学问题。

1）哈勃常数的第一次修正

1929 年哈勃发现宇宙在膨胀之中，让天文学界兴奋不已。最初的哈勃常数值 $H_0=550$，导出的宇宙年龄只有 20 亿年，甚至小于地球的年龄！1936 年，考虑到星

际消光因素,哈勃常数被修订为H_0=526,并没有解决宇宙年龄的矛盾。

最先找到问题所在的是旅美德国天文学家巴德(Walter Baade)。1952年巴德开始使用海尔望远镜观测M31和邻近星系,比哈勃当时的观测要精准得多。他发现造父变星有两种类型,即经典造父变星和第二型造父变星(见第284页图6-2)。前者属于年龄比较小的星族Ⅰ,而后者属于年龄比较老的星族Ⅱ。这两类造父变星的光变周期P与绝对星光M的关系差别很大,分别为:

$$M = -1.80 - 1.74 \times \lg P , \qquad (式7.3)$$

$$M = -0.35 - 1.74 \times \lg P , \qquad (式7.4)$$

两种造父变星周光关系的常数项差别比较大。如果混淆了这两类造父变星,必然导致距离估计上的误差。哈勃犯了就是这个错误。经巴德计算,遥远星系的距离比原来的估计值增加了一倍。1952年,巴德在罗马举行的第8届国际天文学大会上,宣布了他的结果,H_0=260。

2) 哈勃常数的第二次修正

第二次修正是由哈勃的合作者桑德奇于1961年完成的。哈勃假定远处的星系中最亮的恒星具有与星系M31中最亮的恒星相同的亮度,这个假定基本上是成立的,但是,哈勃把远处星系中一些闪闪发光的电离氢区(也称电离氢云)误认为是恒星了。这些电离氢云比最亮的恒星还要亮得多(如彩图11),这种错误导致哈勃严重地低估了这些星系的距离。桑德奇把这个错误纠正了,哈勃常数的数值变为75。这个数字和今天被大部分人接受的数值很接近。不过,他在发表时,考虑一些其他因素后,扩大了取值范围,最后采取H_0=100。

3) 哈勃常数第三次修正

桑德奇扩大观测样本,所选取的星系越来越远了。当距离超过6520万光年后,当时的光学望远镜就不可能观测到星系中的造父变星,因此需要采用其他估计距离的方法,用接力的方式获得更远处的星系的距离。他的办法是分三步走。第一步是用造父变星测距法确定银河系邻近的星系(即本星系群)的距离。第二步就是寻找邻近星系中的红巨星和电离氢区,应用红巨星测距法和电离氢区测距法测量M101星系群和室女座星系团中的漩涡星系的距离。红巨星比造父变星亮得多,电离氢区则比红巨星还亮,都比较容易在遥远星系中找到。研究表明,不同星系中最亮的红巨星的光度差不多,因此可以作为一种标准烛光。电离氢区则大致呈球形,大小都差不多,约为650 ly,所以只要测出电离氢区的张角就可以估计电离氢区的距离。第三步是利用室女座星系团中的最亮的椭圆星系作为距离指示器,去测量更远的星系的距离。经过这三个步骤,测量哈勃常数的样本星系已经足够多,纵深范围足够大。最后得出的哈勃常数是 H_0=50.3±4.3。

4)哈勃常数的精确测定

　　2001年,天文学家弗里德曼(Wendy Freedman)决定利用哈勃空间望远镜观测一批星系,以此来获得哈勃常数。由于空间望远镜没有地球大气的干扰,可以观测到更遥远星系中的造父变星,具体地说,可以找到比桑德奇观测的距离远10倍的造父变星。无须采用不同的标准烛光接力的方法,仅仅使用造父变星的观测就能获得哈勃常数。她测得的哈勃常数为72±8。

　　不久后,里斯的团队利用哈勃空间望远镜数百小时的观测时间研究了来自18个星系的两种标准烛光,即Ⅰa型超新星和造父变星,得出的哈勃常数为73.2。而普朗克卫星观测给出的哈勃常数为67.3±1.4。2016年,里斯领导的哈勃常数测量队伍,收集了2400颗造父变星,以及300颗Ⅰa型超新星的数据,样本数空前地多,得到的哈勃常数数值是73.24,测量精度推进到2.4%,无可争辩地成为用标准烛光法测得的最准确的哈勃常数。他们的测量结果与普朗克卫星的测量值有明显的差别。如何解释这个差别?

　　一种看法认为,宇宙微波背景辐射的空间探测使我们看清楚宇宙早期约38万年时的状况,帮助我们了解宇宙早期的膨胀情况。而哈勃空间望远镜测得的哈勃常数所用的星系样本则是宇宙发展到中、后期的膨胀情况。哈勃常数数值的差别可能表明宇宙在"婴儿时期"的膨胀速度慢一些。

　　另一种看法则认为是测量方法的不同所造成。"普朗克"所得到的哈勃常数是用观测到的微波背景辐射各向异性的数据与宇宙理论模型拟合得到的,取决于所用的宇宙模型是否完全正确。虽然这个理论模型比较流行,但很难说它是完美无缺的,而标准烛光法也有待改进的地方。目前,对两个测量结果的差异还没有定论,科学家希望通过观测实验来解释这个问题。

弗里德曼的研究小组采用一种完全独立的新型哈勃常数测量方法。他们认为,某些恒星结束生命的时候会变成红巨星,这种恒星非常明亮,在某一时刻,温度会上升到大约1亿开,这颗恒星会经历了一场被称为氦闪的灾难性事件,恒星内部物质结构重组,最终极大地降低亮度。天文学家可以在不同星系中测量这一阶段的红巨星的表观亮度,然后用这种方法来确定它们的距离。NASA正在研制中的广域红外探测望远镜(WFIRST)功能强大,可以让天文学家更好地跨越宇宙时间去探测哈勃常数的值。WFIRST有着与哈勃望远镜相似的分辨率,但它的视野比哈勃望远镜要宽上100倍,天文学家将会观察到更多的Ⅰa型超新星、造父变星和红巨星,从根本上改善对近处和远处星系的距离测量。

3. 宇宙膨胀减速因子的研究和超新星宇宙学的兴起

考虑到万有引力的影响,大多数学者都认为宇宙膨胀的速度会逐渐减慢。20世纪60年代,多位天文学家努力寻找宇宙膨胀的减速因子,多种方法获得的结果都不能确定是否减速。超新星宇宙学兴起,Ⅰa型超新星成为新的标准烛光天体,给寻找减速因子带来了曙光。

1) 宇宙膨胀减速因子的研究

桑德奇最先关注宇宙膨胀减速的问题,他把观测宇宙学归结为测量两个参数:哈勃常数和减速因子。他认为,在远距离上,星系的红移－距离关系会偏离线性关系。这是因为对于比较远的星系,我们看到的是它很久以前的像,那时宇宙的膨胀速度可能与现在不同。因此星系的红移-距离关系不是一条直线,而是一条曲线。如图7-19所示,哈勃定律由直线表示,表明自始至终膨胀速度都是相同的,减速膨胀与加速膨胀都表现为曲线关系。如果按红移的大小分段计算哈勃常数,对减速膨胀的情况来说,哈勃常数的数值随红移的增加而减小。

宇宙膨胀是减速还是加速,或是遵从哈勃关系,用观测数据点绘出星系的距离和红移的关系图后,一目了然。首要的问题是要有合适的观测样本,红移值从小到大的都要有。当时缺的主要是高红移星系的观测数据,也就是比较遥远的星

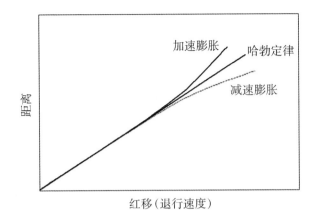

图 7-19　三种星系的距离与红移(退行速度)关系：哈勃定律、减
速膨胀和加速膨胀①

系的观测数据，因为要测出遥远星系的距离和红移实在太难。桑德奇和合作者为
此做出了巨大的努力，找到了红移值为 0.46 的射电源 3C 295，创下了当时的最高
红移纪录，但还是没有找到所期待的减速因子。

2）超新星宇宙学的兴起

超新星爆发是罕见的天象，是最激烈、最壮观的天体物理现象之一。它是大
质量恒星演化的终点，又是中子星和黑洞诞生的起点，也是星系际物质聚散循环
的关键环节。质量大于 8 $M_\odot$ 的恒星演化到晚期，将以超新星爆发结束一生。

银河系中的超新星爆发并不常见，已有 400 多年没有发现。河外星系中的超
新星发生率也不高，但星系数目非常多，总有一些星系产生超新星，所以平均每年
都能观测到不少超新星。有些超新星的亮度能与其母星系相比，因此我们可以观
测到非常遥远星系中的超新星。专业和业余天文学家每年能发现几百颗超新星，
如 2005 年发现 367 颗，2006 年 551 颗，2007 年则有 572 颗。这么多新发现的超新
星，如何命名成为一个问题。国际天文学会提出了命名法，规定超星的名字由发
现的年份和一到两个英文字母组成：一年中首先发现的 26 颗超新星用英文字母大
写 A 到 Z 命名，如超新星 1987A 就是在 1987 年发现的第一颗超新星；而第二十六
以后的则用两个小写字母命名，以 aa、ab、ac 这样的顺序起始。例如 2005 年发现的

最后一颗超新星为SN 2005nc,表示它是2005年发现的第367颗超新星。

超新星通常被分为两大类,即Ⅰ型和Ⅱ型。主要根据它们的光谱中是否有氢的谱线来区分,但是有的超新星很弱,无法拍得光谱,只能根据光变曲线的形状来区分(如图7-20所示)。后来发现,仅分为两大类不能表达某些超新星的特殊特性,因此又细分了若干次型。Ⅰ型又分为a、b、c三个次型。对于研究宇宙膨胀减速因子,Ⅰa型超新星成为重要的观测对象。

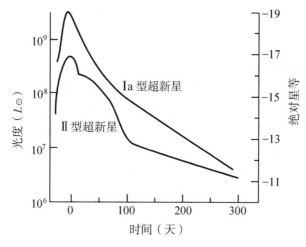

图7-20　Ⅰa型和Ⅱ型超新星的光变曲线Ⓦ

Ⅰa超新星被认为是白矮星因吸积伴星物质而导致的超新星爆发。如图7-21,白矮星通过吸积,质量逐渐增加,当达到$1.44M_\odot$的时候,白矮星就变得不稳定了。白矮星内部温度会升高,还会发生一系列核聚变过程,最终导致白矮星的爆发,这就是Ⅰa型超新星。这种爆发通常会把白矮星彻底摧毁,只有极少数情况下可以变为中子星。由于白矮星爆炸时的质量都是$1.44M_\odot$,质量相同,爆炸产生的能量也应该差不多,爆发时的光度当然也很接近。所以,Ⅰa型超新星可以作为宇宙中的"标准烛光"使用,通过观测光度极大时的明暗程度就可以估计这颗超新星的距离。Ⅰa型超新星非常明亮,光度可以与星系本身媲美,容易发现和观测。因此Ⅰa型超新星成为测量遥远星系距离的新手段,天文学家如获至宝。

图 7-21　Ⅰa 型超新星形成示意图：白矮星从伴星吸积物质，当其自身的质量超过 $1.44\ M_\odot$，就会爆炸形成Ⅰa 型超新星Ⓔ&Ⓝ

4. Ⅰa 型超新星与宇宙加速膨胀的发现

20世纪80年代就有科学家开始尝试寻找"Ⅰa 型超新星"这把量天尺，开始时很不顺利，遭遇失败。这个团组失败了，别的团组加入，真可谓前仆后继。在20世纪90年代相继形成两个研究超新星宇宙学的团组，开始了争分夺秒的竞争。一个团组是美国加州大学伯克利分校以物理学家为核心的"超新星宇宙学研究"团组，由佩尔穆特领衔。另一个团组是由天文学家组成的美澳合作的"高红移超新星搜寻小组"，以澳大利亚国立大学的布赖恩·施密特为首。两个团组展开了寻找遥远空间中的Ⅰa 型超新星的竞赛。到1998年终于获得成功，发现了一批Ⅰa 型超新星，通过对观测资料的分析，发现了宇宙处在加速膨胀之中，震惊科学界。

1）Ⅰa 型超新星的搜寻

超新星非常亮，但是遥远宇宙中的超新星也只是微弱的一个光点，寻找它们也是很困难的。超新星是一种突然发生的现象，不知道什么时候、会在什么地方发生。但是，每年在各个星系中总会发生一些超新星。经常地彻查整个天空，必然会找到一些超新星。通常是在某一天区小范围，每隔3星期左右拍摄两张照片。比较两张照片就可能发现细微的不同，如果能在后一张照片中找到前一张中所没有的小光点，很可能就是一个超新星爆发了（图7-22）。这个细致比较的工作现在可以由计算机去完成。

在20世纪80年代中期，丹麦的天文学家就开始寻找Ⅰa 型超新星。搜寻了两年，才找到1颗，再经努力又找到1颗。几年的努力收获很少，难以为继，决意退出。这时，美国伯克利实验室的几位物理学家却加入搜寻超新星的行列。开始的

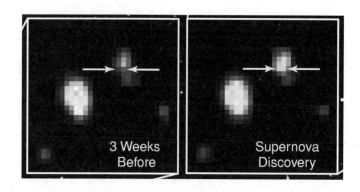

图7-22　比较法搜寻超新星示意图：比较3个星期前后拍摄的同一区域的照片，发现一个星系变亮了，就可能是该星系发生了超新星⓪

几年也是碰了一鼻子灰，连一颗超新星也没有找到。彭尼帕克（Carl Pennypacker）和穆勒（Rich Muller）决定退出，洗手不干了。穆勒的弟子佩尔穆特接手了这个项目，这使他处于十分困难的境地：这个基金项目即将结题，必须重新申请，一个没有任何成果的基金项目要想继续得到支持实在太难了。然而，佩尔穆特还是取得了伯克利实验室领导和资助机构的认可和支持。这个项目的名字是"超新星宇宙学研究"。在得到了经费以后，他们研制了一台品质优良的CCD照相机，安装在西班牙加纳利群岛的一台望远镜上，为此他们获得使用这一望远镜的权利，开展超新星搜索。在观测条件最好的无月夜拍摄大片的星空，每月观测一次。由于超新星的光变周期是几个月，因此不会错过发现的机会。找到候选者之后，再用凯克望远镜等大型光学望远镜进行后续光谱观测。由于申请大型望远镜的观测时间很困难，佩尔穆特常常写信、打电话求助各地天文台正在观测的同行，央求他们帮助观测几个超新星候选者。就这样，他们陆续确认一大批Ⅰa型超新星。

佩尔穆特领导的"超新星宇宙学研究"小组由加州大学伯克利分校的物理学家组成，一开始对于超新星天文学中的许多困难并不完全了解。"无知者无畏"，在众多天文学家望而却步的时候，他们大胆进入这个困难重重的研究领域。随着他们逐渐接近成功，天文学家坐不住了，其中哈佛大学的科什纳（Robert Kirshner）等人决定投入超新星观测，加入竞争的行列。他们必须以超常的速度开展观测研究才能进行有效的竞争。好在他们很有经验，伯克利小组曾花费几年时间才研制出自动化超新星搜寻软件,他们只用了一个月就开发出类似的软件。这样,由哈佛大学主导的美澳合作的"高红移超新星搜寻"项目迅速开始搜寻超新星的观测,很快就发现了一批Ⅰa型超新星,数目相对少一些,但观测精度却比较高。这个小组成员除科什纳外,还有布赖恩·施密特、里斯等。

2) 发现宇宙加速膨胀

"超新星宇宙学研究"项目和"高红移超新星搜寻"项目的题目稍有不同,其实际研究内容大体相同,都是要寻找遥远的Ⅰa型超新星,将其作为探测宇宙奥秘的"敲门砖"。所谓遥远的超新星是指距离超过可观测宇宙半径1/3的超新星。这样做一是为了消除近距离星系自身运动带来的干扰,二是可以获得宇宙比较早期的情况。发现超新星以后,必须对它们进行监测,以获得光变曲线,测量峰值亮度。当确认是Ⅰa型超新星以后,就要动用大型光学望远镜进一步观测,以获得红移的数据。到了1997年下半年,这两个研究小组都发现高红移的超新星比他们原来预期的要暗。由于这些远处的星系是宇宙早期的图像,比预期的暗表明比预期的要远一些。可能的原因是宇宙膨胀的速度越来越快,拉大了距离。他们都不敢相信这个宇宙加速膨胀的分析结果,怀疑某些环节上出了差错。他们花了几个月的时间,反复查验,确认没有问题。1998年1月,两个小组几乎同时公布了自己的观测结果。

"超新星宇宙学研究"团组一共观测到42颗Ⅰa型超新星,红移值在0.18—0.83之间,再选择Calàn/Tololo超新星巡天的18颗$z<0.1$的低红移Ⅰa型超新星样本,共60颗Ⅰa型超新星进行统计研究。参数拟合的结果给出宇宙膨胀减速因子为−0.58,负号说明宇宙的膨胀不是在减速,而是在加速。

"高红移超新星搜寻"小组观测到16颗红移在0.16—0.97之间的Ⅰa型超新星,增加已发表的34颗红移$z<0.15$的Ⅰa型超新星,共50颗Ⅰa型超新星进行统计研究,获得的减速因子小于零,也证明了宇宙在加速膨胀。

两个小组的结论完全一样:宇宙的膨胀在加速。意想不到的结果,崭新的结论,科学界沸腾了。宇宙加速膨胀意味着,宇宙中还存在着一种未知的斥力,就像恒星中起斥力作用的辐射压力一样,这个斥力取名为暗能量。宇宙的加速膨胀是一个惊人的重大发现,佩尔穆特、布赖恩·施密特和里斯三位科学家因此获得2011年度诺贝尔物理学奖(图7-23)。

图7-23   2011年度诺贝尔物理学奖获得者佩尔穆特(左)、里斯(中)和布赖恩·施密特(右)Ⓦ

六、大爆炸宇宙理论

自从伽莫夫于 1948 年提出大爆炸宇宙模型以后,至今已经73 年。当时学术界无人响应,沉寂了十几年。20 世纪 60 年代,彭齐亚斯和威尔逊发现了宇宙微波背景辐射,在迪克研究小组的帮助下,很快就得到确认。从那时开始,迪克研究小组成员、年轻的皮布尔斯就一心扑在"大爆炸宇宙学"的研究上,坚持至今已有 57 年,成为当今最著名的理论宇宙学家。他为宇宙学中几乎所有的现代研究奠定了基础,包括理论和观测,将一个高度猜测性的领域变成了一门精密的科学。2019 年诺贝尔物理学奖的一半授予皮布尔斯,以表彰他"在物理宇宙学的理论发现"。

1. 大爆炸宇宙学的发展

1948 年伽莫夫同他的两位学生阿尔弗和赫尔曼一道,将相对论和粒子物理引入宇宙学,提出了大爆炸宇宙学模型。该模型认为,宇宙最初开始于高温高密的原始火球,温度超过几十亿开。随着宇宙膨胀,温度逐渐下降,形成了现在的星系等天体。

大爆炸宇宙学的取名并不是提出者的原意,说起来颇有戏剧性。英国宇宙学家霍伊尔坚决反对伽莫夫提出的宇宙模型,认为是"荒谬、不科学的"。1949年3月28日,他在英国广播公司(BBC)节目中讨论宇宙学时,把伽莫夫的宇宙模型说成是"大爆炸"(the big bang)宇宙模型。由于这个名字很形象,便就此流传开来。

当然,我们不能把宇宙的诞生看成是空间中一点上的某个物质发生了某种爆炸。在爱因斯坦的宇宙中,空间与物质的分布是紧密联系的,观测到的宇宙膨胀反映的是空间本身的展开。大爆炸理论的要点在于空间的平均密度随宇宙的膨胀下降。宇宙膨胀对星系或星系团的大小没什么影响,只是使星系之间和星系团之间的空间伸展了而已。星系和星系团受自身引力的束缚不会因空间的膨胀发生变化。在这种意义上,宇宙膨胀很像是葡萄干面包发酵过程。生面团类似空间,而葡萄干就像星系。当面团膨胀时,葡萄干彼此远离。任意两颗葡萄干相互分离的情况完全取决于它们之间的面团有多少,以及面团的膨胀多大。

大爆炸宇宙学有两个预言:一个是宇宙诞生后形成的元素以氢为主,其次是氦,理论计算所给出的丰度与天文观测得到的结果基本一致;第二个是大爆炸会留下温度约为5 K的背景辐射。然而,连伽莫夫他们自己都认为,这样微弱的背景辐射不可能用观测来证明。当时他们的处境很尴尬,缺乏继续研究的动力和条件,不得不离开宇宙学这个领域。伽莫夫开创了大爆炸宇宙学,但是理论的完善和发展,以及观测验证等一系列艰难的研究留给了后人。

后来这个学说才逐渐地被科学家接受。归结起来有以下原因。首先是哈勃定律已经深入人心,被广泛地承认。既然承认宇宙在膨胀之中,必然是从小到大。设想从一个体积非常小、温度特别高的火球演化而来也是顺理成章的事。其次,任何一个宇宙学模型都必须回答构成宇宙的基本原材料是怎么来的,也就是电子、质子、中子和光子是怎样来的。通过爱因斯坦的质能关系,计算可知,造就观测到的宇宙物质需要多高的能量。一个体积比原子还小的"火球",只要温度达到 10^{33} K,就足以转化成当今宇宙中的所有物质。粒子物理中有一条基本的原理就是光子可以转换为正、反两种粒子。反过来,正、反两种粒子也可以转换为光子。大爆炸理论严格遵循物理学理论,在大爆炸后3分钟制造出构成宇宙物质的原材料。最后,大爆炸宇宙学获得两大观测事实的支持:一是观测所获得的宇宙中氢和氦的丰度与大爆炸宇宙学预言的数值基本一致;二是大爆炸宇宙学所预言的微波背景辐射已被彭齐亚斯和威尔逊的观测所证实。

2019年诺贝尔物理学奖获得者皮布尔斯(图7-24)是大爆炸宇宙学的忠实支持者,继承和发展了大爆炸宇宙学。皮布尔斯1935年出生于加拿大马尼托巴省温尼伯市,在加拿大马尼托巴大学获得物理学学士学位,并于1962年前往美国普林斯顿大学读研,师从著名物理学家和天文学家迪克,毕业后留校任教,仍然在迪克的研究小组,现在是普林斯顿大学的阿尔伯特·爱因斯坦科学名誉教授。自1970年以来,他就被认为是世界上领先的理论宇宙学家之一。皮布尔斯对大爆炸宇宙学做了系统性的研究,发表了一系列的论文,特别是他出版的3本著作《物理宇宙学》《宇宙的大尺度结构》《物理宇宙学原理》,已经成为宇宙学领域的教科书。他在宇宙微波背景辐射、宇宙物质结构形成、暗物质和暗能量等方面做出了重大的理论贡献。皮布尔斯的大量工作使得物理宇宙学成为严肃的、定量的物理学分支。目前国际上的宇宙学研究队伍今非昔比,无论是理论研究还是观测研究,兵多将广。皮布尔斯被认为是公共的领袖。

宇宙学的研究已经获得4项诺贝尔物理学奖,前三次都是颁发给在观测上取

图 7-24　皮布尔斯ⓦ

得重大成就的天文学家,而2019年却是授予现代宇宙学理论研究获得重大成就的天文学家。这是绝对需要的。皮布尔斯的获奖,使我们想起20世纪40年代创建大爆炸宇宙学的伽莫夫、阿尔弗和赫尔曼,想起60年代的迪克带领着皮布尔斯、罗尔和威尔金森主动挑起搜寻宇宙微波背景辐射的重担,他们对大爆炸宇宙学做出了杰出的贡献。诺贝尔奖虽然只授予皮布尔斯一人,但包含了对大爆炸宇宙学的承认,对学说开创者的承认。

2. 宇宙演化的五大阶段

归纳伽莫夫和皮布尔斯的理论,随着原始火球的爆炸,宇宙不断地膨胀,温度不断地降低,形成了宇宙演化的不同阶段。每个阶段最重要的特点是温度不同,形成的物质世界不同。具体地说,宇宙的诞生和演化可以划分为五大阶段:

第一阶段是宇宙极早期的混沌状态。此时的温度极高,达到10^{32} K,从10^{-44} s开始产生粒子。宇宙极早期,由于温度极高,光子转换为正反粒子的能力极强。因此极早期所形成的物质是均匀、各向同性的高密高温高压的物质,处在粒子不断转换为光子、光子转换为粒子的过程之中。大约在膨胀进行到10^{-37} s时,产生了一种不明作用使宇宙发生暴胀,在此期间宇宙的膨胀是呈指数增长的。当暴胀结束后,直到温度下降到10^{12} K,光子能量还足够高,还足以转化为各种正反粒子对。正反粒子对也能转化为光子,反反复复,处在混沌状态。但这种状态只能维持万分之一秒的时间。事实上,伽莫夫和皮布尔斯最初提出的大爆炸模型都没有暴胀阶段。美国物理学家古思提出暴胀宇宙学的故事将在后文介绍。

第二阶段形成中子、质子和氦原子核。大爆炸后0.01 s,温度下降到10^{11} K,光子的能量降低了,已经没有能力转化为正反质子对和正反中子对。这是因为光子的能量已经小于2倍的质子或中子静止质量的能量了。这时,已有的正反质子对和正反中子对迅速转化为光子。这时,在一种未知的反应过程作用下,正粒子数比反粒子数稍微多一点,这使得原有的质子和中子有十亿分之一的数量保留下来,而对应的所有反粒子则全部湮灭了。

这时,光子仍然有能力转化为正反电子对。质子非常稳定,不会衰变,但中子却不稳定,会自动衰变为质子和一个电子,半衰期只有13分钟。中子数目因为衰变迅速减少,到3分钟时,宇宙温度冷却到10^{10} K,中子与质子数目之比已经变为13:87。如此下去,中子便会消失。但是,这时的温度已经允许由两个中子和两个质子组成稳定的氦原子核,既不会碎裂,也不会接受新成分形成更复杂的原子核。所以,当氦原子核形成后,中子就被氦核保护起来了,中子的数目不会再减少。

所以说,大爆炸后4分钟时,宇宙中便有了26%的氦原子核和74%的氢原子核。进一步的研究认为,在宇宙早期还能产生极少量的由两个质子组成的极不稳定的^{2}He、由两个质子和一个中子组成的^{3}He以及由3个质子和4个中子组成的^{7}Li。观测证实了这个预言,最新的WMAP观测结果与理论的对比如图7-25所示。

第三阶段形成电子,备齐构建宇宙物质的原材料。在大爆炸约半小时后,宇宙温度下降到3×10^8 K,光子已经不能转化为正负电子对了,宇宙中所有的正电子

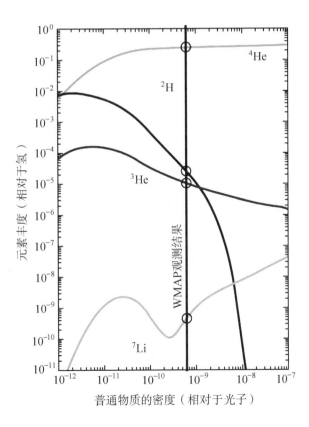

图7-25　WMAP的观测与理论的计算结果完全一致⑭

与电子立即一起湮灭转化为光子。由于电子的数目比反电子(即正电子)的数目
稍微多一点,因此有一部分电子被保留下来。到这个时候,有了质子、中子和电
子。我们今天丰富多彩的物质世界都是由元素周期表中的诸多元素组成,所有元
素都是由质子、中子和电子组成。热大爆炸后30分钟就备齐了构造各种元素和宇
宙物质的最基本"原材料"了,效率快得不可思议。其关键在于早期宇宙高温高密
的状态。物理学上的每一个反应都是靠碰撞来完成的,高温高密状态下,粒子碰
撞的机会非常大,效率当然也就非常高了。

　　第四阶段形成微波背景辐射。在氢核(质子)、氦核和电子形成后,电子与原
子核碰撞可以形成原子,但原子受到高能光子的作用会被电离。从大爆炸后
30分钟一直到大约38万年后的这段时期,形成原子和原子被电离的过程反反复
复地进行着,光子不断地与原子碰撞,因此不能向外传播,宇宙处于不透明的状
态。38万年后,宇宙冷却到约4000 K,光子能量降低到不能使原子电离,稳定的原
子便形成了,光子也就可以无阻挡地向外传播。温度为4000 K时的辐射主要在可
见光波段,成为宇宙的一种背景辐射。宇宙经过一百多亿年的演化已经大大地膨
胀了,随着膨胀,一切尺度都在增大,光的波长也在变长,从可见光波段变到了射
电的微波波段,相应的黑体辐射温度也降为大约3 K了(图7-26)。这就是著名的
宇宙微波背景辐射。

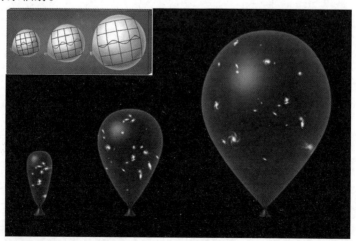

图7-26　用气球的膨胀比喻宇宙膨胀导致星系彼此分离和
辐射的波长越来越长①

第五阶段是恒星和星系形成。大爆炸38万年后,中性的原子才开始大量出现,这时宇宙尺寸达到了现在的千分之一。此后,中性原子开始凝结成气体云,这些云团随后演化成恒星,这是一个极其缓慢的过程。当宇宙膨胀到现在尺寸的五分之一时,恒星聚在一起,形成了年轻的星系。当宇宙尺度达到现在的一半时,恒星里的核反应产生了大多数重元素。超新星爆发和恒星碰撞并合的过程使重元素抛向空间,超新星爆发过程还会形成比铁更重的元素,所有这些都成为形成第二代恒星的原料。我们的太阳相对比较年轻,形成于50亿年前,至少是第二代恒星,那时的宇宙尺度是现在的三分之二。随着时间流逝,恒星的形成过程会耗尽星系中的气体,因此恒星数目正逐渐减少。再过150亿年,像太阳这样的恒星会更稀少,那时的宇宙将远不如现在这般热闹。

3. 宇宙微波背景辐射研究

彭齐亚斯和威尔逊观测发现的宇宙微波背景辐射,可以认为是均匀各向同性的,基本上符合温度为3 K的黑体谱。皮布尔斯指出,当务之急是要解释一个看似矛盾的问题——早期宇宙观测到的均匀性和现在星系的团块分布。天文学家认为早期宇宙密度起伏不大,因为在宇宙背景辐射中只观测到非常微小的不规则成分。有了这些微小的各向异性,我们的宇宙才能从一个相当均匀的状态下通过万有引力作用,逐渐放大原初的微小不均匀性,进而形成了高度非均匀的星系结构。这个看法成为空间探测微波背景辐射的指导思想。但更关键的是要检验观测分辨率优于1°时,不同星系形成理论所预言的背景辐射涨落是否一致。很显然,COBE的分辨率仅7°,太差了,所以才有WMAP和普朗克卫星上天探测微波背景辐射的各向异性。这两个探测器的空间分辨率分别达到13′和6′。

恒星和星系都是物质大量聚集,明显地破坏了均匀性。但在大尺度范围上来看,仍然可以认为是均匀各向同性的。图7-27这幅星系分布图包含了3亿—10亿光年远的星系,可以明显看出它们的分布是均匀的。图中靠近中线的空白是将银河系的辐射扣除后留下的。

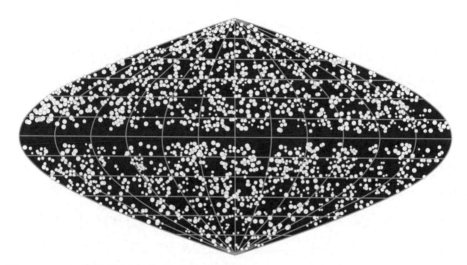

图7-27　由普林斯顿大学的施特劳斯(Michael Strauss)依据红外天文卫星的数据制作的距离我们3亿—10亿光年的星系分布图①

　　三大探测宇宙微波背景辐射的卫星所获得的结果都显示出微小的各向异性,印证了皮布尔斯的猜想。图7-28给出这三次卫星探测得到的结果的对比,在大、中、小上尺度上都显示不均匀的结构。

　　皮布尔斯指出,微波背景辐射分布只有微小的不均匀性说明宇宙是平坦的。根据爱因斯坦的广义相对论,空间的几何形状与引力相互关联——宇宙包含的质量和能量越多,空间的弯曲就越多。在质量和能量处于临界密度时,宇宙不会弯曲,天文学家称这种类型的宇宙为平坦宇宙。

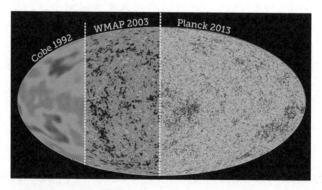

图7-28　探测宇宙微波背景辐射的三大卫星所获得的各向异性分布情况比较,COBE比较粗略,只能显示大尺度上的各向异性,最精细的是"普朗克"的探测结果①

4. 暴胀宇宙学

　　大爆炸宇宙学虽然能很好地解释宇宙中的氢和氦元素的丰度和宇宙微波背景辐射,但是依然有不少问题不能回答,例如宇宙在大尺度上的均匀分布就说不清楚缘由。在大爆炸模型中,早期宇宙阶段并没有足够的时间使热量从一个区域传递到另一个区域,不可能达到均匀分布。但是微波背景辐射证明在宇宙诞生初期,宇宙的不同区域有着严格相同的温度,是非常均匀的。这个矛盾如何解决?还有一个问题是,宇宙膨胀的初始速率必须严格选定,否则演化到今天,宇宙可能早已再次塌缩了,或者已经膨胀得十分巨大从而温度大大下降,导致生命不能存在。

　　针对上述困难问题,古思于 1980 年提出了宇宙暴胀的想法,最后与温伯格(Steven Weinberg)和维尔切克(Frank Wilczek)合作,共同提出"暴胀宇宙学"理论。暴胀宇宙学认为,在大爆炸后不到 10^{-35} s 的瞬间,宇宙迅速地膨胀,持续了大约 10^{-32} s。在如此短的时刻内,宇宙的体积却增大了 10^{43} 倍。宇宙处于暴胀时期,宇宙膨胀速率以指数形式增加,远远超过光速,也正是因为暴胀的空间扩张导致了今天的可观测宇宙尺度大于宇宙在其寿命内按照光速膨胀的尺度。如图 7-29 所示,当宇宙暴胀时,它所有的不规则性都被抹平了,成为一个平坦的宇宙。我们今天所能看到的那部分宇宙空间,就是由宇宙早期某个不起眼的角落膨胀而成的。这个角落必须足够小,以使光线和其他物理机制来得及将它熨平。形成的宇宙大体上均匀,其中撒满了不规则性的种子,这些种子后来变成了星系。它的膨胀速率恰到好处,高度地各向同性。这样,大爆炸宇宙无法解释的问题,用一个简单的暴胀假设就都解决了。

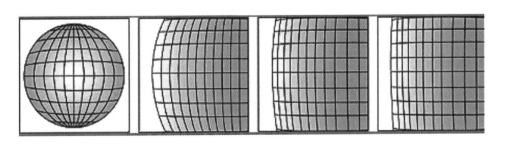

图 7-29　显示暴胀将宇宙时空抹平的原理示意图①

为什么会发生暴胀呢？暴胀是否符合物理学原理？大爆炸宇宙学认为原始火球的温度特别高，达到10^{33} K，如此高温条件下，强力、弱力和电磁力被统一在一起，处在"大统一"时代。"暴胀"是大统一时代物理规律的产物。随着宇宙膨胀，温度下降，各种力之间的对称性由于粒子能量的降低而被破坏，强力、弱力和电磁力变得彼此不同。这种现象称为发生了"对称性破缺"。就好像液态水在各个方向上的性质都相同，而结冰变成晶体后，就变得各向异性了，水的对称性在低能态时被破坏了。在某些条件下，水在0℃并不变成冰，仍然保持流体状态，成为过冷的水。古思认为，宇宙在降温过程中，可能发生这种"过冷水"的情况，温度已跌至"大统一"时代的临界温度值之下，但没有出现"对称性破缺"，这时的宇宙处于某种不稳定态，暴胀就会发生。

宇宙膨胀的速率远远地超过光速。这是否违反相对论呢？狭义相对论规定的速度极限是特指物质的运动，不可超光速指的是物质的速度极限。而宇宙中还包含其他速度概念，它们并非物质现象。宇宙膨胀是空间的膨胀，在暴胀时期，两个粒子之间的距离会因为空间膨胀而拉大，这种速率远超光速。其实粒子并没有被加速到超光速，而是空间膨胀超光速了。空间不属于物质范畴，这种超光速现象不违背相对论。

暴胀理论还意味着多元宇宙并不只是我们的幻想，可能真实存在。图7-30显示早期宇宙的部分角落经历了不同程度的暴胀，形成多元宇宙的情况。我们生活在一个子宇宙里，体积足够大，寿命也足够长。这样才能形成恒星，才能演化出碳基生命。既然当今的宇宙是由原初宇宙的一小片空间均匀地暴胀而成的，那么在

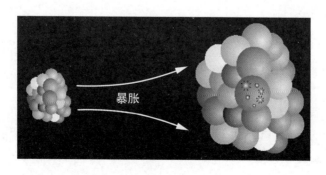

图7-30   早期宇宙的部分角落发生暴胀，形成多元宇宙的示意图①

它旁边的空间后来怎样了呢？很可能,每一个这样的空间都会经历一次大同小异的暴胀,各自变得巨大而均匀,但最终和我们这部分宇宙的性质并不相同。我们看不到这些空间,是因为光线没有充足的时间传播到我们这儿。但在万亿年后,我们的后代或许会发现,世上还存在这样一个空间,它的地理环境与我们的宇宙截然不同。

5. 暗物质、暗能量与宇宙未来

关于宇宙的研究已经取得许多重大的进展:发现了由众多星系组成的宇宙;提出了宇宙诞生和演化的模型——大爆炸宇宙学;观测到宇宙诞生初期的辐射——宇宙微波背景辐射;发现宇宙在加速膨胀之中。我们对宇宙有了一定的认识。但是,宇宙中还有许多未知的奥秘需要去探究,科学家最关注的就是暗物质和暗能量的问题。

早在1932年,荷兰天文学家奥尔特根据银河系恒星速度的测量结果提出银河系里面应该有很多不可见的物质存在。之后的天文学家继续研究漩涡星系中恒星的速度,发现星系边缘的恒星速度过快,如果星系中只有我们观测到的恒星、星云等物质,星系总质量太小,不可能把这些边缘恒星维持在这个星系之中。因此,星系中还存在着大量的物质,它们不发生电磁相互作用,无法被我们直接观测到,即暗物质。计算表明,星系中的暗物质大约是可观测物质的5倍。

暗物质存在的另一个证据来自星系团的观测。星系团中可观测物质的总质量太小,不足以把众多星系约束在一起形成星系团。有些星系速度是如此之高,按可观测物质的引力估计,它们早就飞离所在的星系团了。这表明,星系团中除我们观测到的星系物质以外必须存在额外的暗物质。

引力透镜的观测进一步确认暗物质的存在。根据引力透镜理论,从大质量天体附近经过的光线会发生弯曲或变形。实际观测中发现,透镜天体中可观测物质的质量往往不可能使光产生所观测到的弯曲程度,只能说是暗物质在起作用。

2006年,钱德拉X射线空间望远镜观测到距太阳系一亿光年处的船底座有两个星系团发生碰撞和融合,形成一个子弹形状的星系团。天文学家用美国哈勃空间望远镜、智利的巨麦哲伦望远镜在可见光波段观测这一区域时，发现了引力透镜现象。但意想不到的是，透镜天体并不是子弹星系团，而是周围空空如也的区域。因此断定，产生引力透镜现象的透镜天体不是子弹星系团的可观测物质，而是原来的两个星系团中的暗物质。星系团的碰撞会导致正常物质与暗物质的分离。发生碰撞时，可观测物质（恒星、星云等）因为强大的摩擦力停止前进，融合为一个新的星系团。而原来的星系团中的暗物质因为不发生电磁相互作用，不会受到摩擦力的阻拦，继续前行跑到了子弹星系团的两个外边缘，与可观测物质分离了。这个观测结果被认为是暗物质存在的直接证据（彩图13）。

尽管有了众多的观测证据，但也只是间接的推论。我们并不清楚暗物质究竟是什么，暗物质的组成仍然是宇宙学最大的谜团之一。长期以来，科学家一直相信，已知的中微子可能构成这种暗物质。但中微子速度过快而无法将物质凝聚到一起。1982年，皮布尔斯提出，冷的暗物质中应该有一种重而慢的粒子，致使不少研究团组努力寻找这种冷暗物质中的未知粒子，但是并没有什么进展。

暗能量的提出则与宇宙学密切相关。霍金认为，我们正生活在一个接近临界密度的平坦宇宙中。他是基于两点做出这个判断的。一是所谓的人择原理，可能存在许多具有不同密度的不同宇宙，但只有那些非常接近临界密度的宇宙能存活得足够久，足以形成恒星和行星的物质，才会有智慧生物去认识和研究宇宙，这样的宇宙必须刚好具有临界密度。二是他相信暴胀理论是正确的。这个理论认为，极早期宇宙的尺度曾迅猛地暴涨，尺度至少增加一千亿亿亿倍，会使宇宙变得非常平坦、非常接近准确的临界密度，以至于现在仍然非常接近临界密度。

什么是宇宙的临界密度？宇宙大爆炸后的膨胀过程是宇宙斥力和引力相竞争的过程。爆炸产生的是一种斥力，使宇宙中的天体不断远离。物质本身又存在引力，它会阻止天体远离。当斥力大于引力，宇宙将继续膨胀；当斥力小于引力，膨胀速度会越来越慢，最终会停止膨胀并反过来收缩变小。引力由物质的质量决定，因此在理论上存在一个宇宙物质的临界密度，如果宇宙中物质的平均密度小于临界密度，就会一直膨胀下去，称为开宇宙；要是物质的平均密度大于临界密度，膨胀过程迟早会停下来，并随之出现收缩，称为闭宇宙。理论计算获得的临界

密度为 $5×10^{-30}$ g/cm³,宇宙中可观测物质的平均密度远远低于这个临界密度,就算加上那些我们看不见的暗物质,也远远不够。

21世纪发现宇宙加速膨胀,暗能量的概念被正式提出。宇宙在加速膨胀,说明宇宙中的斥力大于引力。宇宙大爆炸时所获得的斥力随时间的推移会逐渐减小。宇宙中的物质及暗物质的存在不可能导致宇宙膨胀的加速,它们只会令其减速。但是膨胀的速度越来越快,宇宙中必然还存在表现出排斥特性的东西,促使宇宙加速膨胀。科学家们用"暗能量"这个词来描述它的神秘属性。

根据平坦宇宙所要求的临界密度,我们看到的恒星、星云、星际介质组成的星系和星系团,所有一切的总质量只占临界值的5%,估计还有26%是暗物质。但还缺少69%的物质,它们应该是看不见、摸不着的暗能量。对宇宙微波背景辐射的观测也确定了宇宙物质构成的比例,可观测物质占4.9%、暗物质占26.8%,暗能量占68.3%。这主导了我们整个宇宙的暗能量,将主导宇宙演化的走向,决定宇宙的未来。

遗憾的是,科学家并不知道暗能量是什么,更不知道暗能量何时产生、如何演变。目前宇宙学家归纳出暗能量三种可能的发展趋势:随着时间推移密度下降、密度保持不变和密度逐渐增大。如果暗能量密度逐渐增大的话,宇宙膨胀的加速度可能会趋于一个极端。只要宇宙加速膨胀的进程继续下去,暗能量将越来越成为宇宙的主宰,制约着宇宙中的一切,使得宇宙出现"大撕裂",成为宇宙最后的归宿。这个理论最初的提出者、美国物理学家考德威尔(Robert Caldwell)是这样描述"大撕裂"模型的:宇宙中的万物,大到恒星、星系,小到原子、夸克,都会在将来某一时刻被暗能量驱动的宇宙膨胀扯碎。他计算出从现在到宇宙终结所需要的时间大约是220亿年。

如果随着时间推移暗能量的密度下降,宇宙的未来将会出现另外的结局。我们知道,宇宙的极早期发生了暴胀,但暴胀很快就停了下来。谁知道我们现在看到的加速膨胀是不是也会停止,然后宇宙开始坍缩。

现在,我们并不知道导致当前加速的暗能量是什么。在过去10年里,每个星期都会出现两到三篇解释暗能量的新论文。这些论文只是想尝试一下不同的想法,希望由此能得到一些线索。理论家都非常有创造力,但最终的答案只有一个,目前还没有头绪。由于暗能量究竟是什么还没有搞清楚,更不知道暗能量是如何产生、发展和演化的,很难估计宇宙的未来怎么样!

第八章

诺贝尔奖离我们有多远

诺贝尔奖从 1901 年开始颁发,到 2020 年,天文学已经有 19 个项目、30 位天文学家获奖。然而,中国既没有一个项目,也没有一位天文学家获此殊荣。这里并不存在评奖委员会对中国的歧视,而是因为我国天文学水平与发达国家之间还存在很大的差距。要讨论我国天文学家什么时候可能获得诺贝尔奖,必须要对我国现代天文学的发展情况有深入的了解和分析。本章将回顾明清时期我国天文学从辉煌走向衰落的历史,追忆民国时期和新中国成立后现代天文学的发展情况,重点介绍和展望改革开放以后我国天文学的发展情况,最后讨论我国天文学离诺贝尔奖有多远的问题。21 世纪是我国迎来天文学大发展的时代,也必将是中国天文学家走进诺贝尔奖殿堂的时代。

一、明清时期：我国天文学
从辉煌到衰落

中国古代天文学历史悠久，取得了辉煌的成就，主要是在天象观察、仪器制作和编订历法三个方面。东汉的张衡、南北朝的祖冲之、唐朝的一行和尚、元代的郭守敬，他们在天文学方面的成就享誉世界。元朝是我国天文学最后一个取得辉煌成果的朝代，郭守敬也是我国最后一位站在世界前列的古代天文学家。他在天文学方面的成就主要在两方面。一是编制了《授时历》，这是当时世界上最先进的一种历法。二是发明了简仪等12种新型天文仪器。简仪是一种测量天体位置的仪器，不仅是当时中国最好的仪器，也是当时世界上的一项先进设备。欧洲直到300多年后的1598年才由丹麦天文学家第谷发明与之类似的装置。然而，中国天文学领先世界的情况在明清发生了改变。

1. 中国天文学在明朝开始衰落

由专门的政府部门负责天文学的发展和管理是我国古代天文学长盛不衰的重要原因之一。天文学基本上成为少数天文官员的事业,民间的杰出人士,往往都会被调到官方天文机构中去,变为官方学者。历朝历代都是如此,天文研究经费比较充足,人员配备比较齐全,管理工作比较正规,天文观测记录比较完善。这一切都有利于天文学的发展。但是古代最重视的是历法的修订和为天文占卜用的天象观测。开国皇帝必做的大事之一就是颁发新历。中国历史上一共产生过102部历法,其中以元朝郭守敬于公元1280年编订的《授时历》最为先进。通过精确的观测测量,获得365.2425日作为一个回归年的长度的数据。这与现今世界上通用的公历值相同,比欧洲的格里高列历早了300年。中国历法不仅是制订年、月、日和顺应大自然与四季的24个节气,而且可以用于预测日月食发生时刻和可见情况,并且预报五大行星的位置等。这些预报、预测成为检验历法准确性的重要手段。

1364年,朱元璋称帝,建立了明朝。他对天文工作没有雄心壮志,基本上继承了元朝的传统——把郭守敬的《授时历》略加修订,作为明朝的《大统历》颁布。在明代,发生多起日、月食预报不准,甚至没有发生的丑事。这成为明代天文衰落的一个标志。有人评论说,明代天文学落后是由于实施了更严厉的禁止民间"私习历法",导致天文人才匮乏,但这并不是主要原因。

我国古代天文学家对宇宙体系(实际上是太阳系)的认识存在偏差,他们相信"地心说",认为地球是宇宙的中心,太阳、月球和五大行星都是围绕地球运转的。地球、行星、太阳及月球之间的关系被扭曲了,随着时间的推移,理论预测和观测之间的差异越来越大。而西方天文学则发生了一系列的大变革,从1543年哥白尼推出"日心说"到1609年伽利略发明天文望远镜,在这66年的时间里,天文学所发生的变化远远超过历史上任何时期的发展。相对于西方天文学的飞速进展,明朝天文学原地踏步,裹足不前,一直处在这一新兴学科大门之外。明朝成为中国古代天文学从辉煌到迅速衰落的一个朝代。

2. 西学东渐的努力

明末,我国不仅天文学落后于西方,自然科学的很多领域也都落后于西方。此时外国传教士大量进入,他们采取"曲线传教"的方式,把介绍西方的科学知识当作引起人们关注的重要手段,不仅吸引了众多知识水平比较高的士大夫、学者,而且逐渐获得皇帝和天文官员的关注、认可。随着传教规模的扩大,西方的科学知识传入越来越多,对中国的学术、思想、政治和社会经济产生了重大影响。这一现象被中国学者称为"西学东渐"。天文学是其中比较突出的一个学科,最早来华的欧洲传教士中的意大利传教士利玛窦(Matthieu Ricci,图8-1左)、德国传教士汤若望(Jesn Adam Schall von Bell)和比利时传教士南怀仁(Ferdinand Verbiest)最为成功。他们的手段均以传播西方天文学知识为主。

利玛窦于1580年来华,千方百计想在京城定居和传教,整整花了20年才达到目的。他先落脚澳门,再入居广东肇庆、韶州,再到南昌、南京等地。一方面认真学习汉语和研究中国传统文化,摆出尊重中国文化的友好姿态;另一方面把介绍西方天文学、数学、地理等科学知识作为首要的任务,吸引了很多皇族、官员、士大夫和知识分子。他曾多次准确预报日全食,惊动朝廷和天文官员。终于,利玛窦

图8-1　利玛窦(左)和徐光启(右)①

在1600年获准入京城居住,进行传教。利玛窦于1610年去世。利玛窦的来华,为中世纪后期中西文化的交流写下了新的一页。尽管他的主观意图在于传教,但把西方的天文学带了进来,使当时的中国学者耳目一新。

利玛窦的教友和学生中,最重要的是明代著名科学家、政治家徐光启(图8-1右)。他们第一次见面是在1600年,这时的徐光启是个举人。1604年,徐光启中进士,后来官至崇祯朝礼部尚书兼文渊阁大学士。中进士后,他与利玛窦经常在北京见面,成为跟随利玛窦学习时间最长、成就最突出的一位学生,也成为中国"睁开眼睛看世界"的第一位科学家。

利玛窦带来了古希腊数学家欧几里得(Euclid)所著的15卷本数学著作《原本》。这一著作在西方早已普及,成为欧洲数学的基础。数学是天文学必不可少的工具,伟大的天文学家哥白尼、伽利略、牛顿等都曾学习过《原本》,从中吸取了丰富的营养,从而做出了许多伟大的科学成就。尽管徐光启是当时国内有名的数学家,却也是头一回接触欧几里得数学。他和利玛窦合作翻译了《原本》中有关几何学的部分(《原本》前6卷),取名《几何原本》。中国在科学上从来就没有形成逻辑上严密的演绎推理,而《几何原本》正好补救了这一缺陷。但是,译本出版后,国人响应者寥寥,因此没有续译以后各卷。直到250年后,才由英国传教士卫礼(Alexander Wylie)和我国科学家李善兰合译《原本》的后9卷,于1857年出版。

徐光启的第二大贡献是主编《崇祯历书》。1629年,因为日食预报常出错,皇帝下决心修历,成立了以徐光启为首的修历小组,其中有1622年来华的德国传教士汤若望。历时5年完成的《崇祯历书》共137卷,比较详尽地介绍了西方天文学,并对中国传统历法进行了改革。在《崇祯历书》中,西方天文学新的概念和方法被引用:引进了球形地球的概念;明晰地介绍了地球经度和纬度的概念;引进了星等的概念;综合第谷星表和中国传统星表,提供了中国第一个全天性星图;在计算方法上,引进了球面和平面三角学的准确公式,并首先作了视差、蒙气差和时差的订正。这套历法采用第谷宇宙体系,开启了中国历书西化的过程。由于守旧派的反对,这部历法在明代并没有被使用。

以利玛窦等为代表的传教士带来西方的天文学知识,以徐光启为代表的中国天文学家则积极学习、引进西方天文学知识。西学东渐有了具体成果,最重要的是掀起天文官员和公众学习西方天文学的热潮。

但是,外国传教士在传播西方天文学时也有很大的局限性。他们是为打开传教的局面而宣传介绍西方天文学的,并没有全面、真实地介绍西方天文学的最新发展。近代天文学是建立在"日心说"宇宙体系上的,这是传教士们不愿意接受的。当时欧洲教会疯狂地推行托勒玫的"地心说",对提出"日心说"的哥白尼及其支持者进行残酷迫害,达到令人发指的地步。1548年,天文学家布鲁诺被罗马教会囚禁8年以后被判火刑,活活地烧死。1633年,发明天文望远镜的伽利略因为强力支持"日心说"而被罗马宗教法庭判处终身监禁。这个时期派到中国的传教士们不可能违背教会的立场,自然极力回避哥白尼、开普勒和伽利略的天文学成就,仅仅传播第谷天文学,也没有把天文望远镜用于天文观测。可以说,"西学东渐"没能改变中国天文学的落后面貌。

3. 清朝天文学进一步拉大差距

对于明末清初天文学的状况,我国学者江晓原评论说:"天文学一向是中国古代自然科学中最发达的学科之一,但在明代却趋于衰落。然而从明末开始,天文学又再度繁荣,而且在规模、程度等方面都远出历代之上。""天文历法之学在清代风靡一时。上至皇帝,下及布衣,凡知识阶层咸以言天文历法为荣。当时天文学研究的时髦程度,远出于今天一般人所能想象者,在中国历史上也是空前的。"

明末开始的"西学东渐"掀起国人学习西方天文学的热潮,一直发展到清朝中期,很热闹。1644年,清军进入北京。已在明朝钦天监任职的德国传教士汤若望,以历局首脑的身份请降,并将《崇祯历书》删为103卷,以《西洋新法历书》之名敬献。西方传教士汤若望、南怀仁、戴进贤(Jgance Kögler)等都得到信任和重用,相继进入清朝天文管理部门,成为钦天监的官员。

清朝的皇帝和天文官员认可传教士们推荐的西方天文学体系。康熙在1669年决定为北京观象台研制六大天文仪器,授命南怀仁设计和监造,1773年建成赤道经纬仪、黄道经纬仪、地平经仪、象限仪、纪限仪和天体仪六台仪器。这些新的观天仪器兼具欧洲第谷观天设备和我国经典观天仪器的优点,并且将欧洲的机械加工工艺和中国的铸造工艺结合起来,性能上是提高了,但与当时西方不断进步的天文望远镜相比,则显得极其落后。1715年,康熙又授命德国传教士纪理安(Kilian Stumpf)设计制造了地平经纬仪。1744年,乾隆下令按照中国传统的浑仪再造一架新的仪器,亲自命名为玑衡抚辰仪,由时任钦天监监正的德国传教士戴进贤和奥地利传教士刘松龄(Augustin de Hallerstein)负责监造,1754年完成。从1669年到1754年的85年,北京古观象台的观测设备共进行了三次大的更新,建造的八大观天仪器(图8-2),至今仍放置在北京古观象台上,蔚为壮观。作为历史文物,八大仪器堪称无价之宝,但就天文观测仪器来说,却成为我国天文学落后的证物。这八件仍用肉眼观测的天文观测仪器,成为中国天文学发展史上最大的遗憾,标志我们丧失了追赶西方天文学的大好时机。

康熙决定建造六大天文仪器时,天文望远镜发明已经发明60年,已经使天文学研究发生天翻地覆的变化,有了许多重大发现:看到了月面坑洼不平的地貌、众多边缘高耸的"环形山"和较为平坦的暗黑的"海";看到了银河中更多、更明亮的星星;看到了木星淡黄色的小圆面和它的四颗卫星;看到了土星光环、金星和水星的盈亏现象、月球的周日和周月天平动;发现了太阳的自转等等。汤若望于1626

图8-2　北京古观象台保留清代研制的八大件古代天文观测仪器Ⓦ

年就在李祖白的协助下,用中文撰写了《远镜说》一书,介绍了望远镜的使用、原理、构造和制作方法。所有这些,康熙均无动于衷,仍然决定建造已经远远落后的六大天文仪器。这些新的观测仪器根本观察不到上述的天文现象。

当时我国的天文学虽然是零起点,但差距并不大,与其他国家基本上处于同一个起跑线。如果康熙决策用天文望远镜来增强北京观象台的观测能力的话,当时的中国是有能力建造的,至少有能力向西方国家定制或购买,我国天文学也就有机会与欧洲"同步起跑"。康熙和乾隆投入大量的人力和物力,花了85年的时间,建造仍然用肉眼观测的仪器,不仅没有使我国天文学前进一步,反而离世界的先进水平越来越远了。

在八大天文仪器完成后不久,西方天文学又有重大发展。乾隆年间,英国天文学家赫歇尔于1774年研制完成口径12 cm的反射式望远镜,之后又研制完成口径为15 cm、23 cm、30 cm和45 cm的反射式望远镜。1789年,赫歇尔制成了口径达122 cm的望远镜,它的观测能力比用肉眼观测的天文仪器强五万多倍。赫歇尔望远镜的观测能力越来越强,震惊世界的天文观测发现随之而来。最重要的有两个:第一个是发现天王星(1781年)和它的两个卫星(1787年),冲破了"土星是天文学的边缘"的看法;第二个是发现银河系的存在。

1773年,法国耶稣会传教士把天文望远镜敬献给乾隆皇帝,还专门写了一个说明书,表示这是西方最新的科学成果。乾隆当时对望远镜表现出了极大的兴趣,将其放在宫中。20年后,马嘎尔尼(George Macartney)作为英国特使来华庆贺乾隆80岁生日时,将更加先进的赫歇尔望远镜献给乾隆,这时的乾隆却没有兴趣,并认为马嘎尔尼只不过是在炫耀,"至尔国所贡之物,天朝无不具备"。已故著名天文史学家席泽宗曾感慨道:"收藏在故宫中的科学仪器近千件,望远镜就有一二百架,多为康熙、乾隆时物。这么多的科学仪器,收藏在深宫密院中,不让发挥作用,该当何罪?!"

乾隆自称喜爱天文、懂得天文,却对望远镜的功能和威力一无所知。如果他能主导天文望远镜的研制或引进,或者把皇宫中保存的天文望远镜转给北京观象台的研究人员使用,那么清朝天文学还是有可能迎来转机。清末期间,1859年李善兰和英国传教士卫礼合作翻译了赫歇尔的儿子写的《天文学纲要》,以书名《谈天》出版问世。这是我国第一部全面系统地介绍近代天文学的著作,其中全面介绍了赫歇尔研制的望远镜和观测发现。这本《谈天》多次再版,依然没有唤醒清朝皇帝和天文官员。

　　清朝的天文学仍然是以历法为中心的天体测量学,与西方的天体测量学研究已经有本质的差别。赫歇尔测量超过10万颗恒星的位置和亮度,而且由此发现银河系。而我国的观测主要是五大行星、太阳和月球,只能对几千颗恒星进行位置的观测。西方天文学已发展到天体测量、天体力学和天体物理并重的阶段,而清朝仍局限在少数天体的天体测量研究。西方天文学每进一步,清朝天文学的落后就更进一步。清朝的天文学与前几个朝代相比并没有多大的退步,但是与其他国家快速前进的天文学相比,差距越来越大。清朝天文学的落后是"不进则退"最鲜明的例子和最沉痛的教训。

二、民国至新中国成立初期：
重新起步的中国天文学

明清时期，上层食古不化，"西学东渐"并没有学到先进的西方天文学，局限于以历法为中心、继续以肉眼观天的传统仪器，自外于世界天文学发展的历程。民国时期，全面学习西方天文学，以留学归来的学生和学者为骨干，开始了现代天文学基础性的研究和教育，水平比较低，规模也很小。中华人民共和国成立后，现代天文学的研究和教育有了较大的发展，逐步跃升到世界中游水平，个别项目接近或达到国际先进水平。拥有一批中等规模的观测设备，天文教育有了较大的发展，培养和锻炼了一批优秀的天文学骨干人才。

1. 民国时期的天文学

18世纪和19世纪西方天文望远镜的终端设备有很大的发展，不仅能够拍摄天体的照片、测量天体的光度，还能测量天体辐射的光谱，从而可以研究天体的物理特性、化学成分、物理结构和物理过程，天体物理学孕育而生。西方天文学进入新的阶段，而中国天文学却才刚刚走上正确的道路。

1911年的辛亥革命推翻了清王朝，一直到1949年中华人民共和国成立，统称民国时期。开始是10多年的北洋军阀统治，1927年以后是国民党统治时期，期间经历抗日战争和解放战争。这一段时间，经济萧条、民不聊生，包括天文学在内的科学技术不可能有比较大的发展。但是，辛亥革命以后，"西学东渐"内容更加普遍广泛，给天文学带来了新的活力。

民国时期在天文学方面的"西学东渐"的主体是晚清和民国初期出国学习归来的年轻天文学家。他们抱着科学救国的思想和抱负走出国门，学成回国后，积极投入天文学研究和教育工作。他们在西方国家不仅学到近代天文学的基础知识，还投身到具体课题的研究，成为某一分支学科的专家。他们之中的佼佼者，如高鲁、秦汾、朱文鑫、余青松、张云、李珩、张钰哲等，对中国天文学发展做出了很大的贡献。

1911年辛亥革命后，我国于1912年采用世界通用的公历，以中华民国纪年。当时的北洋政府将北京观象台更名为中央观象台，任命天文学家高鲁为台长。1922年10月30日，中国天文学会在北京正式成立，由高鲁为会长，北京大学教授秦汾为副会长。1924年中国政府接管了青岛气象天测所，改名为青岛观象台。济南齐鲁大学天算系的前身是1888年外国基督教会创办的登州文会馆，于1917年招收第一批学生。1926年广州中山大学数学系扩充为数学天文系，并于1929年建立自己的天文台。1928年成立中央研究院天文研究所，并于1934年建成紫金山天文台。这时才把早已不适合天文观测研究的中央观象台改为天文陈列馆。这一系列的天文改革举措中，建立专门的天文研究机构和大学天文教育院系最为重要。

1934年建成的紫金山天文台在我国天文学发展史上具有特殊的地位，标志着中国现代天文学研究的开始。中央研究院天文研究所的第一任所长高鲁（图8-3）发起筹建紫金山天文台，并亲自选择了台址。高鲁1905年被选派到比利时布鲁塞尔大学学习工科，获工科博士学位。但他一直热爱天文学，特别是受法国著名天文学家弗拉马利翁（Camille Flammarion）的天文著作《天文学》影响，以自己深厚的数理基础投入到天文学研究领域,成为名副其实的天文学家。他是在我国最早传播相对论的学者之一。1922年,他编译出版《相对论原理》一书,并亲自做科学演讲。

在紫金山天文台即将投入建设之际,高鲁调任中国驻法国公使。他极力推荐时任厦门大学数理系主任的余青松教授为第二任天文研究所所长。余青松,1918年赴美留学,先学土木建筑,后攻天文学,获加利福尼亚大学哲学博士学位。曾在美国利克天文台工作,研究恒星光谱。1927年回国,任教于厦门大学。1929年2月担任中央研究院天文研究所第二任所长,主持完成紫金山天文台的建设。

图8-3 中国现代天文学奠基人之一的高鲁 ℗

1938年因抗日战争,他主持该台的内迁工作,并在昆明东郊建成了昆明凤凰山天文台。曾任中国天文学会会长。

天文研究所第三任所长是张钰哲(图8-4)。1925年入芝加哥大学攻读天文,1928年在读期间发现1125号小行星,命名为“中华”,1929年获天文学博士学位。1929年秋回国,在中央大学物理系任教。1941年1月至1950年5月任中央研究院天文研究所所长。他是民国末期天文界的带头人,新中国成立后继续担任紫金山天文台台长。

紫金山天文台建成后,很快就向德国蔡司公司订购了60 cm口径的反射望远镜,在当时也算得上中等口径的光学望远镜。这是我国在民国时期口径最大的光学望远镜。

图8-4 中国现代天文学奠基人之一的张钰哲 Ⓘ

图8-5   张云于1929年创建的中山大学天文台Ⓦ

早在1890年,法国传教士在上海郊区修建天文台,配有40 cm口径的光学望远镜,但并不为中国人所有。

中山大学数学天文系的代表性人物是张云。他于1921年公费赴法国里昂大学留学,1926年获得天文学博士学位。1926年7月,受聘到中山大学担任天文学教授。张云倡议并主持了中山大学天文台的建设,于1929年6月竣工,配有15 cm口径子午仪和20 cm口径反射望远镜(图8-5)。这是中国人拥有和自主建成的第一个现代化天文台。

张云从事变星的研究,1926年出版专著《变星研究法》。他曾三任中山大学校长,桃李满天下。1926—1949年,中山大学数学天文系共培养出学生44人,其中约10人成为中国天文学研究的星级人物,如我们熟知的著名天文学家叶叔华院士和席泽宗院士。

以紫金山天文台和中山大学为代表的天文研究和教育单位意义非凡,实现了向现代天文学的转轨。我国今日之天文学,是一代又一代天文学家奋斗的结果。当然,我们心知肚明,民国时期的天文学科虽然比清朝有很大的进步,但是与西方国家乃至东方的日本相比落后很多,规模小、水平低、经费不足。就观测能力来说,民国时期我国的天文望远镜最大口径只有60 cm,而1789年英国天文学家赫歇尔已拥有120 cm口径的望远镜。尽管如此,我们对民国时期的天文学还是肯定的,其最大的功绩是把清朝错误的天文学发展方向拨正了,开始融入世界天文学发展的潮流。那些起主导作用的天文学家,有真才实学、有理想、有抱负,值得赞扬和肯定。

2. 新中国成立初期天文学的发展

新中国成立以后,中国科学院接管了原有的各天文机构,进行了调整和充实。至1978年,中国从无到有地建立了射电天文学、理论天体物理学、高能天体物理学以及空间天文学等学科。在天文台(站)的建设与装备、天文研究、天文教育、天文普及等方面都出现了前所未有的崭新面貌,远远超过民国时期。

南京紫金山天文台依然保留,并成为新中国天文学的中心和进一步发展的策源地。原台长张钰哲依然担任台长,一直到82岁的高龄才卸下重担。他为新中国的天文事业做出了杰出的贡献,被誉为中国现代天文学的奠基人,受到天文界的爱戴。

1950年成立上海天文台,由原佘山天文台和徐家汇天文台合并而成,由著名天文学家李珩任台长。李珩于1925年前往法国留学,获得博士学位,回国后投身天文学事业。他从事变星的研究,还特别关注天文学的科普工作,译著特别丰富。

1958年新建北京天文台,由1957年从法国回国的天体物理学家程茂兰任台长。程茂兰于1929年赴法国雷蒙大学数理系学习,随后获得硕士学位和博士学位。1939年至1957年在法国里昂和上普罗旺斯天文台工作,任研究员和研究生导师等职务。他毕生从事实测天体物理研究,发现和证认了不少新谱线及它们的变化规律,成为我国实测天体物理学奠基人。

1966年建立了以时间频率及其应用研究为主的陕西天文台。1975年原属紫金山天文台的昆明凤凰山观测站扩建为云南天文台。1987年,原乌鲁木齐人造卫星观测站改为乌鲁木齐天文站,成为中国西部唯一的天文研究机构,后更名为新疆天文台。

1957年1月,中国科学院成立中国自然科学史研究室(1973年扩大为自然科学史研究所),内设天文史组,专门研究中国天文学遗产。

此外,中科院高能物理所是我国天文学事业的一支重要力量。他们从事宇宙线和空间天文研究。

教育方面,也有更多的高等院校从事天文教育,培养新一代天文学人才。1952年,原广州中山大学的天文系和济南齐鲁大学天算系中的天文部分搬到南京大学,成立天文系。1960年北京师范大学设天文系,同年北京大学地球物理系设天体物理专业。

中国天文学会陆续主办三种学术期刊:1953年创刊的《天文学报》、1980年创刊的《天体物理学报》和1983年创刊的《天文学进展》。北京天文馆于1958年创办《天文爱好者》月刊。

天文观测能力永远是天文学发展水平的重要标志之一。1958年在南京建立了南京天文仪器厂,专门从事天文望远镜和终端设备的研制,成为新中国天文事业发展的一项重要的举措。

天文观测设备的发展依赖强劲的财政、技术和专业人才。建国初期,国家拿不出太多的钱支持天文学的发展,维持中国科学院五大天文台的正常运转就是一笔很大的开销。因此很长一段时间内,天文台采取包干制。五大天文台的总经费每年不超过一亿人民币。这笔钱不及美国或日本天文经费的一个零头。但是,天文界"省吃俭用"过苦日子,每年都要挤出一部分钱,研制急需的观测设备,陆续增添了一批中型的望远镜。图8-6是我国自主研制的密云米波综合孔径望远镜。对我国来说,这样规模的天文观测设备是史无前例的,观测能力有很大的提高。然而,与当时的天文强国相比还是落后很多。按照我国当时的国力、技术水平和人才情况,我国天文学能够在很短的时间,从落后状态跃升为中等水平,向前跨了一大步。

图8-6 我国自主研制的密云米波综合孔径射电望远镜,1973年提出,1984年建成,现已退役Ⓥ

三、改革开放至今：
中国射电天文的发展

我国天文学与世界顶尖水平的最大差距表现在观测设备的落后。改革开放以来我国天文学工作者奋力追赶,特别是21世纪以来,国家加大对科学发展的支持力度,大型天文观测设备的研制全面提速,追赶,甚至超越国际最高水平。原创性的研究课题随之开始增加,发现新的天体和新的天文现象的观测成果也在不断涌现。我国在射电、光学、空间天文和宇宙线研究领域逐渐进入世界先进行列,建成了一系列重大观测设备。宇宙线的成就已在第五章介绍,这节和下面的两节将分别介绍射电、光学和空间天文的情况。

射电天文是20世纪30年代才开启的新兴学科,发展十分迅猛。获得诺贝尔奖的天文项目有5项。我国射电天文始于1958年,与国际先进水平的差距并不太大,仅落后几十年。在综合孔径射电望远镜、VLBI、毫米波射电望远镜等方面也是紧跟世界脚步,只是规模比较小,研制进展缓慢,导致比较落后。赶超世界水平的任务仍是十分艰巨。从20世纪90年代起,我国射电天文的发展速度开始加快,21世纪出现了大发展的景象。在单天线射电望远镜的发展方面尤为突出,超过美国跃居世界第一。但是,我们还有不少短板,如大型射电天线阵、毫米波及亚毫米波射电望远镜及其阵列等。

1. 世界最大口径射电望远镜FAST

2016年,贵州500 m口径球面射电望远镜(FAST,又称"中国天眼")建成,大大提升了我国射电天文学的观测能力和在国际上的地位。特别是退居世界第二的305 m口径的阿雷西博射电望远镜在2020年突然坍塌,FAST更显重要和珍贵。

建造500 m口径射电望远镜的念想源于20世纪90年代我国在国际上一场科技角逐。1993年,中国与其他9个国家共同发起合作建造"一平方千米射电望远镜阵列"(SKA)。中国提出的方案成为4个预选方案之一。中国方案是选择碗形峰丛洼地建造30多个口径约300 m的大型射电望远镜,组成一个覆盖几十千米范围的射电望远镜阵列,总的接收面积达到1 km²。但是,SKA最后采纳了在澳大利亚和南非建设小天线群的方案。我们仍然是这个超级项目的合作者,正式签署协议,承担部分望远镜的研制,当然也得到建成后的使用权。

没有采纳中国方案却激起了我国天文学家独立自主建造世界最大的射电望远镜的想法和决心。他们从贵州平塘县选择了一处名叫大窝凼的开口的碗形山谷来建造500 m口径射电望远镜。

美国阿雷西博305 m口径射电望远镜当时在世界上口径最大、灵敏度最高,雄踞第一,傲视全球半个多世纪,硕果累累,令人羡慕。我国要做比它大很多、先进得多的射电望远镜,需要胆量,更需要解决面临的许多技术难题。南仁东领衔的课题组勇敢地承担技术攻关的任务,在全国范围内物色合作单位,谁有本事就请谁干,把中科院支持的经费大部分用在技术攻关的合作研究上。奋斗了十年,解决了主要的技术难题。

FAST项目于在2007年成为"十一五"国家大科学工程项目之一。2011年正式开工,2016年9月25日建成启用。从1994年到2016年的22年,南仁东(图8-7)把全部时间和精力投入到FAST的设计、研制、建设上,人老体衰、积劳成疾,罹患了肺癌。患病后依然坚持工作,抱病亲赴贵州参加FAST落成启用典礼,亲眼见证这

图 8-7　FAST 首席科学家兼总工程师南仁东在施工现场①

一大科学工程落成。一年后病逝,享年 72 岁。他创造了奇迹,留给我们举世瞩目的 FAST,超越了世界第一。2018 年 12 月 18 日,党中央、国务院授予南仁东同志"改革先锋"称号,并颁授奖章。

FAST(图 8-8)由主动反射面系统、馈源支撑系统、测量与控制系统、接收机与

图 8-8　贵州 500 m 口径球面射电望远镜(FAST)⑤

终端及观测基地等几大部分构成。FAST周围三座山峰呈三足鼎立之势,中间的洼地犹如一个天然的锅架,刚好稳稳地盛下FAST这口"大锅"。反射面单元面板固定在上万根钢索上,安装完成后整个反射面其实是悬在半空中的。

固定不动的天线为何能观测不同方位的射电源?原来500 m口径的天线,观测时只用直径为300 m的天线面积。这样500 m口径的大天线,就可以变为一系列不同指向的300 m口径的天线,天空覆盖达到80°。

反射面是由4400多块面板拼接而成的主动反射面。主动反射面是一种新技术,有点像玩具变形金刚,能够使反射面的形状发生所需要的变化。一般地是为了让反射面保持理想的状态,对于FAST来说,多了一个功能,把观测时使用的那300 m口径的天线反射面变为抛物面形状。抛物面有一个焦点,来自天体的辐射经反射面后会聚到焦点处,把馈源放在焦点处,易于接收信号。而阿雷西博望远镜则是用一系列口径为200 m的球面来接收天体的辐射,经球面反射的辐射会聚到一条长长的焦线上,提取很困难,所以阿雷西博射电望远镜的馈源平台特别复杂,有900 t重,而FAST的馈源平台简单、灵活、轻便和有效,仅几十吨重。

FAST工作波长为4.3 m到10 cm,指向精度16"。主要观测课题是波长21 cm的中性氢谱线巡查、脉冲星发现与观测、星际分子探测和星际通讯信号的搜寻,并将成为国际VLBI网中的主导单元。世人特别关注星际通讯信号的搜寻这项,就是要搜寻外星人发来的信号,因为FAST的灵敏度史无前例,有可能接收到。

在FAST试观测以来,新发现的脉冲星与日俱增,很快就超过300多颗,还发现首例快速射电暴FRB180301,论文已在国际著名期刊《自然》发表。FAST也有不足之处,那就是观测天区不够广阔和观测波段不够宽,不能在更高的频段上进行观测。这需要其他大型射电望远镜配合和补充。

2.上海65 m射电望远镜和西藏亚毫米波望远镜

全可动单天线射电望远镜在世界上最为普遍,不仅观测方便、效率高,而且覆盖天区大,可以观测到四分之三的天空。我国20世纪拥有两台25 m口径射电望远镜,21世纪初又建造了北京密云50 m和昆明40 m射电望远镜。上海天文台65 m射电望远镜于2012年建成,取名天马望远镜(图8-9),成为我国和亚洲最大的全可动射电望远镜,总体性能名列国际第四。"天马"能够进行毫米波和短厘米波波段的观测,采用了我国自主研制的第一个大型天线主反射面主动调整系统,使天线保持标准的抛物面形状,提高跟踪观测效率,达到国际先进水平。"天马"成功开展了分子谱线和脉冲星的观测,探测到了包括长碳链分子HC_7N在内的许多重要分子的发射谱和一些新的羟基脉泽源,在厘米波波段获得一批脉冲星的平均脉冲轮廓,模式变化等重要结果,特别是在X波段(2.5—3.75 cm)监测到银心附近的一颗脉冲星(磁星)的爆发。"天马"还加入VLBI的观测。

图8-9　上海天文台65 m射电望远镜(天马望远镜)①

21世纪我国才拥有第一架进行常规天文观测的亚毫米波望远镜。实际上这是国际合作的功劳。2009年,中德签订协议,把德国科隆大学的3 m口径亚毫米波望远镜从瑞士阿尔卑斯山拆移到中国西藏海拔4300 m的羊八井,改名为中德合作3 m口径亚毫米波射电望远镜(图8-10)。2011年完成了该望远镜的拆移安装工作,并建成国家天文台羊八井天文站。2014年升级改造完成,投入一氧化碳亚毫米谱线的观测,频率分别为345 GHz和230 GHz。目前是北半球台址海拔最高的亚毫米波望远镜。

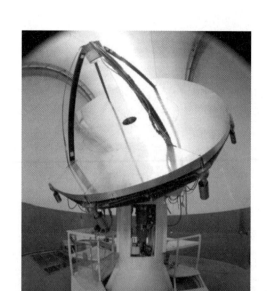

图 8-10　中德合作 3 m 口径亚毫米波射电望远镜⑱

通常，国际上大型的亚毫米波望远镜都具有"怕光"的独特属性。但是这台望远镜的圆顶的夹缝处罩上了一层特氟龙材质的幕布，它可以吸收、遮挡其他所有光线和信号，唯独透过亚毫米波。不仅不必避开阳光，还可以进行太阳的亚毫米波观测。不过，这台亚毫米波望远镜还是口径太小，无法参与一些大型国际观测任务，如由毫米/亚毫米望远镜组成的"事件视界望远镜"观测得到震惊世界的黑洞照片，我国的望远镜就没有资格参与。我国在毫米/亚毫米波天线阵列方面更是处于零状态。

3. 百米级全可动射电望远镜

我国正在筹建的两台百米级全可动射电望远镜，可观测天区比 FAST 更广阔。

一是新疆天文台奇台 110 m 口径射电望远镜（图 8-11），在最短工作波段、主动光学系统、跟踪精度、站址条件等都对标目前世界第一的美国 100 m 口径的格林班克望远镜。频率从 150 MHz 到 115 GHz，对应波段则是从米波一直到毫米波，可以满足大部分的射电天文研究对观测频率方面的需求，也弥补了 FAST 的不足。采用一系列高精尖技术，以保证反射面的精度和指向精度的要求。台址选在新疆奇台县，远离人口密集城镇，地处盆地，周围有山体屏蔽，无线电环境好而且便于长期建立保护区。当地海拔较高，气候干燥、风速、水汽含量等气候条件完全满足大型望远镜设计和运行的要求，特别是高频段的优势明显，对分子谱线观测极为有利。这是一台值得期待的赶超世界先进水平的大型射电望远镜。目前，站址的建设已大体就绪，望远镜的座基已经确定。

图8-11　奇台射电天文站规划示意图①

　　二是云南天文台景东120 m口径脉冲星射电望远镜,位于云南省景东县哀牢山。2020年9月29日项目正式启动,总投资3.5亿元,建设周期3年。这将是全球最大口径的全可动的射电望远镜。突出脉冲星的观测研究的需求,频率无需太高,最高频率为5 GHz。投资减少,技术难度降低。景东120 m的观测频率与FAST相当,但观测天区可达南纬60多度。

　　"天马"、FAST、"奇台"、"景东"四台望远镜,口径均居世界前列,灵敏度高自不待言,覆盖的天区面积非常之大,除了高南纬部分天区外,全部覆盖(图8-12)。4台射电望远镜强强联合,优势互补,将发挥巨大的威力。可以说,目前我国单天线

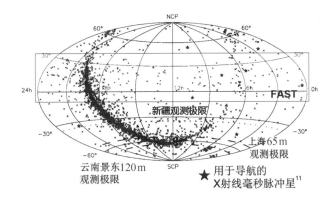

图8-12　FAST、"天马"、"奇台"和"景东"四台望远镜观测天区覆盖情况①

射电望远镜的综合观测能力位居世界第一。

4. 综合孔径望远镜

综合孔径射电望远镜分两大类:一类是大型和特大型的射电天线阵列,具有极高的空间分辨率和灵敏度。我国处于落后状态,但也是国际合作的积极参与者。另一类是小型的专用课题使用的射电天线阵。我国的亮点不少。除了20世纪建成的密云米波综合孔径外,21世纪建成了世界上观测功能强大和齐全的射电日像仪、为探测宇宙第一缕曙光和暗能量的两个低频射电天线阵。这两个射电天线阵观测研究课题属于当今非常热门的前沿课题,如果有所斩获,将是了不起的成果。

1)功能强大和齐全的新一代厘米波–分米波射电日像仪

2016年建成的国家重大科研装备研制项目"新一代厘米–分米波射电日像仪"(图8-13),被公认是世界上功能最先进的射电日像仪。太阳的射电辐射很强,小型射电望远镜就能观测。但是太阳射电剧烈活动都是发生在局部区域,它们的形态多样、变化无常、高速运动,只有应用综合孔径望远镜原理研制成的日像仪,才能实现高空间分辨率、高频率分辨率、高时间分辨率与高灵敏度于一身的成像观测。

新一代厘米波–分米波射电日像仪有两个天线阵,由40面4.5 m口径天线组成低频阵(0.4—2 GHz)和60面2 m口径天线组成高频阵(2—15 GHz)。最长基线达到3 km,最高分辨率为1.4"。性能超过世界上已有的日像仪,主要是频带很宽,从0.4 GHz到15 GHz;成像频率点数多达到100个,将把太阳大气从里到外看个够。这样的技术指标代表了当今世界最高水平。国际同行给予非常高的评价:"这台日像仪属于国际太阳射电物理研究领域的设备,为耀斑和日冕物质抛射等太阳活动研究提供了新的先进观测手段,将极大地促进太阳物理和空间天气科学的发展。""世界上其他地方的太阳射电天线都是设计用来研究爆发的频率漂移或者爆发位置,但中国射电频谱日像仪兼备这两方面的能力。"

图 8-13　内蒙古正镶白旗明安图观测站的新一代厘米波-分米波射电日像仪①

2) 探测第一缕曙光的射电天线阵

　　大爆炸宇宙学理论认为,在第一代恒星诞生以前,宇宙曾处于黑暗时代。冲破黎明前黑暗的是第一批诞生的恒星。第一代恒星发出的光,使中性氢再次电离,导致氢原子发射波长为 21 cm 的谱线。由于当时宇宙膨胀速度很快,红移值约6—20,因此波长为 21 cm 的谱线变长为 1.5—6 m。

　　2006 年,国家天文台完成 21 cm 天线阵(图 8-14)的建造,希图发现 1.5—6 m 波段上的谱线,寻找到宇宙的第一缕曙光。采用波段比较宽的对数周期振子天线组成天线阵,东西基线长 6 km,南北基线长 4.1 km,共有 10287 个单元天线,等效接收面积达 40 000 m²。整个天线阵的分辨率约为 2′。固定在地面上的天线阵方向图主瓣始终对准北极 100 平方度的天区。观测时间可以很长,这样有助于灵敏度的提高。他们在新疆天山山脉的乌拉斯台山谷中找到了一个理想的台址:群山环抱、远离城市、荒无人烟,是一个几乎没有无线电干扰的地方。后来,21 cm 天线阵又增加了新的功能,成为能够探测高能宇宙射线和宇宙 τ 中微子的望远镜。

图8-14   国家天文台新疆乌拉斯台21cm天线阵⑧

3) 探测暗能量的天籁阵列

国家天文台提出的"天籁阵列"项目,肩负着精确测量宇宙加速膨胀,探索暗
能量奥秘的重任,属于"十二五"国家863计划,2016年12月通过技术验收并开始
正式观测。

天籁阵列(图8-15)在400—1400 MHz频段监测21 cm谱线,预计暗能量引起
的红移在0—3范围。站址在新疆巴里坤县大红柳峡乡一处偏僻的山坳。共有两

图8-15   国家天文台设在新疆巴里坤县探测宇宙暗能量的"天籁阵列"⑧

个射电望远镜阵列系统,包括三组南北长40 m,东西宽15 m的抛物柱面射电望远镜和十六面6 m口径碟形射电望远镜。它是目前国内干涉单元数最多的天文射电干涉阵列,也是世界上第二个建成的暗能量射电探测实验项目。该阵列系统的建成为开展暗能量、快速射电暴、引力波电磁对应体等探测实验奠定了基础。

5.甚长基线干涉仪网

早在20世纪,我国上海和乌鲁木齐的两台25 m口径的射电望远镜以其巨大的地理位置的优势被邀请参加欧洲VLBI网。上海25 m射电望远镜的加入,使基线长了3倍多,也就是提高分辨率3倍多。乌鲁木齐25 m射电望远镜处在欧亚大陆连接点,特殊的地理位置,使欧洲VLBI网观测精度提高了4—5倍。正如欧洲VLBI网联合研究所所长高度评价:"上海和乌鲁木齐在这个国际网中占有举足轻重的地位。"欧洲VLBI网已经名不符其实,因为不仅有我国射电望远镜参加,而且还有南非和美国的射电望远镜,范围非常大。

为支持探月工程,我国筹建了自己的VLBI网(图8-16)。新建国家天文台密云50 m和云南天文台40 m射电望远镜,与已有的上海25 m和乌鲁木齐25 m射电望远镜构成中国VLBI网,分辨率相当于口径为3000多千米的巨型综合望远镜,测角精度可以达到百分之几角秒。作为嫦娥探月工程的测轨系统,各个射电望远镜的观测数据实时传输给设在上海天文台的数据处理中心,很快就把嫦娥卫星的飞行轨道数据传输到北京的航天飞控中心,根据测轨结果,对卫星进行飞行状态进行调整,为探月工程做出了贡献。在"天问一号"火星探测任务中,中国网又承担测轨任务,由于上海65 m射电望远镜替代25 m射电望远镜出场,灵敏度提高很多。每天观测时间约12小时,准实时向北京发送时延、时延率和测角数据,数据精度优于工程任务指标。

中国VLBI网具备一定的天文观测能力,曾对脉冲星进行观测研究。但其基线长度不如其他国家的VLBI网,没有刻意追求提高观测天文课题的能力。

随着天马望远镜和FAST的建成,以及将来奇台110 m和景东120 m的投入观测将大幅提高了我国VLBI系统的测量能力,观测灵敏度将有数量级般的提升。

无论它们融入哪个国际VLBI观测网,在分辨率、成图质量和灵敏度各个方面的贡献全面提升,将成为国际VLBI网中极其重要的成员。

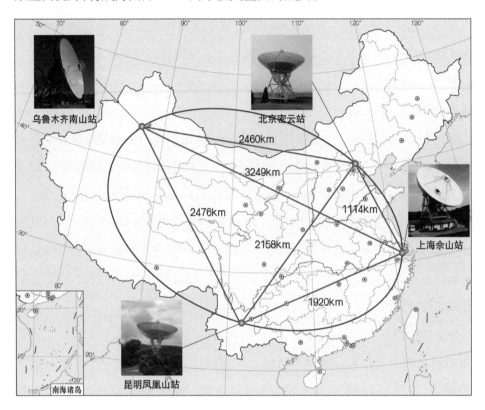

图8-16 中国VLBI网:由北京密云50 m、昆明40 m、乌鲁木齐25 m和上海25 m(或65 m)射电望远镜组成①

四、改革开放至今：
中国光学天文的发展

我国光学天文历史悠久,成就辉煌,曾经处于世界领先地位。但是到了明末以后断崖式地衰落达300多年,积重难返,导致当今的中国光学天文与国际先进水平依然有着巨大的差距,赶超任务特别艰巨。改革开放后的前十年,光学天文的成就突出,快马加鞭完成了在研的2.16 m光学望远镜、1.29 m与1.56 m红外望远镜和新型太阳磁场望远镜等众多设备。2.16 m望远镜使我国光学观测能力一下子提高了13倍,太阳磁场望远镜的功能则处于世界领先水平。天文界最先列入九五国家重大科学工程的是口径4 m的"郭守敬光学/红外望远镜",2008年建成。又向前迈出了一大步,但是与世界先进水平相比依然差距很大。2016年策划建造口径12 m的光学/红外望远镜项目,成为我国进入世界光学天文第一梯队关键的一步。由此推动的西部光学天文选址找到多处条件国际一流的观测站址。未来的十几年对光学天文来说是最为关键、最为艰难的一段时间。为了复兴历史上曾经的辉煌,再艰难也要奋勇向前。

1. 世界光谱巡天能力最强的郭守敬望远镜

"大天区面积多目标光纤光谱望远镜"（图8-17），简称LAMOST，后因纪念目的更名郭守敬望远镜，是我国天文界首次列入国家大科学工程的项目，2008年10月在兴隆观测基地落成。主镜口径为6.5 m×6 m球面镜，改正镜尺度为5.7 m×4.4 m，等效通光口径为4 m。它的支撑为地平装置，通过调整改正镜的指向来选择待观测的天区，可跟踪观测1.5小时。在跟踪过程中，通过主动光学系统控制以保持所需的非球面形状并消去球差。这是使得大视场（20平方度）和大口径（4 m）能够结合的关键技术，为中国天文学家所创造。利用并行可控式光纤定位技术解决了同时精确定位4000个观测目标的难题，相当于4000台望远镜同时工作，成为世界上光谱获取率最高的望远镜，远远超过世界上其他巡天望远镜。郭守敬望远镜的建成，是中国望远镜制造史上一件里程碑式的事件，中国掌握了当代望远镜制造的先进技术，并有重要的创新。

2011年9月郭守敬望远镜启动巡天观测，3年共观测2669个天区，成功获取高质量恒星光谱462万个，比世界上所有已知光谱巡天项目获取的数据总数还要多。对银河系的结构、运动、形成和演化的研究做出了重大的贡献。

图8-17　郭守敬望远镜（LAMOST）⑧

2. 口径 12 米的大型光学/红外望远镜

郭守敬望远镜是巡天望远镜,功能单一,而很多天文课题的观测研究离不开通用型光学望远镜,我国 2.16 m 和 2.4 m 光学望远镜依然是观测主力。它们与国际上 14 台正在工作的 8—10 m 的光学/红外望远镜相比,观测能力差了一个多数量级。面对正在研制中的几台 30 m 级光学/红外望远镜,差距更是超过 100 多倍。现在我国光学天文只能属于世界的第二梯队,再不改变就要跌落到第三梯队了。我国光学天文的发展到了一个关键的时期,天文学家是心急如焚,如何应对?

在 2016 年 5 月的香山会议上,中国天文学界终于达成一致,一方面积极参与国际合作特大型望远镜项目,同时自主建造一台 12 m 口径的大型望远镜(LOT)。天文学家们发出的紧急呼吁得到了中科院领导和专家们的支持和响应,又得到国家主管科技发展部门领导的重视和认可,比预想的顺利。

经过一番争论和协商,终于敲定最终的设计方案。这台大型望远镜将兼备精测和巡天功能,具备多目标、暗天体高分辨成像和光谱观测的能力,是一台功能强大的通用型望远镜。它将使我国光学天文观测能力进入世界先进水平,有广泛的课题可做,特别是那些 21 世纪重大前沿科学问题。它也将成为国际上最有竞争力、功能最强大的观测平台之一,为中国天文学的近期和长远发展提供战略性机遇。

天文学家们仍然关注 30 m 级超大型光学/红外望远镜的国际合作。2009年,中国科学院国家天文台获得参与 30 m 特大型望远镜(TMT)项目的"观察员"地位,正式启动了双边科学技术合作谈判的工作。后来的进展是:国家天文台和南京天文光学技术研究所联合长春光机所、成都光电所和理化技术所等院内单位,通过与 TMT 团队的沟通与谈判,有望承担包括望远镜光学子系统、激光引导星子系统、科学仪器系统等高技术性任务。这些任务主要以"实物贡献"方式体现,因而中国将有望成为 TMT 的主要建设伙伴之一。一旦 TMT 建成,中国将分享与实物贡献成比例的观测时间,获得科学回报,还可以通过承担 TMT 核心技术任务,带动相关高新技术发展。至于以我国为主组建特大型光学/红外望远镜的国际合作,当然也必须认真地考虑。

3. 国际一流水平的太阳观测研究

我国光学天文观测设备总体落后,但是在太阳观测领域拥有自己的优势设备,处于国际领先水平。

1984年怀柔太阳观测始建立,主要观测太阳的磁场、速度场和太阳爆发活动等,很快就成为国际著名的太阳磁场观测台站之一。艾国祥院士领导的团组研制的太阳磁场望远镜和太阳多通道望远镜,处于世界领先水平。这个35 cm口径的太阳磁场望远镜(图8-18)比美国同类系统的功能多一倍,具有能测色球磁场和速度场的功能。太阳多通道望远镜由5个不同功能的子望远镜组成,可以同时测量太阳大气的9个不同层次上的磁场和速度场,开创了一流的太阳光球视频矢量磁场、色球磁场以及速度场用一个仪器同时观测的先河。它的研制成功标志我国的实测太阳物理进入世界先进行列。怀柔太阳观测站则被国际天文界誉为"世界最重要的太阳天文台之一",应用这两台望远镜观测太阳,取得了一系列重要的发现。

图8-18　国家天文台怀柔太阳观测基地的太阳磁场望远镜⑧

云南天文台抚仙湖太阳观测站于2010年建成,是亚洲最大的太阳观测站。其主要观测设备"一米新真空太阳望远镜"(图8-19),使用真空筒消除仪器内部气流对成像的有害影响,是普通太阳望远镜的升级版。这台望远镜是全球口径最大的真空太阳望远镜,是8个时区范围内唯一能进行亚角秒级高分辨率观测的太阳望远镜,可对太阳进行多波段高分辨率成像及大色散光谱观测,具备对太阳表面磁场进行二维测量的能力,在国际上占有重要的地位。此外,还有一台光学/近红外太阳爆发探测仪,用于太阳耀斑、色球、日冕的观测,研究从光球、色球到日冕的整个太阳大气层内表征能量转移的爆发现象。

图 8-19　云南天文台抚仙湖太阳观测基地的一米新真空太阳望远镜⑰

4.我国光学天文观测台站的变迁和发展

　　新中国成立以后,继续使用民国时期的几个光学天文观测基地,南京紫金山天文台、上海佘山观测站和云南昆明凤凰山观测站均位于城市近郊区,观测环境越来越差。南京紫金山天文台在江苏盱眙修建新站。这是我国唯一的天体力学实测基地,现装备了口径105/120 cm的近地天体探测望远镜,主要用于搜索发现可能威胁地球的近地小行星,保卫地球安全。上海天文台佘山观测站是我国最老的光学观测基地,现在拥有口径1.56 m红外望远镜,灯光污染比较严重,已经在浙江安吉寻得新的光学观测站址。云南天文台在丽江的高美谷光学观测站于1998年落成,海拔3200 m,观测条件比较好,拥有全国口径最大的通用型2.4 m口径光学望远镜。

　　国家天文台的兴隆观测站是我国最大、最重要的光学天文观测基地,拥有自主研制的4 m口径光谱巡天望远镜(郭守敬望远镜)和2.16 m光学望远镜等9台光学望远镜。兴隆观测站海拔比较低,又面临周围大城市和近旁县城的灯光污染,不仅不可能再安置新的大型光学望远镜,就是目前的这些望远镜的观测也受影响。因此国家天文台迫切要求找到优秀的光学观测站址。世界三大顶级天文站址全在高山之巅。我国青藏高原,素有世界屋脊的美称,气候干燥,很多地方都是荒无人烟,肯定藏有非常优秀的天文观测站址。2003年启动,选址队先后在新疆、西藏、青海进行实地探查,行程十万余千米。2010年前后选出新疆卡拉苏和西藏阿里地区物玛两个点进行监测。监测断断续续,不太严格,无法做出决断。

紫金山天文台负责发展和管理的中国南极天文台,不仅在我国的天文台站中是最好的,在世界上也是出类拔萃。2006年12月,我国在南极四个重要冰穹之一的冰穹A设立考察站,成立了我国自主管理和发展的南极天文台。南极是光学红外观测的绝佳台址。2020年,商朝晖团队总结了10多年的监测结果,论证了昆仑站的冰穹A地区的观测条件优于其他已知的任何高山站址。这篇论文在英国《自然》期刊发表,受到国际同行的高度关注。

南极冰穹A的夜间大气视宁度特别优秀,平均值为0.31″,每年冬季有四个半月连续全黑夜,晴天时间高达90%以上,可以24小时不间断地进行观测。2013年,我国南极天文台项目已被列入"十二五"的重大科技基础设施建设计划,加快

图8-20   安装在冰穹A地区南极巡天望远镜AST3-1⑧

了建设的步伐。南极天文自动观测站已初具规模,发电舱、仪器舱,两台南极巡天望远镜、一台中国之星望远镜等十几台天文仪器已陆续安装运行。还将研制口径2.5 m的暗宇宙巡天望远镜和口径5 m的亚毫米波射电望远镜。

南极天文台最大的问题是交通极其不便,冬季气温可以低至-80℃,设备的运行和维护很困难,特别是人员无法留守。因此不可能作为我国光学天文的主战场。

5.寻找到国际一流的光学天文观测站址

2016年,天文界启动12 m口径光学/红外望远镜项目,决定在西部寻找落户的地方。由于LOT的紧急需要,开始了中国天文界史无前例的一次大规模的天文选址。国家天文台决定在西部选择3个候选站址,采用统一的标准,配备相同的监测仪器,从2017年1月1日同时开始进行持续两年的监测,最后用论文的形式发表监测结果和专家评论。

西藏阿里站址(图8-21)成为LOT第一个候选站址。这是2010年开始进行检测的两个候选站址之一,由于检测的资料不多无法做出判断,必须再经过一次严格的洗礼。目前,阿里观测站已成为世界北半球海拔最高的天文观测站和国际一流的天文科普教育基地,也成为著名的旅游胜地。

第二个候选站址四川稻城是云南天文台推荐的(图8-22)。云南天文台为给

图8-21　西藏阿里狮泉河南天文站址①

图 8-22   云南天文台四川稻城站 1 号站址①

巨型太阳望远镜项目寻找新址发现了这个地方,海拔 4750 m,观测条件很好。目前,稻城地区的天文设施很多,除了云南天文台的观测站,还有著名的高海拔宇宙线观测站。

第三个候选站址的选择有点神奇。国家天文台放弃了已检测多年的新疆卡拉苏站址,但仍然要求新疆天文台尽快在帕米尔高原寻找一个新的站址。新疆天文台以射电观测研究著称,2010 年以后才发展光学观测研究。其下属南山站园区扩大了 3 倍,拥有口径 1 m 左右的光学望远镜 3 台及小型光学望远镜阵列,特别可贵的是已经有了一批光学观测研究的骨干。2016 年 9 月,国家天文台给新疆天文台下达任务寻找新址,参加 2017 年 1 月 1 日 3 个候选站址的监测大拼比。新疆天文台居然奇迹般地完成了这个看似难以完成的任务,不仅找到了慕士塔格峰这个优秀的站址(图 8-23),而且大冬天在荒凉的 4520 m 高的高山上开

图 8-23   新疆天文台慕士塔格站址的 50 cm 口径光学望远镜①

始基建,完成了观测塔、太阳能电站、观测室的建设,并将所有观测设备调试至最佳状态。这一切仅用了4个月时间。

第四个站址是不请自来的青海冷湖站址(图8-24)。国家天文台邓李才研究员团组在2009年将1m口径光学望远镜放置在青海德令哈。从2009年到2017年,德令哈市的灯光污染越来越严重,导致望远镜的观测难以为继,邓李才于是来到冷湖寻址,2018年自主进行监测。虽然冷湖的监测没有纳入国家天文台的计划,但用监测数据说话,实际上变成了4个候选站址的竞争和评比。

图8-24　建设中的国家天文台冷湖站址❶

主要监测4个参数:视宁度、夜天光、可沉降水汽含量(PWV)和相对湿度、可观测时间。其中视宁度最重要,代表观测站区域大气的稳定程度,大气不稳定时会导致星像模糊,成为光学望远镜分辨率的上限。夜天光是指夜间天空的亮度,城市灯光会把天空照亮,导致望远镜无法观测暗弱天体,成为大型光学望远镜灵敏度(极限星等)的上限。可观测夜当然是越多越好,对大型光学望远镜使用效率有影响,但不致命。由于大气中的水汽能够吸收红外辐射,因此红外观测要求大气的可沉降水汽含量(PWV)和相对湿度越低越好。对于看重红外观测的研究课题来说,这个参数就变得非常重要了。

2020年我国天文学术期刊《天文和天体物理研究》(RAA)发表前3个候选站址监测结果的论文,其中一篇是由众多专家写的评议论文,公布了3个候选站的监测结果。2021年,有关冷湖监测结果的论文在英国《自然》期刊发表。表8-1列入4个候选站址及美国夏威夷天文台的数据。其中慕士塔格的PWV数据是利用

表8-1 4个高原候选站址两年监测结果及与夏威夷天文台的对比

参数	阿里站	稻城站	慕士塔格站	冷湖站	夏威夷天文台
视宁度中值(角秒)	1.17	1.01	0.82	0.75	0.75
夜天光中值(星等)	22.07	21.91	21.76	22.0	21.9
相对湿度中值(%)	41.25	70.15	52.88	—	48
PWV(mm)	—	—	<2占67%	<2占57%	2.1(中值)
可观测时间(%)	81.7	58.9	73.1	84	77
海拔高度(米)	5100	4750	4526	4200	4200

UWHIRS数据统计1991年至2018年的月平均结果获得。

表中可以看出,最重要的视宁度参数都达到优良的标准,其中冷湖站和夏威夷天文台第一,慕士塔格站第二,差距并不大。夜天光数据都很优秀。可观测时间和相对湿度方面,稻城的差距大一些。

我国光学望远镜总的聚光面积只占全球的2%,大型光学望远镜还在襁褓之中,中型光学望远镜也是少得可怜,未来必将有较大的发展,4个优良光学观测站址并不算多。

五、改革开放至今：
中国空间天文的发展

我国空间科学技术发展很快，逐步地成为了世界强国。然而，我国在天文卫星方面长时间处于空白状态，远远落后于美国、欧洲、日本等，直到2015年才实现零的突破，探测暗物质的卫星"悟空"和硬X射线卫星"慧眼"相继上天。虽然姗姗来迟，但起点高、跨越大，进入了世界先进行列。最为重要的是21世纪开始我国有了发展空间天文卫星的近期和远期计划。这两个已经上天的天文卫星项目属于"空间科学先导专项"的科学卫星计划一期的任务。专项二期、三期中都有天文卫星项目。2030年后，我国可能发射卫星进行引力波探测和宇宙黑暗时代探测等。我国将迎来空间天文观测研究的大发展。目前是天文卫星满天飞的时代，我国与美国等空间天文强国还有明显的差距。

1.暗物质探测卫星"悟空"

暗物质粒子探测卫星（DAMPE），简称"悟空"，从立项、设计、研制到发射上天只用了四年，可谓"弯道超车"，成为我国第一颗上天的天文卫星。要问奥秘所在，还得讲一下紫金山天文台常进课题组南极气球探测的故事。

南极是一个天文学观测研究很特殊的地方,除了非常适合光学、红外和毫米波观测外,进行高空科学气球探测也具有独一无二的优势。每年都有一个月左右的时间,风总是在南极上空盘旋,因此这时升空的气球可以在南极上空停留很长时间,称为长周期气球。那时南极正是长白天,只需在探测器上安装一个太阳能电池,就可以保证能源供给。1997年美国推出ATIC项目,即在南极利用长周期气球把宇宙线探测器带上太空进行探测。这引起紫金山天文台常进的关注,他向美国科学家提出建议,把观测高能电子的课题增加到他们的项目中,探测设备可由中国提供。对美国研究团队来说,增加一项有意义的探测课题,又不要自己研制设备,何乐不为呢!对于常进课题组来说,不用准备施放高空科学气球的一系列工作,仅仅研制一套设备,简单得多,而且设备方案早已胸有成竹。于是,双方一拍即合,中美合作顺利进行。2000年至2001年携带中国研制的设备多次升空探测,在离地面37 km的高空完成了人类对高能电子的首次成功观测。

观测发现,高能电子流量远远超出了理论模型预计的流量,这个结果称为电子超。对于电子超现象,有一种解释认为是暗物质碰撞产生的。宇宙中一切物质都有反物质,暗物质也会有反物质,但是它的反物质就是其本身。如果两个暗物质粒子发生碰撞,那么就会产生稳定的粒子,如电子、正电子、反质子等。常进等人认为,观测到的电子超很可能就是暗物质碰撞的产物。

这次成功非同小可,他们立即提出研制暗物质探测卫星的申请,顺利立项。仅用4年的时间,于2015年12月发射上天,成为世界上观测能段范围最宽、能量分辨率最优的暗物质粒子探测卫星(图8-25),取名"悟空",表征这个探测卫星具有孙悟空那样的无所畏惧的勇气和洞察一切的火眼金睛。"悟空"的能力并不单一,它可以探测高能γ射线、高能电子和宇宙射线。它的科学探测有效载荷主要分为四层,像是一个倒立的四层蛋糕,从上往下依次是:塑闪阵列探测器、硅阵列探测器、量能器和中子探测器。卫星将围绕地球运转,四层科学探测器将面朝太空,全面接受来自宇宙四面八方的高能电子和γ射线。所有收集到的科学数据将完整保存,并实时传回地面。

图8-25　我国"暗物质探测卫星"的科学探测设备①

　　"悟空"在轨运行的前530天收集了28亿个高能宇宙射线,其中包含约150万个能量在$2.5×10^{10}$ eV以上的电子。基于这些数据,"悟空"给出了目前国际上精度最高的电子宇宙射线探测结果。发现在约$1.4×10^{12}$ eV处明显地存在异常的能谱结构,如图8-26中由椭圆所圈的数据所示。这可能是暗物质粒子湮灭产生的电子

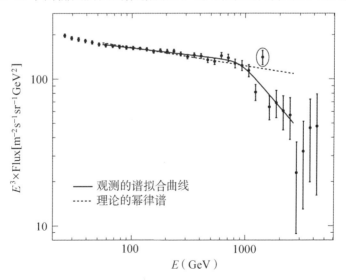

图8-26　"悟空"(DAMPE)探测获得的电子能谱,发现一处异常波动(用椭圆标识)。这一"尖峰"此前从未被人观测到,是一项开创性发现◎

所致。这一成果已在顶级学术期刊《自然》上发表。到2020年,"悟空"读出超过150万个能量25 GeV以上的电子和正电子,背景噪声很小。"悟空"应该还可以继续工作5年左右,还会发回另外100亿次的宇宙射线读数,所以我们将有大把的机会深入探究能量曲线中的这处奇怪断点。

2. X射线空间天文卫星"慧眼"

2017年中国天文学家终于等来了我国第一颗X射线卫星发射上天。20世纪70年代后期,紫金山天文台率先提出在太阳活动峰年期间发射天文卫星,因此有了"天文一号"卫星的计划和研究团组。1984年,计划因故取消,但探测器的研制已经起步。后来采取搭载的方式,陆续把一些空间探测器送上了天。

1992年,中科院高能所李惕碚和吴枚发明一种直接解调方法,用简单、廉价的X射线探测器就可以实现宽波段、高分辨和高灵敏度X射线成像观测。发射中国自己的天文卫星一直是我国天文工作者的追求。李惕碚院士主持"硬X射线调制望远镜"(HXMT,图8-27)的预研,经历了十几年的反复申请和评审,在2005年8月和2007年3月HXMT项目被列入国家《"十一五"空间科学发展规划》和《航天发展"十一五"规划》。虽然晚了一些时间,HXMT丧失了首先开辟硬X射线巡天的难得的机遇,但是这台望远镜的观测能力仍然在世界上名列前茅,在巡天和黑洞观测研究方面大有可为,于2017年6月15日发射升空。

HXMT的中文名字是"慧眼",不仅强调它的观测能力超群,也是为了纪念推动中国高能天体物理发展的已故科学家何泽慧。"慧眼"设计寿命4年,呈立方体构型,总质量约为2500 kg。"慧眼"的工作能区由三个望远镜(低能、中能和高能)分别承担,低能区(软X射线)为1—15 keV,中能区为5—30 keV,高能区(硬X射线)为20—250 keV。它们都是准直型探测器,直接扫描数据可以实现高分辨率和高灵敏度成像,而大面积准直探测器又能获得特定天体的高统计和高信噪比数据,使"慧眼"既能实现特定天体和特定天区的成像,又能通过宽波段时变和能谱观测研究天体高能过程。宽阔的观测能区特别是硬X射线部分是这颗卫星最大的优越性所在。另外还配有200 keV—3 MeV能量范围的γ射线探测器。

相比著名的美国钱德拉X射线望远镜和欧洲XMM-牛顿卫星,"慧眼"所能观测的能段宽得多。这意味着"慧眼"能观测研究的大部分能段,"钱德拉"和"牛顿"都看不见,都是"瞎子"。这成为"慧眼"的独特优势。

"慧眼"主要工作模式包括巡天观测、定点观测和小天区扫描模式。卫星发射入轨后,将陆续开展四个方面的观测研究:一是进行对银道面的巡天观测,希望发现新的高能变源和已知高能天体的新活动;二是观测黑洞、中子星等高能天体的光变和能谱性质;三是在硬X射线/软γ射线能区获得γ射线暴及其他爆发现象的能谱和时变观测数据;四是探索利用X射线脉冲星进行航天器自主导航的技术和原理并开展在轨实验。

2017年"慧眼"上天不久就遇上了重大的天文事件——天文学家探测到双中子星并合产生的引力波GW170817,"慧眼"对其高能电磁辐射对应体进行了监测,确定了γ射线的流量上限,成为重要贡献方之一。

2019年8月,利用"慧眼"上的X射线望远镜开展了X射线脉冲星导航实验,定位精度达到10 km(3倍标准偏差)之内,进一步验证了航天器利用脉冲星自主导航的可行性。2020年"慧眼"在高于200 keV的能段发现黑洞双星系统的低频准周期振荡(QPO),这是迄今为止发现的能量最高的低频QPO现象。迄今,"慧眼"已经发现40个γ射线暴,超过20个是全球首先发布,三个是单独发布,属于国际上发现

图8-27　"慧眼"卫星在轨运行示意图①

率最高的设备之一。

另一颗名为"增强型X射线时变和偏振天文台"(eXTP)的卫星将承担第二步探测的任务。这颗卫星由中国领导研制,已有十几个国家、100多个机构计划参与,预计2025年发射。我国还将在2030年和2035年分别发射"热宇宙重子探巡天文台"(HUBS)和"宇宙微波背景偏振天文台"(SCPT),这两颗卫星也将联合欧美日等多方开展探测。

3. 中国空间站工程巡天望远镜(CSST)

中国空间站工程巡天望远镜(图8-28)计划于2024年发射。这将是太空中专注巡天观测任务的口径最大的望远镜,也是中国迄今为止最大的空间望远镜。望远镜口径2 m,视场是哈勃空间望远镜的300倍,携带5个科学仪器,可实现对天体的近红外、可见光、近紫外、太赫兹等不同波段的图像或光谱观测。它的最主要任务是巡天,目的是发现新的各类天体和天体物理现象、星系的大尺度结构、碰撞星系、恒星爆发星系、活动星系等。

我国选择空间巡天望远镜,可谓聪明睿智。哈勃望远镜已上天31年,拍摄了无数壮观而珍贵的照片,对光学天文做出了极其重要的贡献。接班上任的詹姆斯·韦伯空间望远镜,更大、更先进。如果选择与"哈勃"及"韦伯"类似的研究方

图8-28   与天宫空间站共轨飞行的巡天望远镜示意图①

向,肯定要败下阵来。但是选择巡天,不仅是世界天文研究急需,还是"哈勃"和"韦伯"的弱项。"哈勃"属于精测望远镜,每次只能看到一两个星系,而我们的巡天空间望远镜则一次能对成百上千的星系进行观测。"哈勃"也做过一些局部的巡天,花了大量的时间只能得到很小一块天区的结果。这就叫"各有所长,尽情发挥"。

巡天望远镜和空间站是共轨飞行,也是绝妙的设计。"哈勃"上天后五次派航天飞机上天维修和更换设备,但航天飞机停飞以后就抓瞎了。"韦伯"计划放置在远离地球150万千米的第二拉格朗日点,很难去维修。我国的巡天望远镜采取共轨独立飞行的方式,是为了避免空间站的抖动和光亮对望远镜的观测造成影响。一旦需要,巡天望远镜可以随时与空间站对接,以维修、更新、升级仪器。有航天员值守的空间站在其身边,巡天望远镜的实际使用寿命将会大大超出预期。

4.太阳空间观测的起航

我国地基太阳观测很先进,达到国际前沿水平。但是,太阳空间观测却很落后。目前,我国的太阳物理研究论文总数已经位居世界第二。研究太阳仅靠我们的地基太阳望远镜的观测远远不够,必须使用很多国外太阳卫星的观测资料,使我们的研究成果的原创性受到较大的影响。研制和发射功能强大的中国太阳观测卫星势在必行。

2021年我国首颗空间太阳卫星"羲和号"发射上天,在世界上首次开启监测太阳Hα谱线的观测研究。Hα谱线是太阳爆发时响应最强的色球谱线。虽然地面上有很多色球望远镜进行这种观测,但是在空间很容易做到持续不间断的监测,观测资料更宝贵。我国还有一个"夸父"探测计划,目的是监测太阳对地球天气变化的影响,又称为空间风暴、极光和空间天气计划。"夸父"计划由3颗卫星组成,卫星A在拉格朗日L1处紧盯太阳,卫星B1和B2在通过地球两极的大椭圆轨道上飞行,用来监测太阳活动导致的地球近地空间环境的变化。

最重头的应该是将在2022年发射上天的先进天基太阳天文台(ASO-S)计划。我国的空间太阳望远镜(SST)计划已是"十二五"期间的预研项目。由于要升级,

SST暂停执行。2017年升级为"先进天基太阳天文台"(ASO-S)列入了发射计划，比SST更先进、探测项目更多。ASO-S将携带探测太阳磁场的"全日面矢量磁像仪"、监测太阳耀斑的"硬X射线成像仪"和观测太阳日冕物质抛射的"莱曼阿尔法太阳望远镜"。与国际上之前的70多颗太阳探测卫星相比，ASO-S最大的特点是要实现在一个卫星平台上同时观测太阳磁场、太阳耀斑和日冕物质抛射，研究它们三者之间的关系。三台望远镜具有各自的特色。例如，全日面矢量磁像仪的时间分辨率相对较高；硬X射线成像仪比国际同类仪器探头数目要多；莱曼阿尔法太阳望远镜则不仅能进行内日冕观测，同时莱曼阿尔法谱线本身又是一个新的观测波段窗口。ASO-S将在720 km高的太阳同步轨道，担负起研究太阳的"一磁两暴"的重任。

5. 中法合作的空间变源监视器卫星(SVOM)

2014年8月初中法两国在北京签订合作协议，双方合作研制并发射空间变源监视器卫星(SVOM，图8-29)，主要目标是观测并描绘宇宙中能量最强的γ射线暴的特征。SVOM卫星将搭载四台设备：一台X射线天文望远镜，一台X射线和γ射线相机，一台γ射线暴监视器和一台光学望远镜。γ射线暴的探测结果将立刻传回地面以供其他天文望远镜对其进行观测。主要任务是定位巨型恒星死亡产生的γ射线暴。

卫星与平台由中方负责，而仪器设备及地面部分的工作由中法双方分担。法国承担建造X射线天文望远镜以及X射线和γ射线相机，并负责地面部分工作，如控制中心、数据处理中心和预警天线网等。协议确定于2021年发射SVOM卫星。这个项目挑选了一家承包商CNES去制造一种新型的X射线聚焦光学镜片。镜片由英国莱斯特大学科学家研制，其设计采用了一种新型的仿生镜片结构——"龙虾眼"。镜片由微小的长方体空腔组成，光线直接入射，可以在空腔内壁进行反射会聚。传统的望远镜X射线镜片由固态玻璃和金属构成，重达数十千克，新型的"龙虾眼"X射线镜片仅仅重1 kg，更容易发射到太空轨道。

图8-29 中法合作的SVOM艺术概念图①

6. 我国的引力波空间探测

美国激光干涉引力波天文台(LIGO)成功探测到引力波给科学家们极大的鼓舞。地面引力波探测器有局限性,只能探测频率比较高的引力波。而宇宙中的引力波源各种各样,大部分的频率都很低。人类要探测低频引力波只能到太空去。脱离了地球噪音的干扰,科学家们就能听到更清晰的时空的涟漪。早在20世纪80年代的欧美合作的LISA计划就是很有名的引力波空间探测器,但研制计划一变再变,最近才重新振作起来。

LIGO探测到引力波后,中国反应迅速,科技部成立了引力波研究专家委员会。迅速敲定了两个已经提出的方案:一个是由中科院力学所和中国科学院大学领导的"太极计划"(图8-30),另一个则是由中山大学主导的"天琴计划"(图8-31)。这两个计划的发射时间均与LISA接近,可以说我们在快速地追赶他们。

太极计划是在2008年提出和启动的,与欧洲LISA计划基本相同,在距离地球约5000万千米的轨道上,发射3颗全同卫星,轨道以太阳为中心,卫星间距为300

万千米。卫星的间距比 LISA 的多 50 万千米。太极计划是中欧合作项目,方案一是参加 eLISA 双边合作计划,方案二是中国独立进行引力波探测,两组卫星互相补充和检验测量结果。

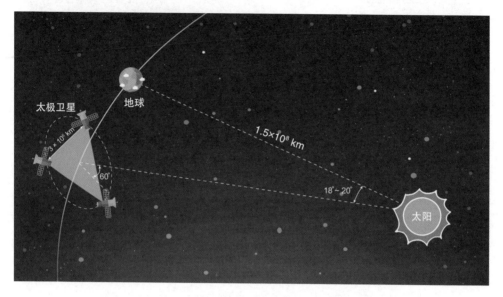

图 8-30　引力波空间探测器"太极计划"的示意图◎

"天琴计划"于 2014 年 3 月提出科学概念,2015 年 7 月形成完整的计划并正式启动。天琴计划是在约 10 万千米高的地球轨道上,部署 3 颗全同卫星,构成边长约为 17 万千米的等边三角形星座,建成空间引力波天文台"天琴"(图 8-31)。

"天琴"和"太极"都提出分几步走的方案。2019 年"天琴一号"实验卫星和"太极一号"技术实验卫星均已上天,完成了所有实验任务,指标比原定的都要好。中国的两个计划得到了国际上越来越多科学家的关注和重视。

我国科学家研究发现,"天琴"和"太极"的联合观测或 LISA、"天琴"和"太极"的联合观测不仅可以覆盖更宽广的空间,还可以更加精确地确定引力波源的物理参数。2021 年 9 月,龚云贵教授等的论文发表在英国《自然》的子刊《自然-天文》上,引起国际上的关注。

2020 年 12 月 10 日,引力波暴高能电磁对应体全天监测器卫星(GECAM)以"一箭双星"方式发射成功,进入预定轨道。顾名思义,这组卫星的任务之一是对

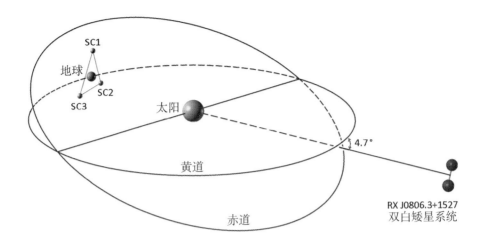

图 8-31　我国引力波空间探测器"天琴"原理示意图。SC1、SC2 和 SC3 是 3 颗完全一样的围绕地球运行的卫星,双白矮星系统 RX J0806.3+1527 的轨道周期为 5.4 分钟,频率为 0.003 Hz,发射的引力波属于低频范围①

引力波事件引起的γ射线暴进行全天监测。同时还能监测快速射电暴高能辐射,特殊γ射线暴和磁星爆发等高能天体爆发现象,属于中国科学院空间科学(二期)先导专项。两颗卫星"小极"和"小目"在轨道上运行时会分布于地球两侧,其目的是看清整个太空,实时全时全天视场覆盖。

六、诺贝尔奖离我们有多远

诺贝尔奖是科学界的最高奖项,也是科学家个人的最高荣誉,获奖人数的多少,一定程度上表明了国家科学技术水平的高低。诺贝尔物理学奖已经颁发120年,其中在14个年度有19个天文项目、30位天文学家获奖。获奖者中,美国共19位,占63%,其中有一部分是入了美国国籍的外国人;英国3人、德国2人、瑞士2人、日本2人、加拿大1人、瑞典1人、奥地利1人。美欧是大赢家,日本有2人,在亚洲独树一帜。我国天文学无缘诺贝尔奖虽是遗憾的事,但也是我国天文学水平的真实反映。21世纪开头的20年,我国加大追赶国际先进水平的力度,完成一批接近甚至超越世界先进水平的观测设备的研制,已出现一些令国际同行高度赞扬的研究成果。维持甚至再加快这个发展势头,我国天文学家与诺贝尔奖结缘的时机就不会太远了。

1.为什么美、欧、日是大赢家?

美国是世界上唯一的超级大国,经济实力超群、技术先进,对天文学的发展极度重视,每年都投入巨大的经费支持,汇聚了世界各国的天文人才,成为现代天文学的超级大国。现代天文学成就积累了一百多年,获得大部分天文学方面的诺贝尔奖在意料之中。

欧洲是近代天文学的发源地,16世纪哥白尼创立日心说,17世纪伽利略发明天文望远镜,开普勒发现行星运动三大定律,直到牛顿万有引力定律融入天文学各个分支学科,欧洲是一枝独秀、辉煌无比。到现代天文学时代,发展也很快,与美国交替领先,稍逊美国。欧洲天文学领先世界几百年,各个国家都有重视天文研究的传统,国虽不大,但天文台和大学天文系科却不少。欧洲获得诺贝尔奖的天文项目第二多也在情理之中。

日本是亚洲国家中唯一有天文学家获得诺贝尔奖的国家。日本从20世纪70年代开始实现经济、科技的大发展。一个体量不大的国家,成为仅次于美国的世界第二大经济体。日本的崛起与他们重视科技教育事业密切相关,依靠科技促进经济复苏,培养了一批又一批高素质的人才,不仅为建立高科技企业,而且也努力发展包括天文学在内的科技事业。日本在20世纪对天文学研究方面的经费投入比我国大得多,他们的天文观测卫星早就满天飞了。

2. 诺贝尔物理学奖天文项目给我们的重要启示

天文学是一门"观测的科学",观得清楚,测得准确,才能洞察天体和宇宙的秘密。提高观测能力是第一位的。诺贝尔奖中有13个天文学观测发现项目,依赖观测设备的研制和不断发展。实际上,很多获奖的观测项目本身就包含关键设备的研制。其中掠射式X射线望远镜、引力波激光干涉仪LIGO、中微子探测器和微波背景辐射探测卫星COBE等4项观测设备最为突出,对项目的成功起着十分关键的作用。

获诺贝尔奖的天文项目中有4个是射电望远镜观测发现项目。有两项是依赖当时世界最先进的射电望远镜或者专门研制的空间探测卫星;两项则是比较简陋的米波振子天线阵和口径仅6 m的喇叭天线射电望远镜。这说明观测课题的多样化、特点各异的观测设备都会增加成功的机会。

19个诺贝尔奖天文项目中有6个属于理论研究成果,但是也离不开实验和观测的支持和检验。诺贝尔物理学奖的评审对理论研究成果的评审向来非常谨慎,理论的确需要观测和实验证实。我国大力加强观测设备的研制和观测研究,必将推动天文理论研究的提高和发展。

3. 诺贝尔奖获得者的经验值得学习

诺贝尔物理学奖天文项目的30位获奖者,不仅研究成果出类拔萃,而且都具有不怕困难、不怕失败、坚持不懈、永不言弃的精神品质,还具有深厚的理论基础、高超的技能,以及特殊的研究方法。这些都是值得我们学习效仿的。在选题上,他们有一个共同的特点,就是寻找那些有着重大科学意义的难题。天文学研究的优秀成果很多,都有一定的科学意义,但是能获得诺贝尔奖的项目只是凤毛麟角,要优中选优。

勇于探索和参与竞争是诺贝尔奖获得者的共同特点。1995年马约尔和奎洛兹发现类日恒星"飞马座51"的行星"飞马座51b"。这是发现的太阳系外第一颗主序星的行星,当然很重要,但也不见得重要到要把诺贝尔物理学奖授给他们。他们两人,在发现第一个系外行星以后,一直站在这个研究领域的最前沿。搜寻系外行星的研究队伍不断扩大,这个领域一直保持着很高的热度。科学家们在太阳系搜寻地外生命的空间探测风起云涌,却没有发现任何生命的迹象。这一结果促使天文学家更加重视系外行星的探测。终于迎来了发现系外行星的高潮,开普勒太空望远镜一举发现4000多颗系外行星,使之成为天文学最热门的课题之一。在这种形势下,飞马座51b的发现意义就非同小可了。可以说这场搜寻系外行星的科学探测是由马约尔和奎洛兹在1995年发起的。2019年他们俩获得诺贝尔奖就水到渠成了。实际上,这一个奖项也是对所有参与太阳系探测和系外行星探测的参加者的鼓励。

天文学的研究需要坚持和耐心,切不可心急。戴维斯于1968年开始从事搜寻太阳中微子的实验,在地下1500 m深的矿井中探寻太阳中微子,日复一日地默默工作了30年,到84岁时才获得成功。2002年获得诺贝尔物理学奖时,他已是88岁高龄。韦斯于1972年提出研制激光干涉仪探测引力波的方案,亲自研制,不断地改进仪器设备和探测方法,终于在43年后的2015年直接探测到双黑洞并合发出的引力波,奋斗近半个世纪,才修成正果。两年后获得诺贝尔奖时韦斯已是85岁高龄。

有些天文项目之所以能够获得诺贝尔奖,不仅需要天文学家本人的坚持与耐心,几十年艰苦奋斗如一日,还需要科研管理部门领导的慧眼和坚持。韦斯等探测引力波的研究,43年的奋斗一直没有成功,观测设备在不断改进提高,研究队伍依然保持甚至得到加强,需要很多经费支持,如果管理部门急功近利,这个项目早该下马了。

4. 我国天文学离诺贝尔奖越来越近

天文学的发展主要依靠一个国家的经济能力、科技水平和杰出人才。当然还与这个国家对天文学研究的重视程度和天文学研究的传统及积累有关。实现天文学的腾飞不是一朝一夕能够实现的事。欧洲经历了几百年,美国经历了100多年,日本也经历了50多年。我国重回世界天文学发展的大潮才几十年,任重道远。

21世纪以来,我国加大对科学发展的力度,首先注重大型天文观测设备的研制,追赶甚至超越国际最高水平。在射电、光学、空间天文和宇宙线研究领域相继建成了一批重大观测设备,进入了世界先进行列。这些重大观测设备投入使用以后,新的成果不断产生,研究水平大大提高,在国际顶级学术期刊发表的天文学论文逐渐增多。只要这种努力一直坚持下去,那么我国离诺贝尔奖的距离就不会很远了。

我国天文科学处在追赶世界先进水平的过程中,必然要进入国际上众多热门研究领域,参与国际合作和竞争。很显然,在这些领域里已经有不少原创性的成果了,我们在原创性方面处于不利地位。因此在确定研究的重大项目时,要别出心裁,选择那些有着重要科学意义、技术方法独特新颖、原创性强的课题。只有这样,我们才能与诺贝尔奖越来越近。

多年来,诺贝尔奖已经成为国人心头挥之不去的情结。这种情结对我国科学事业的发展是一种推动力。我国天文学科从改革开放以来赶超世界先进水平的努力是卓有成效的。中国天文学家获得诺贝尔奖的日子不会太远了。当然,我们发展天文科学,不是为了得诺贝尔奖。我们首先关注的应该是我国天文学各个分支学科的研究能力和成果进入世界先进行列的进程,做出有竞争诺贝尔奖实力的成果,最后才是等待获得诺贝尔奖的竞争结果。这需要一个努力奋斗的过程,不是十年八年,可能需要二三十年,甚至更长的时间。

参考文献

1. 胡文瑞,赵学傅.太阳十讲[M].北京:科学出版社,1987.

2. 宣焕灿.天文学史[M].北京:高等教育出版社,1992.

3. 卢米涅.黑洞[M].卢炬甫,译.长沙:湖南科学技术出版社,1998.

4. 吴鑫基,温学诗.摘取桂冠之旅——射电脉冲双星的发现[J].科学,1998,3:46-50.

5. 李宗伟,肖兴华.天体物理学[M].北京:高等教育出版社,2000.

6. 吴鑫基.纪念百年诺贝尔奖,普及天文科学知识[C]//第五届海峡两岸天文推广教育研讨会论文集,2001:77.

7. 吴鑫基,温学诗.宇宙佳音——天体物理学[M].上海:上海科技教育出版社,2001.

8. 吴鑫基,温学诗.诺贝尔物理学奖天文项目回顾——纪念诺贝尔奖百年[J].现代物理知识,2002,1:7.

9. 沃尔兹森,弗雷尔.脉冲星PSR 1257+12的行星系统[J].吴鑫基,译.北京大学学报(自然科学版):百年物理经典论文选,2002.12(增刊).

10. 休伊什,贝尔,等.对一颗快速脉动射电源的观测[J].徐仁新,译.北京大学学报(自然科学版):百年物理经典论文选,2002.12(增刊).

11. 吴鑫基.与诺贝尔奖结缘的射电望远镜[J].太空探索,2004,4:18.

12. 吴鑫基.剑桥大学5千米基线综合口径射电望远镜[J].太空探索,2004,5:28

13. 吴鑫基,温学诗.现代天文学十五讲[M].北京:北京大学出版社,2005.

14. 吴鑫基.他们将宇宙学推向精确研究的时代——马瑟和斯穆特荣获2006诺贝尔物理学奖[J].中国国家天文,2006.10(创刊号).

15. 罗素.恒星的光谱型与其他特征之间的关系[M].丁蔚,译//宣焕灿,萧耐园,刘炎.科学名著赏析:天文卷.山西科学技术出版社,2006:221.

16. 沙普利.由以太阳为中心到以银心为中心[M].宣焕灿,译//宣焕灿,萧耐园,刘炎.科学名著赏析:天文卷.山西科学技术出版社,2006:256.

17. 哈勃.旋涡星云中的造父变星[M].唐小英,译//宣焕灿,萧耐园,刘炎.科学名著赏析:天文卷.山西科学技术出版社,2006:268.

18. 央斯基.星际干扰源[M].卢央,译//宣焕灿,萧耐园,刘炎.科学名著赏析:天文卷.山西科学技术出版社,2006:288.

19. 尤恩,珀塞尔.银河系氢的1420兆赫辐射[M].李宗云,译//宣焕灿,萧耐园,刘炎.科学名著赏析:天文卷.山西科学技术出版社,2006:299.

20. 施密特.3C273:具有大红移的恒星状天体[M].唐小英,译//宣焕灿,萧耐园,刘炎.科学名著赏析:天文卷.山西科学技术出版社,2006:307.

21. 哈勃.河外星云距离与视向速度的关系[M].卞毓麟,译//宣焕灿,萧耐园,刘炎.科学名著赏析:天文卷.山西科学技术出版社,2006:333.

22. 伽莫夫.膨胀宇宙的物理学[M].卞毓麟,译//宣焕灿,萧耐园,刘炎.科学名著赏析:天文卷.山西科学技术出版社,2006:345.

23. 彭齐亚斯,威尔逊.4080兆赫处额外温度的测量[M].陆坦,译//宣焕灿,萧耐园,刘炎.科学名著赏析:天文卷.山西科学技术出版社,2006:360.

24. 迪克,皮布尔斯,罗尔,等.宇宙黑体辐射[M].陆坦,译//宣焕灿,萧耐园,刘炎.科学名著赏析:天文卷.山西科学技术出版社,2006:368.

25. 吴鑫基,温学诗.观天巨眼——天文望远镜的400年[M].北京:商务印书馆,2008.

26. 吴鑫基,温学诗.科学入口处:20世纪30位天文学家的贡献[M].武汉:湖北少年儿童出版社,2008.

27. 宣焕灿,萧耐园.图解天文学[M].南京:南京大学出版社,2010.

28. 吴鑫基.现代天文学与诺贝尔物理学奖[J].中国国家天文,2012,11:14-23.

29. 陆埮.现代天体物理[M].北京:北京大学出版社,2014.

30. 吴鑫基.帕克斯射电望远镜与脉冲星巡天发现——纪念脉冲星发现50年[J].科学,2017,6:43-49.

31. 吴鑫基,乔国俊,徐仁新.脉冲星物理[M].北京:北京大学出版社,2018.

32. 吴鑫基,温学诗.现代天文纵横谈(上下册)[M].北京:商务印书馆,2021.

33. 果壳翻译班.【2015诺贝尔奖】物理学奖:揭开中微子的"变身"奥秘[OL].(2015-10-06)[2021-04-15]. https://www.guokr.com/article/440790/.

34. 张双南.2017年诺贝尔物理学奖揭晓:百年现代物理学,今天做了个了断![OL].(2017-10-05)[2021-04-15]. https://www.sohu.com/a/196331332_507441.

35. 张新民,毕效军,李明哲,等.关于2019年诺贝尔物理学奖的详细解读[OL].(2019-10-23)[2021-04-15]. https://baijiahao.baidu.com/s?id=1648154780328584868&wfr=spider&for=pc.

36. F. Hoyle. The synthesis of the elements from hydrogen[J]. *Monthly Notices of the Royal Astronomical Society*, 1946, 106:343.

37. F. Hoyle.On Nuclear Reactions Occuring in Very Hot STARS.I. the Synthesis of Elements from Carbon to Nickel[J]. *Astrophysical Journal Supplement*, 1954, 1: 121H.

38. E. M. Burbidge, et al. Synthesis of the Elements in Stars[J]. *Rev. Mod. Phys.*, 1957, 29(4):547-650.

39. R. Penrose. Gravitational Collapse and Space-Time Singularities[J]. *Physical Review Letters*, 1965, 14(3):57-59.

40. The Nobel Committee for Physics. Theoretical foundation for black holes and the super-massive compact object at the Galactic centre[OL]. (2020-10-06)[2021-04-15]. https://www.nobelprize.org/uploads/2020/10/advanced-physicsprize2020.pdf.

图片来源

Ⓥ 视觉中国　　　　　　　　　Ⓟ 已进入公有领域

Ⓝ 美国航天局（NASA）　　　　Ⓑ 国家天文台

Ⓔ 欧洲太空总署（ESA）　　　　Ⓦ 维基百科网站（Wikipedia.org）

Ⓞ 其他图片来源

图1-1，湖南省博物馆；图1-5、1-7，Nick Strobel，www.astronomynotes.com；图1-6，Dmitri Pogosyan，University of Alberta；图1-9，A. Paolozzi et al.，DOI: 10.5220/0005498503430348，2015.01；图2-1、2-2、2-4、2-14，NRAO/AUI/NSF；图2-3，K. G. Jansky，*Popular Astronomy*，1933，41：548；图2-5、2-6，G. Reber，*The Astrophysical Journal*，1944，100：279；图2-8、3-25、4-13左，Nobel Foundation archive；图2-9、4-9，James J. Condon and Scott M. Ransom，NARO；图2-10，M. Ryle，*Nature*，1962，5（194）：517；图2-13，P. J. Hargrave & M. Ryle，*MNRAS*，1974，166：305；图2-19，ISAS/Yohkoh；图2-21，Max-Planck-Institut für extraterrestrische Physik（MPE）；图3-1、3-3，Image courtesy of the Huntington Library；图3-4，Palomar Observatory/California Institute of Technology；图3-5、4-33，http://lifeng. lamost. org/courses/Hongkong/Hongkong_En/lecture/；图 3-6，Katherine Lodder/© 2018 Cogitania，The Land of Thinkers；图3-8，SOHO-EIT Consortium，ESA，NASA；图3-11，上海科技教育出版社；图3-12，Aliona Ursu/Shutter stock；图3-13，Archiv für Kunst und Geschichte，Berlin，Encyclopædia Britannica；图3-15，H. N. Russell，*Popular Astronomy*，1914，22：275；图3-16、3-18，Kenneth R. Lang，Tufts University；图3-17、4-31、6-15，University of Oregon；图3-19右图，© MPI of Quantum Optics；图3-20，courtesy Cornell LEPP Laboratory；图3-23，E. Siegel，https://www.forbes.com；图3-24，K. Lodders，*The Astrophysical Journal*，2003，591：1220；图3-26、3-27，cornell university；图4-1，Sarah Lee Lippincott，*Astronomical Society of the Pacific Leaflets*，1961，390：311；图4-3，Brian，https://gravityandlevity.wordpress.com/；图4-4，American Institute of Physics（AIP）；图4-5，F. Ambrosino，eprint arXiv:2012.01242；图4-6，Travis Metcalfe/Ruth Bazinet，Harvard-Smithsonian Center for Astrophysics；图4-7，Frontiers of Modern Astronomy（2004），Jodrell Bank Observatory，The University of Manchester；图4-8，Graham Woan，Interplanetary Scintillation（IPS），University of Glasgow；图4-10，Manchester R. N. & Taylor J. H.，*Pulsars*，San Francisco：Freeman WH，1977：281；图4-11，Symposium - International Astronomical Union，Volume 95: Pulsars，1981：xiii-xv，https://doi.org/10.1017/S0074180900092573；图4-12，Lyne & Smith，*Pulsar Astronomy*，Cambridge University Press，1990；图4-14，University Of Central Florida；图4-17、8-21、8-22、8-23，吴鑫基提供；图4-18，M. Lyutikov，2004，MNRAS，353：1095；图4-19，R. Hurt/Caltech-JPL；图4-21，Caltech/MIT/LIGO Lab；图4-22、8-16，中华地图学社；图4-25，B. P. Abbott et al.，*Physics Review Letters*，2017，119：161101；图4-26，B. P. Abbott et al.，*Gravitational Waves and Gamma-Rays from a Binary Neutron Star Merger: GW170817 and GRB 170817A*，LIGO，2017；图4-27，Tuan Yi et al., *MNRAS*, 2018, 476：683；图 4–29, David Champion；图 4–30, George Hobbs, *Astrophysics and Space Science Proceedings*, 2011, 21：229；图 4–35, https://twitter. com/oxunimaths/status/ 926487550029651968；图 4–36, EHT Collaboration；图 5–3, particle data group, ©2020: Regents of the University of California；图 5–4, A. Castellina & F. Donato, *Astrophysics of Galactic Charged Cosmic Rays*, T. D. Oswalt & G. Gilmore, "*Planets, Stars and Stellar Systems*", Springer, Dordrecht, 2013；图 5–5, 中科院地球环境研究所；图 5–7, M. Aguilar et al., *Physics Review Letters*, 2013, 110：141102；图 5–8, MPI；图 5–9、5–10, 中国科学院高能物理研究所；5–12, Paul Flowers et al., *Chemistry 2e*, https://openstax.org/, 2019；图 5–14, Image courtesy of Brookhaven National Laboratory；图 5–16, Anglo–Australian Observatory；图 5–17, Y. Totsuka, *Nuclear Physics*, 1988, A478：189c–195c；图 5–18, U. F. Katz & Ch. Spiering, 2012, *Progress in Particle and Nuclear Physics*, 67：651；图 5–19、5–24, Johan Jarnestad/The Royal Swedish Academy of Sciences, The Nobel Prize in Physics 2015 Popular Information；图 5–20, Y. Fukuda et al., *Physics Review Letters*, 1998, 81：1562；图 5–25, 大亚湾反应堆中微子实验工程；图 5–26, Francis Halzen, *Science*, 2007(315)：66；图 6–3, Armagh Observatory；图 6–4, Matthew J. Benacquista & Jonathan M. B. Downing, *Living Reviews in Relativity*, 2013, 16：4；图 6–10, Smithsonian Astrophysical Observatory；图 6–11, derive from simbad interactive aladinlite view, STScI/NASA, Colored & Healpixed by CDS；图 6–13 右, Elena Zhukova/University of California；图 6–17、8–7、8–27, 中国科学院；图 6–18, UCLA Galactic Center Group – W.M. Keck Observatory Laser Team；图 6–19、6–20, Gravity Collaboration et al., *A&A*, 615, L15 (2018)；图 6–23, David A. Aguilar；图 6–27、8–27, 中国国家航天局；图 6–30, A. Wolszczan & D. A. Frail, *Nature*, 1992, 355：145；图 6–32, San Francisco State University；图 6–36, ESO/A. Müller et al.；图 7–3, E. Hubble, *Proc. Natl Acad. Sci. USA*, 1929, 15：168；图 7–4, Zooniverse/ESO；图 7–6, courtesy Bill Keel/University of Alabama；图 7–7, Alan H. Bridle et al., *The Astronomical Journal*, 1994, 108：766；图 7–14, Gott III et al., *The Astrophysical Journal*, 2005, 624：463；图 7–19, Richard W. Pogge/University of Ohio State；图 7–22, S. Perlmutter, *Supernovae, dark energy, and the accelerating universe: The Status of the cosmological parameters*, DOI:10.1142/S0217751X00005383；图 7–26, Take 27 LTD / Science Photo Library (main), Chaisson & McMillan (inset)；图 7–27, P. James E. Peebles et al., *Scientific American*, 1994, 271：28；图 7–28, J. Alberto Vázquez, Luis E. Padilla, Tonatiuh Matos, *Revista Mexicana de Fisica*, 2020, E17：73；图 7–29, James J. Kolata, *Inflation*, Morgan & Claypool, 2015；图 7–30, John D Barrow, Astronomy & Geophysics, 2002, 43：4.8‐4.15；图 8–4, 紫金山天文台；图 8–9, 上海天文台；图 8–11, 新疆天文台；图 8–12, 云南天文台；图 8–13, 明安图观测基地/国家天文台；图 8–24, 冷湖站址；图 8–25, http://dpnc.unige.ch/dampe/；图 8–26, DAMPE Collaboration et al., *Nature*, 2017, 552(7683)：63；图 8–28, CSST 官网；图 8–29, SVOM collaboration；图 8–30, Wen–Rui Hu & Yue–LiangWu, *National Science Review*, 2017, 4：685；图 8–31, Bo–Bing Ye, et al., arXiv: 2012.03260；彩图 5, ESO；彩图 7, derive from simbad interactive aladinlite view, Digitized Sky Survey–STSCI/NASA, Colored & Healpixed by CDS。